THE WISDOM OF THE EGO

自我的智慧

哈佛大学 **格兰特幸福公式** 研究

[美] 乔治·范伦特 著
（George E. Vaillant）
张 洁 宋欣欣 童 俊 译
缪绍疆 审校

世界图书出版公司
北京·广州·上海·西安

图书在版编目（CIP）数据

自我的智慧：哈佛大学格兰特幸福公式研究 /（美）乔治·范伦特（George E. Vaillant）著；张洁，宋欣欣，童俊译. —北京：世界图书出版公司北京公司，2016.5（2023.3重印）
书名原文：The Wisdom of the Ego
ISBN 978-7-5192-1385-5

Ⅰ.①自… Ⅱ.①乔… ②张… ③宋… ④童… Ⅲ.①成功心理—通俗读物 Ⅳ.①B848.4-49

中国版本图书馆CIP数据核字（2016）第111601号

书　　名　自我的智慧：哈佛大学格兰特幸福公式研究
　　　　　ZIWO DE ZHIHUI

著　　者：［美］乔治·范伦特
译　　者：张　洁　宋欣欣　童　俊
责任编辑：李 晓庆

出版发行：世界图书出版公司北京公司
地　　址：北京市东城区朝内大街137号
邮　　编：100010
电　　话：010-64038355（发行）　64015580（客服）　64033507（总编室）
网　　址：http://www.wpcbj.com.cn
邮　　箱：wpcbjst@vip.163.com
销　　售：新华书店
印　　刷：河北鑫彩博图印刷有限公司
开　　本：787 mm × 1092 mm　1/16
印　　张：27
字　　数：400千
版　　次：2016年9月第1版
印　　次：2023年3月第3次印刷
国际书号：01-2014-3453
版权登记：978-7-5192-1385-5
定　　价：79.80元

献给丽（Leigh）
谢谢你的智慧、爱和陪伴，
带给我很多快乐！

Foreword 推荐序

期待美好生活

心理治疗一直期待着实现两个目标：一个是理解人的心灵，将每个人当作一个独特的个体，去理解人性的细微之处、探索人性的深度和可能性；另一个则是进入科学的殿堂，得到科学共同体的承认。这二者往往有着很强的张力，20世纪50年代，英国人斯诺（C. P. Snow）就在《两种文化》中提到，科技与人文正在被割裂为两种文化，科技和人文知识分子正在分化为两个言语不通、社会关怀和价值判断迥异的群体。2009年，卡甘（J. Kagan）论述的“三种文化”，对自然科学、社会科学和人文三大学术领域进行了更加深入、细致的区分，其中，他给心理学家的定位是社会科学家。这大概是个既要两头都要讨好，却两头都不讨好的尴尬位置。

在更早的时候，雅斯贝尔斯也提出了“解释的心理学”和“理解的心理学”的区分。在现代心理治疗的一百多年历史里，这种张力一直存在，并推动着临床理论家和实践家不断反思其在学术领域中的位置。

心理治疗有其科学根据。21世纪被称为脑科学的世纪，神经科学和脑研究近年的很多研究为心理治疗的很多理论假设和操作技术提供了支持，也有很多高等级的循证医学证据表明了心理治疗的有效性。但心理治疗的临床操作又非常具有艺术性，是一种基于科学的艺术。心理治疗不是匠人的工作，不是喜剧演员的表演，也不是巫师的超自然仪式。它是综合利用病人带来的信息及动力，让其发生积极的改变。它必须因人而异。治疗每一个病人，都要投其所好，投桃报李，使用个别化的原则，量体裁衣。

这本《自我的智慧》有着很好的科学性基础，同时以几十个真实的人生故事来佐证这种科学性。作者范伦特（George Eman Vaillant）是美国著名的精神病学家和心理治疗学家，他是哈佛项目——成人发展研究（the Study of Adult Development）的主要领导者。这个项目是一个持续的前瞻性研究，也是本书的科学性基石。我们同济大学团队翻译了范伦特的继任者瓦尔丁格（Robert Waldinger）的一个TED-X演讲（什么是美好生活——哈佛75年研究报告），在微信公众号上发布，半年间已超过700万人观看，这个数字也表明了中国人对美好生活的期待。在这个TED-X演讲里，瓦尔丁格聚焦于所有人都关心的“什么是美好人生？”这个问题，用两个长达75年的纵向随访研究的成果，强调构成美好生活的最重要因素并非富有、成功，而是良好的心身健康及温暖、和谐、亲密的人际关系。

在哈佛成人发展研究的75年间，他们追踪了724位男性，年复一年，询问并记录那些受访者的工作、家庭生活和健康状况。这724位男性来自两个样本，即268位哈佛学生样本和456位核心城市样本，后者的社会经济阶层和前者相比要低得多。范伦特还选取了90位特曼女性样本，试图讨论性别对于心理健康的影响。范伦特认为，在这三个样本的追踪研究中可以发现一个共同的成人发展路径，即首先完成亲密关系的任务，然后完成职业巩固的任务，最后完成繁衍的任务。他认为在整体上这些任务必须按顺序掌握，因为它们依次要求自我达到越来越复杂的整合水平。范伦特通过对这些样本的统计分析得出结论：在大多数情况下，如果一个人没有先拥有较好的亲密关系，那么他在工作领域是很难成功的；同时除非个体首先在职业上取得成功，否则很难成为一名导师并且带着繁衍性的关心去成就他人。

这与中国人所说的先成家后立业类似，因为职业巩固的内在要求是满足、承诺、补偿和胜任感，这需要个体首先能够学会建立亲密关系，用范伦特的话说就是能够以一种双方都能享受的方式使个体与另一个人互相分享自我。这种要求更多在于内心，而非来自外在现实。

范伦特有着积极的信念，他相信通常所说的青春期危机、中年危机、老年危机都只是发展的副产品。他认为，那种认为发展危机不可避免的假设是没有根据的，在成年生活中人们可以通过内化所爱和爱我们的人来让自我变得成熟。在他研究的三个样本群体中，大约各只有10%的成员在成年生活的大部分时间里没有掌握这三个任务中的任何一个。范伦特在书中举了很多真实例子，有发展成功的，也有发展失败的，有些是发展开始成功而后停滞的，也有停滞到四五十岁后重新开始发展的。他给读者提供了不同的样本，读者可以在这些例子中看到自己及自己可能的发展方向。这就是他所说的自我的智慧，他认为自我的本质就是努力掌握、整合以及赋予经验以意义。

我于2011年受瓦尔丁格的邀请，在其研究所做了为期四周的高级访问学者，曾与退休后还常来工作的范伦特有过愉快的交谈。我认真研究了一位受试的卷宗，两大摞文档夹大概七八公斤重。可惜，我只看了从1941年到1967年的随访资料就得回国了。临行前我忍不住要瓦尔丁格“剧透”一下，这位直到45岁还混得不怎么好的哈佛精英后来如何。他告诉我，这个人后来成为著名的剧作家！许多好莱坞电影都与他有关。

作为和人类心灵一起工作的人，作为一个临床工作者，范伦特还需要回答一个问题——疯狂的意义，是否精神疾病会带来更多创造力，是否精神方面的某些问题反而会带来灵感。这是大众的流行想法，如尼采、梵·高、伍尔芙、荷尔德林、海明威……这个名单可以列出一长串。在本书的后半部分，范伦特通过对四位具有创造性的人物进行描述（弗洛伦斯·南丁格尔、西尔维娅·普拉斯、安娜·弗洛伊德、尤金·奥尼尔），给出他的见解：创造力需要的不仅是冲突，内在的痛苦绝不是创造力所必要或有效的因素，精神错乱与创造力之间也没有明确的联系。

某种意义上，范伦特的这本著作是量化研究和质性研究的结合，二者要进行有机结合是一件非常困难的事情。二者的本体论存在巨大差异：一方面是要寻找规律，进行解释；另一方面则是要探索未知，进行理解。就量化研究而言，范伦特的方法主要是对前瞻性研究进行数据处理，以及回访，这里面的很多变量是人为进行设定的，统计处理也使用的是较早的方式。就质性研究而言，范伦特还是潜在设定了美好生活的标准，即适应社会，对于这一点，也是见仁见智的。

这些争议的复杂性正如人类心灵的复杂性一样，每个治疗师、每个个体都会通过自我的智慧找到自己的位置。按照作家余华的说法，中国人在近四十年的剧烈社会变迁里走完了西方四百年的路程。在这个过程中，中国人的价值观被撕裂、被重整。范伦特的这本著作并不完美，但它可以为我们人生的发展提供非常好的参照。范伦特认为成熟和抱持环境的内化发生在成年，而不是童年。他的父亲是著名的人类学家，在他11岁时自杀身亡，年仅44岁。范伦特现在已有82岁（2016），他以自己的生活证明了自我修复的可能、美好生活的可能！

赵旭东

同济大学医学院教授、博导

世界精神病学会跨文化分会理事

德中心理治疗研究院中方主席

中国精神科医师协会常委

Preface 序言

心灵是自己的地方。

它能把天堂变成地狱，也能把地狱变成天堂。

——约翰·弥尔顿《失乐园》

生命中常有无法承受之时。有时，现实让我们难以忍受，这时，大脑会用一些技巧来帮助我们渡过这些难关，比如歪曲内部现实和外部现实。旁人可能会指责我们的否认、自我欺骗，甚至不诚实。但是，这些心理防御创造性地重构了冲突的内容，使我们能够应付这些冲突并得以幸存。这种心理防御——就像躯体免疫系统一样——通过一系列的幻想来过滤痛苦，完成自我保护。

通常，这种理智和情感的不诚实是健康、成熟且富有创造力的。这种防御性的自我欺骗反映了自我进行的最佳努力，这是一种基于大脑整合性的最佳努力，可以应对可能会压倒我们的各种生活事件。同样重要的是，这种自我欺骗并不会止于童年，而是会在我们的一生中不断演变发展，延续到成年。一些青少年为适应各种压力而产生的防御可以演变为成熟的美德。这种心理炼金术有助于我们理解为什么一些具有心理弹性的个体，在早年经历虐待和不利因素的影响之后，仍然能够成为对社会有贡献的人。简而言之，自我的防御可以是创造性的、健康的、安抚性的、有应对力的。然而，如果我们只是防御的旁观者——而不是运用者，就会常常为它们奇异的作用而感到震惊。

六十年前，心理学家沃尔特·B. 坎农（Walter B. Cannon）写了一本里程碑式的书——《身体的智慧》（*The Wisdom of the Body*），他在这本书中描述了一种隐匿的消化道对悲痛的反应。[①]他明确证实，我们身体的交感和副交感神经系统通过检查和平衡来维持身体的内稳态（homeostasis）——他用这个词来描述身体的平和状态。研究中，坎农采用了当时的一种新技术，X光影像，来监测这种迄今仍然不可见的生理过程。仿效坎农，我将本书命名为《自我的智慧》（*The Wisdom of the Ego*），因为我相信人类心灵中对悲痛的不可见反应——由自我发展出来的防御——就像他所尽力阐释的自主神经系统一样，对健康来说是治愈性的、必要的。

和坎农一样，我采用一项新兴的科学技术——前瞻性研究，来收集人类生活的记录资料。我从成人发展研究（the study of adult development）中提取证据，这是一项对大样本人群的青少年期到成年期进行的持续性追踪研究。这种纵向研究有助于实现自我防御治愈性力量的可视化。此外，数百名被试丰富的生活资料提供了统计学的支持，使我们能够更全面地认识个体生活。由于对自我的适应性的自我欺骗（adaptive self-deceptions）与人类创造力的关系问题也很感兴趣，所以，我也调查了一些具有创造性的艺术家的生平经历。

本书中，我穿插了三条线索。第一条线索是大脑的（自我的）自我欺骗和否认的模式，有时这被称为防御机制。按皮亚杰的说法，对这些防御的调度和部署反映了成年人为顺应（accommodate）生活所做出的努力。人们运用自我防御机制改变了对内部和外部现实的知觉，就如催眠一样。这些防御和认知的一些方面形成了妥协，可能会使人们极大地缩减对本能愿望的觉察，或极度坚持本能愿望的对立面，或阻碍自己对他人的道德感或认知。我会提供一些证据来证明，个体对防御的运用能对自身的心理健康起关键性作用。

---

① W. B. Cannon. *The Wisdom of the Body* (New York: Norton, 1932).

第二条线索是对创造力——一种人类特有的能力，即带给这个世界以前没有的东西——的审视。这种创造能力看似与自我的炼金术般的力量紧密交织，在混乱和悲痛中建立秩序和意义。这种创造能力可以使悲痛被一种难以理解的嗜好所缓和，它能够使自我欺骗作为美德而非罪恶存在。在皮亚杰的术语中，创造力反映了我们如何同化（assimilate）生活，如何接纳、支配并与他人分享生活。我们如何体验生活、如何倾吐内心，这都是创造力。

本书的第三条线索，是对成人发展的认识。对不同个体一生的研究使我们从横断面上重新认识了成人发展。这使我们看到人是如何生根发芽、开花结果，如何破茧成蝶的。这使我们了解到个体的亲密能力如何使承诺成为可能，而承诺正是一份满意的职业认同感所必需的，进而，职业满足又使繁衍性所必需的照顾能力成为可能。它也使我们认识到男性和女性都保持着这种从爱到工作再到照顾、关心的发展顺序。

更重要的是，对个体一生的前瞻性研究显示出成人的心理弹性及持续的成熟化。弗洛伊德认为，生命的头五年决定了未来一生，这种观点令人失去希望。本书中我所引用的证据将让我们重燃希望。成人发展研究的资料显示，心理健康和防御选择不是静止的。防御选择可以在整个成年期不断发展，能把让人讨厌的沙粒转化为珍珠。而且，防御选择也并不取决于社会阶层、教育程度或性别。

现代精神分析认为，自我（ego）具备人类大脑的适应和执行功能，包括思维的整合、掌控能力，以及对内部和外部现实的理解能力。或者用弗洛伊德的话来说，“我们已经形成了这种观点，每个个体的精神过程中都有一种内聚性组织，我们称之为他的自我（ego）”。[①]“自我”一词强调思维的整合能力，这种能力可以帮助我们顺应和同化这个世界。

一方面，人格的发展和成熟发生于个体与其所处的社会环境的交互过程

① S. Freud, *The Ego and the Id* (1923), in *Standard Edition of the Complete Psychological Works of Sigmund Freud* (hereinafter abbreviated SE), ed. and trans. James Strachey (London: Hogarth Press and Institute of Psychoanalysis, 1953-1964), 24 vols., 19:17.

中。另一方面，就像约翰·弥尔顿告诫我们的，经验不是大脑（和内心）发生了什么，而是大脑（和内心）如何应对经验。大脑如何处理这些经验，是自我发展的核心内容。

我们习惯性地认为，自我发展发生于童年期。发展心理学家罗伯特·凯根（Robert Kegan）描述了他对一名幼儿自我发展的观察："在另一个场合，她是如此真诚地着迷于一种令人惊讶的亲密活动——这种有意义的活动——令人十分触动。"凯根强调，这种发展是社会性的："我们的生存和发展依赖于我们赢得他人关注的能力。"[①] 为了发展，孩子需要一位慈爱的照料者——一位能够为孩子创造一个唐纳德·温尼科特（D.W. Winnicott）称为"抱持性环境"（holding environment）的照料者，这位照料者应该能够为孩子提供稳固、安全的环境，使其自体得以成熟和发展。实际上，照料者的爱会逐渐留存于孩子的内心，促进其自我发展、自我欺骗的能力，能把生活中的灰暗时刻转化为黄金，而不是转变成自我损害的歪曲和幻想。

但本书并不是在讨论关于孩子的内容。尽管凯根表达了一种担忧，因为青少年和成人没有那么经常"表现出这种令人触动的和自然的方式"，他认为这可能仅仅因为成人"不太能够看得见这些方式究竟意义何在"。[②] 本书是关于成人的，即那些几乎终其一生都在关注和重复相似的脆弱且亲密的活动的人。本书是关于成年男性和女性挣扎着学会如何爱、如何获得价值，学会探寻生活的意义、在混乱中建立秩序，也常常会在不经意间发现如何创造前所未有的事物。他们的生活故事提供了一个又一个案例来证明，成熟和抱持环境的内化发生在成年，而不是童年。

最后，问心无愧地说，我主张在倒掉"洗澡水"的同时，保留精神分析这个"婴儿"。[③]我希望提醒读者，我们不仅有大脑皮层，也有边缘系统，大脑无法与心灵分隔开。本书旨在消除一些认知革命中的过度部分，即精神

① R. Kegan, *The Evolving Self* (Cambridge, Mass.: Harvard University Press, 1982), pp. 16, 17.

② 同上，p. 17。

③ 出自英语谚语："不要在倒洗澡水时，连婴儿一起倒掉。"——译者注

病学医疗化的过度部分和一直所说的“脑的十年”（decade of the brain）中的过度部分。霍华德·加德纳（Howard Gardner）在他的《认知革命简史》中，提到认知科学家慎重决定剔除一些“可能对认知科学无关紧要的因素。这些因素包括情感因素或情绪的影响、历史文化因素的作用，以及出现特定行为或想法的背景作用等”。[①]《自我的智慧》记录了我研究上述内容所付出的努力。

对人类生活的前瞻性研究让我们能够深刻认识心理体验，在大量男性和女性样本组中探索其相似及差异性。用精神病学家约翰·内米亚（John Nemiah）的话说，“很多人很难接受心理动力概念的有效性，不是因为他们缺乏认知能力来理解理论，而是他们不能或不愿去看到这些理论所依据的临床事实。那些反对心理动力理论的人，拒绝将主观的心理体验作为值得严肃对待和研究的现象，进而他们不能看到或不愿允许自己看到”。[②]本书引用的对众多个体长期前瞻性研究的资料，呈现了那些主观的人类心理体验。这对最顽固的经验论者来说，也是显而易见的。

整本书中，我会指出发生在现实和记忆中的过去之间、在艺术家的生活和其创作之间、在当下现实和对其认知之间的歪曲。我旨在使隐藏的能够被看到，将弗洛伊德式人文学者所狭隘把持的潜意识概念恢复到弗洛伊德和让内在最初时期提到的动力学位置，使自然科学家能够再次理解这一概念。是时候把自我及其防御视为心理生理现实的一方面，而不只是精神分析信徒的论调了。

---

① H. Gardner, *The Mind's New Science* (New York: Basic Books, 1985), p. 6.

② J. Nemiah, “Reflections of an Aging Educator: A Tale of Two Residents” (Teacher of the Year Award Address presented to the Association of Academic Psychiatry, Seattle, 1990).

Contents 目录

心理学家罗伯特·怀特在1952年写道："我们对于环境如何塑造人了解颇多，这些知识很重要；对于人如何塑造环境我们却知之甚少，而这些知识同样重要。"

这一章讲述了六个自我欺骗或者重新建构环境的例子，还介绍了创造性和成人发展两个主题，这两个主题和防御一起构成了——自我的智慧。

聪明的读者在思考不同的适应风格时，最常提出的问题包括：

（1）有多少种防御?

（2）如何识别一种防御属于哪种类型?

（3）能否有目的地使用防御或者教他人使用更具适应性的防御?

（4）防御何时是一个症状，何时是适应性的?

（5）有些防御仅限于特定的环境、情感或关系吗？有些防御具有性别、文化或历史时期的特性吗?

（6）每一种人格类型都使用一种独特的防御吗?

（7）不使用防御时，我们如何应对？换句话说，当一种防御成为有意识的，是什么替代了它?

（8）打破防御对治疗有益吗？如果是这样，如何告诉人们他们正在使用防御?

（9）防御风格是不可改变的，还是随时间而变化的？成人的发展会影响防御的选择吗?

这份清单并没有穷尽所有可能的问题，但对于一个章节来讲已经足够长了。

有三个问题是必须回答的。

第一个是:能够在私密的精神分析设置之外可靠地识别防御吗?

第二个是:我们潜意识的压力管理方式真的有影响吗?我们的心灵改变内部和外部现实的方式,会影响身体健康吗?

第三个是:能够证明防御的成熟是独立于环境之外而不是又一个社会阶层的产物吗?

这一章结合了三个已经进行了50~70年的纵向研究,回答了这三个问题。

34岁的列夫·托尔斯泰伯爵克服了他长久以来对亲密关系的厌恶,与索尼亚·贝尔斯坠入爱河。他们的婚姻持续了四十年,并且有十三个孩子,还有莱福特所说的“永无止境的责任”。

托尔斯泰写道,“如果有人告诉我,应该写一本书来证明我对所有社会问题的看法是绝对正确的,我甚至不愿在这上面花费两个小时;但是如果有人告诉我,我所写的东西在二十年后会被现在的孩子们长大后阅读,他们在看书的时候会哭会笑,并且因此更加热爱生活,那么我将投入全部的生命和力量。”

他的繁衍比他的语言更有说服力。

如果一个人不沿着上一章所描述的螺旋式阶梯往上发展会怎样?本章及下一章将阐明为了使成长和创造成为可能,自我必须掌握的力量。

的母亲。这样一种替补式的情感往往可以滋养被虐待、被忽视的孩子，使他们更好地成长。

不成熟型防御是人格障碍的基石。

面对他人的不成熟防御，我们会感到被掌控、被纠缠，甚至是被侵犯，甚至也会让我们产生歪曲。

不成熟防御通过允许一个人侵入他人的骨髓而发挥作用。

与此相比，成熟防御则是诚实的、道德的，拥有一种安全、较少侵入性的亲密关系。

成熟防御的使用者有着诚实和道德，骗子和罪人则有着侵入我们的内心世界、唤醒我们最古老渴望的能力，只有艺术家能够完美结合二者。

生活总会令人感到出其不意。

有时，不可预知的结果是悲剧性的：充满希望的青春在监狱里终结，或者被毒品摧毁；慈爱的、脆弱的母亲因为白血病失去了唯一的孩子。这类情景中，我们从未知的事物中收获甚少。

另一类无法预知的结果则意味深长：一个生活中有着不利因素的年轻人获得充满爱的、创造性的成功；一个“缺少机会的”孩子成为一个快乐健康的成人。从他们身上，我们能获得很多启发。

自我如何学会点石成金呢？

约瑟夫·康拉德做出充满苦涩的预言，“可悲的人啊，在青春年少时没有学会用心期待，真心热爱，相信生活”。成熟的自我功能又如何抵消它呢？

我相信，自我可以在成年生活中通过对他人的内化做到这些，就像他们曾经在童年做到的那样。

最后，我们将看看我们如何内化所爱的人和爱我们的人。

1

为什么要推崇人类的自我意识？

试图掌控、整合，让体验有意义，
不是自我的众多功能中之一，
而是自我的核心。
——简·洛文杰（Jane Loevinger）

不久前，在加利福尼亚的一所游乐场里，我看到了人们玩过山车时惊险刺激的情景。过山车满载兴奋的游客，逐渐积攒速度，冲上环形轨道，悬浮地倒挂在顶端，游客张开双臂享受整个过程，我注意到他们体验到的是一种快乐、放松和喜悦的感觉。然而可以想象，对我自己来说，这种体验绝对是没有什么快乐可言的。我估计随之而来的，肯定只有躯体受到的冲击。过山车带来的压力可能只会让我体内的黏液囊积满钙质，胃内壁被胃酸腐蚀，冠状动脉内壁沉积胆固醇，免疫系统受到大量皮质类固醇的危害。这种体验甚至可能会让我减寿数年。

通过什么样的炼金术，这些快乐游客的大脑缓解了那些只会激发我恐惧和痛苦的体验呢？即使我冒险加入他们，我们之间的差别也不在于对风险的认识上。毕竟，大多数时候，游乐场并没有发生什么糟糕的事。我知道这一点。我们意识上对压力管理的认知也没有什么差别。毕竟我是一个精神病学的教授，关于应激我也了解了非常多的内容。我能够和旁人一样，深呼吸然后想象出平静的蓝色珊瑚礁。这种差别也无关于我们所体验到的外部应激，因为当我们倒挂在离地面30米高的半空中都会有同样的无助感。差别在于，我们的心理、我们的自我及对体验的歪曲方式。

自我是一种难以捉摸的比喻。心理学家和精神病学家都很难用术语定义什么是一个好自我，或描述应该如何测量它。在某种程度上，这是因为心理健康的概念是作为理论构架存在的，而非操作性行为。但是，即使我们煞费苦心地给出了心理健康的定义，自我仍然是机体中的神一般神秘的存在。

本书书名《自我的智慧》指的不是浮夸的智慧，而是中枢神经系统整合适应性的智慧。自我的概念表明了这种整合内部与外部现实、调和过去与现在、综合感受与想法的心理功能。和西格蒙德·弗洛伊德一样，我用“自我”一词表达具备自我保存、自我执行功能的自我。柏拉图曾说，自我就像同时驾驭两匹马——无私的道德和自私的本能的敏捷骑手。同时，自我也包含那些我们大脑能够进行的，但世界上最精密的电脑也无法做到的所有复杂行为。比如，对面部的识别、对签名和仿造的雷诺阿（Renoirs）（的画）的识别，这些任务远超过电脑之所及，只能被训练有素的人脑稳定地完成。

最初，弗洛伊德认为，自我就好比柏拉图所说的试着同时骑两匹马的骑手，被本我自私的冲动所驱使，被超我道德的枷锁所束缚，被现实所拒绝。自我挣扎着应对并降低这些压力，以达到某种程度的和谐。自我试着延迟我们本能的行为，于是我们会三思而后行。由此，它能够“中和”本能的驱力。这通常是一种逐渐的转化过程，但是，在皈依宗教的案例中，这种可以延迟本能的能力的发展也可能是突然产生的。

之后，弗洛伊德的自我模式进一步发展。个体的外在环境和内在环境同样具有威胁性。现在，与本我和超我一样，人际关系和外部现实也被认为对潜意识冲突有重要的影响。因此，自我必须控制四匹马：欲望、道德、他人和现实。

神经心理学家迈克尔·伽扎尼加（Michael Gazzaniga）尝试通过研究那些在外科手术中被分割大脑左右半球的病人，得出自我的定义。伽扎尼加告诉我们：“对裂脑人的研究显示，左半球存在一个由一群模块所组成的系统，负责阐释行为、情绪和思维过程，在我们意识觉察的领域外采取行动。左半球的‘阐释者’构建了关于这些行为和感觉的理论，并试图为我们的意识建立秩序和统一。这是一个特殊的、独立于语言过程的系统，它似乎是人类大脑所独有的，且与大脑进行因果推论的特殊功能有关。”[①]

伽扎尼加所探讨的就是“自体”（self）。这个自体拥有主观的体验，有思想和躯体的感受。但自我没有经验，它是一个有组织性的心理结构，是整合的中枢神经系统集合。它仍然是不可见的，仅能够通过它的印迹被确认。我们可以看到并认可自我功能的结果，但是自我将永远保留其抽象性。

自我不只是为了适应和心理统合。它的智慧也包括防御、成人发展和创造力。自我发展的终极任务是智慧、关心和正义的融合，一种顾及他人的需要、权利和过往经历，如同我们留意自身的这些方面一样。这些自我的任务不仅包括对亲密关系的把握、对导师的认同，还包括比较的能力、承受矛盾和冲突的能力。自我使我们能够区分哪些是必须全力以赴去改变的，哪些是必须坦然接受的。

当然，我对“自我”一词的阐述并不包括自恋。毕竟，自我中心（自我主义）和以自我为核心（强调自我功能）是两个截然不同的概念。为了生存，我们必须找出这个介于无私和自私之间、介于过于轻率的自我忽视和麻痹性的自我关注之间的重要领域。因此，自我的力量包含自我-照顾，而自我-照顾与无私或自私无关。更准确地说，自我-照顾必须从长远角度出发，延伸至一个既能够强化自我，又不会削弱他人的领域。适应性自我必须学会“真心行善，自有回报”[②]，必须学会点石成金。同时就像过山车的游客们，自我也必须发展出一种判断正确的自我欺骗能力。我们会看到，不管这种自我欺骗会把我们领向艺术还是疯癫，自我的炼金术简直是一项奇迹。

最后，自我发展与道德发展也没有什么不同。诗人爱德华·罗宾逊（Edward Arlington Robinson）在给一个朋友的信中写道：“世界不是一座监狱，而是一所心灵的幼稚园，其中成千上万个困惑的婴儿试图用错误的积木

---

① M.S. Gazzaniga, “Organization of the Human Brain,” *Science* 245 (1989): 947-952, p. 947.

② 源自圣经，“cast its bread upon the waters so that the bread will return tenfold”。——译者注

拼出上帝。”[①]把“D”换成“E”，用那些幼稚园的积木拼出自我，和拼出上帝一样简单。[②]请思考一下偏执者和利他者的区别。两者都声称自己直觉地知道他人是如何感受的。其差别是利他者是正确的，而偏执者只看到他自己。但是，随着时间的推移，偏执可以发展为利他。随着适应性能力的成熟，偏执可以演变为共情，投射可以演变为利他，罪人可以演变为圣人。自我发展反映我们所做出的持续努力，使具有自我消减的投射罪恶演变为自我扩展的共情美德。自我发展的过程包含了自我欺骗，以及智慧和创造力的成长。

* * * *

自我拥有一种卓越的、为了保护生活而进行歪曲（distortion）的能力。我已经提到，这种歪曲会以投射、利他，或者像快乐的过山车游客那样以解离的形式进行。好比安慰剂的神奇作用、对原始萨满的崇拜、人类的疯狂及艺术的力量，人类所具备的独一无二的、创造性的、治愈性的自我欺骗能力，似乎是无穷尽的。的确，与杰出的生物学家沃尔特·B. 坎农所说的“身体的智慧”，即身体对内稳态的自我调节能力相比，心理的炼金术可能更加奇妙、深邃。很多环境刺激会危害我们的健康，只是因为我们所赋予它们的象征性意义。而其他刺激，像过山车，则通过潜意识的适应机制让我们感到安全。美国著名的试飞员查克·耶格尔（Chuck Yeager）强调的“良好的素质”，不仅仅源于毅力、压力管理和熟练的飞行指导等方面的功能。很多人都无法成为飞行员，很多飞行员也无法成为试飞员，即使试飞员们也对耶格尔表现出的“炫酷”表示不可思议。即使耶格尔做到了全神贯注于他的内部和外部现实，他也在飞行中感到过害怕，如果对这些现实哪怕只有片刻的疏忽，他可能就会丧命。他的自我智慧在于创造了一种积极有效的平衡，它介

① D. Shutcliffe, ed., *Untriangulated Stars: The Letters of Edwin Arlington Robinson to Harry DeForest Smith* (Cambridge, Mass.: Harvard University Press, 1947), p. 325.

② 上帝为“GOD”，自我为“EGO”，二者字母只有“D”和“E”的区别。——译者注

于自我欺骗与精确鉴别内部和外部现实之间。用我们的日常用语来讲，这种微妙的平衡称为应对（coping），但这是一种非常特殊的应对。

我们的心理会通过三种截然不同的方式应对压力和危险。首先，我们能够接受他人的帮助：试飞员会接受共情和技术性的飞行指导。这通常被称为社会支持，一般是自发性的。其次，我们能够调动自我能动性，学习自助的方法：试飞员能够通过演练来学习对压力和突发事件的处理。这种演练有时可以被称为认知应对策略。再次，我们可以运用自发的、潜意识的策略。精神分析称之为自我防御机制。就像不怕危险的过山车游客所运用的机制，第三种应对过程，亦即对防御机制的运用，通过一种自然而然的方式改变了对内部和外部现实的认知。这种对现实的心理歪曲通常能够缓解焦虑和抑郁，并降低压力对生理和心理的消耗。

但是，防御工作并不只为了应对现实中过山车式的危险，也是为了应对危险的关系、欲望和禁忌。同时，防御机制能够缩减对本能的“愿望”、爱和欲望的觉察，也能够将人们的激情转换为其反面或者中性位置。请设想一下，9岁的男孩如何躲开女孩们热烈的亲吻，转而热情地寻求中性的棒球运动。防御也能够模糊对文化禁忌的认知。设想一下，青少年如何忽略父母极度理性的禁令，在他们自己的地盘为自己的行为设立一些不同寻常的规则。

为了阐明，也为了强调这三种应对方式，我仅集中探讨第三种，即最不易被察觉的一种方式。让我们先来看看自我智慧对压力的管理和坎农“身体智慧”对肺结核的处理这两种平行过程。为了应对一种传染性疾病，比如肺结核，病人有三种选择。首先，他可以从疗养院，比如阿迪朗达克的特鲁多（Trudeau）疗养院[①]或者托马斯·曼的魔山，寻求帮助和社会支持。在抗生素被发明之前，肺结核的治疗是一个社会问题，治愈的部分过程来自从他人那里获得力量、希望和经验。应对压力也同样如此。同样，如果我能握住一双温暖有力的手，我或许可以试着去体验一回过山车的疯狂。

---

① 美国早期著名肺结核疗养院，建于1885年。——译者注

其次，肺结核病人可以阅读最新的医学杂志，为自己制定一套科学的治疗和康复计划。当然，这可能需要非常小心的尝试。学习对压力的认知应对策略也非常重要，当前在美国已掀起一股“学习”压力管理的热潮。显然，这是我在游乐场学到的一课。我明智地选择不去买票，以躲过这无法言说的痛苦。

再次，凭借其身体智慧，病人的身体能够自发激活白细胞，并“无意识地”产生抗体来对抗入侵的分歧杆菌。以类似的方式，过山车乘客能够不用努力也不用意志就从危险和恐惧中解离出来。心理的防御机制就像身体的免疫系统一样。汉斯·塞利（Hans Selye），这位伟大的研究压力的加拿大学者写道：“压力可以扼杀我们。”他仅强调了等式的一半。更加重要的事实是，防御能够使我们幸存。

就像免疫系统能够抵御肺结核一样，自我能够防御压力。如果肺结核病人“恰当地”使用免疫机制，他的病就不会非常严重。但是，如果他的免疫系统启动得过弱或过强，结果可能是灾难性的。确实，很多肺结核慢性并发症并不是源于传染性的分歧杆菌，而是源于机体与其对抗的结果。同样，很多被称为精神疾病的表现，反映了我们防御机制的“不恰当”使用。如果我们很好地运用了防御，就会被认为是心理健康、有道德、有趣、有创造性和利他的。如果我们运用得很糟糕，精神科医生会给我们下诊断，邻居会讨厌我们，社会也会给我们打上不道德的烙印。

我希望读者能够清楚地了解，当我用这个传统的术语“防御机制”时，说的是应对——适应。它即使疯狂，也像我们的梦一样，反映了我们的自我挣扎着要求掌控、整合，让异常的大脑功能变得有意义。如果我们不能咳嗽或产生脓液，就可能会丧命。如果我们无法潜意识地歪曲内部和外部现实，就会陷入焦虑和抑郁。

但是读者们，要注意了。以上内容仅是本书的开篇几页，我已经开始试着用比喻来讨论科学了。在理解自我防御时，“机制”这个术语并不像免疫机制那样具体、有形，“防御”并不是一种大脑活动恒定不变的生理模式。防御是一种描述性的比喻，以表示通过思维、感觉和行为等方式建立对现实的暂时遮蔽。防御涉及中枢神经系统最高级的整合性调节过程，人们无法简单地从日常的行为、思维和感觉中将其辨识出来。分歧即在于此。梅尔文·康纳（Melvin Konner），一位非常有思想的生物社会学家和人类学家写道："适应是所有科学最难解释的谜题，是一种遗传上无法证实的，然而显然有用的概念。"[①]要讨论这种现象，彩虹是一个有用的比喻。思维过于缜密的科学家可能会认为彩虹是一种幻象。确实，靠近看时，它们确实会消失。诚然，彩虹在空中没有实际的定位，也没有具体的起点和终点。但是和飞碟不同，彩虹会在照片上显影，每个人都看见过它。不过，对彩虹的——以及对自我防御的——充分赞美和确认，有时需要借助画家和诗人而非科学家的语言。

* * * *

在我刚上班的时候，我所在的精神病学系主任提醒我，如果我打算给一年级的医学生讲防御机制，很可能他们会不感兴趣。他认为，精神分析的深奥原理应当在后阶段的精神科训练中涉及。但是他错了，因为相信潜意识心理防御的人不再仅仅局限于那些虔诚的精神分析理论信徒了。国家元首知道投射，生态学家会自如地提到置换，传记作家及目前越来越多的社会历史学家也早已熟悉升华和压抑。

然而，学院派心理学普遍上始终保持对潜意识，特别是对防御机制的怀疑。"认知革命"已忽略了防御，只在最近，当代实验心理学才探索着要重新使用一种语言来描述调节性的自我欺骗。这种误解既源于苛责的，也许有时是有限的学院派心理学的经验主义，也源于精神分析学派给出的自私借口以忽视经验主义。

对防御机制的质疑在很多方面是毫无根据的。现代实验心理学家们常

---

① M. Konner, *The Tangled Wing* (New York: Holt, Rinehart and Winston, 1982), p. 20.

会忘记弗洛伊德一开始也是科学经验主义者。很多现代心理学家尝试研究人格的过程，就像是只通过阅读台词就希望能理解歌剧一样，而弗洛伊德坚持认为，参与音乐本身才能彻底理解歌剧。在形容落日余晖之绚丽的科学现象或心碎欲绝的悲痛时，约翰·济慈（John Keats）、朱塞佩·威尔第（Guiseppe Verdi）和威廉·莎士比亚的比喻确实比伊曼努尔·康德（Immanuel Kant）或伯尔赫斯·斯金纳（B. F. Skinner）记录性的散文更加简单、出彩。弗洛伊德一再重申，人类会守护自己免于看不见或不可控力量的侵扰。现代科学对下丘脑和边缘系统的研究使这些力量的重要性无可置疑。好消息是，心理学家最近已开始重新探索防御机制。但是，他们的术语与我的区别是：他们尝试让这些防御操作化，比如“自我欺骗”“安慰性否认”“认知调节机制”。

同时，对防御机制的质疑在很多方面是完全有道理的。在对防御进行概念化时，弗洛伊德犯了很多错误。首先，他认为防御只是病理性的，完全的分析应当意味着放弃防御。进而弗洛伊德认为防御并不总是平衡稳定的，也并不总能够使哪怕心理最健康的成人免于焦虑和抑郁的困扰。其次，他误认为所有病理性的防御都源自童年期。另外，由于他自身的生活经历和历史原因，弗洛伊德认为防御只与性冲突相关，而忽略了防御对攻击、悲痛、依赖、亲切与快乐的重要调节作用。最后，由于仅孤立地研究诊室里的病人，弗洛伊德忽视了自我防御在关系中的调节作用。他过于强调心理学中的驱力，却很少关注关系。其他人，像梅兰妮·克莱茵、哈里·斯塔克·沙利文和奥托·肯伯格都致力于扩展弗洛伊德对防御认识的局限性。他们教会了临床工作者认识防御如何调节和歪曲外在关系和内化表征，就如认识防御如何调节内心的驱力和情感。

19世纪，生物科学的发展使人们开始能够严肃看待弗洛伊德对防御机制的阐释。到19世纪末期，人们首次认识到大脑从解剖学上来讲是独立分区的感觉器官，由单个细胞构成，可以通过染色、置于显微镜下观察其组织形态及连接。1897年，查理士·谢灵顿爵士（Sir Charles Sherrington）证实这些细胞通过突触相连，并形成感觉束。[①]

谢灵顿和其他人的发现使得一位训练有素的神经科医生，弗洛伊德，证实大脑是有欺骗性的——在中枢神经系统正常的情况下，“癔症”病人出现瘫痪性感觉缺失和中风的症状。比如，只要把手的“真性”感觉束的分布标记下来，神经科医生就能够证实手套状（而不是从肘部到指尖）感觉缺失的病例是缺乏生物学基础的。这些感觉缺失是病人想象中自发产生的。但是，这些病人也并不是故意装病，因为他们不会避开针扎的刺激。整合的神经系统会练习适应性的，甚至创造性的自我欺骗。病人能够在催眠的状态下感觉不到拔牙的疼痛，并且能够谈论这个过程。20世纪，神经生物学确实证明了弗洛伊德大部分关于梦的说法是错误的，但是，弗洛伊德基于19世纪神经生物学知识所写的很多著作仍然是生物学的经典之作。

弗洛伊德也指出，只有诗性的科学才能够做到理解人类的冲突，那些冲突大多数是非言语的，而我所指的诗性是承载情感的（affect-laden）。这种科学需要在意识上对非语言的感觉和情感色彩保持诗人般的想象和敏锐。用社会生物学家兼诗人梅尔文·康纳（Melvin Konner）的话讲，“弗洛伊德所描述的‘潜意识’确实是一种非凡的比喻性构造。伴随情感的起伏、深刻体验的蓄积、身体和迸发的感受表达印记的融合，它（潜意识）能够形成梦境、失误、信念、症状、一贯的言行模式，然而对其机制我们仍然一无所知”。[②]但潜意识其实是一种误称。它仅仅指那些我们缺乏足够语言和理解的人类体验。

不管怎样，现代实验神经生物学支持弗洛伊德对潜意识冲突的比喻，更重要的是，这种冲突能够在实验中被复制。实验室里，心理学家能够证实有意义的心理活动能以非语言的状态存在于大脑。研究表明，大多数人的语

① C. S. Sherrington, *The Integrative Action of the Nervous System* (London: Oxford University Press, 1911).

② Konner, *The Tangled Wing*, p. 180.

言和逻辑分析能力定位于大脑左半球。迈克尔·伽扎尼加通过外科手术分离病人左右脑半球，研究在不知道右半球看到什么的情况下（负责言语、逻辑的）左半球会发生什么。他在一项研究中发现，我们给右半球呈现一系列电影片段，内容或者暴力或者平和。我们使用一种装置，保证向被试右半球持续呈现视觉图片的同时，其眼睛固定在某一点上。电脑系统精细地追踪眼睛注视的位置，如果它们从固定点移开，电影就会自动断电关闭。比如，一次测试中，向右半球呈现一个人把另一个人扔进火堆。她（具体来讲，是她的被手术分离的左半球）反馈道，"我不太清楚看到了什么。我想只是一片白光。可能是一些树，像秋天红色的树。我不知道为什么，但我确实感到某种恐惧。我感到心惊肉跳。我不喜欢这个房间，可能是你让我感到紧张。"然后她说，"我知道我喜欢伽扎尼加医生，但是现在我因为某种原因害怕他"。很显然，与影片相关的情感基调从右半球传到了左半球。左半球并不知道电影内容……但仍需要处理它。左脑阐释者编造了一个故事来解释大脑新感觉到的状态。[①]

这位女士承认看到的只是秋天的树叶、火的颜色，但它们确实让她紧张。精神分析师可能将她的反应称为压抑，不过这种解释可能显得太不信任大脑整合的能力了。

在20世纪60年代早期，精神病学家研究证明，随着压力的增加，肾上腺分泌的皮质类固醇（皮质醇）也会增加。通过监测血液中的这些类固醇的浓度，科学家似乎找到了一种客观的方法来测量压力。如果第一次离开家进入大学或进入医院会导致血类固醇的轻度升高，科学家们会问，什么样的压力可能会导致它的急剧升高？研究者把研究场所从华盛顿安静的实验室搬到越南战场。[②]试图研究在战斗前线枪林弹雨中的环境中，人们的血类固醇水平

---

① M. S. Gazzaniga, *Mind Matters* (Boston: Houghton Mifflin, 1988), pp. 13-14.

② P. G. Bourne, R. M. Rose, and J. W. Mason, "Urinary 17-OHCS Levels in Combat," *Archives of General Psychiatry* 19 (1988): 135-144.

会怎样？为了查明这一点，研究者收集了越南前线士兵的尿液样本，并送回华盛顿进行检测。研究者会对那些经检测皮质醇水平没有升高的前线士兵进行访谈。他们解释说，在前线阵地感到非常安全，并认为真正处于压力中的人可能是驾驶武装直升机的飞行员们。后者的尿液样本也被收集、检测。同样，他们的皮质醇也没有升高。当被问及为什么时，这些飞行员指出，飞机可以灵活地躲避敌人的射击。他们建议研究者如果想研究压力，或许可以去采访一下前线阵地的士兵。每组人都表示他们并没有感到压力，他们的身体也相信这一点。换句话说，20世纪的内分泌学家们找到了证据，适应性自我欺骗的激素变化和19世纪神经学家发现的痛苦及各种感觉之下出现的生理变化是同一类的。

迈克尔·路特（Michael Rutter），一位著名的英国儿童精神分析师及儿童心理弹性的研究者，指出仅仅关注压力源、剔除保护因素，这无法解释不同个体应对压力时的显著差异。他指出“常常可以看到，即使处于最严重的应激和最艰难的困境，大部分孩子也不会屈服……即使各种生活事件的扰动会增加抑郁的风险，大多数人通常也不会变得抑郁”。[①]换言之，因为免疫系统（即他们的防御机制）能力的不同，个体对传染的抵抗力（即他们应对压力的能力）也有显著差异。压力不会扼杀我们，因为防御使我们得以幸存。

* * * *

如果我承认防御是彩虹般的幻象，我最好也证明一下防御和彩虹一样真实，并且还重要得多。如果我想保留弗洛伊德学说的这个“婴儿”，我必须小心地倒掉洗澡水。幻想、诗意、自由联想都是弗洛伊德所信赖的，但是它

---

① M. Rutter, “Resilience in the Face of Adversities,” *BritishJournal of Psychiatry* 147 (1985): 598-611.

们容易被误解。毕竟，我们必须从弗洛伊德的精神分析沙发上离开，像伽扎尼加那样，在实验室或者更好是在现实世界研究弗洛伊德的精神分析。本书中，我应当将如诗的案例化为数据表格，但无论科学如何值得尊敬，也还是需要强调表格对于彩虹和人类自我的解释局限。总之，当我列举案例时，自我的现象将会非常清晰地呈现出来。大部分案例都来自哈佛成人发展研究，我将在第5章具体介绍。首先，我必须说明一下防御机制——自发性调节应对过程——的一些基本属性：

1. 防御反映了创造性的整合。大脑创造一种前所未有的知觉，且并不仅源于外部现实。从这一点来说，防御行为与艺术类似。

2. 防御是相对潜意识的，其使用也是相对自发的。

3. 防御会歪曲内部和/或外部现实。

4. 防御会歪曲情感与思维之间、主体和客体之间的关系。

5. 防御多数情况下是健康而非病态的。

6. 防御常会让其他人觉得不可思议，本人却感觉不到。

7. 随着时间的推移，防御会逐渐成熟，并从心理“疾病”发展为心理健康。

让我来提供一种防御的形象例证——一张彩虹图片，如果你愿意，通过我的显微镜（哈佛成人发展研究）进行观察。研究中，我采访过一位内科医生，他接受该项研究达三十年的时间。他兴致勃勃地跟我讲到了他的爱好：在地下室进行组织培养。然后他继续激动地告诉我，其中一些细胞取自他母亲腿部的一处伤口。他觉得自己对组织培养的爱好是世上最平常不过的事情。但是，当我把他的爱好讲给另一个人听时，当然没有像这位医生那样带着一种充斥着房间的不安笑声。对方觉得，这位医生，像一个孩子养花似的在地下室培养他妈妈的细胞，这很罕见，甚至是病态的。简而言之，这位医生觉得自己的行为很正常，旁观者则视其怪异，就好像我们经常认为别人的宗教信仰、政治和梦是不合适的。因此，他们会笑。但是，每个人都可以拥有某种特殊的爱好。对这位内科医生的爱好需要说明的是，临近访谈结束时，他告诉我——用一种最实事求是的态度——他妈妈三周前才去世。当得知他对她的爱之深切时，我问他如何应对她的去世。他说，自己是一名医生，得花时间去安慰父亲。意识层面上，这个男人理性地——他非常擅长理性思考——认识到自己在承受失去母亲的悲痛的同时，需要去照顾另一个人。换用他自己的话说，他用利他行为作为应对策略。如果我仅仅对意识层面的应对策略感兴趣，我可能也会把他对其母亲去世的应对方式归为利他。不同的是，我认为其安慰的力量源于一种他自己可能都没有察觉到的关联。我推测在某种程度上，他认为妈妈还活着并住在他的地下室，这种想法可能是隐秘的安慰源泉。显然，他描述职业爱好时的那种积极和热情常常是人们对某人或对艺术的态度。他讲述母亲去世时的温柔，就好像是在描绘秋天叶落之境——或组织培养。

简而言之，防御是创造性的、健康的、安抚性的、有应对力的，并常会让观察者彻头彻尾地感到冲击和怪异。但这是为什么防御——像免疫机制一样——提供了适应，也是为什么防御通过对痛苦提供一系列过滤网和自我欺骗的机制来整合体验的原因。防御创造性地重构了冲突的来源，使之变得能够被掌控。一方面，一个长大的孩子把对过世的母亲的真实之爱，转向他喜爱的组织文化。自我心理学家常称这一过程为置换（displacement）。另一方面，医生们发现能够用这种理性的、知性的兴趣进行组织培养，并承受病人的去世，这种兴趣与他母亲的去世有关。自我心理学家常称这一过程为情感隔离（isolation of affect）。跟投射、解离一样，置换和隔离也是防御机制的常备剧目部分。

防御源于创造性的整合。防御常体现在绘画、梦、恐惧、幻觉、幽默和宗教体验上。同样，防御是兴趣行为、疯狂和艺术的基本结构模块。它们有助于我们对善和恶非理性部分的理解。但即使防御对冲突进行整合、解释和控制，它们仍然很难被描述。就像彩虹和流星，时隐时现。

防御，无法像构成有形世界的化学元素那样，被规整到一个周期表里。毕竟，创造性的整合是大脑活动最高级的产物。就像我们不能认为莫扎特的神奇音乐只是一种大脑神经回路的误连，或是被一位出色的、有音乐天赋的父亲社会化的结果。类似地，我们非常了解水晶形成的物理过程，然而我们无法完全分析雪花形成的复杂性——每朵雪花都有唯一的结构，这是一种独特魅力的创造。解释莫扎特或雪花的艺术，远比解释神经元和水晶形成复杂得多。

不管怎样，我也要试着将防御系统化。我试想它们是真实的、能够像颜色一样被分类——彩虹的颜色。实际上，下一章我将列出防御的类别周期表。但就像彩虹的颜色，而不像化学元素，各种防御之间是互相融合的。一本辞典里收录了大量有关颜色的词汇，心理学著作也收录了各种关于调节应对过程的专业术语。但是不管我们的语言对颜色、对自发性调节应对过程的描述有多么别具一格，彩虹和创造性适应都是真实存在的。

防御是“潜意识”的。如果防御的歪曲作用像梦和诗一样富有创造性，它们对运用者来说是不被觉知的，也很难有说服力，就像哥伦布的反对者不相信地球是圆的。我采访的这位内科医生没有看到这种矛盾性，即他对这种爱好的热情和他叙述母亲去世时的平淡。而看到这一点可能会破坏他自我欺骗的实用性。防御，很必要的一点，是“潜意识”的。不是说运用者没有觉察到这种防御行为，而是说运用者没有辨识出这种行为是一种防御。

如果我们明白，自己正在用一种防御，它就不起作用了。牙科医生会在催眠下进行治疗，如果我们打破这种恍惚状态并提醒病人疼痛，治疗过程将会非常煎熬。如果这位内科医生觉察到自己的爱好和母亲去世之间的联系，他可能会痛哭流涕。然而，我们必须谨记，潜意识是相对的。认知心理学家能够通过想象实验告诉我们，最舒适的自我欺骗也只是部分被压抑。比如，在我们吹灭生日蜡烛之后，许愿的内容是不会告诉别人的。秘密增强了自我欺骗，幻想仅在秘密状态时才具有安慰性，而自我欺骗也只是片面的。

防御会歪曲、否认并压抑现实。防御通过改变内部和外部现实来实现否认和自我欺骗。听到某位心爱的人或名人突然去世，人们正常的反应是“哦，不！这不是真的。我不相信”。一个关于否认的更戏剧化的例子是，我熟知的一位全科医生患上巴比妥类药物依赖。严重的药物依赖导致他口齿不清、步态不稳、水平眼球震颤，以及病因不明的癫痫发作。这位医生因为成瘾无法面对他人或自己，他求助于一位神经科医生。他的神经科医生无法相信（如果相信的话，可能会焦虑或抑郁）自己的同事对巴比妥产生依赖，暂时给出了一个似是而非的、同样会有类似症状的诊断——脑肿瘤。那时，计算机辅助断层扫描（CAT扫描）技术还没有被用于临床检查，诊断的方法是把气体打进病人的脑室。这就意味着需要在病人的头颅上钻个洞，把针插进大脑。即使在这个时候，他也没有意识到自己的成瘾，就这样让自己的脑袋被钻了个洞——一种完全没有必要和偏离的诊断过程。这位全科医生的行为可以被视为一种明显的歪曲或对外部现实的否认。不像我所提及的置换（内科医生）和解离（过山车游客），我们常将这种对外部现实的忽视与精神病状态联系在一起。然而在这个例子中，这位全科医生并没有疯，只是有严重的巴比妥依赖和极度的羞愧感。

防御会改变情感与理智之间的关系。防御能够改变情绪和思维之间的联结，以及产生情绪的本人及所指向之人的联结。情感，被认为是有情绪色彩的心理表征，已被证明由大脑边缘系统或嗅脑——仅存在哺乳动物中的一部分高度发展的脑区——产生。爱与恨、恶心的气味和伤感的歌曲、唤起的记忆和癫痫前兆等统统被哺乳动物的大脑颞叶（边缘系统）精细地加工。相对而言，思维、逻辑心理过程，以及抽象形式认知被认为是唯一得到进化的人类脑皮质所负责的内容。

颞叶或边缘系统的脑区专门负责情绪认知。脑海中对另一个人的记忆与某种气味、旋律相关。但是，我们对一个人气味的记忆方式和对其名字的记忆方式是截然不同的。我们对歌曲旋律的记忆方式和对歌词的记忆方式也是不同的。前者更容易使我们哭泣或歌唱。这是情感的属性。一种情感能够将某种感觉和某个客体（通常是一个人）永远地联系在一起。自我的一项主要任务是平衡和调节哺乳动物特有的边缘系统及人类特有的大脑皮层之间的交互过程。

图1用图解的方法阐释了前文那位内科医生整合感受和想法时产生的心理歪曲，他是如何用组织培养这种爱好来防御悲伤的。通过他这种特殊的防御方式，想法和情绪的移位得以实现，精神科医师称之为隔离和置换。

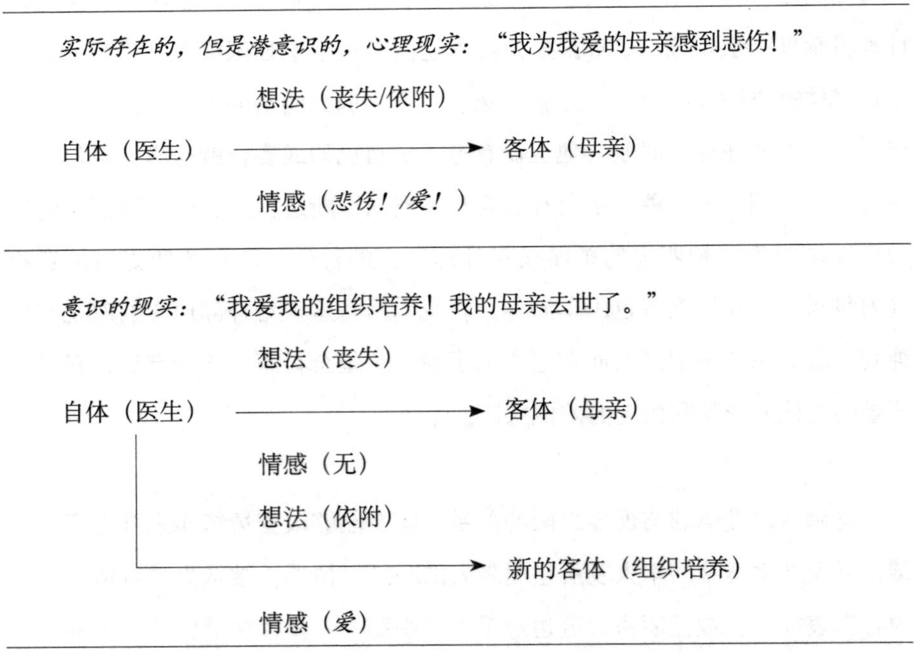

图1　一种适应性心理工作模式，阐释隔离和置换的防御机制

图1中阐释的大脑思维模式——有时是指弗洛伊德所指的“地形学”模式——提示防御机制的任务是缓解内科医生的内心冲突。有四个部分：主体、客体、想法和感受，防御通过系统性交替的意识觉察到其中一个或几个部分来实现其功能。图1中，一种想法（丧失）与其情感（悲伤）是分离

的，情感被移除（隔离）到意识之外。另一种想法（依恋）与其情感（爱）从去世的重要人物身上被分离开来，转而再附属（置换）到依然存活的、更加具有中性色彩的组织文化上。第一个过程通常被称为隔离和继发性置换。图示设定，一个层面是觉察到的内部和外部现实，另一个更真实的潜意识层面是没有被觉察到的，即“被压抑的”（repressed）。但要注意的是，我这里提到的“压抑”（repression）是一个广义的概念。第2章我会重新定义狭义上的压抑，即作为一种特殊的防御机制，情感是能够被意识到的，但与相关的被压抑想法分隔开了。有时，弗洛伊德将此加以区别；而有时，他却用“压抑”这个词来指代所有防御过程。当我们读到第2章时，就会发现语义学解释防御之困难重重。

防御是健康的。不管对观察者来说防御是怎样的混乱、病态、罪恶或非理性，这些都是一种适应性的反应，来自一个完好无损的、运转的大脑。就本身而言，防御并不是疾病的证据。在免疫系统的例子中，不管结果是怎样的适应不良，防御也都是被用来应对的。“防御”和“应对”的区别有时是武断的，就像很难区分不健康的痤疮脓液和健康白细胞吞噬入侵细菌之间的差别。引发防御和动员白细胞的情境是危险的，我们会竭尽全力去应对。而适应和适应不良的区别常常是被旁观者一一看在眼里的。

这些明显非理性的、自我欺骗式的防御，和负鼠装死、母鹌鹑装作翅膀受伤从灌木丛中逃跑一样，是健康的。只有拥有健康中枢神经系统的负鼠或鹌鹑才能完成这样的欺骗。斯大林和希特勒很可能就是严重的偏执狂。我们可以称他们的投射是“病态”的，但这两个人又确实属于20世纪最有天赋的领导者之一。与有明确大脑损害的但更道德的英国国王乔治三世和伍德罗·威尔逊相比，他们对投射的运用和他们的心理行为，不管怎样的怪异和对他人具有破坏性，都使他们成为更有效的领导者。前两位因为疾病（分别是卟啉症和脑中风）而失去能力。斯大林和希特勒通过对大脑功能纯熟的运用，偏执性地歪曲了内部和外部现实，而变得对社会更加危险，如果说他们不是聪明，那也算得上太精通防御的运用了。

防御机制的运用很像发热、咳嗽和白细胞的作用。我们会为发烧或生疥而担心患病，但没有这两样我们无法生存。唯一一位获诺贝尔奖的精神科医师朱利叶斯·瓦格纳·尧雷格（Julius Wagner von Jauregg）之所以获奖是因为，他发现接种疟原虫可以治疗麻痹性痴呆（神经梅毒）。其原理是疟疾发作性的高热能够杀死引发梅毒的螺旋体，并阻止病人的疾病。病理性症状和发热是为健康服务的，同样，防御机制也是为了保持内稳态，使人们面对突发的冲突时免于深陷抑郁和焦虑并无法自拔。

我认识一个8岁男孩，在新罕布什尔州攀爬查克鲁瓦山（Mount Chocorua）时，爬到距山顶只有275米时他出现双腿无力和抽筋的症状。剧烈疼痛使他无法移动双腿，唯一的解决方法就是坐下来。不可思议的是，半个小时过后，当探险队其他大一些的男孩子成功登顶准备下山回家时，这个8岁男孩就像拉撒路（Lazarus）死而复生一样，又能走路了。一旦他们准备下山而不是上山，他麻痹的双腿就能够无痛地运动了。这个男孩没有生病，只是觉得很无聊、疲惫，处于劣势。他并不是故意装病逃避，他的麻痹完全符合典型的神经系统症状立行不能（astasia-abasia），也同样符合令人生畏的精神病学诊断癔症性转换反应。但不管如何定义他的防御行为，都是在服务于适应，而不是疾病。

防御常会让旁人觉得怪异。对旁人而言，防御以一种怪异的、绝对给人深刻印象的方式呈现，通常是明显不合理的。观众听到内科医生的组织培养时常会报以不安的微笑。这位8岁男孩的登山同伴开始也很焦虑，之后是不高兴。旁观者看到这种无意识的举动，会尝试更正或指责运用防御者。而后者对指出的防御行为的第一反应通常是，辩护这种行为纯属偶然。然后，他可能会理智化并“解释”为什么他的行为背后存在一个合理的动机。接着，如果继续被面质，他可能会变得焦虑、愤怒或抑郁。因为放弃防御就意味着要面对冲突。没有防御，过山车游客和内科医生都会变得非常烦躁。

旁观者可能会认为运用防御者的防御很笨，或邪恶，或病态。所有这些反应都像斥责孩子打喷嚏一样无用。我们既不能责备一个肺结核病人咳嗽，也不能忽视咳嗽所预示的内部状态紊乱。类似地，我们既不能责备自我防御机制合法的怪异是一种过失，也不能把它们忽略为小概率事件。就像肺病患者的咳嗽，我们也必须关注情绪障碍人群的怪异行为。自我的智慧，就像身体的智慧一样，只有先理解它，然后才能试图干预它。

理解防御机制对任何形式的咨询或心理治疗都很关键，因为通过理解防御机制，我们明白了为什么人们会表现得不理性。关注防御能够训练我们去发掘现象的本质。比如，如果知道潜藏在恐惧之下的置换，我们就会知道如果一直去追问病人他们害怕的具体对象是什么，很可能无法找到他们恐惧、焦虑的来源。相反，我们必须看到他们痛苦来源的其他方面。

一旦我们开始意识到防御的存在，我们会发现运用它们的人无处不在，包括我们的朋友、邻居和亲戚。恰当的反应不是叫喊“发现你啦”，也不是担心出了什么严重的问题。相反，通过理解防御，我们通常能掌控其他人让我们感到困惑的东西。当理解了这些不理性行为的原因，我们会变得不太具有评判性，并能够提供社会支持。如果我们坚持指出人们的防御，我们必须能够承担他们随后的焦虑。没有人会在内心完全暴露的状态下感到舒服。

另外，为了理解防御也需要看到很多案例中具体的精神病性诊断和疾病是不存在的。就像阿道夫·迈耶尔（Adolf Meyer）建议的，大多时候精神病学家处理的是反应（reactions），而不是疾病（diseases）。引发人类悲痛的事物很少像细菌一样特殊。保险公司目前不会为客户或精神科领域提供疾病之外（比如不舒服之类）的赔偿。另外，有时痛苦应当用于引导我们找到最初的诱因，而不是不加思考地一味消除它们。因此，内科医生不再不假思索地去用药物治疗病人的咳嗽和腹痛。相反，他们会去寻找原因——卡在气管上的鱼刺或者需要摘除的发炎的阑尾。这种寻找原因的思路对很多所谓的焦虑和重度抑郁障碍可能是很必要的，那些可能只是一些源于未被觉察的痛苦的症状。症状和防御一定不能和疾病混淆起来。

在试图弄清一种防御的性质和现实的时候，我希望从一开始就列举出会出现的问题。坎农提出的身体内稳态的智慧涉及的是具体的交感和副交感神经系统。防御机制和自我智慧涉及的是如彩虹般短暂的过程，如描述雪花晶状网格时的变化多端和困难重重。坎农研究发现，单一的神经系统在肠道呈清晰可见的线状分布。相比而言，防御机制是创造性的、极其复杂的中枢神经系统之产物，其特点是全息影像般的、整合的、易消散的。

为了看见并调节身体的内稳态，坎农借助一种全新的科学技术——X光成像。但是，如果科学证据需要实验操作，对于防御我们该怎么做呢？精神分析师长期被他们的实验心理学同胞们嘲笑只是在建立一套哲学系统。弗洛伊德学派的格言是“潜意识中不存在否定”，这就使得一个人所说的任何内容都能够被重构，以适应分析师的主题。分析师（让我重新定义他们为“心理摄影师”）惯用的解释是，正常的遗忘能够被归结为有意的“压抑”（repression）。为了证明这种临床直觉，像占卜者解释茶叶的排列形态一样，分析师武断地复原梦和诗的内容。[①]显然，如果我们准备相信不可见的、潜意识的防御，如果我们不想装神弄鬼地通过防御来证明我们的偏见，如果防御不只是旁观者能看得见，那么我们就需要一些实验证据。为了研究防御，我们需要一种类似坎农X光的工具。

为了确认防御，最好的设置是对正常个体进行长期前瞻性（prospective）的临床观察研究：比如创造性艺术家的心理发展历程，或者对人类生活的长期研究。哈佛大学进行的成人发展研究就属于后者，其中被试被研究的时期比原初调查者的工作时间还要长。为了证实防御，我会在本书中列举一些创造性艺术家的生活及成人发展研究的资料。

每种长期的研究方法——成人发展的前瞻性研究和艺术家的心理发展历程——都包括并会对照三种类型的数据，分别是：同时代的生平事迹，通过

① 某些文化中，人们把茶叶倒扣在茶碟上会呈现出一定的形状,许多人自称能通过这一形状预见喝茶者的未来。——译者注

记忆而去除偏颇；自传式的主观报告；病理性的、创造性的，甚至是具体的症状。这三类证据能够有助于三点定位一种防御机制的存在。我用“三点定位”（triangulate）这个词是因为它常被用于测量过程。通过对比角度，调查员能够测量山的高度。通过整合传记、自我报告和症状，我们能够辨认防御的现实并评估大脑内部的工作过程。比如，关于一位创造性艺术家的心理发展历程，其传记包括生平事迹——具体的、可观察的、白纸黑字的事实，他们的信件和自己对他或她投入情感工作的解释。一本优秀的传记还会涉及艺术家创作的作品——那些片段的想象行为，以及令人惊讶的、色彩丰富的、疯狂的妄想。通过结合这三点——生平事迹、自传和创作——我们就能够获得防御有效性的证据。

这些心理发展历程的资料和那些在长期精神病学观察中所获得的资料很相似，因为在艺术家的创作、儿童的游戏、疯子和梦想家的创造之间没有绝对的区别。艺术家的生平事迹与病人的疾病史是有可比性的，病史是从测试前的预调查，从医院病历资料的实验室检查，以及护理记录中获得的（请注意我如何寻找资料的多种来源，并同时收集资料，而不是单纯的追溯）。艺术家的自传报告就好比病人主观的、常常是情绪化的对过去和现在事件的叙述。而艺术家的创作就好比病人的幻觉、妄想或强迫等实际内容。这些症状或创作相当于内科医生的组织培养。

让我们再来看看这个内科医生的例子。他的症状或创作，代表他幻想着来自母亲的肿瘤在地下室生长着——对我们大多数而言，这是不符合常规的。一个事实是，他的妈妈在我们访谈前三周去世。他的自传报告中，在描述他刚经历妈妈的去世时，很少会流露出悲伤或沮丧的情绪。相反，他表达了强烈的热情和兴奋，并且只关注活着的组织培养。更重要的是，我这里所有关于他的生平事迹证据，是观察者在不知道未来发生了什么的情况下认真收集组织的事实。我所信赖的“事实”既不依赖于记忆，也不依赖于我之后对它们的解释。我所信赖的是，成人发展研究中对这个人的前瞻性观察。有关他很爱母亲及他来自一个亲密的家庭的证据是在他18岁的时候收集的，并且也由评估者在不知道未来的情况下进行评估的。最后，这不是第一次也不是最后一次，证明这个人会隔离想法与情感，不去看到自己真正的伤痛和冲突，运用置换或者将注意力转向更易操作的、情感负荷较少的领域。

* * * *

本书中，我旨在验证自我的智慧——一种复杂的、承载情感的、奇特而人性的现象，只有象征化的、诗性的科学才会做到。我将试着通过传记而不是讲述来呈现这种现象。既然我打算探索自我的智慧，就不应当用精神病人的材料信息，应当呈现出防御所反映的健康、创造性的一面，而不是病态的一面，我应当立足于正常成人发展的前瞻性长期研究。

我将讲述关于自我的三个相互交织的主题：第一，防御和免疫系统一样对我们的幸福感很重要；第二，人类的创造力也能够化解悲痛、修复自体；第三，就像人类的身体会在童年时期逐渐成熟一样，人类的自我成熟完成于成年期。我将试着证明弗洛伊德的自我防御机制，就像临床医生对免疫机制一样，理应得到尊重。防御，不管如何短暂，像自然科学对彩虹和雷电的态度一样，理应被赋予同等的关注。

2

和防御相关的概念

我们下去，在那里变乱他们的口音，使他们的言语彼此不通。
于是，耶和华使他们从那里分散在全地上；他们就停工，不造那城了。
因为耶和华在那里变乱天下人的言语，
使众人分散在全地上，所以那城名叫巴别（即变乱）。
——《创世纪》11:7-9

理解防御的相关概念不仅可以让我们理解对压力的适应过程，也为我们提供了一种非编码的方式，去解读人类看似荒谬离奇的行为。这种对非理性部分的释义能够带给司法审判以人性理解，深化对群体行为的理解和对神经症之奥秘的全新领悟。通过认识到防御是情绪冲突的产物，我们能够重建情感与认知、思维的联结。用这种方式来研究防御，甚至可以使认知心理学更加人性化，以免过于抽象和程序化。但读者首先需要知道的是，对防御的研究最初不会为自己提供较多的帮助，因为我们对自己的防御通常是不识庐山真面目。理解防御必须保持一种充分利他的状态。必须通过其他人指出我们对自己的防御，我们才能知道它们的存在。

不幸的是，学习防御的语言有点像学习一门外语。乐趣出现在结局而不是初始。最初，理解防御就像游客狂翻辞典，到最后才“啊！”的一声恍然大悟，理解一段对话或报纸在说些什么。本章好比一本外语辞典，试图阐明这些差别。但很多读者会觉得这些定义不同于以往学习的内容。为了解释我对这些术语的运用，我也会举一些临床例子。

然而，自我欺骗和否定的组织或排序对我们理解防御是重要的，就像我们需要发展一种语言来讨论它们。心理学家理查德·拉扎勒斯（Richard Lazarus）写道："直到发展出一套针对应对反应的理论性归类系统，心理学在研究应对的领域才会有较快进展。"[①]本章中，我会提供一套理论性的归类系统，但首先我会列出关于防御的图示，比较在面对相同冲突时大脑使用的不同意识表征方式。

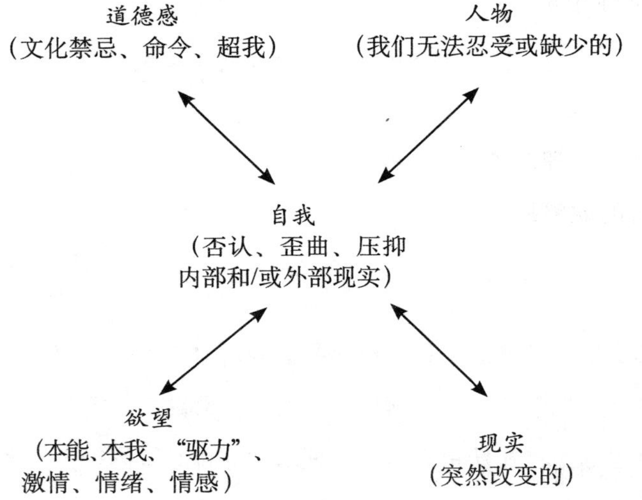

图2　人类冲突的四个定位标

图2列出的模型体现了防御是如何工作的。上一章中的图1呈现了冲突的表达（expression）模式，图2则呈现了人类冲突的来源（sources）。换言之，图2呈现了冲突是如何从多种来源产生的，而不是冲突是如何在心理上逐渐消减的，就像图1显示的内科医师情感上的置换和隔离。第二个图示类似于弗洛伊德的心灵结构模型：超我、自我和本我的三重模型。我们都生活在一个心理空间里，心理冲突是由四个定位标之间不协调的拉扯所形成的：我们的欲望（desire）、道德感（conscience）、生命中的重要他人（people），以及现

① R. S. Lazarus, J. R. Averill, and E. M. Opton, "The Psychology of Coping: Issue of research and Assessment," *in Coping and Adaptation*, ed. G. Coehlo, D. Hamburg, and J. Adams (New York: Basic Books, 1974), pp. 249-315.

实（reality）。当四个定位标中的一个突然改变时，由冲突引发的防御就会出现。失代偿（uncompensated）下，这种突然的改变（比如，意外死亡）会产生焦虑和/或抑郁。如果这种改变到了无法顺应的程度，或者到了产生认知不协调的程度，自我——我们中枢神经系统的整合原则——就需要拖延时间，直到心理顺应能够出现。简言之，这种内部和/或外部现实和情绪中的改变肯定会被否定、压抑或歪曲，直到伴随的焦虑和抑郁能够被承受。

定位标中的*欲望*，我是指我们的情绪、驱力，以及需要（饥饿、悲痛、贪念、暴怒等）。精神分析师称之为“本我”（Id），原教旨主义者称之为“原罪”（sin），认知心理学家称之为“热认知”（hot cognition），神经解剖学家则指其为“下丘脑”和“边缘系统”。弗洛伊德把所有的欲望都归在“力比多”（libido）一词中，但欲望有很多种。和性一样，悲痛、愤怒和依赖也被视为冲突的普遍来源。为了理解内在心理冲突，精神分析术语“情感”能够非常贴切地替代“欲望”一词（一种情感会出现于一种本能或欲望与一个客体联结时，比如饥饿让我们将注意力放到热气腾腾的汉堡上）。

定位标中的*道德感*——精神分析中的“超我”——我指的不仅是我们5岁前学会的来自父母的告诫。这里所说的道德感，是指我们对社会、文化及自身的自我理想等所有的认同。埃里克·艾里克森的文化观——还有弗洛伊德的《文明与缺憾》——最简单化的精神分析师看了这些文章也都会对超我有更全面的理解，而不仅限于是一个孩子对父母的内化。来自道德感的戒律会贯穿我们整个人生。神经解剖学家无法定位负责道德感的脑区，但药理学家早已发现道德感会在酒精中被消融。

在《斐德罗篇》中，柏拉图描述了自我是如何调节道德感和欲望的：

我把每个灵魂划分为三部分——两个部分像两匹马，第三部分像一位驭手；两匹马中一匹驯良、一匹顽劣……处在右手边地位比较尊贵的那匹马身材挺直……另一匹马身躯庞大，颈项短粗……不守规矩而又骄横，耳朵长满乱毛，听不到声音，鞭打脚踢都很难令它听使唤。每当灵魂的驭手看到引起爱情的对象，整个灵魂都会产生一种发热的感觉，开始体验到那种又痒又疼的情欲。这个时候，那匹驯良的好马知道羞耻，不肯贸然向爱人扑去。但它的同伴，那匹劣马……强迫（驭手）一起驰向被爱者，并提醒他们这样做能得到爱情的欢乐。①

为了说明防御，弗洛伊德也设定了自我的调节作用，但仅限于道德感和欲望、超我和本我、个体性本能和内化的“维多利亚”禁忌之间。这种柏拉图式的观点有些过于狭隘了，冲突的产生不仅是源于道德感和欲望之间的分歧。一旦精神分析师开始关注社会交互作用，并在一个多人矩阵里研究他们的病人，而不是局限在隔离的治疗室里，人际间冲突的压力就会变得清晰起来。由哈里·斯塔克·沙利文和梅兰妮·克莱茵首次详细说明的二元张力——以及弗洛伊德有关移情的概念——和内在心理冲突同等重要。

因此，他人构成了图2中的第三个定位标。当我们无法忍受或缺少他们时，他人成为冲突的一个来源。所爱之人去世是最明显的例子，但还有很多其他的例子。有些人与我们紧密相连，却让我们不得安宁。比如，我们努力取悦但也讨厌的上司，我们肆意对待但在不见时想念的替罪羊，在试探性求婚时说“是”的爱人会吓到我们。人们就这样相偎相依。我们生活中重要人物的内在表征，即使在和他们分开生活很多年后，也始终萦绕于心。

第四个定位标——现实，我指的是外部环境的各个方面改变之快让我们来不及适应。澳大利亚内陆的干旱和亚马孙河的潮湿对土著居民来说并不是问题，因为对他们来说，这种干旱和潮湿是可预见的、常年不变的。但1.5米深的雪——单是蒙特利尔的飓风、阿斯彭（Aspen）或圣莫里茨（St. Moritz）的祝福②——会让巴黎或华盛顿陷入瘫痪。同样，好消息——从法学院毕业

---

① Plato, *Phaedrus*, ed. I. Edman(New York: Modern Library,1928), pp. 295-296.

② 阿斯彭和圣莫里茨都是滑雪圣地。——译者注

或意外中了彩票大奖——如果变化的程度是突然的或始料不及的，都会像洪水或肺结核一样让人倍感压力。

如果现实的悲剧不是任何人的责任——就像儿童白血病——那就太难在心理上被接受了，现实必然会被歪曲。比如，国家精神卫生中心（NIMH）对白血病儿童的父母进行的开创性研究显示，几乎没有母亲能够接受在孩子去世这件事上不存在人为的因素。[①] 对于孩子的白血病，母亲要么埋怨自己，要么埋怨医院。他们的愤怒要么朝向医院，要么转向自身。

奇怪的是，冲突的第四个定位标——外部现实，是精神分析师最后一个认识到的。直到第二次世界大战之后，精神分析领域开始关注压力，比如克罗伊·林葛（Roy Grinker）和约翰·斯皮格尔（John Spiegel）的《压力之下的人们》（*Men Under Stress*），凯·埃里克森（Kai Erikson）的《水牛湾的灾难》（*The Buffalo Creek Disaster*），以及罗伯特·科尔斯（Robert Coles）的《危机中的孩子》（*Children of Crisis*），提出缓解内心和人际冲突的防御同样也用于缓解突然改变的现实。

为了减轻内在的心理冲突，自我防御机制的任务是通过忽视或歪曲四个定位标的一个或多个，修复心理内稳态。内科医生用他的组织培养来忽视生活中的重要他人；白血病儿童的母亲忽视了“白血病不是任何人的错”这个现实；过山车乘客忽视害怕这一感觉的重要性。总之，防御（即心理调节过程）能够通过两种不同的方式来完成它们的任务。首先，防御能够改变冲突的成因性（causative）定位标，通过否认或歪曲欲望、他人、现实、道德感或任何组合。或者像上一章中图1所列举的，防御能够改变冲突的表达（expression），通过歪曲对主体、客体、思维、情感或任何上述组合的认知。

表1描绘了个体是如何通过一系列不同的方式来表达他对父亲的恨意，他

① S. B. Friedman, P. Chodoff, J. W. Mason, and D. Hamburg, “Behavioral Observations on Parents Anticipating the Death of a Child,” *Pediatrics* 32 (1963): 610-625.

已经冲突性地觉察到这一点。来看一个虚构的案例。一位30岁的美籍华商发现，他被65岁的父亲侮辱和威胁，父亲也是他的商业合伙人，之前他从未意识到自己是多么不信任父亲。这个儿子发现父亲曾经欺骗过他们的客户。这位年轻的商人面临一种现实，一个在生活中他来不及准备好接受的事实。他发现他既不能与父亲住在一起，也无法放弃他们的父子关系。伦理上，他相信他应当继续尊敬父亲；但在边缘系统和杏仁核，他感觉“我恨我的父亲”！

表1　不同的改变冲突的意识表征方式

防御	想法、感受或行为的意识表征	DSM III现象学诊断1
无防御	我恨（！）我的父亲。	309.9 非典型适应性障碍
精神病性防御		
否认	我生来就没有父亲。	298.8 短暂反应性精神病
不成熟防御		
投射	我父亲恨（！）我。	301.0 偏执性人格障碍
被动攻击	我恨（！）我自己（自杀尝试）。	300.4 心境恶劣障碍
见诸行动	不假思索，我打了12个警察。	301.7 反社会性人格障碍
幻想	我在白日梦里捕杀巨人。	301.2 分裂型人格障碍
神经症性（中间型）防御		
解离	我给我父亲讲笑话。	300.15 未典型分离性障碍
置换	我恨（！）我父亲的狗。	300.29 特定恐怖症
隔离（或理智化）	我不赞成我父亲的行为。	300.3 强迫障碍
压抑	我不知道我为什么会感到如此热和烦躁。	300.02 广泛焦虑障碍
反向形成	我爱（！）我父亲，或我恨（！）我父亲的敌人。	——
成熟防御		——
抑制	我生我父亲的气，但不会告诉他。	——
升华	我在打网球时打败我的父亲。	——
利他	我安慰恨我父亲的人。	——

诊断假定冲突的意识表征是极端病理性的，并符合相关诊断标准。

儿子现实世界和人际关系的改变产生了外部社会性冲突，在动力上与其内部冲突，即弑父的冲动是一样重要的。关于愤怒、悲伤、依赖的冲突，就像被禁止的“弗洛伊德式”的性欲望都可能会出现在其他一些孝顺的子女关系中，令他感到痛苦。儿子要么同时意识到自己憎恨父亲的想法和感受，这将会带来深深的焦虑、抑郁和生理压力；要么必须用某种方式改变其内部和/或外部现实。表1描述了这个年轻商人在“我恨我父亲”的内心冲突负荷状态下，自我在认知层面重构了哪些不同的方式以减少焦虑、内疚或抑郁。表格中间的一列是各种现象学的描述。左侧是精神分析师运用的特有术语，以描述这些现象的心理动力，右侧是流行病学家运用的特定术语，来对这些行为加以归类，因此表1还包括道德方面的描述。但通常精神病学家所标记的特定疾病不过是病人非特定疾病性的自我应对罢了。恐惧、强迫，甚至一些精神病性症状，常常更像咳嗽和发烧，而不是糖尿病或癌症。然而，值得一提的是，如果是基于我说的成熟防御机制而产生的否认和自我欺骗，就不会导致什么诊断。不是每个使用自我欺骗的人都会得病。毕竟，牡蛎也会通过创造一颗珍珠来应对沙砾的激惹。

*　　*　　*　　*

第二课是关于表1中隐含的含义。表1中列举的几种防御在第1章已经描述过：解离、置换、隔离、投射。表中也介绍了几种新的防御，比如反向形成和升华。尽管认识到自我欺骗和否认的存在很重要，给防御赋予互相独立的和被一致认为有效的标签，比单给诊断赋予标签要困难得多。以前的文献中，伯克利发展心理学家诺曼·汗（Norman Haan）[①]提供了否认的30种方

① N. Haan, *Coping and Defending* (New York: Academic Press, 1977).

式。哈佛教授兼精神分析师格雷特·比布林（Grete Bibring）和她的同事[①]为我们提供了40种。不久之前，曼弗雷德·比特尔（Manfred Beutel）列举了17个精神分析指向防御类别的37种标签，其中只有5项是被一致认可的。更糟的是，没有精神分析研究者提出完整的分类。简言之，学习人格的学生，就像巴别塔的建造者，在如此杂乱的项目面前有陷入混乱困惑的危机。

表2试图给这座巴别王国带来一些秩序。就像光被棱镜折射出不同的颜色一样，表2把被广泛定义的词汇分门别类成不同的、彼此独立的防御方式。该表格显示了每种防御会最大限度地歪曲哪几个产生冲突的定位标，以及自我是怎样通过不同的方式改变主体对自体、思维、情感和客体的相对觉察的。由此，该表格忽略了一种由安娜·弗洛伊德（Anna Freud）首次在《自我及防御机制》中提出，并经常被重复引用的假定，即一些防御与其他防御相比会更多地用于应对某些特定的情感，而一些防御仅用于应对他人。这种假设可能是正确的，但至今尚缺乏足够的实证支持。

慎重起见，我收入表2的防御机制均是已获得合理认可的。[②]这些防御根据成年生活中自我欺骗相对的适应方式分为四大类。比如，投射归为不成熟或适应不良的，利他被归为成熟或适应的。我可能是先命名，然后给彩虹的颜色赋予意义。一方面，防御是比喻——一种用于心理过程的简略描述，我们也只能推断其存在。另一方面，防御被个体用在自己和他人身上，能发挥显著效果。我们用来给红色印花手帕的颜色做标签的词语是十分随意的，但确实，颜色是红是绿对公牛来说有很大区别。基本上，成熟的防御机制的运用常常能安慰他人，不成熟的防御机制则常常让旁观者感到类似于红色对公牛的影响。

---

① G. L. Bibring, T. F. Dwyer, D. S. Huntington, and A. Valenstein, "A Study of the Psychological Process in Pregnancy," *Psychoanalytic Study of the Child* 16 (1961): 25-72.

② G. E. Vaillant, *Ego*: *Mechanisms of Defense*(Wishington, D.C.: American Psychiatric Association Press,1992); M. Beutel, *Bewaeltigungs-prozesse bei chronischen Erkrankungen* (Munich: VCH, 1988).

表2　鉴别防御的相互独立的方式

防御方式	冲突的来源					冲动的表达		
	情感/本能/欲望	道德感/文化	关系/人物	现实	自体/主体	思维	情感	客体
I.精神病性								
1.妄想性投射	外化	夸大	歪曲	歪曲	伪造客体	夸大	夸大	伪造自体
2.否认	忽视	—	忽视	忽视	全能	忽视	忽视	忽视
3.歪曲	夸大	忽视	歪曲	歪曲	全能	改变	改变	泛化
II.不成熟型								
1.投射	外化	—	歪曲	夸大	伪造客体	—	—	伪造自体
2.幻想	—	忽视	内置	—	全能	—	消减	被纳入自体
3.疑病	歪曲	—	贬低	歪曲	—	改变	愤怒变成痛苦	置换
4.被动攻击	转向自身	夸大	夸大	—	虚假客体	—	—	忽视
5.见诸行动	夸大	忽视	置换	—	全能	忽视	忽视	泛化
6.解离	改变	改变	夸大	—	—	—	改变	—
III.神经症性（中间型）								
1.置换	—	—	置换	最小化	—	—	—	置换
2.隔离/理智化	最小化	夸大	疏远	—	—	—	忽视	—
3.压抑	伪装	—	—	最小化	—	忽视	—	忽视?
4.反向形成	忽视	夸大	—	—	—	倒置	倒置	—
IV.成熟型								
1.利他	最小化	夸大	—	—	—	—	—	伪造客体
2.升华	伪装	—	—	—	—	—	消减	—
3.抑制	最小化	最小化	最小化	最小化	—	—	—	—
4.预期	—	—	—	—	—	消减	消减	—
5.幽默	—	—	—	—	—	夸大	改变	—

很多情况下，利他（成熟型）、反向形成（神经症或中间型）和投射（不成熟型）这三种防御是很相似的。比如，每种防御都否认了欲望的主体性。另外，从发展的角度看，投射常常会进化为反向形成，反向形成会进化为利他。这就像一个自然的过程，那什么是影响适应的关键区别呢？

为了阐述成熟型（适应、应对）和不成熟型（适应不良、病理性）防御，让我们来看看两个著名的、充满激情的、自我牺牲式禁欲的例子，其个人信念系统似乎对世界上大多数人来说，都涉及自我欺骗：特蕾莎修女和阿道夫·希特勒。在两者的生活中都呈现出反向形成和对肉体满足的刻意回避。特蕾莎修女一生都过着独身和清贫的生活。希特勒也常常孑然一身，比印象中的任何独裁者都简朴，而且是一个素食者。然而，特蕾莎修女为加尔各答的穷人奉献一生并获得诺贝尔奖。“她知道他人需要什么”这一信念是恰当的、富有同情心的，可以称为利他。相比之下，希特勒投射性地为了致力于德国人民的福利而牺牲自己，最终的结局是他的自杀和在柏林——一座被他的固执和投射所毁灭的城市——的废墟上举行的耻辱火葬，他的投射是将自己的需要强加给德国人民。

当然，问题是这种比较可能只是后知后觉的。经过历史长河的锤炼和检验，长期随访对辨别防御的相对适应性是非常有必要的。20世纪30年代，难道不会有一位没有个人偏向的德国经济学家认为希特勒是一位禁欲的、理想主义的德国政治家，至少在一定时期内为他的民族提供了经济的复兴？对于修女特蕾莎来说，难道不会被一位印度心理学家视为另一个西方宗教的怪人，延续了白人责任中的种族主义信条，间接地加重了加尔各答经济的停滞？

但是，让我们用表2来分析特蕾莎修女和希特勒不同的适应性自我欺骗。当然，他们都使用了反向形成。他们在贫穷而非富裕中发现了快乐。这种行为的运用者保存了一种事实，即承认欲望但其价值是黑白颠倒的。然而，对于利他和反向形成，自体都没有与客体混淆，其他人也没有被歪曲。相比希特勒，修女特蕾莎更符合这一点。通过反向形成和投射——而不是利他——我们相信自己会因为自己最珍视的欲望而处于外界的危险中，但是这些欲望实际上源于我们的内心。投射的运用者，比如希特勒，坚持认为他本能的欲望不是源于自己，而是源于外部客体。他认为犹太人和共产主义者充满了他自己不认可的欲望；修女特蕾莎则只认为自己是应该被责备的人。有了这些辨识，我相信即使是20世纪30年代的德国经济学家和印度心理学家，都可能会同意谁应该在未来获得诺贝尔和平奖，即应该颁发给那些自我欺骗在最后最具适应性的人。

但是，修女和国家元首是没有可比性的。我如何能真正地区分一个幸运者和一个适应性自我呢？既然问题是复杂的，最好的方法就是一步步来。第一步是保持冲突、天赋和主角人物等因素不变，来系统地区分每一种防御方式。只有聚焦于个体，我才能证明人们所采用的“否认”类型，对我们如何看待他们及他们自己对生活的适应性，都有着深远的影响。因此，接下来我会聚焦于一个虚构的人物，来区分表格2中所列举的18种防御，并阐述为什么一些形式的否认和自我欺骗被定义为相对成熟的（适应的）防御，其他则是相对不成熟的（适应不良的）防御。不过，我所描述的这样一个虚拟人物也是有实验证据支持的典型代表。

我所定义的合适的女主角，是一个16岁的女孩佩吉·奥哈拉（Peggy O’Hara）。某一天她突然发现自己内心的种种冲突，关于道德、欲望、现实和一些她既无法忍受也不可或缺的重要人物。我慎重地选取了一位青春期的女孩形象，而不是一位中年男性。这是因为谈论或撰写关于防御的内容，如果各种情况和自己过于接近会产生一些问题——抑郁、焦虑，或进一步的自我欺骗。因此，为了冷静地讨论防御，我必须区分我自己和我所虚构的主角。

佩吉生活的外部现实是，16岁的她从4岁开始在天主教女子学校专门接受修女教育。她从来没有约会过，甚至没有和男孩子牵过手。佩吉生活的本能现实是12岁第一次初潮，14岁生理上性成熟。她生活的文化现实是8岁首次领圣餐，16岁时拥有了修女的信仰。她虔诚的天主教信仰好比她身份的一部分，也是她性的激发点。她的人际关系现实是，近几个月在从事教会项目工作时，她爱上了一个18岁的男孩。虽然她在社交上已经成熟，但她没有恋爱经历，她希望有一个严肃的情感承诺。一个最终让事情变得复杂的事实是，她的男朋友在性方面并不像她一样青涩。

佩吉的自我如何能够指导自己应对如夏天般炙热的恋情，又不会变得焦虑和抑郁呢？天主教的道德（超我）与急躁的生物学特性（本我）冲突，与她缺乏经验的现实冲突，与她男朋友对亲密的要求冲突。这位年轻少女如果没有自我的调节，冲突是不可避免的。没有某种适应性的自我欺骗，她的冲突（如果你愿意，可以重新命名它为认知失调或压力）肯定会令她抑郁和焦虑，乃至达到表1所列举的某种精神病性诊断。

然而，佩吉的困境也提醒我们，世界上大多数焦虑和抑郁并不属于诊断学中的焦虑性神经症和精神病性抑郁。焦虑和抑郁是普通人都会体验到的一种普遍冲突和改变。佩吉的问题一点儿也不异于凯普莱特（Capulet）爱上蒙塔古（Montague）。[①]确实，对佩吉来说，这种冲突和改变就像运动和教育一样，对她的成长和发展很有必要。成千上万的年轻女性都有过类似的经历。她们的冲突多种多样，有时还显得有些病态，但是如果给予足够的时间，就会发现她们的“疾病”是自限性的。佩吉的自我功能使她能够轻易地度过夏天般的激情，而不会变得太焦虑或太抑郁。但这一过程肯定运用了选择性自我欺骗：防御。

在追踪佩吉可能会运用的防御之前，我必须先区分自我通过自发性心理调节过程（防御）所产生的应对和其他应对方式。第1章里，我提到缓解压力所能够采取的三大类应对方式。第一大类包括认知、意识层面的应对策略。对于这位年轻的天主教信徒，这种解决方式可以是她的父亲将她送到欧洲过夏天。但是，经常用这类应对方式就过于奢侈了。通常只有富人才能够主动选择并避免命运中的灾难。同时，如果父亲真的把她送到欧洲过夏天，佩吉可能会既愤怒又抑郁。

---

① 莎士比亚戏剧《罗密欧与朱丽叶》中的人物。——译者注

应对方式的第二大类是社会支持。佩吉的男朋友可以非常通情达理，并富有耐心。或者她可以找一些老朋友，例如一位可以信赖的牧师、一位姐姐或者一位咨询顾问，从他们那里获得建议和安慰。当双手被紧握时，我们压力之下的焦虑都会得到一定程度的减轻。但是，这类应对方式同样取决于社会支持资源的丰富程度。在很多情况下，咨询顾问也好，通情达理的伴侣也好，都是很匮乏的。

社会的弱势群体必须依靠这种炼金术，即源于他们自我的适应性自我欺骗。因此，我会把佩吉的故事聚焦于第三类应对方式——自我防御机制。对应到表2中呈现的心理生活模型和防御等级，我会描述一个16岁女孩的自我怎样以各种相互独立的方式歪曲内部和外部现实。让我们先来看看精神病性防御。

精神病性防御

表2列举了精神病性防御的三种方式：妄想性投射、歪曲和否认。精神病性防御对一个有缺陷的（例如睡眠、中毒、发育不成熟或者压倒性的情感）中枢神经系统的认知进行了重构。与其他水平的防御不同，精神病性防御能够显著地改变对外部现实的认知。

妄想性投射（Delusional Projection）

如果佩吉运用妄想性投射，她可能会对牧师说，恶魔把激光束照在了她的生殖器上。惊恐万分之下，她可能会把自己锁在卧室内隐蔽处，自己则是一个被外部恶魔迫害的无助受害者——这个恶魔是任何科学论证和宗教保障都驱逐不了的。她的牧师可能也无能为力，会把她转介给精神科医生，然后给她一个精神分裂症的诊断。

梦里、童年和巨大危险临近的时刻，这种妄想性投射偶尔会出现在我们的日常生活中。然而，在只用精神分裂症的扭曲基因来解释并消除这些怪异的行为之前，我们应当反思噩梦里、孩子的童话故事里、宗教的画幅里到底发生了什么，使得我们和敌人在现实检验上存在如此巨大的文化鸿沟。还记得吗，美国官员在越南宣称，他们不得不“毁灭村庄以拯救它”。就算是为了躲避战争的压力，这种理由也显得太疯狂。

在妄想性投射中，内部冲突被外化，并被赋予有形的现实。直到我们如梦初醒般地对童话传说的幻象恍然大悟，直到当代的镇静剂可以使奥赛罗得到安抚，直到下一次战争中我们劣等的敌人成为我们高贵的盟友，治愈似乎才会成为可能。

妄想性投射与单纯投射之间的区别是，前者实际上失去了现实检验。奥赛罗的多疑不只是投射，因为奥赛罗不仅是错误地谴责无辜的苔丝狄蒙娜，他还勒死了她。同样，所谓的明智领导者认为，如果不把越南的村庄夷为平地，那么难以驾驭的“多米诺骨牌”就会倒塌，最终美国公民所珍视的自由也会被毁于一旦。未来的历史学家们可能永远也无法理解这些，但有时这种疯狂的防御就是能够这么被正常人完美地诠释。

歪曲（Distortion）

如果佩吉运用歪曲，她可能会宣布，一个出名的摇滚明星已经向她求婚了。她可以从电视中对方的姿势、电影杂志中对方的话语里感知自己是他心中所爱。心醉神迷中，佩吉会去购买情趣内衣和大量避孕用品。她兴奋之下会把真实的男友抛在脑后，父母会觉得她疯了。这种防御的作用在于，幻想的人物是无法得到的——这样她的爱里就没有性的困扰了。

确实，这种行为常见于躁郁性精神障碍的躁狂期，但像佩吉这种歪曲同样也会发生在日常生活中。试想，一个孩子怀着坚定的信念等待已死去的猫苏醒，一个忠诚的教徒怀着坚定的信念面对不可避免的灾难。伤膝河畔拉科塔的印第安人，①就在被美国骑兵大屠杀的数天前，还在跳着舞，把一头

① 1890年12月29日，由詹姆斯·福赛思（James W. Forsyth）率领第七骑兵团的500名美国骑兵，对印第安人苏族（Sioux）的部族拉科塔（Lakota）进行屠杀。——编注

水牛带回平原献祭给已故的祖先，并把可恶的白人埋在泥土之下。拉科塔人没有疯，他们只是在用这种方式面对一个不可承受的灾难。因此，宗教信仰——另一些人的宗教信仰——为我们提供了发生在日常生活中关于歪曲的生动例子。但就像对所有防御的鉴别一样，旁观者的偏见必须被视为一种控制性因素。如果我们认为自己的宗教就是真理，又如何平等地判断他人的心智是否健全呢？

歪曲中，也可能存在一种与他人的愉悦进行合并或融合。一个天使般温柔的指导声音可能“存在”于某人的脑海里。哈姆雷特对已故父亲的妄想性意象不仅仅激发了他的内疚，也带给他安抚。但是，这种幻觉性融合与分裂型幻想是不同的，后者只“想象”一段与已故父亲的对话。幻想中，这种安抚只在某人的脑海里起作用；歪曲下，这种安抚能够在现实生活中起作用。

现实生活中，歪曲与妄想性投射并不总能被明确地区分开。不管怎样，妄想的佩吉感到恶魔把激光照射在她的生殖器上，“引发”她的性兴奋，令她痛苦不堪。相比之下，歪曲允许害羞的佩吉相信自己比玛丽莲·梦露更有魅力——现实是该死的。偏执性妄想中，运用者较少强调欲望的满足，而会更多地歪曲道德规范（见表2）。与此相反，个体如果是躁狂而非偏执，有罪似乎无关紧要，他可能会认为，恋人就算在现实中有不忠的行为但仍然会爱着自己。在躁郁性精神障碍的循环中，躁狂相里的歪曲使本能变得名正言顺，并且能立即被满足；抑郁相里的内疚性妄想使恶魔以正义之名享用罪人的肝脏，美德亦能变成罪责。不必惊讶，躁狂和宗教带给人的安抚，比噩梦和战争的偏执性仇恨更难让人放弃。

精神病性否认（Psychotic Denial）

我们16岁的修道院女孩会忽略男朋友的存在。佩吉可能会在大街上与其擦肩而过，并坚称他是个陌生人。她甚至可能会穿上黑色衣服，悼念他的“死亡”。确实，这种对外部现实的否认，与日常生活相比，更多见于紧张型精神分裂症。但是，我记得有一位女性，她完全不会被当作精神病患者。当人们在厨房发现她的厨师已经被谋杀时，她仍安然地待在楼上。作为一位虔诚的基督教科学家，她表现得似乎整个悲剧从未发生过。当楼下其他人正忙于应付警察时，她坚称“恶魔不会到我家来”。关于这种（对外部现实）否认的例子，还有第1章我们提到的那位内科医生，宁可允许自己的脑袋被钻孔，也不接受自己对巴比妥成瘾的事实；还有我认识的一个5岁的孩子，在动物园对着所有的笼子大声吼叫，就好像里面比他更大的动物不存在一样。

总之，精神病性否认表面上是消除了外部现实。与压抑不同，否认更多地影响了对外部现实而不是内部现实的认知。精神病性的盲目容易撞上东西；癔症性的盲目则会绕开它们。与解离（神经症性否认）不同，精神病性否认忽略外部痛苦的刺激；解离仅转化了我们对痛苦内在情感的主观解释。精神分裂症患者不会察觉自己无痛的心脏病发作，这是否认。与之相反，冠心病监护病房里解离的男子只在他入院之后对护士坚称没什么问题，但是他在心脏病发作时并没有否认——否认仅在之后。

须注明的是，我在这里提到的否认是一个非常狭义的概念。如表2中所呈现的，所有的防御都存在否认。而这里我所提到的是一种否认外部现实的自我机制。我们很多人在幻想中使用否认，已故的爱人会在我们的白日梦里复活。但是，精神病性否认会让我们在早餐时仍为他们留一个位置。当我们刚获悉一件突发死亡事件时，大多数人都会出现强烈的解离状态，并声称“这不是真的，我不相信”，但这种否认是短暂的。与此相反，我的一个精神分裂症病人，在病房里降半旗致哀三天后，看到电视新闻里播放约翰·肯尼迪总统的葬礼护送列队时，愁容顿消，变得非常惊讶，仿佛从未听说过。为了简单化，否认忽略外部现实（佩吉的男友“死了”）；歪曲转化外部现实以符合我们的愿望（她的男友变成一个遥不可及的摇滚明星）；妄想性投射转化外部现实以符合我们的道德（这是恶魔干的，不是我）。所有方式都缓解了无法承受的冲突。

* * * *

妄想性投射、对外部现实的否认及歪曲的例子常见于儿童、梦和精神病状态。但是，这些防御也出现在我们的幻想中，在那里，现实检验不是那么必要（比如我们的宗教信仰、神话传说）。这种自我欺骗不分人群场合，比如大学毕业生、精神分析师、极端思想教导的干部们或是斯金纳的条件反射信奉者。一位工程师因为夜晚梦见自己的空气动力学知识非常欠缺，而认为自己无法独立胜任飞行工作。任何审讯或拷问都不足以改变一个精神病者的白日梦。对大多数人来说，虔诚的异教徒多少都有一些疯狂，但逻辑辩论也不会让天主教徒或印度教徒改变信仰，或者说服一个5岁的孩子承认圣诞老人只是一个幻象。这时，需要做的是改变大脑的状态。例如，应用于精神分裂症的镇静剂（比如氯丙嗪）；唤醒梦中人的闹钟；大脑发育过程中持续的髓鞘化使孩子能够形成逻辑思维过程，而不再相信圣诞老人的存在。

然而，自我的成熟就像依赖生物学一样，也高度依赖于环境。一方面，它随着社会经验的增长逐步成熟（就像神经发育一样），使孩子能够放弃幻想的朋友和圣诞老人这些有形的、安抚性的现实。另一方面，体验缺失（比如，重度感觉被剥夺或失去受教育的权利）与极端体验（比如，遭受身体虐待或性虐待）都促使人们在成年期仍保留对现实幼稚的、“精神病性”的歪曲。

三种精神病性防御和所有其他防御的关键区别在于，对外部现实的检验功能是否在当下是受损的。比如，使用投射的非妄想性偏执者的恐惧很少全部是想象，他也没有丧失现实检验能力。过度痴迷的（带有偏见的）棒球迷只是大声叫嚷“杀了裁判”。与此相反，妄想性投射和歪曲的人不仅是想象的、不现实的强迫重复，还会行动起来。对妄想性躁狂的、着魔般的宗教狂热分子来说，社会法律是不适用的。相比之下，见诸行动的反社会患者、投射的偏执狂和攻击转向自身的殉道者常常会敏锐地意识到法律的存在——即使会违反它。

当然，并非所有精神病性行为都是为巧妙的防御服务。个体表现出怪异的行为，可能会源于基因缺陷、脑器质性损伤，也可能是他们努力适应恶劣环境的结果。同样，对于一些恐惧和强迫病人的置换，使用抗抑郁剂的反应比心理治疗性的解释更有效。对此我们不必感到惊讶。有时，母鹌鹑的翅膀确实折断了。但即使脑子“坏了”，脑损伤所致的症状也不总是仅反映出缺陷，也会有相互关联的脑区能够使生物性障碍被理解。即使在中毒性的谵妄中，病人的幻觉和妄想也能在混乱中带来一些秩序。即使是受损的大脑，也能巧妙地安抚主人。自我，为生物学服务。

不成熟型防御

表2中定义了六种所谓的不成熟型防御机制。这些机制对任何一个曾被十年级学生捉弄的高中老师来说，都很熟悉。真相往往比当地报纸刊登的小说更离奇。对此，警察、城市福利工作者还有行为怪异的狂热分子都会深表认同。因为不成熟型防御机制反映了人格障碍的基本构成要素。读者可能会问我，为什么要用“不成熟”一词来形容这一组防御。对于这个问题，我将在后面的章节进一步阐述其经验性基本原理。我用成熟和不成熟，并非在评判其价值，而是为了强调自我发展对成人生活的重要影响这一事实。

投射（Projection）

佩吉会把自己无法接受的焦虑感受投射到她男友身上。“这真是太可怕了”，她会告诉自己的女友们，“男人都是禽兽，性欲过度。他们看着你的一半时间里，都在想着你没穿衣服的样子。”注意这种思维过程是如何保护她免于承受自己的感受，但又能在意识层面保存她对性的观念和情感。不像精神病性防御，也不像去欧洲度过夏天，投射的运用并没有迫使佩吉在心理上与冲突的人分离。即使她宣称男友有多可恶，佩吉也相信男友的眼神表示他在对自己表达爱意。这种偏执的需要永远不会感受到孤独和被抛弃。收集丑闻的孤独人士想象自己被FBI迫害，但他至少是在某人最想要的名单上。这种悖论的结果就是投射，和幻想、疑病及被动攻击（见后文）一样，能够保存一种替代的人际恒定性。这些防御能够修复和安抚内心，却缺乏令人满意的内化的爱。受到梅兰妮·克莱茵和奥托·肯伯格影响的临床工作者，比安娜·弗洛伊德及其父亲的追随者们更倾向于用分裂和贬低来描述这种自我过程。

投射中，主体变成客体，客体变成主体。投射通过无根据的怀疑把自我厌恶转变成偏见，把对爱的不信任转变为拒绝亲密关系。毕竟，如果我们爱一个人，就会变得脆弱且易受伤害；如果我们变得脆弱，某人必然要被责备。上帝因为让我们有温柔的内心，所以禁止我们对自己负全责。不像妄想性投射的运用者，个体用单纯的投射，不论有多古怪和伤人，都在规则之内——而且常常会遵循规则。确实，这是介于现实与幻想之间的一种微妙界限，非常清晰地区分了不成熟型防御与其精神病性原型。一名精神分裂者威胁他的精神科医生要到最高法院控告她，这不会引起人们实际的担心。而不论在哪里，一个偏执的、爱投诉的门诊病人都会让任何一位医生感到害怕。在某种程度上，我们会对偏执的个体很敏感，因为他们多疑的投诉里还是存在一些事实基础的。

所有不成熟型防御都会使我们个人的界限出现漏洞。因此投射会透过肌肤浸入对方的内心。病理性嫉妒针对的对象都体验过，偏执狂侵犯性的亲密是如何的怪异。深受偏见损害的受害者常常会开始相信压迫者的妄想。有人把这一过程称为投射性认同。匿名的恐吓信比告白情书更能迫使我们对其密切地关注。因此，一个运用不成熟型防御主体的客体与运用者之间会形成纠缠的难分难解的关系，并以相应的防御进行反应。受虐和施虐之间二重唱般的关系就是一个典型例子。

投射与置换的区别在于，前者是客体被转变为主体，而不是被简单地转变为一些有较少威胁性的客体。投射与其他更成熟的近亲，比如利他和反向形成的区别，我已经在前文对比希特勒和特蕾莎修女的时候有所提及。利他和投射的运用者都以为自己知道别人的感受，客体被当作自体。利他与偏执的区别是，利他是正确的。利他和反向形成中，道德感是被夸大的，而投射中没有。

幻想（Fantacy）

佩吉可能会公开宣布她虔诚的宗教信仰，然后整个夏天都宅在家里。她可能会凝视男友的照片，抒写浓情蜜意却不会寄出的诗文。她的心中，上演着木刻板《印度爱经》中的性爱场景，由她的各色女友倾情演绎。尽管与男友分开，她也不会有类似于被迫接受父亲建议去欧洲度夏的悲伤。她既不会因男友的缺席而伤心，也不会因性的幻想而内疚。恶魔也不会攻击她。虽然有些不同，对性事的幻想所激发的焦虑程度不会超过刚学步的孩子驾驶父亲停泊的轿车所产生的焦虑程度。确实，幻想除了照亮我们的精神世界之外，不需承担任何内部后果。但对男友，佩吉表现得古怪而冷淡。他也会因为佩吉这个绝缘体般的做梦者而倍感孤独。

分裂型幻想允许运用者沉浸在自闭的世界里来达成愿望、解决冲突。幻想中我们可以把老虎和情人都关在安全范围里。我们能毫不内疚地从蒂芙尼盗走钻石。我们想象中的“褐色睡衣”① 会在头脑中一再排演，不会有半点疯癫、抑郁或焦虑。幻想中唯一的关键是，防止现实中的人侵入我们的精神世界。就像我们在生日时许下的愿望，只有它是秘密时才会成真，孩子们对想象中朋友的细节也是避而不谈的。

与单纯的愿望不同，分裂型幻想旨在满足关系中未完成的需要——在这种关系中，谋杀、色诱和幼稚的满足能够随便进行，随意舍弃。主体、客体、思维与情感都在意识层面——但只在主体的精神世界里。幻想能够消减对他人攻击、依赖和性冲动的公开表达。在沃尔特·米蒂的秘密生活中，②

---

① 褐色睡衣，“Plain Brown Wrappe”，是乡村歌手加里·莫里斯（Gary Morris）1987年的一张唱片。——译者注

② 《白日梦冒险王》（*The Secret Life of Walter Mitty*）是詹姆斯·瑟伯（James Thurber）的一篇短篇小说，其主人公沃尔特·米蒂（Walter Mitty）后来指那些通过白日梦逃避现实的人。——译者注

所有的罪恶都是可能的。

尽管不成熟型防御能够安抚运用者，但是也会被他人视为品行不端。再宽容的人也无法原谅偏执狂的投射，正因为如此，现实中完全无害的分裂型个体也会让我们感到恐惧，或想要去虐待他们。比如，社会总是不信任做梦者的标新立异；手淫不会让任何人怀孕或感染上HIV，但数千年来仍被视为禁忌。在前男友的眼中，温柔、分裂的佩吉可能会被视为势利眼、性冷淡或是怪胎。

分裂型幻想没有外化冲突，这与投射是非常不同的。投射把情感和冲突放置于外在世界。分裂型幻想则是在内心与人建立幻想的关系，并将其关系存放于此。与精神病性否认相比，分裂型个体并不完全相信或坚持实施他的幻想。狂热分子的梦想（妄想性投射）和反社会的梦想（见诸行动）在现实世界这个舞台上演，而在车里等红绿灯的司机的白日梦（运用幻想）里的侵略、强奸和谋杀，都在即时的孤独中成为永远的秘密。

分裂型幻想有别于两个最接近的方式：强迫症中使用的隔离和社交恐惧症中使用的置换。不像情感隔离，对幻想而言，它排除了与现实中的人哪怕只是有限的接触。通过补偿，幻想的运用者常常比强迫患者有着更丰富的情感和人际内在世界。《玻璃动物园》（*Glass Menagerie*）中，劳拉可能对水晶宠物的爱比向邮票投注置换性情感的强迫性集邮者更深。但是，社交羞怯的集邮者能够礼貌地与其他类似的集邮迷们共同分享这一爱好（置换）；劳拉想象的水晶朋友只能隐秘地存在着。“头脑中的狂欢”（head jollies）是一件孤独的事。

疑病（Hypochondriasis）

每次约会看完电影后，佩吉不会直接拒绝男友进一步发展的要求，但可能会患上严重的偏头痛，她可能会因为恶心和对光敏感要求早点回家，向母亲抱怨头痛，对内心的冲突却只字不提。通过潜意识对躯体不适的放大，佩吉能够在亲密关系中忘却冲突，同时也能够让男友足够重视自己的困境，继续到陪护病房看望自己。

与普遍观念相反，疑病不是要从生病中满足和继发性地获益，相反，他们内心有着隐秘的责备。不妨细想一下，疑病症是拒绝帮助的抱怨者。他们格外能够向那些来安慰自己的人抱怨，就好像紧咬喂养自己的手不放。当然，疑病从任何帮助中体验到的不是安慰，而是痛苦的副作用。自相矛盾的是，他们很少表露真正的痛苦。疑病症的照顾者和批评者基本上不会知道她曾经是一个被性虐待的孩子，或者他曾经在布痕瓦尔德集中营（Buchenwald）度过数年。并且，医学记录只会记载他有着过多的腰背疼痛，或者她目前存在自杀念头。总之，由于悲伤或攻击性冲动，疑病症有一种指向他人的责备，疑病症将这种责备首先转化为自我责备，然后转化成各种抱怨，比如疼痛、躯体不适、自杀念头和神经衰弱。

与运用置换的转换性障碍不同，疑病需要一名观众。荒漠的沙洲里是没有疑病症的。同样，不像转换性障碍，疑病症病人会放大各种痛苦和不适。冷漠的转换性障碍病人会忽视痛苦和不适。有些人通过置换这一防御，只会让自己患上恐惧或强迫性思虑。相反，疑病症者强烈的担忧会是荒谬的、妄想的，甚至会使他容易攻击他人。即使再温和的医生也会对疑病者感到厌烦。他们自己也永远不理解为什么。隐藏不见的答案是，疑病者潜在的却又无法承认的暴怒变成了当下照顾者意识到的负担。虐待的母亲和集中营的士兵始终躲在时间的迷雾中免于受责罚。

通常，疑病与内射相关。内射是一个心理过程，其中自体感知到的是一个既令人尊敬又带有恐吓性，或者突然缺席的矛盾个体。我自作主张地把内射——常被视为一个完全不同的防御机制——归入疑病。我认为疑病和内射一样，都涉及融合（比如，一个服丧者痛苦地抱怨心脏部位疼痛，而其父就是因心脏病去世的）。同时我也希望，通过这种归类来区分内射的防御部分（即应对/自我欺骗）及其自我发展部分（即内化所爱之人的功能），这部分将在第13章进一步阐述。疑病和内射需要分别与歪曲和合并（incorporation）的妄想性融合相区别，后者是将迫害者整个吞下（比如，服丧者脑子里听到已故的父亲说话的声音）。内射只是内化某人的一部分；而合并则是内化整个人。两种方式都能够帮助我们处理因所爱之人——那些残忍的、去世的、一走了之离开我们的或者通过其他方式永远抛弃我们的人——而感到的责备和暴怒。

被动攻击（攻击转向自身）（Passive Aggresion/Turning against the Self）

佩吉会欲擒故纵。她会取笑男友，把他惹火。她可能总是出乎意料地迟到或者取消约会。她为了避免单独与男友待到很晚，可能会故意吃大蒜或者不修边幅。当她的朋友说她搬起石头砸自己的脚（受虐），或者男友说她好像是故意很绝情（施虐），佩吉会深感震惊。她会继续这样对自己和别人，就好像是偶然发生的。而且，她会取笑男友说，自己怎么可能既攻击自己又同时攻击别人呢？

对于佩吉的问题，青少年的父母、戒备森严的监狱看守或深受受虐型母亲折磨的孩子，他们只会知道得更清楚。受虐不是施虐的反面，最多只是施虐的变式。这一不符合惯例的说法是有据可循的，耶稣也曾经发表过极为非基督的提议。他提议打不还手，以德报怨。[①]因此，我采用被动攻击而不选择攻击转向自身，就是为了强调受虐本质上的矛盾性。自杀行为同时惩罚了（并捆绑了）自己和他人。甘地用自己挨饿的方式来惩罚英格兰，并解放了印度。温斯顿·丘吉尔（Winston Churchill）认为，自己不是侵略者而是受害者，抱怨英国皇室每年要花100万英镑让甘地继续贫困。对于不成熟型防御的旁观者而言，真相往往比小说更离奇。

被动攻击的行为普遍存在于日常生活中。临阵脱逃和欲擒故纵是很多求婚期的前奏部分和延迟行为。他们既恐惧又渴望依赖和亲密，青少年在恋爱

① "turning the other cheek" "dump burning coals upon one's adversary's head"，前者出自《马太福音》，后者出自《罗马书》，后引申为让冒犯者后悔，受到良心的谴责。——译者注

中通过欺负和自我损毁而幸存。埃里奇·西格尔（Erich Segal）笔下《爱的故事》的女主角，一开始贬低她未来的爱人是“预科生”。再想想弗雷德里克·赫伯特（Frederick Herbert）的戏剧《亲吻与诉说》中令人恼火的青少年女主角，在浪漫的月光下问痴情的男友，他是否能摘下星星。当他信誓旦旦扬言“可以！”她则嘲笑他是多么不知天高地厚。然而不论有多痛苦，这种嘲讽是捆绑性的。[①]

被动攻击包括失败、拖延、疾病，并常常用很愚蠢或挑衅的行为获得关注。施受虐关系使主体将“危险的”亲密和性兴奋，转换为较少被道德所谴责但同样有迷惑性的感觉，像被羞辱、被打或者被虐待。显然，嘲笑赢得了关注并半开玩笑地表达了憎恨。对一个你既不能忍受又无法缺少的人来说，没有比这更好的与其保持关系的方法了。不要惊讶下等兵和青少年是如此擅长被动攻击。如果没有军官和父母可供挑衅，他们的生活将变得不可收拾。谦卑的小丑在人前是一个无欲无求、没有悲伤的角色。确实，小丑真正的、向下的嘴角被绚丽而滑稽的、描绘的（悲伤的）笑容所掩盖。

有必要对比一下被动攻击（或攻击转向自身）和其他几个相近的方式——疑病、反向形成和利他。被动攻击与疑病的部分区别在于客体的选择。被动攻击的个体常常惩罚并忍受着冲突的现实激发点所带来的痛苦。佩吉惩罚着她现实中的男友；新兵惩罚着折磨自己的教官；愤怒的自杀未遂者惩罚着她的爱人或他度假中的医生。相反，疑病者的悲哀常常是过去的事，承载这些隐秘性责备的容器常常是无辜的。正如是佩吉的母亲，而不是男友承受着她抱怨头疼的种种细节。

与被动攻击相比，反向形成也会让运用者痛苦。但至少，客体是满足的。被动攻击中，主体用这种方式放弃了最大的蛋糕，并以对方感到被惩罚而告终。反向形成中，对方会把蛋糕作为一种幸运或慷慨的礼物来接受。反向形成是对客体的奖励，被动攻击则是对客体的惩罚。与上述两种

① 令双方都感到痛苦。——译者注

防御不同，利他使主体得到的奖励远大于痛苦。利他者把蛋糕扔进水里，但会得到10倍于它的奖励。富有同情心的糕点师即使把最大块的蛋糕分出去，自己也会长胖，并且受人爱戴。修女特蕾莎把所有的东西都奉献给她应感激的贫苦人，她也赢得了诺贝尔奖。利他者自体和客体的融合为所有人带来了快乐。

见诸行动（Action Out）

在对男友不理不睬的同时，佩吉不可理喻地和足球队的四个队员发生混乱的性行为，然后可能会未婚先孕生下一个孩子申请领养。她的朋友、父母和咨询顾问可能无法相信；她的男友可能会诅咒女性背信弃义的劣迹；佩吉则既感觉不到性兴奋，也不会内疚。旁观者会认为，佩吉疯了或者道德败坏。在意识层面，她自己仍无法察觉男友的关心已经威胁性地激活了被叔叔乱伦性侵犯的痛苦回忆，足球队员只是像她的梦中人一样短暂逗留在她床上。

对旁观者来说，很难相信这种行为既不是有意识的思考，也不是疯癫。一个15岁的卖淫者如何能毫无畏惧地在时代广场上拉客？即使有一些神经器质性异常，她就没有道德感和恐惧感吗？不。事实是她的自我把她从一个更严重、更剧烈、无法在意识层面承受的羞辱中解救出来，将其带到相对缓和的道德审判中。很多情况下，街头拉客卖淫的青少年是为了逃离家里乱伦的残害，或者其他虐待。而不止一个可恨的儿童虐待者并未意识到自己童年也曾有过受虐经历。

总之，见诸行动的防御是这样界定的，它是一种无意识的愿望或者冲动的直接表达，旨在避免对情感及其相应思维过程的觉察。另外，见诸行动的对象，比如佩吉的足球队员，通常是没有特异性的。见诸行动很少会直接指向那个个体最依恋或最愤怒的人。因此，见诸行动包括很多冲动下的过失行为和情绪爆发。这个过程发生得如此之快，以至于运用者并不能觉察自己的激烈情感。冲突的情感和相应的内疚观念，都无法进入意识层面。查尔斯·惠特曼（Charles Whitman）在德州大学塔楼上的谋杀行为，威廉·卡利

（William Calley）越战期间在美莱村的屠杀行为，约瑟夫·门格勒（Josef Mengele）在奥斯威辛集中营的行为，都是佩吉见诸行动的极端版本。他们伤害的对象都是陌生人。查尔斯·惠特曼杀害了母亲和妻子，就像她们是陌生人。他却饶恕了他的父亲，这个有着最充分的理由让他愤怒的人，这个他还准备一起去狩猎旅行的人。

见诸行动这种防御机制并不少见。它导致非理性的行为，19世纪的精神病学家詹姆斯·普里查德（James Pritchard）将之称为“悖德症”（moral insanity，现代多称为“反社会人格”），赫维·克利（Hervey Cleckley）在其有影响力的著作中称之为只是戴上了“精神正常的面具”的精神变态者。但是，见诸行动并不是精神错乱，而是反映了成人的愤怒爆发，掩盖的却常常是其儿童时期的悲伤。大多数见诸行动的人既不是精神错乱，也不是没有良心。曾经因为法庭需要，我采访过一位来自新罕布什尔州的聪明女性，她有预谋地杀害了自己的两个儿子。这是令人发指的。她有条不紊地、淡然地实施着这些缺乏动机的行为，但这并不是精神病性的错乱或者神游状态的记忆缺失。实际上，她是一个不错的女人，像之前希腊神话中的美狄亚，是对不忠的丈夫而不是对被杀害的孩子怀恨在心。也许，因为之前偶然间她在一个社交场合认识了我，所以我们在监狱里的采访过程得以暂时恢复她的感觉联结，打破了她的精神麻痹状态。在与我在一起的某个片刻，她极度痛苦地意识到自己的行为。她仍记得当她叩响来复枪的时候，她的儿子哭喊着，“妈妈，你弄疼我了”。然而，她的举动就像那些青少年打破窗户或者折断汽车天线，在当时的情景中，她认为那似乎是个不错的主意。在开枪的时刻，她对孩子的伤害是有条理的、非人性的，不带任何情感或犹豫，就像二战中向东京、鹿特丹或者考文垂投放炸弹的投弹手一样。

不假思索地屈服于冲动，可以避免沉思、挫败和自我觉察，而这些常常是冲突性满足的延迟表现。记得爱国主义的胜利使温斯顿·丘吉尔和他的空军指挥官，“轰炸将军”哈里斯（Harris），将德累斯顿（Dresden）的居民当作自由世界里的道德敌人，数以万计的居民成为系统轰炸中火灾的祭品。

那些使英格兰承受了五年恐怖威胁的纳粹，存在于德国的众多城市，但并不包括德累斯顿（事实上，德累斯顿对盟军来说威胁性很小，在战争的大多数时期，它都不作为轰炸的基本对象，正是由于没有经历过摧毁，使这座城市成为高效的火葬场）。《五号屠宰场》的作者库尔特·冯内古特（Kurt Vonnegut）用小说的方式生动而愤怒地讲述着德累斯顿大屠杀这段历史，读者肯定会对丘吉尔和哈里斯如何能够下令进行轰炸表示疑惑不解。旁观者总是很容易对见诸行动表达道德谴责与愤怒。在愤怒之中，我们谁也不会感到内疚。

见诸行动是反向形成的极端反面。因为见诸行动中，本能得以完全释放，道德被绝对地忽视——即使只是暂时的。见诸行动允许人们从“性、药物和摇滚”中获得快乐，而不用担心对免疫系统、精神健康和听力的损害。而从发展角度看，年轻时频繁地见诸行动到中年期会发展为反向形成。这一现象也反映出这些看似相反的防御的同源关系。比如，列夫·托尔斯泰（Leo Tolstoy）年轻时是一个挥霍、奸淫、辍学、好赌和窥伺的军国主义者，但后来他成了苦行的农奴保护者，崇尚和平，致力于公众教育。他的发展历程给我们以启发，见诸行动的运用者可能有着潜在的高度道德感。与陌生人乱交可能更受到乱伦禁忌的驱使，而无力在意道德与否。查尔斯·惠特曼在德州大学塔楼的谋杀性的狂怒爆发，可能反映了他潜意识里激烈的斗争，不允许自己在狩猎旅行中杀害父亲。

相反，伴随酒精中毒或脑器质性损害的情况下，反向形成则让步于见诸行动。威尔伯·米尔斯（Wilbur Mills），一位美国国会议员，堪称道德的标尺。他迷失在酒精中，之后被人发现与脱衣舞女郎范尼·福克斯一同跳进喷泉。疲倦、酒精和衰老会让我们所有人犯错。

从积极的一面来说，不像歪曲和精神病性否认的慢性使用者，见诸行动者仍然有对现实的觉察。如果在社交场合相遇，人们不会发现连环杀手和无所畏惧的街头卖淫者异于常人——他们绝对不会和流落街头的精神病人或临时演讲台上反抗不公正的集会者混为一谈。见诸行动与妄想性投射的区别在于，前者缓解了现实的痛苦，但对承受者造成的痛苦却是剧烈的。相反，精神分裂症患者可能会把爱的关注误解为伤害，并对他们爱的“伤害者”复仇。反社会的见诸行动和精神病的妄想之间的这一区别，造成了以下的反差。很多有着暴力见诸行动的年轻犯人，其胸前心脏的位置有“妈妈”的文身，如果其他人批评他们的妈妈，他们就会用暴力去攻击那些人。而这些年轻人中的很大一部分，在童年都被母亲躯体虐待过。相反，童年经历相对好一些的精神分裂症患者，可能会在成年后直接攻击他们的父母。然而他们的父母，仍然是他们生活中最重要的人。这些精神分裂症患者可能依旧会对陌生的施虐者非常被动地顺从。

见诸行动与置换的区别在于，前者的冲动虽然直接指向一个不太亲密的客体，却没有衰减。的确，在暴怒中，我们说的和做的比我们本来想要表达的愤怒更强烈；在置换中，我们在网球场上扣杀我们的父亲（比如6：0），但他能够幸存下来用爱回报我们。见诸行动与强迫性的情感隔离的区别是，尽管两种防御下人们都感觉不到冲动，虽然见诸行动的冲动也没有被意识到，但两者的区别在于见诸行动用行为作为直接的表达方式。见诸行动的运用者在谋杀的行动之前或之中不会有担心，与之相反，有杀人强迫观念的人会持续陷入这种冲动的担忧中，而不会真的行动。

解离（神经症性否认）（Dissociation/Neurotic Denial）

当我问一些大学生如何解决佩吉的困境时，不止一个男性沙文主义者会说，“她把天主教义放到一边，跟男朋友到床上去直接完事儿不就行了吗？”对此，我想问一个年轻的、血气方刚的大二学生，设想如果他没有飞行驾照，也知道现在去驾驶飞机不会被发现，当他发现自己独自以音速飞行在莫哈韦沙漠上方三万尺的高空，并知道自己必须完成一次独立着陆，他是否不会感到一丁点儿的紧张和压抑？我想说的是，让佩吉对性兴奋焦虑和抑郁的，并不仅是天主教超我的冲突。确切地说，任何紧张却又从未经历过的现实危险会让我们更焦虑。不要忘了，佩吉从来没有和男孩子牵过手。但佩吉会有意喝醉。在解离状态下，佩吉可能会无所畏惧地和男友上床。并且在松子酒的作用下，佩吉会毫不紧张地完成一件单凭意志力不足以让她完成的事。奥格登·纳什（Ogden Nash）著名的两行诗，经典地概括了这种解决方法："甜言蜜语固然好，直接灌醉更有效"（Candy is dandy, but liquor is quicker）。

解离机制使我们痛苦的观念和情感被快乐的观念和情感所取代。这一防御使我们的意识逐步从真实的自我上解离出来。解离是一种意识层面可以有意使用的防御。我们能够有意地逃离痛苦的观念和感觉。我们只需要通过冥想、自我催眠、方法演技①和醉酒来改变对惩罚性现实的感知。醉酒、狂欢节（Mardi Gras）和恍惚状态可以使我们所有人盲目乐观（Pollyannas）。②

解离通过分散注意力来逃避抑郁和焦虑，但是就像魔术师的艺术，分散注意力是一个很难聚焦的过程。因此，解离是最难定义，也是最难被明确识别的一种防御。有魅力的、戏剧性的、转移人注意力的癔症者最常使用这种防御，解离也很容易被误认为是其他状态。解离常被称为神经症性否认（neurotic denial），其机制是多重人格障碍、神游症、众多癔症性转换障碍和很多恐惧对抗行为的基础。它包括一种突发的、毫无理由的优越感，或者一种不顾一切的态度。解离的防御能够使过山车游客的恐惧转化为快乐；能够使遭受痛苦折磨的受害者脱离受伤身体的现实，成为旁观者来目睹整个过程。

解离与精神病性否认的区别在于，前者只否认内部现实，而不是外部现实。海德（Hyde）先生成为哲基尔（Jekyll）博士，③但外在世界仍未改变。解离与压抑的区别在于，前者痛苦的情感被转化的同时，痛苦的观念也被消除了。解离与见诸行动的区别在于，见诸行动没有忽略被置换的客体；

① 方法演技，是令演员完全融入角色中的表演方式，除了演员本人的性格之外，也要创造角色本身的性格及生活，务求写实地演绎角色。由俄国戏剧大师斯坦尼斯拉夫斯基提倡。——译者注

② "Pollyannas"，以主观善良愿望看待事物的人（源于波特小说中的女主角）。——编注

③ 源自电影《化身博士》。——译者注

确实，见诸行动中的客体通常像儿童游戏中的木头娃娃一样，成为行动的直接承受者。相比之下，如果解离这种防御也像见诸行动一样，忽略道德感的话，它也会把危险的情感变成一种游戏；解离改变了主体，但它没有忽略客体。因此，在所有"传染性的"不成熟型防御中，解离对旁观者有着最强的伤害力和迷惑性。被虐待的儿童如果不会给社会治安带来危害，则常常会以一种娱乐形式呈现在舞台上。解离中，卖淫者成为高级妓女，海盗成为河船上有魅力的赌徒。解离与反向形成的区别在于，前者把观念—感觉复合体转变为不同的东西——一些游戏性的、分散注意力的东西，而反向形成则把观念—感觉复合体转变为具体的、非常认真的相反面。如果说反向形成否认了欲望，见诸行动否认了道德，解离则否认了两者。也许这也是为什么解离在不成熟型防御中最少令人愤怒，却与其他方式一样适应不良。

不管怎样，如果没有经验性证据支持解离是适应不良的，它也许会被划入防御的下一个水平——中间型或神经症性。和其他不成熟的防御不同，中年人身上所发生的解离并不少于青少年。和其他不成熟型防御和接近中间型水平的防御也不同，解离歪曲了更多感觉而不是他人。并且，解离也是可以解释的。最后，解离不会激怒旁观者。与偏执和疑病不同，癔症的病人是有吸引力的，即使令人愤怒。当然，尽管解离的盲目乐观者能够不受伤害地逃脱痛苦，问题是她很少能获得胜利、安宁、真正的快乐或者所期待的长久的爱。斯嘉丽·奥哈拉（Scarlett O'Hara）、伏尔泰的潘格劳斯博士（Dr. Pangloss）和《疯狂杂志》的艾尔弗雷德·纽曼（Alfred E. Neuman）都把生活推迟"到明天"（until tomorrow）。①

* * * *

① 斯嘉丽是《飘》的女主角，认为明天又是新的一天；潘格劳斯博士是伏尔泰小说中的人物，坚持认为我们所生活的世界是所有可能选择中最好的一个；纽曼是《疯狂杂志》中的漫画人物，口头禅是：我担心个什么啊?——译者注

不成熟型防御有很多特征。除了解离，其他防御都会激怒他人，至少会在短时间内让使用者获益。通常这类防御会表现得违背传统道德或法律。比如，自杀尝试，直到最近之前在美国一些州都是重罪。不成熟型防御也存在一种特殊的能力，将运用者和客体捆绑在一起。不成熟防御能够渗透至对方的皮肤之下。因此，这类防御帮助运用者可以保持一种对人际关系的持久和依恋的幻觉。通过不同的方式，可疑的偏执者、分裂型的做梦者、被动攻击的青少年和充满责备的疑病者，都会把他们的所爱/所恨牢牢地抱在怀里。这种双面性的行为对青少年很重要，因为他们既需要保护又需要分离，但这对父母来说是难以忍受的。还记得吗，贝尔兔（Brer Rabbit）是如何不可改变地缠着嘲讽他的柏油娃娃（Tar Baby）的。总之，挑衅和受虐使分离变成一件难事。

与神经症不同，不成熟型防御不会顺从于精神科的解释，还可能会被这种理解弄得更糟。如果我们把这些不成熟型防御的运用者送到精神科医师那儿，而不是法庭，运用者会感到被误解。他希望的是一个公平的审判，而非“帮助”。 对于不成熟型防御，友善同伴的集体面质比治疗更管用。因此，青少年和性格障碍者常“从他们的朋友那里获得一些帮助”。我是指，那些好心的青少年工作者无法让见诸行动的青少年意识到共用针头或者高纯度毒品是危险的，但一个友好的同伴常常能做到这一点。在匿名的酒精依赖者所组成的团结的支持性小组里，康复中的酒精依赖者的警告能够打动仍然沉迷的酒精依赖者。后者对他们所爱的无成瘾问题亲戚的说理、威胁或恳求，以及付费昂贵的精神科医师的要求则充耳不闻。

与精神病性防御不同，不成熟型防御机制通常也不会划分到药物治疗的适应范围中。但是，不成熟型防御常常会夸张地滥用药物。比如，镇静剂和酒精的过度使用都会导致更多的投射和愤怒。个体过于频繁服用抗抑郁剂不仅会导致更多的不适，还会出现一些自杀念头和行为。

曾经有一些流行的术语被用于描述不成熟型防御，包括分裂、贬低、理想化和投射性认同。这些术语是客体关系理论固有的，所描述的这类防御有时也被归为意象歪曲防御（image-distorting defenses）。这一命名反映了一个事实，如果神经症性防御管理驱力，不成熟型防御则管理关系。几乎每一个防御的编年史者都对投射性认同进行过不同的定义，但不管怎样他们都会认识到一个事实，即在不成熟型防御的运用者面前，旁观者的自我界限变得模糊不清、漏洞百出。情感二元性蔓延（dyadic contagion）的出现使得我与你之间的分离更困难。像得了传染病的人一样，受到不成熟型防御折磨的人常会把羞耻、冲动和焦虑传递给周围的人。

基于三个比较武断的理由，表2中没有包括这些意象歪曲防御。首先，这些防御被梅兰妮·克莱茵定义，之后被奥托·肯伯格所推广，但没有参考安娜·弗洛伊德的观点；而安娜·弗洛伊德所写的防御纲要《自我与防御机制》，也没有参考梅兰妮·克莱茵的观点。因此克莱茵和安娜·弗洛伊德的命名描述了相同的内在精神世界，只是从不同的概念框架出发而已，克莱茵的有些术语与表2中的术语是重复的，后者大部分都是借用安娜·弗洛伊德的。其次，意象歪曲防御非常复杂，涉及双方的交流和彼此的交互作用。其表现反映了两个而不是一个自我的交互作用。因此，投射性认同和分裂是将交谈的内容投射出来并见诸行动。总之，意象歪曲防御所强调的自我功能已经超出了我想在本书中加以分析，并在表2中列举的简单概念水平。第三，不包括这些克莱茵式的防御是因为它们仅用于管理人际关系，因此应用上比表2中的术语更窄，后者涵盖了对四种冲突来源——他人、欲望、道德和现实——的适应。

神经症性防御

表2中定义的第三种防御类型，是中间型或者神经症性机制。神经症性防御的使用更加私人，与不成熟型防御相比，看似对他人的侵入性更少。简单来说，不成熟型防御在关系中使用巧妙的手法，神经症性防御则神奇地重构了观念和感受。因此，神经症性防御的局限可能是没有将其他人很多地卷

入到关系当中，因此它们缺少不成熟型防御那样的对关系的控制力。因为它们没有渗透至对方的皮肤之下，神经症性防御只能对那些有能力通过其他更适应的方式来形成持久关系的个体进行保护。换言之，偏执的家庭暴力者和他们受虐型配偶的关系，即使不会多么快乐，但可能会比“神经症性”滥情者和强迫的会计师们的更持久。

神经症性防御的优点是，它们更接近现实。其自我欺骗不会很明显。运用者会感到要对自己的冲突负责，神经症性防御常会涉及妥协，而不是全或无的解决方案。较之不成熟型机制，神经症性机制对旁观者来说似乎并不陌生。它们在道德上是比较中性的。它们的使用也不会是轰动性的新闻。较少依赖于人际领域，很难想象一个荒岛上的漂流者会偏执或疑病，但很容易理解他或她会恐惧或强迫。

置换（Displacement）

为了安慰父亲，佩吉可能会分散注意力，不去想男友，而把情感投向心爱的马，或者找一个更年轻的、并不那么成熟的、对性要求较少的男友。她可以把爱的想法和情感从一个危险的、有性经历的男友身上撤离出来，去找一个更中性的爱。如果佩吉永远不从对马的倾心中成长起来而转向人的话，她可能会因为这种适应不良被称为“强迫”。更有可能，佩吉的这种置换性激情会使她成为一个熟练的骑手，赢得表扬和接纳，也会让她的父亲更安心。另外，既然这种防御是可逆的，佩吉在夏天为了克制内心冲突而制定的聪明计划可能会在秋天被取消，那时她的自我会发展得更能够顺应她男友在性方面带给她的新奇。

心理治疗的大量工作都涉及置换的运用。就像用减毒病毒使病人获得对危险病毒的免疫能力，心理治疗的一个重要目标就是提供一个被弱化的、与现实接近的替换方式。在心理治疗中，会发生一种依恋的转移，爱与恨从对过去的人转到治疗师身上，这一过程被称为移情——置换的一种变异。但是，治疗中置换的价值远不止移情。想想针对儿童的游戏治疗。代表父母的玩偶被杀害，然后被扔到垃圾箱里。结果是一种安慰，而非内疚。确实，词语游戏、与情感相关的梦和比喻——这些都是置换的例子——在心理治疗中有着重要的意义，这并不是一个偶然现象。通过置换，来访者和治疗师像是达到了华兹华斯（Wordsworth）诗中的目标：在平静中回忆起来的情感（emotion recollected in tranquillity）。

智慧、漫画和讽刺，以及一些偏见的例子也都涉及置换。当然，偏见也和置换不成熟的亲戚——投射联系在一起。关键的区别是，置换只改变了观念—情感情结的方向，投射改变的是情结的所有者，即主体设想自己就是客体。

置换常出现在恐惧中。因此，行为治疗师在针对恐惧病人进行的辛苦的脱敏治疗中，也很肯定置换的价值。他们开始向来访者远距离地暴露一些轻微的危险，然后逐渐增加这些危险。然而，不像精神分析师，一些学习理论家并不认为中性观念的连接（红灯等于停）和基于情感观念的联结（红灯等于妓院和性唤起）有什么区别。弗洛伊德的诗性科学远远超越了斯金纳的理性科学。大脑皮质与边缘系统相关。头骨与心脏相连。

情感隔离（理智化）（Isolation of Affect /Intellectualization）

作为D. H. 劳伦斯（D. H. Lawrence）小说和阿娜伊丝·宁（Anais Nin）日记的忠实读者，佩吉可能会做出明确的决定，放弃处女之身。就像她喜爱的小说《钟形罩》（The Bell Far）中的角色埃斯特·格林伍德（Esther Greenwood），佩吉可能非常了解性交行为，可能会机械地进行这种行为，不会体验任何快乐，但也没有任何焦虑。在这种情况下，隔离或者理智化听起来就像是一种沉闷的适应方式，但对外科医生和战略空军司令部的将军来说，这种情感与观念的分隔是一种必需的适应。的确，在仪式化的过程中，隔离的防御使我们能够去施行血腥的外科手术、组织军事打击，而不会受到各种感觉的干扰。

“隔离”一词包括了多种思想否认情感的方式，这些情感通常与各种观念相关。隔离的运用者显示出一种特殊的能力，痛苦的观念被以一种非黑即白的方式保存下来，并消除了所有的情感色彩。然而，隔离允许我们思考，把本能的愿望理智化为正常的、情感空白的形式。情感的隔离包括将注意力放在无生命的东西上，以避免在生活中被卷入过于亲密的关系。隔离还包括对不相关细节的持续关注，以回避意识中对内在感受的认知。数绵羊就是一个很贴切的例子。一个关于情感隔离更戏剧化的例子是，精神分析师用一个缺乏活力[①]的词——客体关系来代指亲密或爱。精神分析师也像外科医生一样，需要避免被内心过度影响。他们需要调节说脏话情绪（four-letter）的强度。

尽管很多防御的词汇表都把抵消（undoing）作为一个独立的防御，我更愿意武断地将其作为隔离的一个亚型。抵消包含了表达愿望然后加以否认。比如，“我这么多年都没看过医生了”或者“我们家从没被抢劫过”，发表这些评论后敲击木头祈求好运。[②]敲击木头提供了一种仪式，以抵消或者弥补过于武断的事。当我们自夸健康时，惯例会想到可能会生病的可能性。另一个经典的例子是，孩子小心地走在人行道上所铺砖块的正中心，嘴里不停地念着“如果踩到裂缝，就会撞伤你妈妈的背”。嘴里公然表达着邪恶的想法，但这种邪恶的想法不仅消除了负性情感，而且仪式性地被他的行为所抵消——没有踩在裂缝上。当我去度假时，我的病人有时会告诉我，他们希望我不会遇到什么不好的事。当我负责地工作，并牵挂着他们的事，他们却好像从不担心这种意外的发生。

我选择不把抵消与隔离区分开来有三个理由。第一，人们使用其中之一的时候几乎都会使用另一个；第二，两种防御机制的临床关联是一样的；第三，两者都是在意识不到冲突的情况下想到或者谈到冲突。我们能够撤销一种想法，却无法撤回一种感受。

有强迫麻烦的个体会习惯性地表现出隔离。他们很难把想法与感受联系在一起，常常会去看心理治疗师。确实，很多精神分析师也曾通过习惯性的隔离来抑制自己的感受，现在则完全转变为潜意识的拥护支持者。如果读医

① “sterile”，不育。——译者注
② 一些文化中的祈福仪式。——译者注

学院时，他们能够在手术室直视喷涌的血流而不眩晕，他们也不能感到自己内心的汹涌澎湃。这些人会欢迎他们心理治疗师的动力性解释，并对发现自己的激情心存感激。

临床上，隔离会不为人觉察地合并到置换中。各种感受在置换里和一个不那么重要的客体重新联结，逐渐衰减，并留存于意识中。置换和隔离共同形成了强迫。隔离和置换比他们的近亲——幻想，更有社会适应性。比如，设想一位强迫的昆虫学家是因为欲望而第一次隔离他的所有感受，然后把仍充满欲望的想法置换成对蟑螂繁殖生活的多种研究。分裂的独居者会使用花花公子杂志来进行性幻想，昆虫学家没有背叛这种激情或者关注，也许他也不是那么喜欢。但是，昆虫学家能够在专业会议上对数百位亲近的同事公开讨论被置换后的性兴趣。和独居者不同，他拥有一张鲜活的、奇妙的通往世界各地的飞机票，他能够和一位听众毫不羞怯地讨论他对性的关注。与此相反，幻想的运用者，无论是在福利上还是在勇气上，可能最终的结果都是，无人可以分享自己隐秘喜爱的杂志插页。

压抑（Repression）

如果佩吉使用压抑而不是隔离，她可能会衣着艳丽，话露风情，然而当男友第一次提出性的要求时会非常愤怒。“为什么”，她可能会大声惊呼，“我从未有过这种想法！”在男朋友面前，整个房间都洋溢着她的热烈、艳丽和女性荷尔蒙散发出的香气。她的朋友和母亲可能会注意到她的兴趣。男朋友大脑的边缘系统可能会对这种性的、嗅觉的认知产生共鸣。唯一缺乏的，只是佩吉对自己依恋的理性认知，她意识层面的观念是冰冷的黑与白。最初，甚至是弗洛伊德也会认为，这种不同寻常的意识缺失是故意的。从一开始，被打击的男人们就会诅咒歇斯底里的佩吉罪有应得。他们可能无法想象，这些风情万种的女性竟会真的与性欲绝缘。

压抑下的情感无处不在，但隔离的想法不在“心里”。这些想法被压抑了。不像青少年的被动攻击夹带着许多嘲讽，癔症性的戏弄——这种惯用者的压抑——可能是令人为之动容的天真。被动攻击的青少年“天真地”搬起石头砸自己的脚，所以如果他把父亲给惹火了，一点也不令人惊讶。但是，如果癔症患者的柏拉图式女友误解他的意图，他会真心地出乎意料。取笑的两种形式——癔症性攻击和被动攻击，能够通过旁观者的反应来区分。殉道者的被动攻击总是能够触发我们的各种情绪；相反，几乎可以称之为粗鲁无礼的癔症却有一些魅力，会让我们在一定程度上原谅这种压抑。我们本身是不会对压抑采取防御措施的，反而会喜爱这种诱惑的调情。神经症性防御能够妥协并形成一种调停协议。不成熟型防御即使采取相应的防御措施，仍然会形成攻击和纠缠。不管怎样，被动攻击常常会发展为较成熟的压抑。

压抑的“遗忘”部分与最不具有防御性的遗忘之间的区别是，压抑觉察力的缺失常常伴有提示性的象征行为——比如佩吉的超短裙。压抑与抑制的区别是，压抑会影响冲动的潜意识抑制，直到失去所重视的目标，而非延迟。与癔症性方式相比，禁欲者使用抑制最小化了欲望并且寻找积极的方面，但并没有忽略其欲望。一个禁欲的佩吉会要求男友延迟满足，但不会为其被唤起的激情而感到惊讶。

在剧院工作的人都会知道，解离和压抑常常如影随形。压抑与其最接近的两种机制——解离（神经症性否认）和反向形成是不同的，被压抑想法之下的真实情感仍保存于意识中。运用压抑的性感女性知道自己喜欢打扮，这与解离的“傻瓜”（airhead）是不同的，后者每次看到帅气的男性就会咯咯地傻笑。她与基要主义者也是不同的，后者每次看到一个帅气的男性就会立即在虔诚的感受下用“性是危险的”这个想法来阻止自己。当然，压抑与隔离的不同在于，压抑从意识层面剔除了想法而非情感。压抑之下，癔症性的主体能够听见音乐，但忘记了歌词；隔离之下，强迫性的主体能够思考歌词，但无法回忆起旋律。然而，对旁观者而言，强迫常比耀眼夺目的癔症有着更多的“压抑”。按照弗洛伊德1905年到1926年出版的案例，精神分析家们常把压抑和隔离一起归入“压抑”这类术语之下，因此忽略了一个重要的区别，即认知觉察的缺失不同于情感觉察的缺失。

反向形成（Reaction Formation）

像大多数其他天主教学校的高中生一样，佩吉会向男朋友宣称性是很恶劣的，如果她自己仍保持“贞操”，他就会更爱她。像很多其他的禁欲者，她会解释说，拒绝男友以保留自己的处女之身是自己做过的最好的一件事。如果能继续维持到结婚，对他们的爱将更加有利。反向形成能够在意识中同时保留观念和情感，只有价值被倒置了。简言之，反向形成颠倒黑白，混淆是非（把愿望转为其反面）。性是如此令人愉悦，因此它也很恶劣。冷水浴比热水浴对你更好，因为前者能让你经历更多痛苦。反向形成中，不仅能够完全阻碍被禁忌的愿望，而且愿望也被看成是世界上最好的理由而被予以否定。积极的一面是，反向形成允许我们在希望自己得到关心的时候能够关心他人，允许我们去爱那些所恨的竞争对手和讨厌的工作。成功的反向形成常常有高度的道德感。反向形成对于护士、警察、服务员和室友都很重要。消极的一面是，在亲密关系中，反向形成很少能使关系双方都感到快乐。身穿苦行衫之人也会令接近他们的人感到痛苦。①

正如前文所强调的，反向形成与利他的区别是，前者的运用者感到快乐的程度并不大。反向形成的自我欺骗或“否认”与解离（神经症性否认）是不同的，因为解离使我们分散注意力，并忽略内在感受，而反向形成注意到了各个方面，只是反转了其价值。类似地，反向形成的“否认”与精神病性否认是不同的，反向形成中外在世界的事物，除了其价值，是没有被忽略的。性并非不存在，只是太肮脏。

反向形成与投射的区别是，前者批判冲动，但运用者仍需要负责；而投射则把产生冲动或情感的责任从主体转换到客体，可能有或没有反转其价值。反向形成常常比投射更有适应性。偏执的审讯者因为“恶劣的”性行为而裁决烧死女巫，夜晚却深受最具有诱惑性的梦魇淫妖所困扰而无法安睡。在他的反向形成和苦行衫的保护网之下，独身主义的禁欲者只有斥责自己的性欲之后才能

① “hair shirts”，苦行衫，即苦行者所穿的粗糙衣服。——译者注

好好安睡。我们无法掌控自己的激情，直到负起对它们的责任。

前文已经提到，反向形成常常是见诸行动惯有的延续形式，但从不会与之相混淆。然而，如果神经症性反向形成演变成宗教信仰的歪曲，问题就更严重了。试问，一个穆斯林战士会真的认为自己是不道德的（歪曲），抑或他在战斗中牺牲算是非常幸运的（反向形成）吗？我不知道。我想，答案取决于战斗者自己。

* * * *

神经症性防御不像不成熟型防御，人们能够对其进行治疗性的解释。当某人责备我们投射时，我们会愤怒；但当某人提醒我们因害怕、压抑而忘记了一个牙医之约时，我们会很纠结，然后会说“啊！”“太谢谢你了！我怎么会忘记呢？”神经症患者会为他们的心理治疗买单。

不成熟型防御会传染，神经症性防御则不会。换言之，不成熟防御的运用者很像一个刚刚吃过大蒜的人，在拥挤的电梯里抽着雪茄。另一个乘客感到拥挤、被侵犯，情绪化地认为这个吸烟者非常可恶、具有侵入性、缺乏道德。他愤怒地指着“禁止吸烟”的标示牌，而正自得其乐的吸烟者也变得暴怒了。不成熟型防御，就像大蒜所导致的口臭，只存在于观察者的感知中。与此相反，神经症性防御的运用者则像是在同样拥挤的电梯里的一名乘客，眼睛里落进一粒沙粒，感到疼痛和有些发炎。他身边的乘客很难注意到他的痛苦，最多也只是奇怪为什么他的面容如此扭曲。如果有一个人注意并了解到他痛苦的原因，并熟练地用餐巾纸的一角把沙粒弄了出来，当事者会非常感激他，而不是厌烦。短时间内，神经症性防御会令运用者痛苦，而不成熟型防御令旁观者痛苦。

成熟型防御

最后，如表2中所述，防御的第四个类型 ，我称之为成熟型。不像否认，成熟型防御涉及图2中四个冲突来源的综合，它们会更难用图解来表达。不像压抑忽略想法，隔离忽略情感，投射忽略主体，置换忽略客体，成熟型防御影响着一个微妙的平衡，使得主体能够体验自己，以及他们的客体、想法和感受。不像见诸行动忽略道德，反向形成忽略欲望，分裂型幻想忽略真实的他人，精神病性防御忽略现实，成熟型防御巧妙地平衡并消减了四个定位标：现实、人物、道德和欲望（之间的张力）。因此，成熟型防御的结果与精神疾病相比，更趋于和谐、复调或者像炼金术一样。稻草被纺成金纱，绝望被凝结成诗篇，整体大于部分之和。因为冲突所有的组成部分都进入了某种程度的意识层面，成熟型防御使幻觉成为可觉察的内容。如果读者开始向我抱怨，不该将这种如此有效的应对策略当作潜意识的防御，也不足为奇。

成熟型防御与其他三种水平防御的区别在另一种方式上。成熟型防御整合了冲突的来源，因此这类自我欺骗的方式是不需要再加以解释的。就算是心理治疗师，也认为这种解决方式不需要再改进了。这种涉及成熟防御所展开的否认是不需要治疗的——只用鼓掌喝彩就够了。但遗憾的是，通常它们无法被“随意”使用。成熟防御的发展常常需要爱的代祷或另一个人的确认。

利他（Altruism）

佩吉成为一名女修道院的创始者。她会试图成为基督的新娘，在一项仪式中她会得到一枚真正的戒指、一套真实的婚纱，并接受修女和自己道德的真实祝福。她的第一个任务，可能是在修道院的幼儿园或者护理学校工作。即使她不能有孩子，她也一样能够跟孩子们在一起相处，得到他们的爱戴。即使她得和贫苦之人一起分享自己的财产和劳动，她也能够得到他们的爱、什一税[①]和尊敬作为回报。这种命运与另一种形式，即和足球队员发生性关系的羞耻与丧失自我的方式、流产后的悲痛及和滥交的朋友在一起的孤独感形成了鲜明的对比。这些都比成为一名修女更加糟糕。

利他允许个体为他人奉献，对方也乐意接受。反向形成也会按自己的意愿给予对方，但利他让自我得到部分的满足。不像反向形成，利他用愉悦调节了禁欲主义。不像被动攻击和殉道者，利他使客体感到幸福而非折磨。利他吸引他人，殉道者则令人也想要逃离，即使被铁链紧锁也是如此。

利他与投射的相似点在于，自我的感受都被归因于客体；但与投射不同的是，利他的归因是共情的、恰当的。而投射中，主体的罪恶被错误地归因到客体上；利他中，主体的需要被恰当地归因于客体。因此，投射使我们成为自我厌恶的、无助的受害者，而利他允许我们发挥自我效能。偏执者看着富人的房子，感到强烈的不公平：对方殷实富裕，自己却一贫如洗。佩吉修女帮助穷人，并获得安宁，认为自己更幸运。感激令人更快乐，更有道德感，通常也比嫉妒更成熟。如果我们能把自己从正义裁决者的角色转变成有毅力的圣徒，该有多好。不幸的是，像其他防御一样，利他的主要部分是自发性的。但不足为奇的是，利他有时会被称为（上天的）恩惠。

升华（Sublimation）

升华之下，佩吉可能会在男友面前举办一个盛大的夏日演出，上演《西城故事》，或者李奥纳多·伯恩斯坦（Leonard Bernstein）指挥的广受喜爱的音乐剧《罗密欧与朱丽叶》。压抑的佩吉可能会穿上性感的红裙，香气四溢，但坚称自己从未有过性的想法。升华的佩吉，玛利亚的扮演者，也会身穿性感的红裙，用音乐的旋律和浪漫的语言把关于性的想法和感受都永记在心。同时，作为玛利亚的佩吉巧妙地弱化了性的问题，天真淳朴的佩吉不再焦虑，而她18岁的深谙世故的男友托尼/罗密欧（Tony/Romeo）也会忘记自

---

① 有些教会要求信徒将收入拿出十分之一交给教会，称为什一税（Tithe）。——译者注

己的沮丧，在音乐和佩吉真实的吻中欣喜万分。

升华如杼井易水般疏导我们情感的奔流，不像见诸行动只是驱散它们，或者反向形成只是筑起堤坝阻挡它们。与解离相比，升华中的感受不会那般虚假和伪装。舞台上，佩吉亲吻自己的真爱。因此，升华使本能间接地或者被弱化得以表达，既不会导致相反的结果，也不会失去快乐。一些演员和作家备受折磨的童年和充满冲突的青春期是传奇性的，然而舞台最终使得他们的痛苦获得了爱、称赞，还有宣泄。正如弗洛伊德写到，升华“使源于某一性欲特定来源的过强兴奋找到出路，以在其他领域大展风采。因此，本身虽具危险性的素质，却可使心理效率大大提高”。①这就是升华的魔力。

幽默、置换和升华都是戏剧要素。然而，不像在幽默中的自我服务有些退行，也不像置换中有些伪装，升华的玩笑中常常有真实的结果。我们的女主角从着装到举止都很像玛利亚，但是因为她真正的男朋友就在对面，所以她的行为并不是伪装或幻想。置换中，一个人的感受如果获得允许会朝向一个不太重要或不太有威胁性的客体。而升华是如此特别——对它的使用也更加冒险——一个人的感受或注意常常会指向一个更高、更有挑战性的对象。

抑制（Suppression）

抑制之下，佩吉可能会保留对自己天主教遗产和扰人欲望的觉察，维持依恋的强度和体验的限制。她会焦虑地、逐渐地——像之前很多人那样——跟男友从牵手到接吻再到和男友一起过周末，远离父母的窥视。因为抑制涉及等待，即在一个短暂而非无期限的时间段——没有抱怨地——在意识层面保留想法、感受和他人的能力。难怪所有防御中，抑制作为最主要的防御方式需要非常强大的自我力量。

抑制需要人们在半清醒状态下决定延迟关注意识中的冲动和/或冲突。但是，这种决定并不是简单自发就产生的，如果罪犯能学会“只说不”，或

① S. Freud, “Three Essays on the Theory of Sexuality” (1905), SE 7: 238.

者在抢劫加气站、袭击警察、贩卖可卡因的时候能数到10，监狱就没人了。弗洛伊德曾经提出，这种延迟满足的能力是一种成熟的标志。抑制中微妙的平衡就像是自发的——又像非自发的——在绳索上行走。这种平衡看似对训练有素的杂技演员们很容易，却会让我们其他人瞠目结舌、不可思议。

不像压抑的运用者，抑制的人仍会记得冲突。在《飘》的结尾，瑞德·巴特勒，不像斯嘉丽·奥哈拉会记得“明天再说”。但抑制与压抑之间、抑制与隔离之间、坚忍的抑制和斯巴达式的反向形成之间关键的区别是，抑制之下，冲突的所有组成部分都至少部分地在意识层面得以保存。

抑制和解离的区别更加复杂。区别的关键点是成熟度。圣经《传道书》的坚忍不拔当然与幼稚的盲目乐观是完全不同的。坚忍不拔和盲目乐观都注意到周围泛着白光的乌云，但盲目乐观还是会忘记带伞。解离和抑制都使我们看到积极的一面，但抑制认为杯子是半满的。相比之下，解离是公认的乐观者，当解离运用者发现他的圣诞袜里装满了马粪，就会认为圣诞老人肯定送给了自己一匹美丽的小马，并开始寻找。抑制和解离的区别还在于，抑制的关键是延迟满足：抑制的运用者会为下次的夏日航行开始攒钱做准备。而解离的运用者，即使负债累累，也要现在就去航行，并肯定自己能在以后偿还。

预期（Anticipation）

在遇到男友后不久，佩吉可能很快就开始担心，如果她变得过于喜欢他该怎么办？如果他要尝试亲吻自己该怎么办？她的朋友可能不理解，浪漫的激情怎会引发如此多的烦躁，她的母亲可能会困惑，为什么佩吉有时会看起来如此抑郁。但是，佩吉会提前体验焦虑和抑郁。她会在意识中坚信，第一次的肌肤之亲因为其兴奋可能会引发内疚感。然而，当预期的事情真的发生了，她将不会无法招架或者逃离。

预期中，个体会对未来的不适做出现实和情感两方面的计划。如表2所示，所有成熟的防御中，预期对外部现实和内在现实的重构最少。与自我欺骗不同，预期随着时间的推移逐渐分散了焦虑。像自体疫苗接种，以小的预防性剂量体验自己情感的痛苦。（古叙利亚境内）米特拉达提斯（Mithridates）六世预期自己可能会被暗杀，据传他每天都会服下小剂量的毒药，增加自己的耐受性，保护自己以免被他人下毒。自我心理学的先行者、精神分析师海因兹·哈特曼（Heinz Hartmann）说："预期未来的这类功能……是一种自我功能，指导我们的行为，恰当地将方法与目的联系起来。当然，它也是一种极为重要的适应过程。"[①]

和抑制一样，预期可能看起来是自发的，直到个体意识到在晴天记得修理屋顶会有多难。我们大多数人，像斯嘉丽·奥哈拉一样，会选择"明天再说"。旅行登机前列个单子，写上担忧的事，听起来像是一个合理的认知应对策略。但是，没有人喜欢担忧。因此，我们"忘记"执行这些建议。我们如果已经特意提前考虑了各种不好的后果，就不会错过班机或忘记洁牙。此外，有意计划一些中性事件，比如航行和龋齿，要比计划一些触动情感的事件，比如葬礼和战争的损失要容易得多。因此，如果缺乏社会支持，相对少一些的人会为明日的悲伤情绪未雨绸缪。如果没有他人（一位教练或者治疗师）的帮助，个体很难自愿预演情绪上的痛苦。佣金再高的拳击手也需要与练习者一起训练格斗。飞行员和船员通过分享集体的航海日志，预防紧急状况。各个州、省必须通过法律提醒人们系好安全带，带上摩托车头盔。教堂、牧师和扩展的家庭使我们能够去参加葬礼。上述这些现象都支持了我的看法，即独自提前担忧和悲伤的能力是一种自我技能，而不是一种可以简单学会的应对策略。它们也阐明了社会支持在自我成熟中的重要性。当我们意识到自己是被某人爱着的时候，洁牙就是一件非常容易的事情了。

预期与隔离和理智化的区别在于，前者不仅仅是认知性的计划和列举清单这种忙碌的工作。预期需要思考并感受情感的部分。预期与幻想的不同在于，主观体验通过现实的忧虑，而不是通过对灾难和/或者愿望满足的、自

---

① H. Hartmann, *Ego Psychology and the Problem of Adaptation* (New York: International University Press,1958), p. 43.

闭的虚无白日梦，来调和情感的痛苦。

最后，要区分解离所导致的无可救药乐观者和盲目乐观者“闲散的”行为，预期中重要的一点是能够在压力下保持冷静的能力。传奇飞行员查尔斯·林德伯格（Charles Lindbergh）和查克·耶格尔因为冷静从而能够在飞行生涯中存活下来，如果不谨慎就会失去生命。他们应对压力，就像米特拉达提斯应付毒药一样。低估危险是致命的，夸大危险又会丧失能力。因此，他们提前考虑、列出清单、加以练习，然后告诉自己已经尽可能进行了准备，得以放松。但是，知易行难啊！

幽默（Humor）

幽默的机制是一种如此巧妙、精彩、无法用语言表达的防御。我不知该如何在一开始就让读者去设想一个16岁青少年运用幽默来应对面前的重重压力，如果只是强调聪明的佩吉在一开始就找到了某种幽默的方式缓和了他们的困境，是不够的。但是，幽默的确能在现实生活中令人信服地进行。我无法像描述其他防御那样，虚构地对其举例。

我们都知道，幽默让生活变得更容易。像抑制和预期，幽默把想法、情感和客体都保留于意识中，“幽默，”弗洛伊德说，“能够被视为防御过程中最高等级的方式。”[①]幽默，像预期和抑制，是一种如此敏锐的应对策略，理所应当是有意识的。但幽默与“最周密的计划”不同，无法按需使用。几乎可以确定的是，幽默突然出现在我们不经意间，幽默总是令我们惊讶。

然而，幽默往往看起来是意外，但是它从来不会偶然发生。就像心脏自主地跳动，自我的行为也不是随机或者缓慢的。和抑制一样，幽默需要走钢丝或搭纸牌屋般的精密。并非偶然的是，很多伟大的喜剧演员都有不同寻常的悲伤的童年。同样并非偶然的是，大多数有着悲伤童年的人没有成为哪怕是配角的喜剧演员。这些在童年通过幽默掌握艺术魔力的演员，像卓别林、

① S. Freud, *Jokes and Their Relation to the Unconscious* (1905), SE 8: 233.

玛丽莲·梦露和杰基·格利森（Jackie Gleason），并非是被有意选择而出现的。像艺术创作，莫扎特8岁就能够弹琴。幽默自然出现，直到我们试图效仿它时才会停止。

幽默使个体能够过度表达感受，而不会难受或者丧失活动能力，也不会让他人感到不快。不像癔症性发笑者没有想法的解离，如果没有观察性自我的因素，幽默也无法进行。喜剧演员都知道，时机是关键。解离者像狄更斯笔下的米考伯先生（Mr. McCawber）和伏尔泰笔下的潘格劳斯博士，永远都把现实隐藏在幻想之下。与此相反，伟大的喜剧演员们的幽默，像恐吓性的幽默，使我们能够面对现实，又觉得像是一场游戏。马克·吐温问，为什么我们会在洗礼上欢笑、在葬礼上哭泣？答案是：我们不是当事人！幽默允许我们直视痛苦，而解离则让我们顾左右而言他。

一个朋友曾写信给我，说："幽默有着神奇的治疗作用。它能够不加损害地进行打击，能够在娱乐中指导，能够让我们避免自以为是；它也为感受提供一个出口，如果用其他方式表达可能是一种侵蚀。"或者，像弗洛伊德写到的，幽默"不屑像压抑那样把承担着痛苦情感的观念内容从意识注意中撤出，由此而超越了防御的自动作用……幽默是一种方式，使人们从痛苦的情感中获得快乐"。①

与恶作剧、噱头，以及其他形式的被动攻击相比，幽默令旁观者和运用者都感到快乐。与机智不同，那是一种置换的形式，幽默让人直言不讳。漫画和讽刺把观念和情感从危险的客体置换到一个更中性的目标上。与此相反，像希望一样，幽默允许人们专注并忍受可怕的后果。但是幽默的安全，像梦的安全性一样，取决于猝倒。②我们看见一切，感受一切，但是麻木的。最后，幽默与禁欲、共情和伟大的艺术一样，只在成熟水平上出现。幽默提醒我们，自我的智慧取决于成人的发展和创造性，取决于防御。

---

① S. Freud, *Jokes and Their Relation to the Unconscious* (1905), SE 8: 233.

② 倒头即睡，没有防备。——译者注

*　*　*　*

我要稍微偏离一下主题，来讨论我一直强调的防御的两个方面。首先，成熟的防御看似道德，不成熟的防御看似非道德。因此，表2中五种成熟型防御能够重新定义为：（1）做某人愿意被做的事（利他）；（2）艺术性创造（升华）；（3）一种坚定不移（抑制）；（4）计划未来（预期）；（5）不过于严肃地对待自己（幽默）。其次，成熟型防御自然在年轻人中要少见一些。读者可能反对我对幽默的定义。他或她可能会说，“但所有的幽默都不是友善的。它可能是恶意的，或者适应不良的。比如讽刺，或者更严重的，甚至是有些虐待性质的恶作剧。”这种质疑包含两点，也是我希望对防御加以强调的：防御的成熟性；因为成熟，它们会逐步更道德。

老师板凳上的一个大头针可以让一个6岁孩子觉得非常滑稽可笑，但会激怒并触动老师。这种恶意的冲动很明显，骗不了人。只有运用者才会觉得好笑。因此，被动攻击式的、虐待性质的幽默是幼稚的、错误的。

随着时间的推移，学生恶意的冲动会变得更加隐蔽。易怒的学生式的攻击置换为机智、改编和讽刺。医学院校教职员会参加学生的讽刺短剧演出。即使本身并不乐意被讽刺，他们仍然微笑、鼓掌，控制自己的不快——这是一种理智的妥协。没有人会被政治性卡通所蒙骗，但在集权国家里，被置换的机智会让个体在集中营里面感觉像记者，而被动攻击的嘲笑则让个体感觉自己是牺牲者，二者迥然不同。然而，个体不需要像弗洛伊德学派的精神分析师那样看重医学院校短剧和《疯狂杂志》里的机智，一切并非表面所示。愤怒、悲伤和性，都已经被巧妙地置换过。

成熟型防御与置换和被动攻击不同。首先，成熟型防御需要社会经验（即社会成熟性），要知道旁观者能够“领会”笑话。会因《纽约客》杂志和幽默刊物中的卡通而发笑的人，比那些取笑老师凳子上大头针的人，或者取笑卡通里权贵们被鸽子屎砸中的人，在年龄上要大一些。其次，大多数成年人的幽默是对本人而不是他人开玩笑。置换中，即使是汤姆和杰瑞里虐待性的机智，猫是玩笑中的笑柄，我们则认同了老鼠。与此不同的是，伍迪·艾伦的电影里、《纽约客》的卡通里，我们笑是因为我们自己的小缺点被取笑了。第三，在成熟的幽默中，即使是弗洛伊德学派也无法确定，玩笑神秘的能量是从哪儿出现的。

可以简单阐述一下，幻想通过置换到升华这个成熟过程。10岁时，佩吉会单独和肯、芭比娃娃做游戏，像对遥远夜空中的星星那样迷恋明星。13岁的她开始有了朋友，会给比自己小一级的害羞男生送情人节礼物，但当她开始驯养一匹活泼的小马时，就会很快忘记他，兴奋被置换了。现在，她16岁了，整个夏天她都在《西城故事》的夏日剧目中，扮演玛利亚/朱丽叶，面对热情的托尼/罗密欧。随着重复地升华，她把对爱的渴望铭记于心，日复一日，和一个真实的人一起，走向圆满的爱。

3

日常生活中的自我欺骗

弗洛伊德认为，妄想狂不是原发的，

而是试图补偿，试图重建一个完全混乱的世界。

——奥利佛·萨克斯

《错把太太当帽子的男人》

心理学家罗伯特·怀特（Robert White）在1952年写道："我们对于环境如何塑造人了解颇多，这些知识很重要；对于人如何塑造环境我们却知之甚少，而这些知识同样重要。"[①]这位成人发展研究先驱的论述包含两个含义：一方面，社会科学相对忽视了个体如何创造历史，从而创造他自己的外部世界；另一方面，个体会因为害怕自己的内在世界及内在环境发生混乱，而在内心对其进行塑造和重新建构，我们对于个体如何塑造并重新建构其内在世界和内在环境了解很少。

在这一章中，我将提供六个自我欺骗或者重新建构环境的例子，涉及范围从升华到精神病。我还将介绍创造性和成人发展两个主题，这两个主题和防御一起构成了自我的智慧。我将要讲述的每一个真实故事，都包含不止一个寓意。它们一起阐释了第二章的要点：否认和自我欺骗非常不同。这些故事也说明，大体上，那些看上去是病理性的防御机制也是不成熟、不适应、不道德（immoral）的，而健康的防御机制同时也是高尚、适应和成熟的。简而言之，成熟、高尚和心理健康是紧密相连的。这六个例子显示，防御涉

① R. White, *Lives in Progress* (New York: Holt, Rinehart and Winston, 1952), p. 4.

及认知和情感，这提示为了理解人类行为，心理学必须学习识别和解释防御。我希望通过讲述这些故事来强调自我的创造性，并且指出，创造性科学（比如创造性艺术）通常可以包扎创造者的伤口。最后，我想再次强调这一悖论，所有的防御机制都是潜意识的，同时也是意识的。我们的大脑可以进行平行加工——对于重要的客体有两种思维。

我不希望暗示所有的行为都是防御的——除了古怪的行为。我所指的古怪行为，是诸如在某人的地下室进行组织培养，或者是类似于我们随后将在本书中看到的，半夜炸毁校舍的行为。

*　*　*　*

我将从一个弗洛伊德会称之为“日常生活精神病理学”的例子开始，讲述一个关于反向形成的例子。1976年2月16日，《时代》杂志引用了下面一段募捐文字：“亲爱的朋友们，在为我们国家的道德和礼仪的衰退感到震惊和痛惜了多年以后，我想我已经抗震了……你能相信吗：电影里男女之间的性爱活动，包括同性性爱，都可能发生在你的孩子身上。除非你我今天有所行动……我们的孩子及我们孩子的孩子，将暴露在邪恶的性变态之下，那么好的就将变成坏的，而坏的却变成好的。”

这段文字是牧师比利·杰姆斯·哈吉斯（Billy James Hargis）所写，是作为塔尔萨的基督教道德十字军募捐倡议的一部分。美国基督教学院校长哈吉斯在1950年就已经建立了基督教东征十字军，来推动极右政治和宗教。他出版了周刊《基督教十字军》，他的组织为重振20世纪60年代的两个自由主义的笑柄——埃德温·沃克将军和乔治·华莱士州长——而自豪。①

此时，读者们的不满可能开始上升。一方面，读者可能怀疑我要将自己的政治观点放到科学讨论里；另一方面，读者可能已经开始偷笑，怀疑哈吉

① 二者均是保守主义者：前者反共，后者坚持种族隔离。——译者注

斯隐蔽的性欲，圣经地带（Bible-belt）的反向形成———一种把好变成坏、坏变成好的防御机制。[①]现在，轮到科学的读者偷笑了。也许是精神分析学家自己使用了投射的防御；也许我把自己的偏见想象成是别人的。怎样才能从这场潜在的争吵中找出真相呢？

让我们用实验的方法来演示自我的工作，运用长期追踪和心理传记的推论来收集证据。先前，哈吉斯帮忙写了一本畅销书《学校是教授原始之性的适宜之地吗？》（销量达25万册），为什么他的作品题目不是《学校是教授性的适宜之地吗？》，为什么要说性是"原始的"？也许哈吉斯对性的关注远比他的反向形成所允许的要多。但我们怎么确定这一点呢？那就只有通过展现整个故事来确定了。

哈吉斯的信写于1976年1月。十四个月前，一个学生到美国基督教学院副校长那里忏悔，蜜月期间——在哈吉斯为他主持婚礼之后——"新郎和新娘发现，他们都和哈吉斯发生过性关系"。根据《时代》杂志的说法，这些幽会发生在哈吉斯的办公室、他在欧扎克斯的农场，甚至在他和"所有美国孩子"[②]唱诗班一起观光时都发生过。"哈吉斯通过引用《旧约》中大卫和乔纳森的友谊，来证明他的同性性爱是合理的"，然后，又威胁孩子们如果他们说出去就把他们终生列入黑名单。面对大学官员，哈吉斯承认了自己的罪行，然后又把责任推给他的"基因和染色体"。因为当时没有更多的证据证明同性性爱是由基因和染色体而不是罪恶和魔鬼引起的，所以我认为哈吉斯是在否认。哈吉斯的激情太过"原始"而难以承受，只能将其投射到其他地方。如果反向形成失败了，就会尝试与其相近的更不成熟的防御——投射。

在丑闻败露后的一年里，哈吉斯精妙的自我防御比起它们试图掩藏的"罪恶"本能更令人叹服且具有适应性。哈吉斯因为其强大的募捐技巧，被重新邀请回到学校。他立即宣称，他是"引领上帝回到塔尔萨"。随后，他

① 圣经地带，指保守基督教福音派在社会文化中占主导地位的地区。——译者注
② 一个民间组织。——译者注

在市中心购买了一幢六层的楼房作为总部，而且在接下来的十年里，他仍然是一位活跃的教育管理者。当然，这些政治手段与其心理的无能是不相匹配的。无论哈吉斯的行为有多么古怪，社会并没有准备好认定他是有病的或者是坏的。

哈吉斯及其防御的教训，由他一位学生的父亲进行了总结。这位父亲报告说，从他的儿子15岁开始，哈吉斯对他进行了三年的性侵，并且说到“我将宽恕他的罪恶，因为《圣经》告诉我必须这样做，但是我永远不会忘记他对我儿子做了什么”。我们同样需要记住，有罪恶、无罪人。理解自我的智慧和扭曲，却没有理由纵容错误的行为。但人类的困境，就像美国基督教学院的理事们所面临的，是如何利用哈吉斯们富有创造力的募捐能力，而不让他们的非适应性防御伤害孩子们。

* * * *

第二个日常生活中的病理学例子说明了与反向形成非常不同的一种否认——升华。从前，一位30岁的音乐家被日益加重的耳聋折磨得想要自杀。他给朋友写信说自己“过着不快乐的生活，与自然及其创造者争吵，经常诅咒后者，因为他把自己的创造物抛弃于纯粹的事故，这些事故往往可以摧毁最美丽的花朵”。然而，他乞求朋友“为我的耳聋保密，不要向任何人吐露这个秘密”。[①]他对另一个朋友承认“两年来，我几乎回避所有的社交活动，因为我不可能告诉别人‘我聋了’……我总是诅咒我的创造者和我的存在”。[②]如果被上帝虐待是他的幻想，那么这个生养了他的有血有肉的父亲，一个慢性酒鬼，是在不断地羞辱他。

第二年，这位音乐家写了一份遗嘱，在遗嘱里他的低自尊和自杀意念

① E. Forbes, *Thayer's Life of Beethoven* (Princeton, N. J.: Princeton University Press, 1969), p. 282.

② 同上，p. 284。

变得更加明显。“啊，我怎么能允许，从某种意义上说我应该比别人更完美的地方生病了？……当站在我身边的人听到远处的笛声，而我却什么也听不到，这是一个多么大的耻辱！……这些事情几乎让我绝望了，如果再多一点，我可能已经结束了我的生命……我带着喜悦奔向死亡。”有人可能会考虑，这样一个音乐家如何活出一种充实的生活。当然，有人可能怀疑他将永远全力工作。有人可能推测他真的自杀了，因为他当时写道“能让我回来的只有我的艺术”。①

推测只能靠追踪来检验。如果我想断言，这位音乐家的艺术使他升华了他的痛苦、悲伤和耻辱，就需要确凿的证据。四分之一世纪后，这位音乐家依然活着，而且依然专注于他的艺术。53岁时，他在维也纳皇家宫廷剧院指挥了一首交响乐的首映，彼时他正站在那里注视着乐谱。一位独奏者站在他的身后，拉着他的袖子，引导他去看那些鼓掌的手、挥动的帽子和飘动的手绢，而这些是他听不到的。一位观察者在日记中很自豪地记录：“我从未听到过这样热烈而诚恳的掌声……当现场第五次爆发鼓掌呐喊声时，警察局长喊道‘安静！’”②

完全聋了的路德维希·凡·贝多芬，现在这么急切地迎接生活不是奇迹。他的艺术为他这样一个愤世嫉俗的残疾单身汉赢得了两位美丽女独奏者的仰慕也不是奇迹（在他第一次会见他的领奏者时，贝多芬承认“既然她们无论如何都想亲吻我的手，我建议她们亲吻我的嘴”）。③因为贝多芬，沉醉于罗西尼的意大利歌剧中的维也纳终于可以为其母语——德语的一部合唱作品而喝彩，或者贝多芬曾用他的艺术来“塑造条件”并治愈了自己的自尊，这些都不是奇迹。

是的，上面提到的这些都不是奇迹。奇迹是，贝多芬的第九交响曲把

---

① E. Forbes, *Thayer's Life of Beethoven* (Princeton, N. J.: Princeton University Press, 1969), pp. 304-305.

② 同上，pp. 909-910。

③ 同上，p. 896。

席勒的“欢乐颂”变成了胜利的音乐。二十三年前，贝多芬在他的遗嘱中写道：“就像秋天的叶子飘落并且枯萎了——我的希望也破灭了……噢，上帝——至少给予我一天纯粹的快乐——已经很久没有真正的快乐回荡在我的心中了——噢，上帝啊，何时我才能再次感受它？”[①]同时，这位耳聋日益加重的音乐家承认，他想和他诅咒的那个创造者做一个交易：“哦，如果我能除去这个疾病，我将拥抱全世界。”[②]但是，他的疾病并没有消失，而是加重了。尽管如此，完全耳聋的贝多芬写的歌词是：“亿万民众，互相拥抱吧，把这亲吻给予整个世界！兄弟们，在灿烂星空之上，必有一位慈爱的父亲！”贝多芬第九交响曲的奇迹就是自我欺骗，或许应该说是魔法，通过自我欺骗，他的自我把一个酒鬼和一个“该受诅咒的创造者”转变成了一位“慈爱的父亲”，把糟粕变成了黄金——不仅为他自己，也为其他人及子孙后代。

* * * *

从开始的这两个例子中，我们可以得出很多种否认和自我欺骗的形式。贝多芬的否认和哈吉斯的否认差异很大。如果说哈吉斯的反向形成既是适应性的又是非适应性的，那么贝多芬的升华却给所有人都带来了快乐。在贝多芬精神炼金术的壮举背后，是他绝对诚实的自我。痛苦不是被掩盖了，而是变成了可以承受的。贝多芬的绝望并没有转换成解离的快乐，而是转换成了音乐。实际上，当贝多芬一遍一遍地为席勒的“欢乐颂”谱曲时，他在一份器乐宣叙调草案中潦草地写道：“不，这将使我们记起太多的绝望。”[③]他始终保持着对痛苦的意识。而且，他并没有变成一个带着玫瑰色眼镜或用福音派牧师的骗局引诱漂亮玩伴的年迈的愤世嫉俗者。贝多芬亲自指导漂亮的

---

① E. Forbes, *Thayer's Life of Beethoven* (Princeton, N. J.: Princeton University Press, 1969), p. 306.

② 同上，p. 286。

③ 同上，p. 892。

女独奏者们在他第九交响曲中的演奏，他并没有虐待她们，只是在日记中写到，他希望能亲吻她们的嘴唇。

第九交响曲的扭曲不是一种精神病，甚至不是一种解离性的盲目乐观。我怀疑是否有人曾经称呼贝多芬为"一个乡巴佬"，曾经有一个大学生，在我努力重述贝多芬的故事时，这样低声评价过我和我的课堂。但是，随后自我的智慧承受着翻译之苦。

贝多芬在床上去世了。传说，他的死伴随着电闪雷鸣，他的手握成拳头。但那只是传说，我希望尊重事实。历史事实是，为了表达对贝多芬去世的敬意，连学校都关闭了。[①]19世纪的维也纳，不会为"疯子"和"乡巴佬"关闭学校。

另外一点也很重要，让我来看看创造力和玩耍的关系。与哈吉斯的反向形成不同，贝多芬谱写第九交响曲的行为看上去几乎是愿望的有意识行为——直到一个人尝试去效仿这一榜样。成熟的防御总是比不成熟的防御似乎更有意识。但是，事实上，人们不能让自己快乐，不能让自己具有创造力，然而不快乐的孩子有时候却可以通过玩耍变得更快乐。我们不能通过意志驱使创造力发生，但它是有意识的。玩耍当然是有意识的和自发的，这是一个悖论。通过玩耍，我们的内部世界发生了变化，想象的游戏可以引发真正的微笑。有时玩耍转变成创造力，创造力将愤怒和绝望转变成美丽的事物。这就是自我的炼金术。成人需要重新学习如何玩耍，当他们这样做时，升华和幽默可以成为他们的防御目录中更加突出的部分。

多年来，贝多芬告诉过自己很多故事，以减轻与一个虐待他的酒鬼父亲——他那可憎的创造者——一起度过童年的痛苦。但是，在第九交响曲的演奏中，贝多芬痛苦的想象转变成自由的现实。玩耍让我们不只是希望，而是真正将自己投入到生活中。通过迷失在玩耍中，我们被发现，所以创造力

① E. Forbes, *Thayer's Life of Beethoven* (Princeton, N. J.: Princeton University Press, 1969), p. 1053.

和玩耍都与幻想不同。贝多芬升华中的否认无疑比哈吉斯反向形成中的否认更具有适应性，也比我的回避环形过山车的认知策略更有趣。

显而易见，不是所有的否认、自我欺骗都一样。尽管贝多芬有过自杀倾向，但他为自己的愤怒和绝望负起了责任，并将其转化成欢乐的和弦送给了听众。然而，破译防御也存在着风险。在一堂课上我提到了贝多芬的忧郁，在这堂课的最后，一位大二的学生来到讲台前挑战我的观点：你有什么权利说贝多芬抑郁？究竟谁有权利说绝望位于美丽事物的中心？或许只有另一位艺术家有权利这样说。

例如，艾德丽安·里奇（Adrienne Rich）以一位诗人的敏锐倾听贝多芬，他对第九交响曲的反应是：[①]

男人恐惧无能
或者不育……
完全孤绝的灵魂
在转折的音乐中嚎叫……
诉说不想离开
即使口被塞住，身体被捆住，人被鞭打
还是有欢乐的和弦
一切安静
只有一只流血的拳头
捶打一个破裂的桌子[②]

一位艺术家通过升华来让我们看到并忍受另一位艺术家的痛苦。作为一种否认和讲述真相的方法，升华是不折不扣的奇迹。

---

① 里奇是美国著名女诗人。——译者注

② A. Rich, *Diving into the Wreck* (New York: Norton, 1973), p. 43

*　*　*　*

然而，理解防御的价值并不仅仅在于理解艺术。理解防御的价值在于理解行为中所包含的最根本的人性，甚至是最根本的高尚。很多时候，一些行为会被我们当作精神病或者罪行而不去认真考虑。我们都应该对处在痛苦中的人们少一些猜疑。

罗伯特·科尔斯是一位获得普利策奖的精神病学家，他尝试去看一个罪人而不仅仅是去看那些艺术家，他去看罪人表面之下的东西。科尔斯不是精神分析迷恋者，他没有忽略历史和意识形态，以及它们如何塑造人，但他不仅仅关注这些，他也关注男人和女人如何塑造环境。20世纪60年代，作为一名刚起步的儿童精神病学家，科尔斯去了南方，他试图理解密西西比人如何适应由法庭颁布废止公立学校的种族歧视而引发的痛苦和焦虑。科尔斯不仅尝试理解年幼的黑人孩子如何适应嘲笑和带着恨意的种族毁谤，而且尝试理解被虔诚而顽固的北方自由主义者当成“乡巴佬”打发的南方白人成人如何适应不断变化的世界。

科尔斯问自己：为什么有人除了半夜把炸药放到学校或教堂就没有其他更好的事情可做？于是他同约翰会面，约翰是路易斯安那州暴民中的一员，他曾经在学校外举着一块写着“反对混合，共产主义者需要黑人和白人”的标语牌。科尔斯向约翰解释道：“我是一名医生，专门研究人类在压力下的调整问题。”①他每周见一次这位我称之为“偏执约翰”的人。科尔斯倾听并试着理解激起约翰仇恨的情感——而不是想法。他探寻约翰偏执背后的意义。

当然，约翰的想法是没有意义的。这些想法几乎不能给一位理性的认知心理学家传递什么意义。基于观察者自己的偏见，“偏执约翰”的认知明显是疯狂的、邪恶的或者偏执的。在科尔斯看来，约翰那些匪夷所思的想法并不能解释为什么人们没有比在半夜放置炸药更好的事情可做。因为，约翰那

① R. Coles, *Children of Crisis* (Boston: Little, Brown, 1967), p. 299.

些古怪想法的观念包括，新奥尔良居民应该好好警惕希腊人和黎巴嫩人坐船渗入到这座城市。约翰相信，黑人应该回到非洲——除了应该绝育并留在美国做劳力的一小部分。同样，犹太人应该被剥夺权利并流放到俄罗斯。最重要的是，水的氟化会威胁美国的自由。约翰认为，世界是上帝和魔鬼之间的疯狂战场。魔鬼的一边是黑人伙同共产主义者，大概还有氟化水的鼓吹者。约翰的观念起初甚至也不支持弗洛伊德式的宽恕。正如约翰向科尔斯解释的，他的父母是“任何人都想要的最好的父母”。[①]科尔斯如何把约翰所说的翻译成他的感受和意思呢？科尔斯如何遵循奥利弗·萨克斯的建议，将约翰的话理解成“试图（然而是误导）复原，试图重建一个完全混乱的世界”呢？

在寻找表面意义之下的深层意义时，科尔斯像他的导师艾瑞克·埃里克森一样，尝试将社会学与精神分析结合起来。与许多精神病学家不同，他可以将社会描述得与潜意识同样重要：“我们必须知道，我们内在的兽性可以被巧妙地合理化，直至谋杀被看成自我防御，炸毁房屋成为道德勇气的证据。”[②]美国的爱国主义为了保全越南而将其全部城镇炸毁并烧掉，这样的事情还会发生。

总之，科尔斯忽略了“偏执约翰”的想法，代之以其社会现实及情感现实。约翰最早的记忆就是，当他的父亲二战归来时对他的鞭打。与他最初对父母的描述相反，约翰最终承认，他从记事以来就恨父亲。他的父亲又黑又矮，属于路易斯安那印第安民族。约翰也是矮个子、深肤色。约翰的父亲喜欢母亲和哥哥，他们都是蓝眼睛、高个子，更接近于典型的南方盎格鲁-撒克逊人。约翰的父亲长期生气，一方面是因为他是个酒精依赖者（生物学），另一方面因为他不是每天都能挣到钱（经济）。他的儿子约翰就成了替罪羊。偏见会让我们把自己不能原谅的情感移植到他人身上。我们的偏见起初是不喜欢自己，后来才投射到他人身上，通常是投射到那些让我们想起

① R. Coles, *Children of Crisis* (Boston: Little, Brown, 1967), p. 304.
② 同上，p. 315。

自己的人身上。因此，伤感的替罪羊约翰就憎恨黑皮肤的少数民族。

“偏执约翰”还存在第二个问题。在他小时候，母亲很多时候都把他交给黑人保姆威利·吉恩照顾。约翰是个病弱的孩子，母亲因为他的病而责备他。相反，威利·吉恩却照顾他，使他感受到爱。但是，她犯下了两个不可原谅的过错。她允许约翰爱她，却在他还小的时候就死了。于是，伴随着非理性和用于缓解悲伤的不合逻辑的投射，以及投射的近亲——反向形成，约翰长大了。他深信上帝因为黑鬼爱他而惩罚他。他告诉科尔斯，黑人就像孩子，肮脏的孩子。他描述了黑人住宅区（Harlem）固有的罪恶：“我曾经去过那里，看到过。”很显然，约翰曾经去偷窥过黑人住宅区，然后，仿佛是为了表明自己种族隔离主义哲学的智慧，他得意地总结道：“你不会允许一头野兽自由地到你的家里、学校和你的孩子在一起，对吧？”[①]此时，科尔斯向读者吐露，“突然我们双方都厌倦了，变得生硬”。这位先前信任、接纳他的儿童精神病学家，曾经感到“发现我自己了解他”，最终被约翰的防御击退了。没有信任，投射就破坏了关系。而且，约翰的非理性瞬间变得太过狂热。没有任何诉讼案情摘要、数学方程式和让人感到寒冷的想法，能让两个人“突然厌倦了”。尽管约翰的投射调节了他对保姆的冲突的爱，以及对自我憎恨的父亲的扭曲内化，但还是变得具有攻击性、分裂，而且暴躁。约翰的否认显然是非适应性的，它甚至会激怒一位仁爱的医生，他的防御变得等同于犯罪。大多数时候，哈吉斯的否认（反向形成）未被觉察到，而贝多芬的否认（升华）激励了世界几个世纪。为了表达对他的敬意，贝多芬去世时，维也纳连学校都关闭了。相反，“偏执约翰”的标语牌，以及他顽固地想让别人为他的痛苦暴怒负责的努力，对新奥尔良的学校系统根本就没有影响。

在他的叙述里，科尔斯回顾并认为，个体偏见的传播不仅取决于内在冲突，也取决于社会及文化。他指出，当约翰在新奥尔良举着标语牌时，在邻近的路易斯安那州，同样狂热的种族隔离主义却屈服于种族平等主义，因为

① R. Coles, *Children of Crisis* (Boston: Little, Brown, 1967), p. 302.

路易斯安那州将此作为联邦就业的一个条件。科尔斯的意思是说，投射的防御机制、偏见的罪行可以被恰当的经济措施所制止。他也认识到，约翰的一部分困难是他的无业恐慌，而且他作为学校保安的角色，也为他提供了一个机会“说出他的想法”。个体精神病理学、社会冲突，以及经济不稳定都有不同的原因，每一项都在人类行为中发挥重要作用。我们必须学习对抱有偏见者共情，甚至当我们谴责他们的偏见时，也要对他们共情。

* * * *

让我来介绍第四种形式的否认。在《危机中的孩子》一书中，科尔斯描述了另一个孩子，名字也叫约翰，这个约翰姓华盛顿。他是被指派到一所当地高中消除种族隔离的十个黑人孩子之一。在一场篮球比赛中，当科尔斯目睹了针对他自己和约翰的敌意时，他变得警觉和焦虑，但约翰没有。约翰“完全不寻常的镇静”（altogether remarkable composure）——他对压力明显的免疫力使科尔斯感到疑惑。他控制自己的喜好、脾气和表达。面对种族隔离主义的威胁，约翰不是展示他的害怕，而是有一次淡然地告诉科尔斯：“我将必须习惯这些，所以我们不妨从现在开始。”[①]“但这次是甜蜜的痛苦”，另一次，他这样解释威胁和危险，“不管他们对我说什么、怎么伤害我，我知道只要我坚持到底，就能结束整个种族隔离主义……是的，当他们咒骂我并叫我‘黑鬼’时，我就想到我们取得的进步。”[②]

这表现了怎样的重构、否认和抑制？注意，约翰所说的话反映的不是过山车乘坐者对情绪否认式的解离，也不是像举着标语牌的“偏执约翰”那样把自己的情感放到他人身上。他可以把黑暗和一线光明都保持在意识中。约翰·华盛顿准确地注意到并承认自己是痛苦的，但因为他的自我允许他在

① R. Coles, *Children of Crisis* (Boston: Little, Brown, 1967), p. 112.

② 同上，p. 117。

同一个心理完形中同时包括过去、现在和未来，而使痛苦成了“甜蜜的痛苦”。显然，从词汇在字典中的意义上讲，他的行为可以称之为否认，就像贝多芬的升华和过山车乘坐者的解离一样。但约翰·华盛顿的痛苦不会对他产生伤害，是因为他可以同时想象现在和未来。

约翰·华盛顿的例子引出另一个问题：解释面对逆境时的弹性从何而来。科尔斯同样对此发问，并从一些显而易见的地方寻找答案。也许和“偏执约翰”不同，他有一个快乐的童年。但事实上，约翰·华盛顿的童年并不快乐。他来自一个从遗传上（和环境上）被母亲的精神病破坏，以及从环境上（和遗传上）被父亲的酒精依赖折磨的家庭。既然生性和养育方面都没有帮助，科尔斯疑惑答案是否在一些历史时刻中。当然，如果你觉得自己更像一个英雄而不是受害者，那么战争就不那么可怕。在全国电视对消除种族隔离主义的报道中，约翰·华盛顿感受到的是整个世界都在欢呼，而“偏执约翰”感受到的是整个世界都在冷笑。如果你在这世上有一个立足之地，你就能承受住痛苦。

科尔斯也触及了自我的智慧，他这样描述约翰·华盛顿的自我：“他人格中坚强的一面，那种贫穷和受迫害的人为了生存而发展出的顽强、狡黠、富有创造性的品质，找到了一个可以利用的事件和挑战——从而使它们变成一些可以保证成功的品质，而不是像以前一样用于与混乱保持距离。”[①]环境确实能塑造人，科尔斯也认为这一点很重要，但人类的自我通过什么方式把社会性压力塑造成能够引发自我力量的挑战，也是同样重要的。

*　*　*　*

为了阐述日常生活精神病理学的第五个例子，我要选取一个人生命中的一段经历，这个人为我们理解防御机制做出了很多贡献。像约翰·华盛顿

---

① R. Coles, *Children of Crisis* (Boston: Little, Brown, 1967), p. 122.

一样，西格蒙德·弗洛伊德也是狡黠而富有创造力的。我相信，弗洛伊德对现代心理学最大的贡献不仅在于他承认人类具有自我欺骗的能力，而且也确认了否认、压抑和扭曲等发生的调节过程。但与此同时，弗洛伊德也把他的科学用作一种艺术和创造性的自我欺骗来疗愈自己的痛苦。弗洛伊德认为，梦是通向潜意识的坦途，这一点他可能错了。相反，或许是清醒的创造力行为，就像他自己的那样，给我们提供了这样一条大道。

19世纪，威廉·冯特和威廉·詹姆斯分别在莱比锡大学和哈佛大学创立了学院式心理学，学院式心理学从创立之初就过于狭窄地关注认知、认知失调及其解决方法。冯特和詹姆斯都撰写了具有影响力的长篇教科书，[①]但用于描写情绪的都仅有一个章节。弗洛伊德与每一位19世纪的心理学家几乎都极为不同，他没有忽视情绪对经验的塑造作用。相反，他把情绪放在最显著的位置，对情绪的这一优先权使其对自我的阐述成为可能。

1894年，与冯特和詹姆斯同时代的弗洛伊德不仅发现情绪（情感）可以在思想和人之间发生“混乱或转换”，而且这些情感还可以通过他称之为置换和升华的调节过程“重新连接”到其他思想和对象上。[②]这些概念在当时来说是最新奇的。在这样一个科学创作行为中，也显示出一种自欺，一个健康的甚至有灵感的自我在工作。

1894年，弗洛伊德将研究方向拓展到精神病学领域，他依然是一位顽强的科学家，一位神经科实习医生，也是德国博物学家及医生学会的秘书。然而，就在那一年他首次致力于描述防御机制。谈及他富有开拓性的论文《防御的神经精神病学》，弗洛伊德向他的朋友威廉·弗里斯许诺，“我将给你寄一份写满全新发现的手稿”。[③]四个月后，弗洛伊德仍然在品味

---

① W. Wundt, *Lectures on Human and Animal Psychology* (New York: Macmillan, 1896); W. James, *The Principles of Psychology* (New York: Henry Holt and Co.,1983).

② S. Freud, “Neuropsychoses of Defence” (1894), SE 7: 45-61.

③ *The Complete Letters of Sigmund Freud to Wilhelm Fliess*, trans. J .M. Masson (Cambridge, Mass.: Harvard University Press, 1985), p. 65.

其论文中的洞察力，他在给弗里斯的信中写道："我清楚地感觉到我触到了一个大自然的伟大秘密……我知道三种机制：情感转换（转换性癔症）、情感置换（强迫观念）和情感交换（焦虑性神经症和抑郁症）……它们的动力不是在每一个案例中都与性有关。"[①]1895年，弗洛伊德向弗里斯表明，这种创造力并不容易："心理学真的是一个十字架，无论如何，找蘑菇才是一个更有益健康的消遣。我想做的就是解释防御，只是我想解释的事物是自然的核心。"[②]

从1894年到1896年，弗洛伊德发表了两篇关于防御的影响深远的论文，这几年也是他生命中最焦虑的几年。这段时间，他确信自己活不到50岁了。他在向弗里斯夸耀他发现的不同防御机制的同一封信中，用一种疑病症患者的自我关注写道："下次，我将给你一份关于我病情的详细报告。"[③]事实上，他已经向弗里斯抱怨过自己的健康好几次了。就在两周前，弗洛伊德这位在想象中忙于为他神经衰弱的病人识别症状的神经科医生，给弗里斯写信说："突然传来一阵剧烈的心痛，比任何我吸烟的时候都严重。心区最剧烈的心率失常、持续的紧张、压迫感（Pressung）和灼烧感（Brennung），左臂的射痛，有些呼吸困难……呼吸困难是如此温和，可以怀疑是器质性的，伴随着一种抑郁的感觉，以一种死亡幻影的形式。"[④][半个世纪后，弗洛伊德的医生，马克斯·苏尔（Max Schur）指出，不仅是弗洛伊德的症状，就连他的语言都显示了他的自我创造力。弗洛伊德的语言"Pressung"和"Brennung"翻译成英语是"pressure"和"burning"，在德语中是不存在的。[⑤]]

1896年夏，西格蒙德的父亲雅各布·弗洛伊德病重。在一封标注日期为1896年11月2日的信中，弗洛伊德写道："老爷子的离世对我影响很深。

---

① *The Complete Letters of Sigmund Freud to Wilhelm Fliess*, trans. J .M. Masson (Cambridge, Mass.: Harvard University Press, 1985),p. 65.

② 同上，p. 136。

③ 同上，p. 73。

④ 同上，p. 67。

⑤ M. Schur, *Freud, Living and Dying* (New York: International Universities Press, 1972).

我很崇敬他，也很理解他……在他去世的那一刻，他的生命终止了，但在我内心，那一刻重新唤醒了整个过去。”[①]在信中，弗洛伊德接下来描述了一个“我在葬礼后的那一晚做的好梦”。弗洛伊德对其“好”梦的真实描述是忧郁的、漂亮的。也许这个梦是发泄内疚感的一个出口，死亡通常会留给幸存者内疚感。弗洛伊德的梦是关于他父亲的葬礼的，他看到一个简短的通知“请您闭上眼睛”。弗洛伊德的一位传记作家玛丽安娜·克鲁尔（Marinane Krull）认为，那个通知不仅指把硬币放在逝者的眼上使其合上眼睛，也指“弗洛伊德觉得他的父亲不仅希望他最后服侍他一次，也希望他对某些事实视而不见。也就是说，这个梦一定使弗洛伊德记起了儿时雅各布传递给他的一个不能说出口的禁忌，即不要去挖掘雅各布的过去”。[②]

1897年2月，弗洛伊德从他的哥哥和几个妹妹（但不是他自己）的歇斯底里症状中推断，不得不怀疑自己的父亲乱伦，他认为乱伦是引起歇斯底里症状的原因。他向弗里斯承认：“很不幸，我自己的父亲是一个性变态，是导致我的哥哥和几个妹妹歇斯底里的元凶。”[③]

三个月后，弗洛伊德仍无法视而不见，他开始体验作家的停滞和“心痛”，并且完全丧失了对写作《梦的解析》一书的兴趣。他开始关心原初场景（孩子目睹父母性交），并认为这种创伤性体验会被联结到幻想。就此，他热切地开始了自我分析，开始关注孩子对父母的怨恨。他提出“对父母的敌意冲动（希望他们死掉）也是神经症的组成部分。它们以强迫观念的形式进入意识……儿子的死亡愿望朝向父亲，女儿的死亡愿望朝向母亲”。[④]同一个月，弗洛伊德解释了自己的一个梦：“这个梦当然是满足了我想找到一个父亲的愿望，这是神经症的开始，这种满足终止了我周而复始

① J. Masson, *The Assault on Truth: Freud's Suppression of the Seduction Theory* (New York: Farrar, Straus and Giroux, 1984), p. 202.

② M. Krull, *Freud and His Father* (New York:Norton, 1986), p. 43.

③ Complete Letter to Fliess, pp. 230-231.

④ 同上，p. 250。

的怀疑。”[①]

到1897年6月，弗洛伊德的写作障碍更严重了，“我之前从来没有想象过像现在这样智能瘫痪，写每一行字都是折磨。”[②]甚至连他的字迹都变了。8月份他安置了父亲的墓碑，并给弗里斯写信说：“我所关注的首要病人，是我自己。尽管我的小歇斯底里被我的工作加重了，但已经在一点点解决。”[③]9月份他收回了自己的诱惑理论，免除了他父亲的罪名。“现在我想立刻告诉你，我在过去几个月中渐渐发现的一个重大秘密……潜意识中没有现实的标记，所以人们无法区分事实和投注了情感的虚构情节。”[④]一个月后，他给弗里斯写信说到孩子对母亲的“恋母情结”，这在童年早期是普遍存在的，并且可以解释俄狄浦斯王的故事为什么能够如此抓住人心。在幻想中，每一位读者都曾经是一个发育中的俄狄浦斯，这样的幻想同样可以解释哈姆雷特的力量。弗洛伊德发问：“发狂的哈姆雷特是怎样为自己所说的‘这样的道德心把我们都变成懦夫了吗’辩护的呢？”[⑤]他的答案是，他只需要转向内心。他自己的道德心使他收回了诱惑假设。当他遵循“好梦”的命令“视而不见”时，他的写作麻痹消失了。弗洛伊德宣布放弃诱惑理论，代之以他自己的俄狄浦斯传说，在这个传说里，好色的孩子虐待并谋杀了无辜的父母。

1898年2月，弗洛伊德完全康复了，他的创造力自由了。“我深陷于《梦的解析》一书中，”他写信给弗里斯说，“流畅地写作此书，并且享受其中所包含的对我之前言语轻率和行为鲁莽的所有不赞同想法。”[⑥]但作为对所有言语轻率及行为鲁莽的替换，《梦的解析》——弗洛伊德认为这是自己一生创造力的高峰——是一篇对他父亲的颂文。这本书谴责受害者俄狄浦

① Complete Letter to Fliess,p. 249.
② 同上，p. 253。
③ 同上，p. 261。
④ 同上，p. 264。
⑤ 同上，p. 272。
⑥ 同上，p. 298。

斯，并且使拉伊俄斯逃脱了审判。弗洛伊德肯定意识到了，在真实的俄狄浦斯传说中，拉伊俄斯是一个臭名昭著的鸡奸者，并且是一个无情的父亲，使他幼小的儿子身体残缺，脚被长钉刺穿，被其党羽遗弃在山坡边奄奄一息。所以，如果我们注意看历史上的传说，俄狄浦斯谋杀其父可以视为正当的杀人行为。但是，弗洛伊德选择忽视了俄狄浦斯传说所描述的拉伊俄斯刚愎自用的一面；弗洛伊德的自我欺骗治好了他的神经衰弱。在以后的四十年里，弗洛伊德不再受困于写作阻碍、呼吸困难及心脏病。他也没有意识到在他的伟大著作里，包含了多少反向形成和置换。

在之后八十年的时间里，正统的崇拜者和很多观察者都把弗洛伊德取消诱惑理论作为他勇于追求科学真相的例子。然而，在过去二十年的传记研究中，从马克斯·舒尔的示爱书到杰弗里·马森辩论式的《对事实的猛然袭击：弗洛伊德对诱惑理论的抑制》，已经表明弗洛伊德欺骗了他自己。在大多数案例中，病人对父母乱伦的报告不是幻想。

弗洛伊德自己承认，他在科学上的再定位与其父有关。1908年，他写道："《梦的解析》这本书对我个人有深远的主观意义——只有当我完成这本书以后才明白这个意义。它是我自我分析的一部分，是我对父亲去世的反应。"①

到1905年，弗洛伊德已经发现他的心理"十字架"过于沉重而难以承受了。他试图忘记——视而不见——不同的防御："'压抑'（从现在起我用它代替'防御'）。"②1926年，他的"压抑"解除了，他写道："我记起了一个概念……三十年前当我开始研究一个主题（焦虑）时曾专用，但后来被我抛弃的一个概念。我指的是术语'防御过程'……我想，恢复旧概念'防御'是确定无疑有利的。"③在同一本书《本我、抑制和焦虑》中，

---

① S. Freud, *The Interpretation of Dreams* (1900), preface to the 2nd ed., trans. J.Strachey (New York: Basic Books, 1956), p. xxvi.

② S. Freud, "My Views on the Part Played by Sexuality in the Aetiology of the Neuroses" (1906), SE 7: 276.

③ S. Freud, *Id,Inhibitions and Anxiety* (1926), SE 20:163.

弗洛伊德指出了把“隔离”这一防御和“压抑”区别开的效用。1894年他就已经清楚地解释了这一区别，但在1926年他坚持“我们第一次着手于描述（它）”。[①]就连精神分析师也使用压抑。

总之，如果说1894年弗洛伊德在职业上从神经病学转向研究防御和精神分析是一种科学上的进步，那么也许是被焦虑冲突促进了，但其1897年放弃诱惑理论，以及1905年放弃不同防御机制的概念，几乎确切显示了一种对焦虑冲突的防御反应，而不是科学上的进步。弗洛伊德自己对人类潜意识的揭示，在某种程度上是他对不称职父亲的矛盾情感中敌对方面的创造性处理，这种矛盾情感是随着他父亲临近死亡而浮现出来的。弗洛伊德给自己打上“发育中的俄狄浦斯”的烙印，也就是一个内疚的加害者，而不是童年痛苦的受害者。但是，在弗洛伊德意识层面的陈述之下，是他对父亲真实的蔑视。乍一看，弗洛伊德的“我的过失”（mea culpa）是受虐的、转向自身的，并且看起来是适应不良的。但是，没有人因为他的自我欺骗而痛苦。另外，惩罚一个逝去的人是无效的。弗洛伊德的自我欺骗产生了《梦的解析》一书，这本书为弗洛伊德赢得了声誉，并且使人们意识到孩子确实渴望得到异性父母。

弗洛伊德无意识地防御了自己并且歪曲了证据，关于这些的累加证据并不能消减他发现了防御的“神经心理学”之科学意义——他发现了自我的智慧。所以，彼得·盖伊（Peter Gay）从弗洛伊德为列奥纳多·达·芬奇写的传记中，引用了这样一句话“人无论尊卑，都受制于那些对正常和病态一视同仁的法则”[②]来为弗洛伊德传记题词。即便我们发现查尔斯·达尔文的祖先就是猴子，我们也不会怀疑《物种起源》的有效性。

*　*　*　*

① S. Freud, *Id,Inhibitions and Anxiety* (1926), SE 20:120.

② P. Gay, *Freud: A Life for Our Time* (New York: Norton, 1988).

最后，我将提供另一种否认——压抑的例子。我这样做是希望能说明压抑是多么复杂和矛盾，也希望能说明为什么认知心理学家草草地把压抑归结为注意减弱的产物，与此同时，精神分析家们却把它作为如此核心的一个概念。一个人是否相信“潜意识”是无意识的，取决于他自己的观点。真相并不是非黑即白的。

在某年冬日的一个下雪的周二，一位心理学实习生躺在他精神分析师的躺椅上。结束的时间到了，他正在计划再次预约的时间。“但周四是一个节日，”病人说，“是华盛顿的生日。”

“没关系，”分析师回答，“我可以在周四见你。”

“好吧，你最好不要留这个时间，”病人坚持，“你知道，我并不确定我是否会在城里，我可能会离开。”

“好吧，也许我们可以明天再讨论，”分析师说，并结束了谈话，“到时你再告诉我。”

病人走出办公室，在意识里他思考着：多奇特啊，是否在节日里见这位繁忙的医生取决于我。他必须为我的不确定等待，这是不对的（可以毫不夸大地假设，这位心理学实习生有一颗严谨的道德心）。

这位病人还向自己保证，明天他会进一步讨论这件事情。他将询问他是否可以当他确定周四能来时，再打电话告诉医生。但他这样做是不对的，他沉思着。这种最后一刻的决定，对他的医生来说太不方便了。

第二天是周三，这位实习生迟到了十分钟。他说他做了一个梦，他梦到自己错过了约定，当他想起来时已经来不及了。分析师注意到病人迟到了，他相信有时候这种错误是潜意识中故意发生的，便询问：“你错过的是今天的约定吗？”“不是，”病人回答说，“是周四下午的。”他解释说，这个梦大部分是关于他是如何难以开口请求其门诊部的一位社工顺便送他回家的。他记得，在现实中一周前他整个下午都在考虑他需要有人顺便送他回家，但在关键时刻，他忘记请那位社工送他回家了。她没有和他一起离开。他总是难以请求别人帮助。他对自己的梦联想了很长时间。

周三的分析时间到了，病人从躺椅上起身准备离开。

“周五见。”医生说。

心理学实习生失望了。他想周四来。他现在意识到，当然太晚了，时间到了。他不能要求周四的约定了……要求周四的约定，这样医生可以继续分析他，是多么难以提出的要求。但当他起身准备离开时，他找不到书了——就像他不想离开一样。

总之，在整个周三下午的分析时间里，这位实习生的内心深处都在计划着要求预约周四的时间。他现实中存在的难以请求帮助的问题，以及隐藏在需要帮助之后的情感诉求，并不在其意识之外。主体、情感及客体都在心里。就连防御过程——忘记一直到来不及问——在梦里也很清楚地说明了。实习生忘记的是，在讨论前一天他在意识中决定讨论的想法——请求周四的预约。他的遗忘格外奇特，因为就在上个周末他写了一篇关于压抑的毕业论文。正如安娜·弗洛伊德所写的，“被压抑的材料回来时，压抑的过程有多透明，一个成功的压抑就有多隐晦”。[①]作为一种否认的方法，压抑是很普遍的，是日常生活中自我欺骗的一部分，我们都可能有。

*　*　*　*

本书是内心的一个观点。我并不想像罗伯特·科尔斯和艾瑞克·埃里克森那样试图整合生物学和社会学。我想呈现一种单面的观点，人是如何塑造环境的，而不是环境是如何塑造人的。

我将检视处于冲突中的个体，并将追溯冲突解决方式的多样性：有些人疯了；有些人对他人恼怒，就像“偏执约翰”；有些人像心理学实习生一样压抑，只对自己恼怒；还有一些人，像贝多芬一样出色地适应，使当事人撑过艰难，并带给世界欢乐。我希望将适应性的否认和自我欺骗与非适应性

---

① A. Freud, *The Ego and the Mechanisms of Defense* (London: Hogarth Press, 1937), p. 9.

的否认和自我欺骗区分开。但是，我将忽略环绕在价值缠身的术语“适应”周围的哲学丛林。我将听取克劳德·伯纳德这位学习生理适应性的聪明学生的提醒，“一般来说，‘发热’‘炎症’这些词汇，以及疾病的名称本身并没有意义……我们的语言只是近似的，如果我们不看现象而是紧贴着词汇，那么即便在科学里语言也会非常模糊，以至于我们很快就脱离现实了。因为每个人对一个词语的理解不再是相同的，那么这个词汇仅仅就是一个错误之源了，所以我们为了赞同一个词语而争吵只是伤害了科学”。如果用一句总结，那就是我们要一直贴近现象。[①]

① C. Bernard, *An Introduction to the Study of Experimental Medicine* (1865; New York: Macmillan, 1927), p. 188.

4

关于防御的常见问题

“适应”这一概念，看似简单，实则隐含很多问题。通过分析这一概念，有希望澄清正常和异常心理学的很多问题，包括心理健康的概念。

——海因茨·哈特曼

当我们决定严肃对待潜意识的心理调节过程，并尝试将适应性的自我欺骗具体化时，有几个问题就涌上心头。聪明的读者在思考不同的适应风格时，最常提出的问题包括：（1）有多少种防御？（2）如何识别一种防御？（3）能否有目的地使用防御或者教他人使用更具适应性的防御？（4）防御何时是一个症状，何时是适应性的？有些否认或自我欺骗比另一些更健康吗？（5）有些防御仅限于特定的环境、情感或关系吗？有些防御具有性别、文化或历史时期的特别性吗？（6）每一种人格类型都使用一种独特的防御吗？（7）不使用防御时，我们如何应对？换句话说，当一种防御成为有意识的，是什么替代了它？（8）打破防御对治疗有益吗？如果是这样，那你如何告诉人们他们正在使用防御？（9）防御风格是不可改变的，还是随时间而变化的？成人的发展会影响防御的选择吗？

这份清单并没有穷尽所有可能的问题，但对于一个章节来讲已经足够长了。我将把最有趣的问题——成熟的防御来自何处？——放到本书最后。

有多少种防御？

防御就像彩虹中的颜色一样多。就像彩虹中的颜色一样，大量变化多端的防御机制组成一个连续的整体。改变的是我们的语言和观察点，而不是彩虹本身。我们有多少想象、胆量或语言天赋，就能列出多少种防御。弗洛伊德在《精神分析引论新编》里只列出了四种防御。①安娜·弗洛伊德那本目前已成为经典纲要的《自我及防御机制》一书中，列出了10种防御机制。②然而，我通过研读此书，数出了至少20种防御机制。格雷特·比布林及其同事们在一项对年轻母亲的研究中，编制了一份40种防御的清单。③但这只是开始，我们的语言关于应对、适应及防御的说法之多，恰如巴别塔建造者们的口音一样。

对我来说，最有益的学习来自1977年美国精神病学会计划编写DSMIII时。当时，在位于市中心曼哈顿的纽约精神病学研究所的一间会议室里，一群对诊断及防御都感兴趣的精神分析家被召集到一起，我是其中一员。我们的任务是，就DSMIII中所包含的可能是最重要的防御达成一致，并给出初步定义。这本应是很简单的事情，因为我们是一个一致性很高的群体——美国东海岸精神分析家，但结果很混乱。我们的对话很快就表现得缺乏一致性。在这种情境下，把防御作为解释性概念囊括进诊断手册，看上去是不科学的。如果还有英国精神病学家、生物精神病学家，以及认知心理学家在场又会怎样呢？自然，DSMIII出版时并未提及防御。

是我们在为想象的概念命名吗？还是我们的困难只是语言上的？我们就像古希腊人和古罗马人那样，为了神话中神的正确名字而争吵吗？还是我们就像汽车制造商们一样，竞相为自己产品的颜色命名呢？没人会否认蓝色确实存在，但它是叫蔚蓝、海蓝还是天蓝，就是语义上的选择了。颜色是真实的，只是它们的名字是想象的。

同样，防御之下的现象是真实的，只是它们的名字是想象的。防御反映

① S. Freud, *New Introductory Lectures* (1932), SE 22.

② A. Freud, *The Ego and the Mechanisms of Defense* (London: Hogarth Press, 1937).

③ G. L. Bibring, T. F. Dwyer, D. S. Huntington, and A. Valenstein, "A Study of the Psychological Process in Pregnancy and of the Earliest Mother-Child Relationship, II: Methodological Considerations," *Psychoanalytic Study of the Child* 16 (1961): 25-72.

了一系列大量的潜意识心理调节过程，这些心理调节过程管理着（或避开）心理冲突（或认知不协调）。在第二章中，我节选了其他人汇编的18种防御名称。这个列表是武断且有我的个人特质的。不过，DSM III-R也就是DSM-III的修订版中包括了其中的13种。这13种防御机制，加上另外7种只在此书中进行了简短讨论的防御机制，反映出美国精神病学在努力设计出一种一致的世界语用以讨论防御。这是在这一领域达成一致的一个充满希望的开始。

我选择第二章中所定义的18种防御的标准是很简单的。首先，这一词汇应该被几位受尊敬的研究者使用并描述过；第二，每种机制都应清楚地区别于其他机制；第三，我们的心灵有很多种不同的方式来扭曲我们感觉到的主体、情感、想法和客体之间的关系，这18个词汇应该包括这些不同方式的大部分。

但通过历年的发展来看，对防御的讨论越发复杂了。正如在现实生活中，纯粹的颜色几乎是不存在的，正如在自然界中，化学复合物远比纯净元素常见，也正如在许多乐曲中，都有一些包括不止一种乐器的部分，要解释现实生活中的行为就必须使用这样复合的或者混合的防御。佩吉·奥哈拉的故事，[①]就像伊索寓言里人物的生活一样被过于简单化了。为一种防御命名并将其具体化，是一种还原论的方法，但我们也是这样把一个复杂的森林生物群系称为一个桦树林或松树林的。

来看一个复杂防御的简单例子。在很多强迫观念中，情感隔离和置换是作为混合物出现的。因恐惧刀子和伤害自己孩子的强迫观念而就诊的女性并不少见。妈妈们对这些想法非常恐惧，但这些想法却几乎不伴随愤怒的情感。相反，妈妈们这些想要伤害孩子的想法被认为是不合逻辑的。这些女性通常感到很喜欢她们的孩子，而且不能想象她们怎么会感觉被迫要去伤害自己的孩子。这些个体不会变成儿童虐待者，但她们恐怖的强迫观念会让她们再也不能用刀。当医生们更加了解这些女性时，会发现她们把对丈夫的愤怒

① 佩吉·奥哈拉，美国女演员，曾主演《美女与野兽之幸福生活》。——译者注

置换到了孩子身上。这些丈夫通常是虐待性的，或者不能满足妻子被照顾的需要。但是，愤怒对于这些通常具有完全依赖性的女性来讲，是可怕的，所以她们将愤怒迁移（置换）到了孩子身上。然后，这种丑陋的想法被剥除了情感（隔离），在头脑中就表现为一种动机不明的强迫观念。

通常，防御性的行为由他人和主体一起决定。例如，认同、疑病、投射性认同、贬低，以及分裂这些防御都是高阶的人际间防御。除疑病外（抵消也除外，“抵消”是安娜·弗洛伊德所提出的），受梅兰妮·克莱茵和奥托·肯伯格影响的临床医生对这些更复杂的防御使用得最频繁。这两位作者对于人类如何应对亲密，以及那些他们既不能一起生活又不能缺少的人更感兴趣，而不是人如何应对道德、现实及愿望。然而，在本书中，我将把对防御的讨论限制在最简单、最整体的水平上。

如何识别一种防御？

自弗洛伊德以后，许多研究精神分析的作者尝试日益放大的检视防御。这样做反而使他们把自己希望检视的现象弄模糊了。就像研究一条彩虹或一副印象派画作，太近地观察防御反而使它们成为无意义的细枝末节，并且含糊不清。《自我及防御机制》之所以能成为经典参考文献，就是因为安娜·弗洛伊德非凡的简化能力。她这样向精神分析家约瑟夫·桑德勒（Joseph Sandler）描述防御：“如果你在显微镜下观察它们，它们就彼此混合了。在你所见之处都能找到压抑……重点是，不应该微观地看待它们，而应该宏观地看待它们，把它们视为大的、分离的机制、结构、事件……（然后）从理论上分离它们就不成问题了。你必须摘下眼镜观察它们，而不是戴上眼镜。”①

但是，即便我使事情保持简单，读者们怎么知道我对贝多芬和哈吉斯的

① J. Sandler and A. Freud, *The Analysis of Defense: The Ego and the Mechanisms of Defense Revisited* (New York: International Universities Press, 1985), p.176.

推测是正确的？就像一些原始土著居民，也许我是编了一个神话来解释我自己不能理解的事件？当我们讨论防御时，我们不是总在冒着混淆我们眼中的梁木和邻人眼中的刺的危险吗？[①]如果我们对人们的潜意识冲突进行推测，我们不是总在冒着将动物投射成墨水斑点，将未来投射在茶叶上的风险吗？[②]

诚然，要证明一种防御就像证明幽默或偏执一样困难。很明显，我没有伽利略的望远镜，也没有达尔文的化石证据，但就像看不见的行星，防御的存在可以通过其对周围事件的可预期的、一致性的扭曲影响来得到证明。就像遥远的山脉，一种给定防御的显著性可以通过从多个有利视角重复观察来进行三角推论以得到评估。也就是说，如果自我报告与客观的传记资料相悖，而症状与上述两者都相悖，那么可以由一位独立的观察者得出一个可靠的观察结果。

请注意，为了赞扬自我的聪明，我把它拟人化了。注意我是如何把触不到的防御具体化的。碳的氧化我们看不到，但火焰我们看得到；咳嗽反射是一种看不到的神经过程，咳嗽却是听得到的声音。所以，自我欺骗的神经活动、投射的过程是看不到的，但“偏执约翰”的标语牌大家都看得到。

单独使用临床判断、自我报告或者投射和联想测验，对于确认这样一种推测的潜意识过程是远远不够的，但由熟练的医生或传记作者一起使用这三种信息资源，就会变得非常有力。比如在贝多芬的例子中，我们有传记事实：在他变聋的那一年，“第九交响曲”被视为一件艺术作品而不是一个疯子的妄想，“欢乐颂”源于席勒的真实文本，贝多芬对其进行了再创作。我们也有贝多芬自传式的对事物的观点：他如何在日记中写他自己及他的“遗嘱”。最后，我们拥有了那非凡的防御的变形——“第九交响曲”。把这三

① 《马太福音》（7:4）：你自己眼中有梁木，怎能对你弟兄说，容我去掉你眼中的刺呢？——译者注

② 前者指罗夏投射测验，后者指欧洲旧时风俗：当要预测未来时，就喝一杯茶，然后看杯底茶叶的形状。——译者注

种信息放在一起，我可以得出结论，贝多芬从前说“如果我的听力能恢复，我将拥抱世界”，二十年后，他完全聋了，在高昂的音乐中写“大家一起来拥抱吧，亲吻全世界”——更不可思议的是，世界认为自己被拥抱了——这不是巧合也不是妄想，而是升华。

在临床心理治疗研究中，电视已经取代了纵向研究传记。研究者们使用录像带捕捉复杂的行为用以研究和重放。配备了操作手册的独立评定人，可以可靠地识别录像中病人的防御。在前瞻性纵向研究和录像带两种方法中，可靠地识别防御的关键都是用行为代替语言。

能够有目的地使用防御吗？

这是一个被大多数学习防御的人提出过的问题之一，包括弗洛伊德。我们能有目的地使用防御吗？压抑看上去是如此地为自我服务，被动攻击看上去是故意惹人恼怒。没有人愿意原谅一个小阿飞的见诸行动，他故意折断五十辆汽车的天线却不必为自己的行为后果负责。然而，“防御是有目的的”这一错觉源于我们简单的观念，即大脑仅仅是一个认知的大脑、一块非凡的白板，先被教育，然后单纯地以理性方式行动。但大脑不仅是一个理性的、自发的组织。我们打喷嚏、咳嗽、做梦及坠入爱河，极少是有意识计划的或基于自由意志的。

颞叶和边缘系统可以说是大脑中我们最不了解的部分，它们负责为所爱的物体、人和记忆赋予意义，不遵循无情的理性。我们忘了，记忆是不受意识控制的。我们可以决定记住复杂的表格，但我们会为在一段恋情结束两年后听到一首曲子突然哭泣感到吃惊。

对“防御不是有目的的”这一事实进行阐释的第二种方法是提问：感受是有目的的吗？我们能被命令着笑、哭或生气吗？事实上我们不能，在一些本该哭的场合，我们发现自己很冷漠或者在笑。同样，我们发现自己在一些想表现最好的场合，反而大发雷霆或做得非常糟糕。只有演员能根据意志产生情绪，而且这些个体经常容易歇斯底里，也是表演性的。甚至连我们的想法也不受意识控制。我们可能会喜欢亲吻爱人的嘴唇，却鄙视他们的牙刷；我们无法解释为什么有人视生牡蛎为美味，而有人觉得恶心。这些差别源于我们的记忆、脏器，以及爱、恨之间的微妙互动。像情感一样，保护我们免于精神疾病的防御可以是无意的，却是有意识的。

如果我们考虑到想法和感受的不同，那么防御调节不受主动控制这一事实就越发清晰了。首先，脱离感受的想法是中性的。它们只意味着我们相信它们意味着什么。它们用来进行象征性的表达。我们可以遵从理性思考并写下想法，也可以创造想法，就像数学公式。相反，一旦我们赋予想法或客体感受，我们就失去了理性。客体可能会被过高估计或避之如瘟疫。我们很重视我们赋予了感受的东西。一份电话簿可能远比一张情人节贺卡或孙子的涂鸦画有用，但我们对电话簿的重视相对少得多。

与想法不同，感受位于我们体内。焦虑源于古老的法语“angere”，意思是紧张得说不出话。悲痛会在心脏里产生莫名的疼痛；愤怒会在颈部或尾部产生疼痛。相反，写满重要而合理的数字的电话簿，却不会在我们的身体里产生任何感觉。布洛卡区被称为大脑的语言中枢。当这一区域受到中风的影响时，令人印象深刻地证明了：想法和感受是不同的。这些个体不能发起任何语言，但如果有人踩了他们的脚尖或将热咖啡撒到他们的大腿上，他们却完全可以说出粗俗的脏话。尽管密集地失语了，但这些个体可以清清楚楚地喊出“该死！”

感受是有温度的，但想法没有。认知是最冷静的，感受却可以是沸腾的、温热的或冰冷的。性欲可以让我们激动和脸红；恐惧使我们发抖和变冷。想法和数字是黑白的，感受是颜色丰富的。愤怒使我们看到红色，嫉妒使我们变绿，悲伤使得一度快乐和彩色的世界变成灰黑色。我记得有一个6岁的男孩在咖啡桌上发现了一本彩色的《花花公子》杂志，他翻阅了一下，评论说杂志上的玩笑不好笑，然后突然离开了房间。十分钟后他回来了，有些不合理地说“你猜怎么着，爸爸，我数到了1000。”通过数数——比他以前数的都多——他成功地将心思从刺激性的赤裸胸部的照片上转移开。他的自我给冲突的情感洗了个数字浴，使其恢复了秩序。类似地，当我们因为焦虑和令人烦恼的情绪睡不着时，我们无法自主让精神放松，而必须通过数羊来转移心思。

想法的强烈程度不取决于他人，感受却受他人影响。我们可以自学微积分，可以赞美它的力量、应用和对称。一个有天赋的微积分老师对此只是略有影响。囚犯可以自学法律，艺术家可以不要老师来学习解剖学，但当我们学习诗歌、艺术赏析或者临床医学时，老师就重要得多了。如果没有他人参与就很难产生愤怒，也几乎没有不包含人的笑话。我们几乎不可能搔自己痒，但被别人挠痒时，我们就会咯咯笑起来，还会忍不住扭动身体。尽管可以通过自己手淫达到性满足，但手淫时通常会伴随对他人的性幻想。一个人吃饭远没有与同事一起更有趣。然而，让我们失去理智的也是他人。

想法可以客观地得出，也可以自主地代代相传；然而感受总是主观的，而且很难教授。口味无须争辩（De gustibus non est disputandum）。

最后，对于我的论述来讲最重要的是，冲突的解决因有或没有感受而不同。解决有意识的、理性的冲突与解决无意识的、充满感受的冲突有什么不同呢？我该买一辆丰田还是福特呢？因而产生了神奇的黑格尔辩证法。命题被反命题所反驳，如果进展顺利，就产生了综合推理。有光线有些重要，温度有一点点重要，颜色不重要。

接下来，让我切换一下场景。我来问一下读者，如果把一个便士放到你的嘴里会怎样。你也许会说："这是一个恶心的想法。你很古怪。"在这段对话里，什么都没有说清楚。一点光亮，只有温度和迷惑。没有看到你不喜欢舔便士的原因。但比较保险的猜测是，丰田和福特之间的比较结果大体上是五五开，而几乎没有一个读者会将便士放到嘴里。为什么？我们并没有通过有意识的选择得出关于舔便士的观点。父母的告诫涌上心头，我们的推理变得极富诗意却毫无理性，而且我们可能永远也不会完全理解为什么自己对舔便士如此厌恶。

总之，大脑的自我大于它的各部分。自我无意识地创造，并且防御和管理它所创造的事物。自我从混乱的感受中得出秩序，但同时也扭曲了内部和外部现实。偏执狂无法通过意志行为变成利他主义者。但通过治疗、成熟及爱的关系，人们可以学会更成熟的自我欺骗方式。

防御何时成为症状，何时又是适应性的？

你如何区分防御何时是健康的，何时是病理性的呢？何时防御服务于适应，何时又是搭建精神疾病的积木呢？许多心理学家认为，“防御机制”这一词汇带有贬损意味。他们坚持，如果一个潜意识的适应方式是有益的，就应该称之为应对机制。我个人认为，应对和防御是无法如此清楚区分的。

想一下白细胞和脓水的关系吧。发生痤疮时，白细胞令人烦恼地升高，也是病理学本身的一部分。在发生因扎入碎片而发生潜在感染时，白细胞是救命的、适应性的，也是治疗过程本身的一部分。在中世纪的马上枪术比赛中，一套盔甲能够提供生死攸关的保护，但如果穿戴者是在进行激流皮划艇比赛，盔甲就成累赘了。自我的盔甲也别无二致。

因此，我们需要同时考虑防御的性质，以及使用防御的情境。首先，适应性的防御能记录情感而不是去除情感；能减轻痛苦而不是简单的麻木。预期和抑制这两种最具有适应性的防御，毫无例外地会比反向形成、精神病性否认及见诸行动导致更多即时的悲痛，后三种防御都是使当事人完全（如果只是暂时的）麻木了。

第二，防御应该疏导情绪而不是阻碍情绪。对于反向形成的受虐者和禁欲主义者来说，被抑制的情绪就像洪水之于约翰城和水牛溪的居民们一样危险。[①]沸腾的水壶需要排气孔。

第三，就像上述免疫学和感染的类比，防御应该是指向长期而不是短期的。一段不幸的爱情结束后，见诸行动摔碎所有的餐具、连续两天狂欢，减轻了紧张一会儿。但是，短暂的宽慰付出的是长久悲痛的代价。相反，坚忍

① 1972年，洪水冲垮了那里的大堤，导致125人死亡。——译者注

和预期性哀恸虽然痛在当下，却可以使人轻松前行。

防御应该指向减轻当下和将来的痛苦，而不是过去的悲痛。因为5岁时不愉快的扁桃体切除术，而产生的对医生和医院的偏执，在40岁时可以是致命的。但在第二次世界大战期间，偏执的个体成了高超的飞机观察员。

第四，适应性防御应尽可能具体。它应该是一把精巧地契合于某一锁芯的钥匙，而不是适合于所有紧闭之门的大锤。公民不服从（被动攻击和受虐）在马丁·路德·金手中就是一种被如此精确——非常有意识地——使用的工具。相反，在没有电视录像的情况下，将汽油浇在自己身上自焚来抗议越南战争的佛教徒们，却将愤怒朝向自身，使自己化为乌有。

最后，既然他人是自我最伟大的同盟，那么防御的使用应该吸引而不是排斥他人。成熟的防御和不成熟的防御之间的最大区别在于，使用成熟的防御使主体的调节性自我欺骗被亲近的人感知为善良的、有吸引力的。当使用不成熟的防御时，此类自我欺骗就被他人视为恼人的、缺德的及令人厌烦的。“偏执约翰”和贝多芬都试图减轻由酗酒的、虐待的父亲带来的痛苦，但他们自我欺骗的努力对我们的影响却极为不同。

迄今为止，我所做的区分适用于大多数情境。现在，来考虑一下特定的情境是怎样影响一种既定的防御，从而促进康复或促成疾病的。首先，在有些情境中，不成熟的防御可以是适应性的，神经症性的防御可以是非适应性的。例如，防御是对想象中的世界还是对现实进行重新排序是不同的。我们都可以在梦中安全地疯狂。当我们想象白宫、克里姆林宫或好莱坞的人们如何生活时，我们可能使用了投射、扭曲和幻想。但由于我们并不直接参与，使用原始的防御也没有什么影响。儿童也可以扭曲内部和外部现实，而不会产生如果他们成年以后这样做会产生的那些不利影响。适度地使用幻想和被动攻击对于度过青春期也许是必要的，但同样的防御机制对成人却效果很差。

此外，在特定的文化环境中，一些特定的防御是被认可的。在日常生活中无害的强迫行为和情感隔离，在手术室和会计师办公室里就是优点了，同样的防御在舞台和舞池里就是非适应性的了。见诸行动——毫不考虑个人安全的复仇冲动——在战争中是优点而在和平年代就是犯罪。解离——相信自己是另外的人、相信自己冲动的行为只会带来快乐的结果——只有在狂欢节是适应性的。

最后，一种防御是不是正常依赖于个人观点。我们总是认为，自己对敌人的警惕是适应性的，而他们对我们的不信任是他们自身缺点对我们莫须有的投射。

有些防御是仅限于特定情境吗?

我想这个问题的答案是否定的，但也许很多人会不同意我的观点。我的个人观点是，既然防御体现的是高阶现象，就像智力和创造性，那么它们相对来说是非特定性的。事实上，正是防御的非特定性使得它们对于自我智慧必不可少。他们的目标是，减少由突然的改变或冲突导致的认知失调——焦虑型抑郁症。当一位一天吸两包骆驼牌香烟的胸外科医生突然意识到吸烟会导致肺癌时，会做什么呢？当一直接受修道院教育的16岁的佩吉·奥哈拉坠入爱河时，会做什么呢？这些不同的个体在生命的不同时期所面临的极为不同的情境可以唤起第二章中列出的18种防御中的任何一种。

当以下四项指导原则：他人、现实、本能或道德发生突然的、未经预演的改变时，防御就会发生。现实的突然改变可以是：心脏病突发、学校系统的合并、第一次阅读达尔文的书或大学毕业。他人的突然改变可以是一些人太快地离我们太近或者太远了。情绪的突然改变可以是任何非预期的情绪激增，无论是来自非预期的悲伤、在激烈的竞争或战争中产生的愤怒、青春期的性渴望，或者是生病时或相爱时的依赖渴望。我们良心的强度和文化创造的价值突然增加的例子，就如在激烈战争中的杀戮一样多变，“拔掉一位罹患不治之症的亲人的插头”和与加尔各答的穷人在一起时感觉富有都能列入其中。在所有这些例子中，众多防御中的任何一种都可能被呼唤上演。把一种特定的防御限制在一个特定的情境中，就像把任何一种创造性限制在人类经验的单一场景中一样。一方面，不成熟的防御看上去更多地用以处理关于人的冲突，神经症性的防御看似更多地用以处理情感的冲突；另一方面，关于人的冲突几乎总是涉及情感，而情感的冲突通常也涉及人。

一般来说，防御的选择，就如创造性，是主角而不是情境决定了其表达方式。也有例外，但那只是例外。不同的是，对防御的选择从根本上影响了结果，而社会环境只是适度地影响了对防御的选择。在下一章中将详细讲述来自成人发展研究中的发现，这些发现支持了这一令人惊讶的总结。当然，人格、动机及行为都反映了人和环境的互动，但有些人更偏爱使用某些防御。不是每个人都有相同的人格——这将我们引向另一个问题。

每一种人格类型都使用同一种特征性的防御吗？

个体特征性的防御决定了其人格，还是个体的人格决定了其防御的使用？这是一个鸡和蛋的问题，最好的答案也许是“两者都对”。为什么有些人选择性地使用某种防御？防御和性格之间有什么相似？当然，偏执的个性使用投射，病态恐惧的个性使用置换，歇斯底里的个性使用解离和压抑。查理·卓别林、威尔·罗杰斯、马克·吐温和玛丽莲·梦露都使用幽默，所以我们把他们视为喜剧演员。但是，没有人总是使用一种单一的防御——或者唯一的一种。与教科书中的例子不同，人们展示的是一个复杂的人格类型和防御方式的全貌。将一个人所选择的防御比作一亩森林是一个好的类比。有桦树林也有松树林，一片野生的桦树林会包含很多其他树种，一片野生松树林也是。无论怎样，我们可以用主导树木描述这片森林的特征。有时，一片森林太过混杂而无法分类，但通常是可以概括的。为了概括，我们必须穿越整片森林寻找其主要树种。对于防御和人格也是如此，我们必须研究生活来观察个体主导性的防御模式。但是，其他观察者也许会遵循不同的途径而得出不同的结论。

不使用防御时，我们如何应对？

完全的应对就是完全的体验现实世界。把道德和冲动、人际依恋和现实完全记在心里，是理想典范。当我们能够完全应对时，我们哭泣并维护自己的主张，我们爱着并感到快乐或悲伤。只有当我们承受不了冲突或适应不了生活中突然发生的改变时，我们才需要防御。

在第一章中，我提出社会支持和认知策略都是防御机制的替换。另外，潜意识的防御在管理慢性应激中不如在管理急性应激中重要。例如，妈妈们最终通过认知策略（比如阅读斯波克医生的书）和社会支持（比如向自己的妈妈求助）学会处理婴儿腹痛。但是，当一位母亲第一次面对孩子因腹痛而不停哭泣时，她可能也会依靠自我防御。

当然，关于认知策略和有意识的应对还有很多要说的。通过寻求信息、逐步分解问题、降低模糊性及调整新信息进入的速度，我们可以大大减少压力和冲突。可以把这些基本技术教给那些所有必须学习处理危险的人，或那些充满压力的职业人群。成熟和智力，对于这些有意识的应对方式都很重要。保持行动和自主性的自由，也同样重要。主动离开冲突源，是减少压力的另一种方法。例如，个体可以选择放弃独立的大学生活而回到妈妈身边。个体可以简单地回避从事猎虎、滑翔及乘坐吓人的过山车。实际上，即使个体拥有自由选择，也可能并不需要使用这种自由选择。通常当个体被给定一个选择时，其行动的压力反而会更小。

困难就在于，选择并不总能负担得起。选择的智慧和自由是奢侈品。实际上，缺少选择的自由和智慧通常易于引发压力。另外，在个体处理与无生命物体的关系时比在处理与有生命物体的关系时，更容易学习应对策略。教科书上的应对策略更适合教人如何驾驶飞机，而不是教人如何坠入爱河。青少年的父母们渴望获得像对待他们的孩子小时候那样有效的认知策略。但是，面对青春期孩子的法则与面对学步幼儿的规则是不同的，是不断变化的。

社会支持，也是防御机制的较好替代物。温暖的关系对于完整性、健康及康复都是必不可少的。我们只要想一想母亲、医生、萨满和领导的重要性，就能认识到他人在减轻焦虑和缓解抑郁上是多么有力。除了他们单纯地在场及“按手礼”的力量外，他们还在我们情绪的动态平衡中扮演了重要的角色。首先，社会支持允许我们分享冲突，更重要的是通过表达减弱与冲突有关的情感。另一个人可以帮助我们追忆、忏悔，在理想的状态下，还可以帮助我们减少来自道德的事后批评。如此，压力管理的认知策略通常包含另一个人。

社会支持也提供了一个“安全屋”，在这里，情感得以表达而道德却无法靠近。狂欢节、一次爱尔兰式的守灵、一个可以哭泣的肩膀，都是社会事件。社会支持是难以承受的焦虑抑郁的解毒剂，治丧和七日丧期仪式都是这类例子。其他人分担了哀悼者的痛苦。最后，另一个人可以提供给处于冲突中的个体一种共享的胜任感，以及无条件的积极关注。这些支持能够帮助我们达到掌控，一旦这些掌控被内化，就成为我们自己的。这种学习到的掌控挡住了无助，并成为一种强有力的抑郁解毒剂。在遭遇不幸时，自我并不是我们唯一的同盟。认知策略、选择自由及温暖的手都是无价的，但即便在上述这些都不可得时，自我也依然陪伴着我们。

打破一个人的防御有助于治愈吗?

理解防御是有用的，就是因为它使我们能够为需要的人提供更好的社会支持和更好的认知策略。共情的倾听取决于知道别人真正讲的是什么。但是，理解防御和成为一个好的安慰者之间的关系将会带我们到下一个问题。我们何时应该对他人自我的扭曲进行干预呢？当我们看到朋友在使用非适应性的防御时，应该做什么？要告诉他们吗？如果我们这样做会有帮助吗？

就消除防御而言，最好记住关于风、太阳和大衣的寓言。风和太阳打赌谁更有力量，看到有个人穿着大衣，都说自己能让那个人脱掉大衣。风先来，风吹得越使劲，那个人把大衣裹得更紧。当风失败而退时，太阳从云层后出来，温暖地照耀在人的后背上，不久他就脱掉了大衣。换句话说，消除防御的最好方式是，使当事人感到安全从而间接靠近防御。直接攻击别人的防御，极少会成功。

要打破一个人的防御，需要遵循几个原则。首先，记住防御的恼人、自我欺骗、危险或者狡诈都是潜意识的，试图以适应性的机制说理或训练，几乎就像试图控制一个人打呼噜一样无效。就像打呼噜一样，防御并不是为了惹人恼怒或欺骗，而且就像对待打呼噜一样，我们应该理解并原谅防御。但我们不是必须忍受防御，有时，必须叫醒睡着的人；有时，自我欺骗必须被面质。

在这些例子中，在得到使用者的许可前不试图挑战或解释防御是明智的。一个人不能不经允许就脱掉他人的衣服。另外，当一个人打开防御时，温暖、共情和黄金法则[①]是重要的。如果你被这样暴露会有什么感觉呢？我们应该用像脱去他人衣服时的巧妙和对隐私及选择的尊重，来消除或指出他人的防御。弗洛伊德对防御的军事化用法（Abwehr）是一种误导。防御不能通过正面攻击来消除，而应通过巧妙的手段、游戏和隐喻绕道而行。我们都更喜欢医生用温暖的听诊器在我们暴露的胸前听诊。

另外，除非你有时间、耐心及对分担后果责任的承诺，否则不要去面质别人的防御。如果有另一个人愿意成为一个部分替代的志愿者，那么一个人通常会放弃自己的自我防御。社会支持可以取代防御。当社会支持以心理治疗的形式出现时，会具有更持久的价值。在这样的例子中，另一个人不仅会在双方都承认防御时“抱持”防御的使用者，而且会澄清并分担消除防御时伴随的情绪爆发。在伴随着冲突的焦虑和抑郁之下，有性欲和愤怒、渴望和悲伤，以及未被承认的现实、关系和道德标准。无论过程多么痛苦，冲突的根源必须被听者所承认、忍受和证实。

即便这样，消除防御的尝试也可能会失败，除非我们能提供一种替代的应对方式。防御机制可以发展成其他机制，甚至可以发展成认知策略。它们并不是一定要消失。这样，在解释防御时，我们需要提供一个替代物。这个替代物可以是我们自己、一种应对策略、一种逃避，或者是另一种防御。例如，与其解释一位地狱天使的行为是见诸行动，不如帮助他成为一名摩托车警察。我们可以让他用制止他人超速（反向形成）来代替自己希望超速（见诸行动）。另外，在这样一个支持性的设置里，我们也许能帮助使用者认识

① 黄金法则指康德道德律令，你要只按照你同时认为也能成为普遍规律的准则去行动。——译者注

到防御的代价大于获益。像这样通过他人使不成熟的防御“变质”对于成熟来说也许是必要的。

最后，记住自我是狡猾的、有弹性的、明智的。我们没有如此强大或危险，会让人们仅仅因为我们的指出就放弃了他们自己所需要的防御。

防御方式是不可改变的吗？

如果我们无法通过意志行为改变自己或他人的防御，这意味着防御是永恒不变的吗？换句话说，成熟对适应性机制的作用是什么？随着时间的推移，我们的人格和笔迹改变了，就像冰山及暮年的边缘那样无情地推进，这些改变逐渐发生。相似的改变也发生在我们选择防御的偏好上。

弗洛伊德写道：“我们每个人的性生活都稍微超过了——或者往这个方向，或者往那个方向——被视为正常标准的狭窄界限。在词的情感意义上，性变态既不是野蛮的，也不是兽性的。它们是生物的发展，这些都包含在儿童未分化的性倾向中，并且通过被抑制或者被转向更高级的、无性的目标（被升华）而为大量的文化成就提供了能量。”[①]换句话说，对冲突的潜意识解决不仅管理着性变态，也管理着艺术；创造性的自我欺骗不仅管理着犯罪行为，也管理着利他主义。年轻女孩的过错可能成为成熟女性的美德之母。这种成熟解释了为什么托马斯·默顿和阿西西的圣方济各曾经都是放荡青年。[②]

看起来更成熟的防御既得自于逐渐成熟的神经系统，也得自于对他人的成功认同。像其他技能的发展一样，成熟防御的发展需要生物准备及合适的认同模型。

让·皮亚杰这位才华横溢的人类发展学者已经证明，随着儿童的成熟，奥

---

① S. Freud, “Fragment of an Analysis of a Case of Hysteria” (1901: 1905) SE 7: 50.

② 默顿是美国作家，其自传《七重山》讲述了他青少年时代改变信仰、皈依天主教的经历；圣方济各是天主教方济各会和方济女修会的创始人，出生于富裕家庭，二十几岁时，放弃财产和家庭，开始过清贫生活，进行隐修。——译者注

林匹斯山上“强权就是真理”（the might-makes-right）的道德规则发展成基督教严格的以牙还牙的报复法则，后者最终让路于更加仁慈、更有韧性的黄金准则。[①]这种道德的成熟来自内部，无论儿童是否去上主日学校都会发生。换一种说法就是，见诸行动和投射发展成反向形成，并最终发展成利他主义。

例如，一个儿童到了7岁才能从一个和自己面对面的人的视角来描述一个房间的布局，在此之前，儿童会将自己对左和右的感觉“投射”到他人身上，他不能想象在他右边的东西可能在另一个人的左边。相似地，也许直到一个孩子在神经系统上和情感上都有能力认识到他人不是必须和他有同样的感觉，才能放弃情感投射（外化）而使用情感置换（也就是说，承认所有权）。抚养过孩子的人都会注意到，学步幼儿那些冲动的、见诸行动的行为在语法学校里突然就被严格的禁令取代了。操纵哭泣让位于“男孩从来不哭”。到了青春期，当见诸行动再次出现时，对这些冲动行为谴责最严厉的父母往往是那些自身在与这些相同冲动进行斗争的人（反向形成）。反之，当我们非常疲倦或极为兴奋时，我们所看到的他人的情感实际上是我们自己的。换句话说，如果成熟的认知功能被药物、疲劳或是耳聋所破坏，不成熟的防御就可能回来。

哈里·休斯的人生展示了投射在成人生活中的发展。休斯是成人发展研究大学样本中的一位，这项研究将在下一章描述。作为一名青少年，休斯被悲观和自我怀疑所主导。在寄宿学校上学后，他被性欲吓坏了，并且相信手淫会导致精神疾病。但他外化了这种指责。他试图证明，是学校的权威而不是他，害怕性。事实上，他发起了一场校园论战，因为他要求自己参加散文竞赛的奖品是亨利·米勒的《北回归线》[②]未删减复印本。

在大学里，尽管成人发展的研究者们感到休斯“看上去不快乐”，但

---

① J. Piaget, *The Moral Judgement of the Child, trans. M.Gabain* (London: Kegan Paul, 1932).

② 亨利·米勒自传性三部曲之首，描写了米勒同几位作家、艺术家朋友旅居巴黎的生活经历，同时通过对工作、交谈、宴饮、嫖妓等夸张、变形的生活细节的描写，展现了穷困潦倒的艺术家们的内在精神世界，诘问了在这个杂乱无序、肮脏的世界生存的意义。该书出版后吸引了众多读者，1961年在美国解禁后更是成为畅销全球的文学名著，深刻影响了二战后的欧美文坛。——编注

是，他自己认为他仅有的不舒服就是因为人们注意到他的脸红而尴尬。和许多偏执的人一样，休斯拒绝依赖他人，并且保持警惕。他难以忍受批评，他不承认内在的压力，代之以对空气和水污染极其关注。他谴责动荡的世界政局使他不能成为一名有创造力的艺术家。对他来说，关注不干净的空气和被战争撕裂的欧洲比体会青春期的沮丧和他内在的战争更容易。然而，在预见到反色情法改革及反污染法建立方面，休斯领先了他所在的时代很多年。偏执往往为社会进步提供刀刃。

在大学里，休斯极度怀疑他人的诚实，精神科医生的意见是："哈里将自己的不信任和玩世不恭投射到他人身上。"两年后，休斯自己能够承认，他对研究感到"疑神疑鬼"。然而，就在1940年休斯对空气污染的担心，已经被证明是正确的，他的过度警觉揭示了一个隐蔽的事实；有几个研究者也确实在他背后"贬低"他，他们在记录里称他为"一个真正的精神神经症"和"一个恶心的家伙"。如果他发现了他们对他的态度，毫无疑问他会感觉被虐待了。

像许多其他使用投射的人一样，他们不知道在迫害停止的时候亲密才开始，休斯在这一点上存在特殊的困难。在他二十多岁时，他平淡地表示他"没有结婚的想法"。29岁时，他和他后来的妻子坠入爱河，他视自己为被追求者。几年后，在描述对母亲去世的内在悲伤时，他从语义上把责任放到自身之外，"我妈妈的死给我带来了一段时间的压力，我刚刚走出来"。最后，尽管绝大多数人会接纳自己被这项研究仔细观察这么久，然而休斯抗议他不知道自己会被成人发展研究"追踪这么久"。

随着休斯的成熟，他逐渐使用反向形成代替了投射。他没有成为一名革新者，而是成为一名工作努力、有着极强的道德心的图书编辑。变化是缓慢发生的，并且开始时反向形成与投射之间的界限并不清晰。18岁时他宣称跳舞是不健康的，而且"流行音乐激起人们的情绪，所以应该被谴责"。26岁时他已经不那么害怕性欲会伤害他了。取而代之的是，他是因为宗教的原因而决定独身。就像他自己观察到的"我对宗教的关注，把我排除在绝大多数可能会产生麻烦的领域之外"。

19岁时，休斯尝试从生理上及隐喻上把愤怒排除在自身之外。真切地感受愤怒使他想呕吐。然后，就像对待他的性欲一样，他开始使用反向形成而不是投射来对抗敌意。这样，到了24岁，他不仅单身，而且在二战中成为一名良心反战者。如果他的白日梦完全是关于名声，在现实生活中他也注意到“我确实有使自己走下坡路的需要”。在46岁时，他仍然坚持认为“我因为害怕伤害而害怕竞争”。同时，他承认他有着很深的竞争情感。他拥有他的情感，但他的工作平息了它们。

最后，在50岁时，休斯能够承认他喜欢赢。最终他可以在利他主义中寻求安慰。他把自己作为贸易出版商的成功看成“站在天使一方的积极活动”。他带着“服务他人是通往幸福之路的信念”养育孩子们。通过成熟，他甚至成为该项研究的忠实参与者，而这项研究一度被他体验为烦扰。这位曾经不合群的苦行者现在在聚会中很受欢迎。一个要求《北回归线》作为学校奖励的人不会是完全拘谨的。

65岁时休斯还在遭受内在的痛苦，但他已经不再投射了。相反，他将深深的内在痛苦和一种威胁生命的疾病转变成了一部美丽的小说，并带给世界欢乐和美好。

成熟是很多东西。成熟包括恰当的自我期望和目标，以及在具有创造性的工作中找到一个主要的满足来源。成熟包括爱和希望的能力，包括释放敌意而不伤害他人或自己，以及暂停成人认同像孩子一样玩耍。最后，成熟包括对改变的适应能力，忍耐挫折和失败的能力，以及对人类保持一种超越群体、时间、地点的利他性关注。

将这种发展仅仅看成胚胎学的就未免太狭隘了。追随皮亚杰脚步的发展心理学家已经表明，在西方文化中，道德的发展至少是部分地独立于社会阶层、国籍和宗教信仰之外的。不是良心或源自外部的超我，而是适应性的成熟自我成了道德的代理人。当控制源由外部转向内部时，使防御走向成熟的第一个成长性改变发生了（即从外化的、不成熟的防御到神经症的、中间的防御），个体能够说出“这是我的问题，不是你的问题”。当本能冲动不再被视为羞耻的、引发罪恶的，而是代之以不内疚的痛苦和快乐的内在源泉时，更为成熟的第二个转变就到来了。置换和反向形成带来的抚慰让位于利他和升华，自我通过成熟的推理能力而不是固化的内疚感来发挥功能。

作为成熟的一个子集，自我的发展至少包括五个领域：冲动控制、心理社会整合（人际风格）、创造性综合（寻求意义）、防御的成熟及认知方式的成熟。最后一个领域——认知方式的成熟——在其他地方已经被广泛地讨论过，且不在本书范围内。但是，休斯的人生表明了为什么为了理解防御的选择和成熟，我们必须关注成人发展的其他领域。如果我们要理解防御的发展及其对个体的影响，我们必须试着理解自我的发展及其对防御选择的影响。当然，心理社会发展、创造性综合和对防御的选择是紧密相连的。海因茨·哈特曼是一位自我心理学的早期先驱，他指出，开始的防御性行为可能会成为我们无冲突行为的一个永久部分。哈特曼写道，“人的工作体现了他所发现的解决问题的方法”，而且“防御过程也许同时服务于控制本能冲动，以及适应外部世界”。[①]当然，创造性艺术是关于本能冲动发展成持久行为的适应的显著例子。自我的智慧通常在创造性努力中显现出来。

哈特曼自己引用宗教作为本能冲动与持续进行的心理社会发展和社会制度进行综合的一个显著例子。发展的这一事实将防御和道德发展联系起来，并且有助于解释一个想要《北回归线》作为奖励、希望保持单身、没有竞争力的年轻人是如何同时拥有幸福婚姻和“站在天使一边”的高回报工作。劳伦斯·柯尔伯格（Lawrence Kohlberg）和简·卢文格（Jane Loevinger）通过追踪儿童、青少年和年轻成人的道德发展来研究自我的发展，他们对道德发展和自我成熟之间的关系进行了最为充分的研究。[②]斯图尔特·豪泽（Stuart

① H. Hartmann, *Ego Psychology and the Problem of Adaptation* (New York: International University Press, 1958), p. 30.

② A. Colby, L. Kohlberg, J. Gibbs, and M. Lieberman, “A Longitudinal Study of Moral Judgement,” *Monographs of the Society for Research in Child Development* 48 (1983): 1-2, Serial 200; S. T. Hauser, “Loevinger’s Model and Measure of Ego Development: A Critical Review,” *Psychological Bulletin* 83 (1976): 928-955.

Hauser）和罗伯特·凯根（Robert Kegan）[①]将这些工作与心理社会发展和防御演变发展整合起来。例如，柯尔伯格的道德发展最不成熟阶段和卢文格的充满冲动阶段的行为，常常反映了见诸行动、分裂和幻想。柯尔伯格的第二阶段和卢文格的自我保护阶段的行为，常常反映了投射和被动攻击的自我过程。柯尔伯格中间第三阶段和卢文格循规蹈矩阶段的特征，都是反向形成。利他主义是柯尔伯格更加成熟的第四阶段和卢文格道德阶段的特征。尽管实验研究并未显示出完全的相关性，但自我发展本身和防御机制演变似乎是明显地联系在一起的。[②]

自我的发展是一个总体的过程，在其之下包括许多任务，其中有心理社会发展、道德发展和防御方式的成熟。所有这些过程都有内在的联系。例如，如果我们遵循一条防御成熟的普通路线，就像哈里·休斯从投射到反向形成，再到利他和升华的转变所展现出的，我们通过心理社会发展和防御的成熟都可以追踪创造性过程的演变。按照这个顺序，我们能够理解休斯整合自我、客体、想法和情感的努力，同样可以理解他将欲望、道德、他人和现实联系起来的努力。沿着同样的发展路线，我们能够理解休斯从自我中心的青春期经由和成功职业相关的反向形成，到达利他性的繁衍，并且看到成人的心理社会发展和自我发展的成熟之间是多么密切相连。防御选择的发展涉及成熟的全过程。

---

① S. T. Hauser, *Adolescents and Their Families* (New York: Free Press, 1991); R. Kegan, *The Evolving Self* (Cambridge, Mass.: Harvard University Press, 1982).

② G. E. Vaillant and L. McCullough, “A Comparison of the Washington University Sentence Completion Test (SCT) with Other Measures of Adult Ego Development,” *American Journal of Psychiatry* 144 (1987): 1189-1194; A. M. Jacobson, W. Beardslee, E. Gelfand, S. T. Hauser, G. G. Noem, and S. I. Powers, “An Approach to Evaluating Adolescent Ego Defense Mechanisms Using Clinical Interviews,” in *Ego Mechanisms of Defense: A Guide for Clinicians and Researchers*, ed. G. E. Vaillant (Washington, D. C.: American Psychiatry Press, 1992), pp. 181-194.

5

我们如何证明防御的存在？

去捕捉一颗流逝的星，
用曼陀罗花根来怀孕，
告诉我，逝去年华何处追寻，
告诉我，是谁劈开魔鬼的脚跟，
教我怎样听懂美人鱼的歌声……

——约翰·邓恩

也许社会科学面临的最大问题是，可以测量的东西往往无关紧要，真正重要的往往不可测量。社会科学家们倾向于研究他们能够测量的，而不是真正吸引他们的。他们的这种方式有时类似于那个有名的找车钥匙的醉汉。这个醉汉不是在钥匙可能丢失的地方找，而是在光线更好的路灯下找。在对防御的研究中，我的困境在于如何评估和测量主观的心理过程，而这个过程的所有者并不能可靠地告诉我们。通常的解决办法是使用临床直觉，但众所周知，临床判断并不可靠而且无法测量。除非我保持科学的严谨性，否则我如何避免迷信和学术上的不诚实？然而，正如肯明斯（E. E. Cummings）警告我们的“只有狗娘养的才会用温度计测量春天”。如此，如果我像科学家希望的那样测量所有东西，那我怎样才能不失去人性？解决的办法部分存在于一种科学方法之中，这种科学方法允许隐喻，同时又不排除实验和验证假设。一方面，诗性隐喻成功地描述了那些独特而不可言喻的内容，却无法预测未来；另一方面，科学由于其所有还原论的罪，使我们能够预测日食和月食，使我们知道四月会比十二月暖和。

直觉有时候是正确的。观察者眼中的美并不能使我们知觉的美失效，只是不准确。通常个体对墨迹知觉和梦的自由联想是揭示性的，但我们永远不知道在获得资料时我们推测的真实程度有多少。对于墨迹、美和梦，我们永远不可能将巧合和偏见从启示中区分出来，也永远不可能将事实中的启示和投射性启示区分开。与诗歌不同，科学即使不是完全包含真理，也使我们可以识别错误。诗歌，则是因为它的错，使我们可以识别真理。如此，一种诗性的科学允许我们相信彩虹和“一颗流逝的星”的真实，同时也允许我们不理会唱歌的“美人鱼”，知道那仅仅是一个期望的幻想。但是，我们仍然需要一架望远镜来区分天文学科学和占星术神话。

弗洛伊德的动力性精神病学为我们提供了普林斯顿哲学家沃尔特·考夫曼（Walter Kaufman）所说的“诗性科学”，但没有提供科学的观察方法。动力性精神病学接受投射性测验和自由联想及其对心理黑匣子正在发生什么的不中肯的归纳，往往忽视了信度和可预测的效度。如果没有信度和可预测的效度，诗性科学就变成了另一个宗教。动力性精神病学本身不能提供一架展望未来的望远镜。比如，投射性测验承诺用隐喻来发现心灵的秘密，但结果令人失望。大体而言，投射测验（比如罗夏和主题统觉测验）自始至终都太敏感，且太反映使用者的直觉，以至于很难在评价者之间保持一致或者预测未来的行为。在成人发展研究中，大学生样本在主题统觉测验中展现出的防御和他们在日常生活中使用的防御相关性甚微，[①]核心城市样本在罗夏测验中被注意到的心理病理学，与他们在现实生活中表现出的心理问题也没有相关性。[②]

如果关于自我及其防御的研究想要从古老的精神分析民间信仰领域向科学的医学领域转变，我想，有三个问题是必须回答的。第一个是：能够在私密的精神分析设置之外可靠地识别防御吗？举个例子，不那么熟悉精神分

① G. E. Vaillant, *Adaptation to Life* (Boston: Little, Brown, 1977).

② G. E. Vaillant and C. O. Vaillant, “Natural History of Male Psychological Health, X: Work as a Predictor of Positive Mental Health,” *American Journal of Psychiatry* 138 (1981): 1433-1440.

析的独立观察者能在从未接受过心理治疗的言语不多的工薪阶层人们身上可靠地识别防御吗？评价者间信度（Interrater reliability）通常称为一致性确认（Consensual validation），它为一种依赖隐喻的科学提供了重要的验证手段。第二个问题是：如果防御机制可以被可靠地识别，它们具有预测效度吗？在防御的选择和未来的心理病理学之间，能够建立一种因果关系吗？简而言之，我们潜意识的压力管理方式真的有影响吗？我们的心灵改变内部和外部现实的方式，会影响身体健康吗？第三个问题是：能够证明防御的成熟是独立于环境之外而不是又一个社会阶层的产物吗？能够展示防御方式是相对独立于教育、种族、性别和社会特权的吗？能够证明自我和血液凝固、免疫系统等其他身体的内稳态机制是相似的吗？

为了阐明这三个问题，我使用了纵向研究。传统上，社会科学在总体上，特别是精神分析都尝试在更高的放大倍数下研究人类的行为。然而，使用更高的放大倍数研究人格的发展，就像使用高倍放大镜研究地理一样没有收获。如果我们使用显微镜研究地貌，那就只能看到树木看不到森林了。对于研究防御和地貌来说，我们需要隔开一段距离观察研究对象。如果我们要能有信心给一个人贴上心理上“成熟”或“病态”的标签，那么我们需要采取一个纵向研究的视角。因此，我结合了三个已经进行了五十到七十年的纵向研究来回答前面提出的三个问题。

关于成人发展研究

成人发展研究由三个研究组成，两个基于哈佛大学，一个基于斯坦福大学。它包括三个群体，每个群体都分别被研究了超过半个世纪：大学样本，出生于1920年前后；核心城市样本，出生于1930年前后；特曼样本，出生于1910年前后。

大学样本

1938年阿莉·博克（Arlie Bock）和克拉克·希思（Clark Heath）在哈

佛大学健康服务中心着手开始了格兰特研究（大学样本）。这两位医生因为希思说的这番话“大量的基金已经或计划投入到关于疾病、心理和生理残疾的研究中……很少有人认为，对那些健康的而且做得很好的人进行一个系统的调查是恰当的。”[①]而得到了来自慈善家威廉姆·格兰特（William T. Grant）支持研究健康人生活的资助。1938年9月30日，博克在一篇新闻报道中这样描述格兰特研究的目的：“传统上，医生们是在各种问题出现后开始给病人治疗。卫生部计划改变这一程序，并且将尝试分析影响成为正常年轻人的力量……大家都承认疾病需要治疗，但很少有人明确考虑过需要进行一个系统的调查来研究人们如何保持健康并做得很好……需要大量的事实来取代目前的推测。我们需要知道更多的是应做什么，而不是不应做什么。”

被试是来自哈佛大学的二年级学生。在选择的过程中，每个班都有40%的学生被排除在外，他们会有一些问题，比如是否能顺利毕业等（这意味着他们在一年级的平均成绩是C+或更低）。健康服务中心对每个班剩余的60%的学生进行筛查，大约一半的学生因为生理或心理紊乱而被排除。每年留下的大约300名二年级学生都被提交给学院院长，他们从中选择了100名他们认为“健全”的男孩。这些他们选择的二年级学生，用博克的话说是“可以独立自主的”，或者用新生教务处长的话说是“那些我们会因为录取了他们而高兴的男孩”。每年被选出的100名的学生中，大约都有80名同意参加该项研究。

从1938年到1942的四年间，一共有268名大二学生被选入研究。其中，有12名学生在大学期间退出了研究，后来又有8名退出了研究。其余的学生在半个世纪里非常忠实地持续参与该研究。他们每两年填写一次问卷，每五年接受一次体检，每十五年被访谈一次。

当用学业成绩（SAT）评估他们时，他们的成绩在高中毕业生的前5%~10%，但是他们的平均成绩并不高于其他有能力的大学生。尽管他们在智力上不再优于自己的同学，但参与研究的学生中有61%的人以优异的成绩

① C. Heath, *What People Are* (Cambridge, Mass.: Harvard University Press, 1945), p. 4.

毕业，而他们的同学只有26%的人以优异的成绩毕业；76%的人进入研究生院，这个比例也高于他们的同学；参与研究的学生中，体育型体质（坚实的肌肉）的人数是其同学的2倍，98%的人是右利手。有一半的人是家中的老大或独生子。

大学样本的所有成员都是白人男性，这反映了1940年哈佛大学学生群体的构成。从社会经济学上讲，他们来自一个特权阶层，但并不都是这样。在1940年，他们当中有1/3的人其父母的年收入超过15,000美元，但每7位中就有一位父亲的年收入少于2,500美元。如果说他们的父亲中有1/3的人是专业人士，但他们的父母中也有一半的人没有大学毕业。大约一半的人上大学前在私立学校上学，但大约一半的人在大学里有奖学金和/或不得不在整个学期都工作，来赚取至少一部分学费。

他们的身体和心理健康状况都明显好于大规模人口的情况。和预期的一样，他们中只有1/7的人因为身体状况、1/12的人因为精神原因被军事服务拒绝。[①]比起其他关于战争条件下人的研究中所发现的，他们报告了在战斗中的恶心、失禁、心悸等症状更少，而获得了的奖章更多。到65岁时，大学样本的死亡率只有预期同龄白人男性的一半，是他们哈佛同学的三分之二。

如果用1989年的美元价格计算，大学样本在47岁时的平均收入是9万美元，但他们大多数是民主党而非共和党。在1954年，他们当中只有16%的人认可麦肯锡听证会，到1967年，有91%的人支持美国从越南战争撤出。总之，他们有着公司经理的收入和地位，却开着破旧的汽车，并且追求大学教授的习惯、政治观点和生活方式。

核心城市样本

456名核心城市样本成员也都是白人男性，代表了一个非常不同的社会经济群体。他们在初中时被选为一项前瞻性研究的对照组，该项研究由谢尔

---

① J. P. Monks, *College Men at War* (Boston: American Academy of Arts and Science, 1957).

登·格卢克（Sheldon Glueck）和埃利诺·格卢克（Eleanor Glueck）①在哈佛法学院实施并最终写成了一本具有里程碑意义的书：《青少年犯罪揭秘》。和那些大学生一样，也是一个由内科医生、心理学家、精神科医生、社会调查者和体质人类学家组成的多学科团队对核心城市样本进行研究。他们在14岁、25岁、32岁和47岁时被访谈。在研究的前35年，样本脱落在5%以内，只有4名被试（约为1%）彻底丢失了。

在20世纪30年代，格卢克夫妇就进行了关于犯罪的重要的回顾性研究。1939年，他们得到了资金支持来进行一项前瞻性研究。这项研究是为了对犯罪青少年和在社会经济上与他们匹配的未犯罪同龄者之间进行比较。从1940年到1944年间，格卢克夫妇从波士顿内城的学校选择了核心城市样本，选择的基础是这些学生没有严重犯罪。为了与犯罪青少年匹配，格卢克使用了四项选择标准，核心城市样本必须与500名不法行为（以及社会弱势）足够严重且已经被送往改造学校的青少年罪犯具有相同年龄、相同智力水平、相同种族，以及在犯罪率相同的社区长大。结果是，核心城市样本中的95%来自波士顿人口普查中青少年犯罪率最高的60%的人口。这些男孩的平均智商是95，他们当中有61%的人的父母出生在国外（70%的孩子的父母或祖父母出生于意大利、爱尔兰、英国或者加拿大。令人费解的是，格卢克夫妇在这两个样本中都排除了黑人）。尽管这些男孩们是因为没有犯罪而被选中的，但实际上他们中有26%的人曾经被逮捕过——通常是因为醉酒或轻微的不法行为——19%的人至少在监狱中待过一天。这些特征更多是证明了他们最初的社会弱势，而非不寻常的反社会倾向。

核心城市样本的男人中，有一半的人童年时生活在明显破败的贫民窟。有一半人的家庭被五个或更多社会服务机构所熟知，超过2/3的人的家庭在近期领取了社会福利。有一半的人童年时家里没有浴盆或淋浴，只有30%的

---

① S. Glueck and E. Glueck, *Unraveling Juvenile Delinquency* (New York: Commonwealth Foundation, 1950), and *Delinquents and Non-Delinquents in Perspective* (Cambridge, Mass.: Harvard University Press, 1968).

人家里同时有热水、中央供暖、电、浴盆和厕所。为了与犯罪青少年相匹配，1/3的核心城市样本男性的智商低于90，25%的人留级过两次或更多。尽管低水平的平均智力使他们无缘于波士顿优秀的公立高中，到了20世纪50年代至60年代，当这些男性成熟后显示出了明显的向上层社会的流动。他们的父母只有10%的人属于中产阶级（第II和第III社会阶层），[①]而他们中却有51%的人在47岁时成为中产阶级。按照1989年的美元价格，他们47岁时的平均收入大约是3万美元。

特曼女性样本

成人发展研究的第三个数据集由90位女性（特曼女性样本）组成，也是路易斯·特曼（Lewis Terman）关于加利福尼亚公立学校天才儿童研究的672位女性的一个代表性子样本。特曼是斯坦福大学的一位教育学教授，他对比奈智力测验进行改编使其适用于美国，从而使“智商”一词家喻户晓。从1920年到1922年，特曼尝试识别出加利福尼亚城市所有智商等于或高于140的儿童。[②]他重点选择了加利福尼亚的三个都市区：大奥克兰、大旧金山和大洛杉矶。1920年，这些区域囊括了10万名语法学校儿童，以及加利福尼亚大约1/3的人口。特曼首先从所有这些城市的文法学校中选取了7%的样本进行群体测验。这个大样本包括每个班最小的孩子、1~2个当前班里最聪明的孩子，以及在老师眼里上一年班里最聪明的孩子。然后，特曼使用斯坦福-比奈智力量表对这个群体里最有前途的孩子进行了再次测验。特曼用这种方法识别出了1000名智商等于或高于140的孩子——加利福尼亚城市学校里1%最聪明（以比奈智力测验的标准）的孩子。在随后的一些年里，特曼有点草率地往他的样本里加入了一些非常聪明的孩子。最后，他以672名女性和856名男性结束了实验。

---

① A. Hollingshead and F. C. Redlich, *Social Class and Mental Illness* (New York: Wiley, 1958).

② L. M. Terman, “Mental and Physical Traits of a Thousand Gifted Children,” in *Genetic Studies of Genius*, vol. I(Stanford: Stanford University Press, 1925).

本来，特曼是想至少找到那三个城市区域90%最聪明的孩子。但当他回头检视所有学校时，他发现自己也许只找出了80%。丑陋的孩子和害羞的孩子倾向于被遗漏。另外，私立学校和中文学校的孩子被武断地排除了。因为那时的老师可能怀有巨大的民族偏见，英语是第二语言的聪明孩子也有被漫不经心排除的危险。比如，其中一位特曼女性的父亲是一位诗人、国际象棋大师，以及其所在城镇的前市长，并且曾读过三年园艺专业的研究生。然而，他女儿的老师鄙视地称他为“日本园丁”。

1920年的加利福尼亚还很年轻。洛杉矶和奥克兰的人口分别是50万和2万。所以，尽管孩子们来自城市中心，但特曼女性的童年更像19世纪美国东海岸孩子们的童年。很多在农场或沿途有树的街道长大。他们所在的城市公立学校仍然有绿草如茵的操场。一方面，20%特曼女性的父亲从事蓝领职业；另一方面，29%特曼女性的父亲是专业人士。这一比例是公立学校同班同学对照组的十倍，但特曼定义的专业范围较广，包括高中老师。

特曼女性是早熟的孩子，她们走路和说话分别比同学早1个月和3个月。比起其他同学，她们中有更多人是母乳喂养。20%的人5岁前学习了阅读，60%的人在16岁或更早就高中毕业了。她们的高智商（平均智商151）没有阻碍她们的心理发展。相反，她们的心理健康明显好于其他同学。在人格特质方面，她们显著地表现出更多的幽默、常识、坚持不懈和领导力等特质，甚至更受欢迎。她们像其他同学一样会结婚。她们的身体也更健康：她们的营养更好，头疼更少，中耳感染也更少。她们的兄弟姐妹在童年时期的死亡率只有其他同学的一半。到了78岁，她们的死亡率只有同年出生的美国白人女性预期死亡率的一半。

这些高智商女性的机遇充满悖论。一方面，她们的母亲在她们大约10岁前是没有选举权的；另一方面，加利福尼亚大学的学费很低（斯坦福和伯克利大学都是每学期25~50美元），聪明女性被期待获得大学学位。一方面，在她们20岁时经济大萧条开始，30岁时第二次世界大战开始，向这些女性施加了进入劳动力市场的压力；另一方面，她们获得工作的范围和机会是有限的。当被问及第二次世界大战带给她的工作机遇时，一位在伯克利接受教育的特曼女性回答："我终于学会了打字。"

特曼和他的继任者们，首先是米利塔·奥登（Militta Oden），然后是罗伯特·西尔斯（Robert Sears），最后是艾伯特·哈斯托夫（Albert Hastorf），随访了这1528名天才被试七十年。[①]特曼男性和女性每五年进行一次问卷调查，在1940年和1950年进行了个人访谈。1940年，特曼访谈并再次测验了所有被试。除了死亡，当时的流失率总共只有2%。到1986年，在追踪了六十五年后，除死亡之外的流失率仍然低于10%。

1987年，卡洛琳·范伦特（Caroline Vaillant）和我从特曼最初的672名女性样本中选取了90名有代表性的子样本。这90人当中，29人已经去世，还有21人因为糟糕的健康状况或者合作性欠佳而没有见到。我们重新访谈了其余40位女性。她们的平均年龄是78岁。因为我们没有见到的那50名女性已经被随访了半个世纪，所以大部分数据分析都可以包括她们。总之，除了较差的身体状况，这50名女性与我们访谈的那40名女性没有显著差异。

三个样本的比较

虽然关于成人发展研究的三个样本相对来说是同质性的，但这三个样本是非常不同的。有30%大学男性样本的父亲属于第I社会阶层（医生、成功的律师和商人），而核心城市样本中，没有一位男性的父亲属于这一阶层。核心城市男性样本的父亲中有31%的人属于第V社会阶层（受教育程度不满十年的、没有特殊技能的劳工），而大学样本中没有一位男性的父亲属于这一阶层。特曼女性的父亲们大部分属于中产阶级或者有技能的劳工（第III或IV

① M. D. Terman and M. H. Oden, "The Gifted Group at Midlife," in *Genetic Studies of Genius*, vol. 5 (Stanford: Stanford University Press, 1959); M. H. Oden, "The Fulfillment of Promise: 40-year Follow-up of the Terman Gifted Group," *Genetic Psychological Monographs* 77 (1968): 3-93; R. R. Sears, "The Terman Gifted Children Study," in *Handbook of Longitudinal Research*, ed. S. A. Mednick, M. Harway, and K. M. Finello (New York: Praeger, 1984), pp. 398-414.

阶级）。她们当中很少有人的父亲像大学样本那样属于特权阶级或者像核心城市样本那样处于劣势地位。例如，特曼女性的父亲中只有一位没有特殊技能的劳工，他是一位农民，为了让自己天才的孩子有机会接受大学教育，他选择到加利福尼亚大学伯克利分校做了一名看门人。

特曼女性的父亲平均受教育时间是十二年，核心城市男性的父亲平均受教育时间是八年，大学样本的父亲平均受教育时间是十六年。15%特曼女性的母亲和32%大学样本的母亲上过大学，核心城市男性的母亲没有一位上过大学。特曼女性的平均智商（比奈）是151，核心城市样本的平均智商（韦氏成人智力量表）是95，大学样本的平均估算智商是130~135。

标准化智商测试显示，特曼女性的孩子明显比社会及经济方面更优越的大学男性的孩子更有天赋，这一事实最能证明特曼女性的高智商源于其生物学潜质，而并不是环境的产物。特曼女性的孩子智商超过170的可能性是偶然概率的75倍！（尽管负性的环境因素能够极大地降低智商测验分数，正性的环境因素对智商测验分数的提高却只有几分。）

67%的特曼女性、90%的大学男性，以及10%的核心城市男性大学毕业。35%的核心城市男性受教育年限少于十年，而24%的特曼女性和76%的大学男性进入研究生院。然而，与特曼研究中的男性后来进入杰出的学术或职业生涯不同，同样聪明并几乎接受了同样良好教育的特曼女性的才华，明显没有被社会充分利用。她们的收入清楚地揭示了这一点。至少有253名特曼女性大多数时间里从事全职工作。这些一直工作的、受过良好教育的天才女性平均最高年收入（按照1989年的美元价格是3万美元）和那些受教育不足且往往是智力低下的核心城市男性是一样的。

高智商带给特曼女性最大的负面影响可能是，她们当中只有75%的人有孩子，她们拥有孩子的平均数量是1.8个。相反，大学样本中的男性平均有3个孩子还多，而核心城市样本中的男性平均有4个孩子。在职业上最成功的30位特曼女性中只有5人成为母亲，作为一个群体，这30位女性只生了7个孩子。

这三个样本单独拿出任何一个都不能代表总人口，但这三个样本确实各自具有非常不同的社会价值，而且他们的出生时间序列相隔达到二十年。然而，每个样本内部都具有相当的一致性。如此，组间相似性和组内差异性也许可以推广到其他美国人样本。

对成人发展研究中三个群体的研究都是从童年开始的，这一点也是极有帮助的。前瞻性研究使我可以用实验性方法来处理我的弗洛伊德式假设。举一个例子，我曾经给一位大学样本男性寄了一些前瞻性收集的小片段，以论证他常年使用压抑的防御，我希望他能允许我发表这些内容，来支持他在大学报告的防御与他后来保留的防御有很大区别这一观点。然而，他却把这些片段寄回给我，并说“乔治，你一定是寄错人了”。他不是在开玩笑，他记不得他大学时的人格面具了。对他来说，压抑就是主要的防御机制。

前瞻性研究也揭示了记忆是多么具有创造性，并且多么不可靠。让我举一个特曼女性玛蒂尔达·里尔生命中的例子，在78岁时，当被问及她是否曾经有兴趣成为一名医生，她责备地回答道：“你要记住，作为女人我干得很不错了。我从来没有想过可能成为一名医生。”事实上，她在14岁时曾经告诉特曼工作人员，她确实想成为一名医生。上大学时她曾经主修医学预科，而且她在30岁时进行的斯特朗职业兴趣测验显示，医学是她最感兴趣的职业。

在78岁时，玛蒂尔达·里尔再次被问及她如何处理她所被允许取得的成就和她的潜能之间的鸿沟。她温和地回应道：“我从不知道我有任何潜能……我必须学会烹饪和照管花园。”这是一种重新构建，也许是为了使这一事实变得缓和，即在孩提时代，除了曾经想要成为一名医生，她还曾经想成为一名宇航员、诗人和科学家。事实上，在她20岁时，一位特曼工作人员曾经这样描述她：“她看上去能使任何她所尝试的事情生色。”在伯克利时，她是校刊编辑，曾经进入全明星游泳队，她曾经环州演讲和写作。尽管她有这么多潜能，但她随后的成年早期受到限制，成为一名兼职体育老师。经济大萧条期间，受限的经济机遇严重限制了她的职业发展。然而，玛蒂尔达·里尔年轻时当然知道自己是有潜能的。甚至在50岁时她也承认：“我早就知道学习对我来说很容易，作为一名成年人，知识强化了我独立思考的愿望。”

78岁时，玛蒂尔达·里尔坚持认为直到大学结束时，她才知道自己是关于天才儿童的特曼研究中的一员；50岁时，她记得自己是在10岁时知道的；25岁时，她承认自己是在6岁时知道的。她的生命故事变成了使因为偏见、经济大萧条及贫穷而受挫的人生能够被忍受的一次重构。前瞻性研究对于理解自我来说，是必要的。

玛蒂尔达·里尔的故事有一个相对还算幸福的结局。她在30岁时所做的斯特朗职业兴趣测验显示，除了想成为一名医生，她的另一个突出兴趣是音乐。直到60岁之前，她都不允许自己发展这一面。60岁时她参加了小提琴课程。不久，她与丈夫离了婚，从她最好的朋友处获得了一把美丽的小提琴，并且发现自己的音乐梦想终于起飞。在最后六年里，她一直在洛杉矶举行独奏音乐会。

介绍完纵向样本在验证临床直觉中的应用，让我回到那三个问题，如果我想凭实践经验证明自我防御机制是可信的，那就必须给这几个问题一个确切的答案。

防御能够被可靠地识别并分析吗？

假设有一些防御比另外一些防御更成熟——“更健康”，这些防御能够被可靠地识别出吗？为了阐明第一个关于信度的问题，我将聚焦于核心城市男性。既然关于他们的资料是最不丰富的，那么能够可靠地识别他们的防御的方法会更容易推广到其他样本。然而，对于这三个样本来说，基本方法是一样的。

有了第二章所描述的防御的操作性定义后，首先对独立的评分者们进行了访谈报告的培训，访谈报告已经被许多其他评分者评定过了。然后，给了他们一份20~30页的核心城市男性在47岁时进行的两个半小时结构化访谈的总结。评分者——一位医学社会工作者和一位近期毕业的心理学大学生——没有接受过精神分析培训。他们并不知道核心城市男性的童年记录和关于结果的独立评分。

访谈报告由访谈者根据每一位核心城市男性两小时访谈的逐字记录准备

的。这些访谈聚焦于这些男性在关系、健康和工作方面的困难。访谈报告中包含了大量的直接引用，但我们的方法既有科学性上的局限，又有新闻学上的优势。这样做的目的是使用访谈者的总结作为数据还原的第一步，并且保留抄写录音带时经常会丢失的访谈重点。为了写出访谈总结给盲法评分者使用，培训访谈者只是阐明个体应对困难的行为而不是给这些行为贴标签。

对于每一份访谈报告，评分者都被要求记录第二章中所讨论的18种防御方式的所有可能例子。然而，表2中的三种精神病性防御却很少被记录，几乎是无关的。评分者一方面关注已知的既往行为和个体所说的适应既往困难的方式，同时也关注访谈时相互作用的特殊变化。第二章中列举的佩吉·奥哈拉行为的例子，显示了评分者所关注的行为资料类型。临床推理是允许的。评分者用这种方法在每一份核心城市男性的访谈资料中都找到了10~30个防御片段。

一旦识别出了个体的防御方式，就会使用一套系统程序[①]来试图将临床直觉纳入电脑——将隐喻转化成数字。通过这一程序，将每一个来自大学、核心城市和特曼的被试根据防御的成熟程度进行1（最成熟）~9（最不成熟）级评分。由两位独立的评分者对307例核心城市样本的防御成熟度进行

① 15种能数出来的个体防御被划分为3组：成熟型（升华、抑制、希望、利他和幽默），中间型或神经症性（置换、压抑、隔离和反向形成），以及不成熟型（投射、分裂样幻想、被动攻击、见诸行动、疑病及解离）。为了控制不同被试间被识别出的防御的显著差异，采用了不同成熟水平防御的使用率，而不是防御的绝对数量。例如，一个个体共数出了10种防御，抑制有3次，另一个个体共数出了30种防御，抑制有9次，那么抑制这种防御方式的权重是一样的。

三组防御机制的相对比率是这样确定的：为了获得防御成熟度的9分比例尺，将不成熟防御与成熟防御之间的比率分配为8分。可以分配给三组防御中的任一组1到5分，但总分必须是8分，而且任一组防御都不能少于1分。例如，某人显示了10个升华和抑制的例子，4个置换和反向形成的例子，没有不成熟型防御的例子，会被记为成熟型防御5、不成熟型防御1、中间型防御2。某人展现了6个成熟型防御的例子，8个中间型防御的例子，9个不成熟型防御的例子，会被记为成熟型2、中间型3、不成熟型3。从不成熟型防御的评分（1~5）中减去成熟型防御的评分（1~5）得出−4到+4的总分。为了计算，通过在总分上加上5分将每一被试总体的防御成熟度转化成1到9分评分。因此，1分反映了最成熟，9分反映了最不成熟的适应方式。这一程序产生了分数的正态分布（钟形曲线），核心城市男性和特曼女性的评分者信度分别为.84和.87。

1~9分评定，只有23例的差异超过2分，[①]37例被评定的女性中只有7例差异超过1分。简而言之，不同的评分者能够一致性地评定个体主要的防御方式是成熟的（适应性的）或不成熟的（非适应性的）。

防御机制有效吗?

现在我们知道防御的成熟度是可以评定的，下一个问题是效度。我们通过人们的防御成熟度，可以比通过人们的笔迹或星座更多了解他们的生活吗？为了回答这个问题，我使用了大学、核心城市和特曼样本的资料，并计算了被试防御成熟度评分和心理健康、心理社会成熟度（详见第六章）及其工作和爱的能力之间的相关性。正如表3所示，防御成熟度与其他成人发展成功指标之间有显著的相关性。当把这三个极为不同的样本的参照变量

表3　防御成熟度与成年成就之间的相关性

变量	特曼女性（n=37）	大学男性（n=186）	核心城市男性（n=307）
60~65岁时的生活满意度	0.44	0.35	n.a.（无效）
社会心理成熟度（埃里克森发展阶段）	0.48	0.44	0.66
心理健康（GAS或HSRS）[a]	64	0.57	0.77
47岁时的工作成就	0.53	0.34	0.45
47岁时的婚姻稳定性	0.31	0.37	0.33
47岁时的工作愉悦性	0.51	0.42	0.39
就业率（%）	0.37	n.a.（无效）	0.39

注：除了特曼女性三项最低的相关外，其他相关性均达到p<.001（即，相关仅仅因为偶然概率的可能性小于千分之一）。

a. GAS[②]量表见J. Endicott，R. L. Spitzer，J. L. Fleiss，and J. Cohen，“The Global Assessment Scale：A Procedure for Measuring Overall Severity of Psychiatric Disturbance，” Archives if General Psychiatry 33（1976）：766-770. HSRS量表见L. Luborsky，“Clinicians’ Judgements of Mental Health，” Archives of General Psychiatry 7（1962）：407-417.

① G. E. Vaillant, M. Bond, and C. O. Vaillant, “An Empirically Validated Hierarchy of Defenses Mechanisms,” *Archives of General Psychiatry* 43 (1986): 786-794.

② GAS是大体评定量表，HSRS是health sickness rating scale，健康–疾病评定量表，二者均有中文版。——译者注

（由评定防御之外的人员进行判断）进行比较时仍保持高相关性，这意味着防御成熟度与心理健康之间存在正相关，这种相关不受社会阶层、受教育程度和性别的影响。诺曼·哈恩（Norman Hann）之前的研究也支持了这一结果。①

表4　大学男性样本防御方式成熟度与中年后期调整的关系

	防御方式（20~47岁）		
	最成熟型（n=37）	中间型（n=105）	最不成熟型（n=31）
65岁时的心理社会调整			
前1/5（n=37）	18	19	0
中间3/5（n=99）	18	66	15
后1/5（n=37）	1	15	16

注：皮尔逊相关系数为r=.47；p<.0001

然而，也许有人会说，是快乐的生活使人们拥有奢侈的成熟防御机制，而不是成熟的防御机制使人们找到生活中的乐趣。所以，证明防御机制成熟度具有预测效度而不是仅有由表3中的相关所表明的表面效度是很重要的。预测效度通过以下方式进行评估。大学男性样本从50~65岁之间每两年做一次问卷调查，由对过去一无所知的评分者对这些问卷进行回顾，并且就“如果他们在该年龄也做同样的调整会有何感想”进行一个5级评分。从该样本20~47岁时所做的问卷中评估出来的成熟型防御机制，预测了该样本65岁时的满意生活，相关系数（r）为.35（p<.001）。

表4表明，成熟型防御机制不仅预测了明显的满意度，同样也预测了心理健康。由对大学男性样本50岁之前的生活并不熟悉的评分者对其工作的乐趣、在50~65岁之间是否看精神科医生并使用镇静剂、婚姻稳定性，以及47

① N. Haan, “Proposed Model of Ego Functioning: Group and Defense Mechanisms in Relationship to IQ Change,” *Psychological Monographs* 77 (1963): 1-23.

岁后的职业生涯是上升还是下降进行了评估。[1]没有一例在47岁前使用不成熟型防御机制的被试在65岁时做得相对不错。只有一例在20~47岁时使用成熟型防御机制的被试在65岁时做得相对较差。别忘了，核心城市男性样本的罗夏测验毫无预测性。

将大学男性样本中23位曾经在成年期有过抑郁的个体与70位最少痛苦的大学男性样本（即在三十年的观察中从未使用过镇静剂，或看过精神科医生，或符合某一精神科诊断）进行比较。两组被试在防御机制的总体成熟度上存在显著差异。首先，正如表5中所示，痛苦最少的男性中有61%的人展现出大体上成熟的防御机制，而最抑郁的男性中只有9%的人防御机制总体上是成熟的；而47%的最抑郁男性和仅7%的痛苦最少的男性一直偏爱使用更不成熟的防御机制。尽管许多童年不幸的男性和女性使用成熟的防御机制——利他来主宰成年生活，但抑郁的大学男性样本中，没有人持续使用利他作为一种主要的适应方式。相反，最抑郁的男性更倾向于使用反向形成，攻击转向自身。然而，结果仍存有疑问，简单的相关没有证明因果。比如，不成熟的防御机制与酒精滥用和脑损害有关，但并不导致酒精滥用和脑损害。相反，酒精滥用和脑损害都可能引起防御成熟度的退行。不成熟的防御机制和抑郁之间的关系很可能不是简单的马和马车的因果关系。对于一些人来讲，严重的抑郁可能会导致成熟防御的退行。不成熟的防御机制可能会使一些人更容易抑郁。还有一些人，抑郁和不成熟的防御机制可能是对无法应对的压力、大脑中化学物质的紊乱或两者兼有的反应。我们需要更多的证据来澄清情感障碍和防御成熟度之间的关系。

---

① G. E. Vaillant and C. O. Vaillant, “Natural History of Male Psychological Health, XII: A Forty-Five Year Study of Predictors of Successful Aging at Age 65,” *American Journal of Psychiatry* 147 (1990): 31-37.

表5　大学男性样本中最抑郁者和痛苦最少者所使用的防御机制

防御	最抑郁者（n=23）	痛苦最少者（n=70）
	每种防御作为主要应对方式的使用率%	
抑制	26	53
利他	0	19
反向形成	17	4
置换	39	6
解离	26	7
被动攻击	30	16
最成熟型	9	61
最不成熟型	47	7

注：差异显著性水平$p<.05$

在这里，可以阐述一个更有趣的问题。防御的成熟度会影响到生物学方面吗？（即它能预测成功的老化吗？）我们能够证明年轻时使用成熟的防御机制能够预测未来的身体健康吗？遗憾的是，成熟的防御并不能像表4所显示的能够预测心理健康那样令人信服地预测身体健康。

图3对比了79名使用相对成熟的防御机制的大学男性（黑色条块）和61名使用相对不成熟防御机制的大学男性（条纹条块）身体健康的下降情况。他们的防御成熟度也是以其在20~47岁时的适应方式为基础进行评估的。图中的条块显示的是，生病者占每个五年期开始时身体健康者（“非常好的”或“很小的问题”）的百分比。在60岁之前的每个五年里，使用不成熟防御机制的男性比使用成熟防御机制的男性更容易患上不可逆性疾病。即在这些男性防御机制评估时间点的至少十年后，使用成熟防御机制者健康状况下降得更慢。所以，选择适应性的防御机制至少在一段时间内可能使人对健康不佳免疫。然而，到65岁时没有再发现成熟防御与保持良好健康之间的关系。

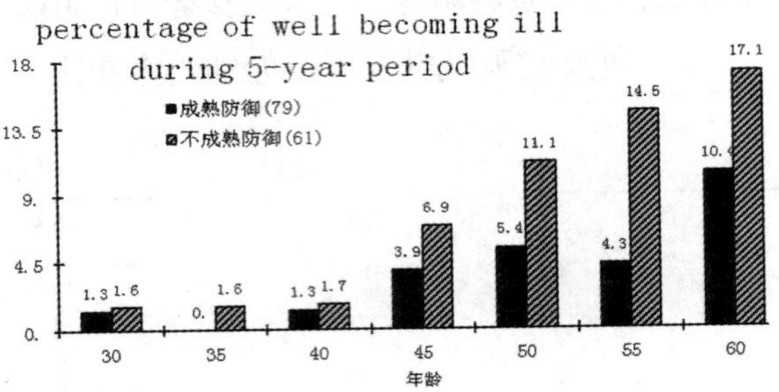

图3　成熟防御与身体健康下降之间的关系

（防御成熟度的资料是在47岁之前收集的。每个五年期中，得慢性疾病者的百分比是基于在该时期之初身体健康者的总人数计算的。因此，健康状况不佳应该不会影响防御的成熟度。）

防御方式的成熟与性别、教育及社会特权无关吗?

精神病学的一个主要任务就是，尝试将个体保持心理健康的内稳态机制与社会文化效应分离开来。这一任务在生物医学里更容易一些。比如，凝血因子的分布是平等的：罗曼霍夫和哈布斯堡皇室家族年轻时容易死于血友病，但他们的佃农没有。有人也许会希望生物学像分配凝血因子和免疫机制一样民主地分配自我力量，但这有值得怀疑的余地。当然，心理健康的很多特征显然是教育、智商、社会阶层和/或对性别的社会偏见造成的。比如，把见精神科医生作为判断心理健康的一个线索，只有在社会同质性群体中才成立。大约40%大学男性，而仅有7%核心城市男性寻求过精神科医生的帮助，然而，核心城市男性的心理健康状况要比大学男性差。一个关于核心城市男性样本的组内比较发现，收入与心理健康相关。然而一个组间比较发现，心理健康水平相同的特曼女性的收入只有智力上比她们稍逊一筹而教育上略高一些的大学男性样本的1/3。这一组间差异的原因更多在于社会因素，而非心理健康因素。最后，受教育程度不足的核心城市男性（以及言语能力最差的大学男性）在简·洛文杰华盛顿大学句子完成测验中测得的自我全面发展阶段分数，比言语流利的大学男生低。[①]然而，并没有证据表明言语流利能反映成熟的自我发展。更可能的是，广受尊敬的洛文杰自我发展测试受到教育和言语流利的影响。令人极感兴趣的是，防御方式的成熟似乎并没有受到社会经济状况、智力或性别的影响。事实上，最初作为心理健康样本选择的大学男生看上去稍微好一些（只有11%的人主要使用不成熟防御方式），而在社会劣势方面与犯罪青少年相匹配的核心城市男性，看上去稍微差一点（25%的人主要使用不成熟防御机制）。但考虑到这两个样本在智力、社会特权和教育方面的巨大差异，两者在防御方式成熟上的差异并不明显，而且可以很容易用在最初选择时只偏好选择了心理健康的大学男生来解释。

通过组内比较——对每个组内的样本进行两两比较，可以得出关于特权对防御方式之影响的更为客观的观点。这种方法规避了最初的选择偏好。表6检验了社会阶层、智商和教育对防御成熟组内差异的影响。结果发现关系并不显著，甚至连温暖童年与防御成熟之间的关系都不如所期望的那样明显。如此独立于社会环境之外就是人们所期望的像凝血因子那样的生物差异。

表6　防御成熟与生物心理社会经历之间的关系

背景变量	特曼女性 (n=37)	大学男性 (n=186)	核心城市男性 (n=277)[a]
父母所属社会阶层	-.07	.04	-.02
智商	.18	-.05	.10
受教育年限	.09	无意义	.17**
与父亲的温暖关系	.24	.23**	.01
温暖的童年的环境	.39**	.36**	.10
与母亲的温暖关系	.22	.18**	.04

**p<.01

a.　排除了30名智商低于80的男性

① G. E. Vaillant and L. McCullough, “A Comparison of the Washington University Sentence Completion Test(SCT) with Other Measures of Adult Ego Development,” *American Journal of Psychiatry* 144 (1987): 1189-1194.

我所询问的每个人都“知道”，女性与男性使用不同的防御方式。但是，他们的知识是建立在直觉而非数据资料之上的。真的有一些防御方式是特曼女性比大学男生更偏好使用的吗？为了获得成人发展研究中每一个体所使用的个体化防御方式的数字分数，评分者们记录了观察到的防御使用频率。在对特曼女性和大学男生样本两小时的访谈中，如果一个防御从未出现就记为0，如果出现过一次或两次记为1，使用频率最高或使用过3次及以上则记为2。对大学男生样本评分的数据是在其20~47岁时收集的。两位评分者并不总是一致的。事实上，在4%~20%的被试中，一位评分者将某一防御视为主要的，而另一评分者却视其从未出现过。为了应对这一问题，将两位评分者对两个样本中每一被试的评分都进行相加。这样每一个体每一防御的得分范围都是从如果两位评分者都评定为从未出现过记为0，到如果两位评分者都评定为主要的记为4。

表7对三个样本中被试的主要防御方式的使用频率进行了排序，结果显示三组被试对防御方式选择的差异性小得令人吃惊。任一队列中超过10%者用作主要防御的防御机制都包括在内。表中显示，相对有更多的核心城市男性使用置换和投射作为主要的防御机制，而升华在另外两组受教育水平更高的被试中使用更多。既然置换会进化成升华，那么评分者将核心城市男性视为更不得体、冲动、更不成熟可能是真实的，也可能是被试所受教育或评分者偏好的产物。比如，在地铁车厢上涂画会被归为置换，而在《纽约客》上创作诗歌会被归为升华，但这一差异与艺术家和评估者所受的教育及智商之间的关系，可能比与艺术家自我成熟之间的关系更大。

在某种程度上，特曼女性比另外两个男性样本更多使用利他和反向形成，而更少使用压抑。这一差异更可能反映了我们文化中女性的社会化而

表7　将给定防御作为主要防御方式的相对频率

防御	核心城市男性（n=203）		特曼女性（n=40）		大学男生（n=188）	
	排序	%	排序	%	排序	%
隔离	1 防御	52	2	38	1	46
置换	2	47	6	13	4	18
抑制	3	34	1	43	1	46
压抑	4	16	11	5	5	17
解离	5	15	6	13	6	13
利他	6	12	3	33	6	13
反向形成	7	10	5	20	9	11
被动攻击	8	10	8	10	3	23
投射	9	9	14	3	13	2
升华	10	7	4	30	6	13

不是生物学的影响。但鉴于不同方法的使用及对比的例数，很难说表7中任一差异是显著的。也许让人更感兴趣的是，被动攻击（受虐）和压抑两种防御——有时被认为在女性中更常见——在某种程度上更常见于大学男生。

如果性别和社会阶层对于塑造防御方式的成熟并不重要，那种族的影响如何呢？因为语言习惯的细微差别及难以确切匹配样本，所以很难得出关于不同种族群体间防御方式差异的有效结论。然而，如同无心插柳，核心城市男性样本提供了一种绕过这一困难的方法。61%的核心城市样本男性的父亲出生于国外，然而所有男性本人都在波士顿长大，使用流利的英语，并且被以同样方法取样及研究。这使得改变种族和文化养育方式而保持其他人口学变量不变成为可能。父母的种族差异在核心城市男性成年生活的某些方面产生了深远的影响。比如，盎格鲁—撒克逊新教徒和爱尔兰血统者的酒精滥用率是意大利血统者的五倍。①

① G. E. Vaillant, *The Natural History of Alcoholism* (Cambridge, Mass.: Harvard University Press, 1983).

表8 核心城市样本中种族和防御的选择使用

	使用防御的主要方式百分比	
	意大利裔（n=74）	WASP（n=100）[a]
成熟防御		
抑制	25	30
利他	10	12
升华	6	6
预期	4	5
幽默	6	11
中间防御		
反向形成	8	14
隔离	50	45
压抑	16	20
置换	37	50
不成熟防御		
解离	16	39
投射	12	12
被动攻击	19	18
疑病	7	4
幻想	3	4
见诸行动	4	5

a. 父母是老美国人或出生于英国或讲英语的加拿大人

表8对比了74名父母出生于意大利的核心城市男性与100名父母是老美国人或出生于英国或讲英语的加拿大人的核心城市男性的防御方式进行了对比。相似性是非常显著的。就像性别一样，我们归因于文化的防御方式差异性可能比实际情况要更多。解离是一种在盎格鲁—撒克逊白人新教徒中被更多记录的防御方式。这一差异不能被归因于他们酒精滥用的频率更高。即便在无酒精滥用的人群中，解离在盎格鲁—撒克逊白人新教徒中的使用频率也是意大利人的两倍。显然，防御方式的种族差异性还需要更多的研究，但文化人类学家用改进的方法进行人格的跨文化研究得出了相似的结论。对观察者偏好和忽视进行恰当的控制后，人格差异显现出相对独立于

种族的特征。①

如果文化看似对防御方式影响甚微，在生物学方面却有着深远的影响。一些核心城市男性的中枢神经系统已经被慢性酒精依赖破坏了（这里并不是指急性中毒，绝大多数人在访谈时都非常清醒）。另外，一些人可能存在认知损害，智商低于80。这些群体显示出比其他核心城市男性明显更不成熟的防御方式。正如表9所示，两组存在中枢神经系统损害的被试，所有不成熟防御方式的使用频率都是无损害被试的2~4倍。因为样本量小，所以差异不会总是具有统计学显著性。

表9　认知损害及酒精滥用对核心城市样本男性防御成熟的影响

防御	作为主要防御方式的%		
	无损害的核心城市样本（n=203）	智商<80（n=29）	慢性酒依赖（n=24）
成熟防御			
抑制	34	34	11***
利他	12	7	0
升华	7	3	0**
不成熟防御			
解离	15	45	83**
投射	9	10	29**
被动攻击	10	31	46***
疑病	3	17***	21**
幻想	5	0	13**
见诸行动	1	10	8***

**p<.01; ***p<.001

注：在计算统计学差异时，用的是全部307名被试，酒精依赖年限和智商与每种防御的0~4级评分的相关性。换句话说，统计学差异并不是用表中的百分比计算的

① R. A. Levine, Culture, Behavior and Personality (Chicago: Aldine, 1973); A. Kleinman, Social Origins of Distress and Disease (New Haven: Yale University Press, 1986).

*　*　*　*

实证研究已经回答了我在本章之初提出的三个问题。首先，防御的成熟能够被可靠地评估；第二，防御的成熟能够有效地测量心理健康；第三，防御的成熟不受社会阶层影响，但受生物学因素影响。总之，防御机制并不只是精神分析师的又一宗教信条。对自我防御机制的研究，是对严肃的社会科学家来说很适宜的课题。

6

自我及成人发展

我们如今仿佛对着镜子观看，模糊不清，
到那时，就要面对面了。
我如今所知道的有限，
到那时就全知道了，如同主知道我一样。
——《哥林多前书》（13:12）

这是宾夕法尼亚沃斯莫尔学院六月的一个温和的早上。一位杰出的教授刚刚从母校获得了一个荣誉学位。现在，她面对毕业那天的听众发表演讲，简单、清晰，又富有人性化。“今天我要问几个关于你的问题，”萨拉·劳伦斯·莱福特发问道：

你认为你将在哪个领域做出最大的贡献。我给你三个可能。第一个也是最明显的一个，是致力于优秀的职业……对于我来说，对于女性和男性来说，都更为精细和复杂的工作在另两个替代性反应里——致力于家庭和社区建设。

滋养和维持家庭关系——对亲密的需求——远比可控的职业责任复杂。这种复杂性在于家庭生活的即兴性，在于使我们变脆弱的爱的深度，在磨人的日常工作中，看似消失在复杂的冲突情感中，但又会如火山般在我们身上升起，在于永无止境的责任。我将永远是一位母亲。

第三个同样不时尚的选择是社区建设……社区建设——我所指的是广义的——从邻里间的努力到全面挑战，从带领女童子军及训练小联盟，到消除贫困和无家可归。①

一位学校老师在他第25个哈佛聚会后，用一种略有不同的方式表达了莱福特的三个选择：他将它们进行发展性排序。当被问及从大学到中年他发生了怎样的变化时，这位大学男性写道："从20~30岁我学会了怎样和妻子相处；从30~40岁我学会了如何在工作中取得成功；40岁以后我更多地忧虑孩子们而非我自己。"对于这位男老师来说，成人的发展是线性的，几乎是胚胎学的；而对于那位大学女教授来说，这是自由选择。成人的发展到底是受身心发展的必然性影响，还是被环境促成的自由选择？也许每一个答案都是部分正确的，但我更想聚焦于学校老师的答案。我想强调自我发展的一个重要方面：随着时间推移，扩大社交半径的能力。

让我从20世纪的哈佛和宾夕法尼亚转向另一个世纪的另一种文化，转向当时一位大学辍学生一生的发展。这位年轻人直到30岁时，还在和"认同"主题做斗争并尝试撇开青春期。没人会错把他当作成年人。因为受莱福特所说的"在我们内部如火山般升腾而起的冲突情感"所累，他无法与任何人亲密。在20~30岁之间，他不停地从可能变亲密的关系中逃走。另外，他丝毫不为自己唯一的写作才能感到自豪。相反，他在日记中写道，"我不应该再写小说了，想想就羞愧——人们哭泣、死去、结婚——我应该坐下来写书讲述他如何爱她吗？太羞愧了！"②也没有人能指责这位强奸并在经济上利用仆人、冲动地与妓女发生性行为、依靠富有的女性亲属漫游欧洲的年轻人，没有人会指望他去建设社区。表面上看他是自私和自恋的，在表面之下是他

---

① S. Lightfoot, *Swarthmore College Bulletin*, Aug. 1989, p. 24.

② H. Troyat, *Tolstoy* (Garden City, N. Y.: Doubleday, 1967), p. 139.

缺乏一种持久的自我感。他的自我无法容纳爱，或工作，或关系的火山。

四年后，34岁的列夫·托尔斯泰伯爵克服了他长久以来对亲密关系的厌恶，与索尼亚·贝尔斯坠入爱河。他们的婚姻持续四十年，并且有13个孩子以及莱福特所说的“永无止境的责任”。传记作者们将这一关系刻画为痛苦的，但是，他们的观点被回忆及托尔斯泰在其中记载了他们最负面想法的日记所扭曲了。像许多日记一样，索尼亚和托尔斯泰的日记也是用来处理他们分裂的负面感受的。所以，我猜这对夫妻直到老年依然深爱着对方。无论如何，托尔斯泰在婚姻的头十年都明确无误地为婚姻的亲密而高兴和欢快起来。

婚后两年，托尔斯泰36岁，他在打猎时从马上摔了下来。“当他醒来时，一个念头雷电一般击中了他。‘我是一个作家！’尽管肩膀传来火辣辣的疼痛，快乐却流遍他的全身。”①这段时间他开始写作《战争与和平》，当然，在职业上他成为一位杰出的作家。

第二年，托尔斯泰写道，“如果有人告诉我，我应该写一本书来证明我对所有社会问题的看法是绝对正确的，我不会在这上面花费两个小时；但是如果有人告诉我，我所写的东西在20年后会被现在的孩子们长大后阅读，他们在看书的时候会哭会笑，并且因此更加热爱生活，那么我将投入全部的生命和力量”。②他的繁衍比他的语言更有说服力。到他41岁时，《战争与和平》第六卷，也是最后一卷，问世了。他作为作家的职业被巩固了，接下来的三十年里，他的生活展示了他自己对于繁衍的理想定义：这样活着让别人——接下来五代的人——会因为他所写的东西而更加热爱生活。托尔斯泰在余生里为圣雄甘地和马丁·路德·金这两位20世纪最伟大的社区建设者树立了榜样。但这一旅程开始于他对自己火山般情感的管理，以及他与索尼亚发展亲密关系的成就，即便这幸福的亲密关系不是永恒的。就像我的前编

---

① H. Troyat, *Tolstoy* (Garden City, N. Y.: Doubleday, 1967), p. 290.

② 同上，p. 297。

辑路易斯·豪兰曾经很耐心地给我解释，“乔治，离婚并不一定是坏的，而能够长久地深爱一个人是好的”。并不是所有人都具有长久地深爱别人的能力。但是，我想从托尔斯泰的生活中得出的重点是，他没有在莱福特的三个选择中进行选择：而是像那位学校老师一样，把它们全部完成了——按照顺序。

成人发展的一个模型

对我来说，莱福特所说的话及托尔斯泰的生活展示了成人自我发展最重要的三个阶段：首先是掌握亲密的任务，然后是职业巩固任务，最后是繁衍的任务。我相信，整体上——虽然也有很多例外——这些任务必须按顺序掌握，因为它们依次要求自我达到越来越复杂的整合水平。全是男性的大学样本和核心城市样本都已经显示出这个理论是有效的。[①]莱福特主张爱比工作的要求更复杂，但在这一章中，我将呈现一些实证证据来表明，在大多数情况下，如果一个人没有先达成亲密，那么他在工作领域是很难成功的。第二，也是更确切的，除非个体首先在职业上取得成功，否则很难成为一名导师，并且带着繁衍性的关心成就他人。就如存在主义者可能说的：我们成为我们所做的。

在这一章中，对我来说最具有挑战性的任务是，说明这些发展步骤同样适用于女性。为此，我需要将特曼女性的资料和我早期对大学男性和核心城市男性样本关于成年男性发展研究的资料进行整合。我将用这三个纵向研究来为埃里克森凭直觉得出的成人发展模型提供实证支持。

当然，在任何社会中给予女性能力感和同样给予男性能力感的职业角色是不同的。例如，如果作为家庭主妇的特曼女性在65岁时在“像过去一样”“之前计划好的”“现在我希望”这三个职业选项下都选择“家庭主

① G. E. Vaillant and S. H. Koury, “Late Midlife Development,” in *The Course of Life*, vol.6, ed. G. H. Pollock and S. I. Greenspan (New York: International Universities Press, 1993); G. E. Vaillant and E.Milofsky, “Natural History of Male Psychological Health: Empirical Evidence for Erikson’s Model of the Lifecycle,” *American Journal of Psychiatry* 137 (1980): 1348-1359.

妇”，就代表了职业的巩固。相反，一位从未管理好亲密关系的大学男性是一位经济上成功的内科医生，但他缺乏承诺。他从事医学只是为了钱，而在哲学上他更喜欢基督教科学。因为该男性抛弃了四任妻子而且不对孩子们负责，所以他也没有资格做“家庭主妇”。在整个一生中，他的自体感都在摇摆：就像《推销员之死》中的威利·罗曼总是感到“一种暂时的”自己，也像威利·罗曼一样，他什么都没有创造，他“在这世上什么也没有”。他是不成熟防御机制的慢性使用者，在50岁时以自杀的方式结束了生命。总之，结婚和作为一个注册医生对他来说是容易的，但没有自我的发展这些成就，就如空响的锣或叮当的钹一样，他从未发展成一位成人。

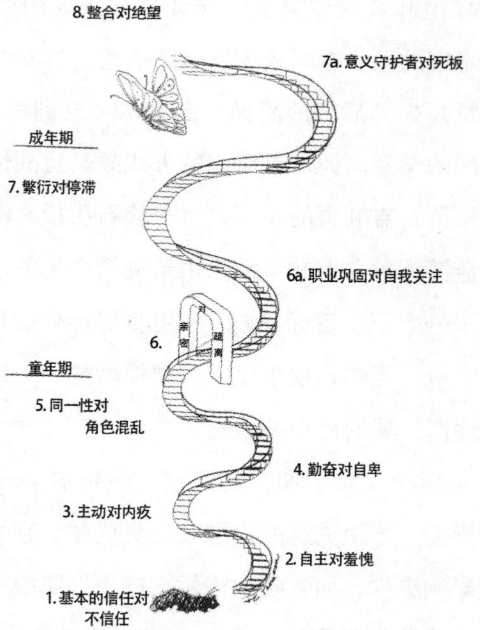

图4　成人发展模型

我将用一个修改后的模型来验证埃里克森的成人生命周期观点，这一模型是螺旋阶梯形，见图4。这一模型描绘了在一个日益复杂的社会半径中，成人发展中的掌握和感受家庭的自我能力。我使用“模型”这一词汇是经过深思熟虑的。正如美国心理学之父威廉·詹姆斯在一个世纪前提醒我们的，在丰富的生活和各种可能公式的贫乏之间有一条鸿沟。图4 就像说明“防御”的词汇一样，提供的是象征，而不是科学事实。关于成人发展的替代模型，在别的很多地方都能见到。①我相信，理解成人自我发展连续性的关键在于同时认识到相对复杂性及所要掌握任务和承诺的内部威胁。年轻成人的双重焦虑是，我如何才能对一个人和一件事有所承诺而不牺牲自主性？已经安全掌握了这些任务的年长成人，也许会如良师益友般带着善意观看这场战斗，就如年轻成人看着自己的孩子在10~14岁时与对异性的恐惧进行搏斗时的感受。

埃里克森的模型和我对该模型的修订，有些像19世纪德国和宾夕法尼亚州德国后裔艺术家的画作中对成人发展的描绘，这些画作把成人发展描绘成阶梯——但通常是先升后降的阶梯。卡罗尔·吉利根（Carol Gillian）是一位研究女性发展的学者。他通过对比的方式颇具挑战性地向我展示了一个不同的生命发展模型。吉利根的模型是将一块石头投入池塘产生扩展性的涟漪，每一层旧的涟漪都包含但并不消除由新涟漪产生的水圈。这一模型同样生动，并且提供了一个更少目标导向——更少男性化成见——的成人发展模型。我不会吹毛求疵，当然，埃里克森发展模型的一个基本原则是：假设成人发展包括一个逐渐扩展的社会关系圈。

尽管受到弗洛伊德“口欲期、肛门期、生殖器期和潜伏期”这一人类发展模型的极大影响，埃里克森的模型还是更优越。它较之弗洛伊德的模型受到文化地域的影响更少，而且将弗洛伊德的诗性隐喻译成了生物事实。另外，埃里克森将人类发展的概念拓展到了成年期。在阶段1中，埃里克森用基本的信任对不信任取代了弗洛伊德误导性的口欲期隐喻。“基本的信任”

---

① B. L. Neugarten, “Personality and Aging ,” in *Handbook of the Psychology of Aging*, ed. J. E. Birren and K. W. Schaie (New York: Van Nostrand, 1977), pp. 626-649; R. Kegan, *The Evolving Self* (Cambridge, Mass.: Harvard University Press, 1982); J. Stevens-Long, Adult Life (Palo Alto, Calif.: Mayfield, 1984).

这一概念更好地捕捉到了婴儿对母性抱持、眼睛接触，以及客体恒常性的真正需要。一个幼时被剥夺了这些的成年人可能会口头强调或象征性地表现出“口欲”需要，弗洛伊德错把这种象征当作了生物必然性。一旦基本的营养得到满足，婴儿需要吮吸的满足感对于发展来讲就不是必需的了。但是，没有眼睛接触及来自稳定照料者的拥抱，人类与其他灵长类动物的发展就被抑制了。

在阶段2中，埃里克森用自主对羞愧取代了弗洛伊德误导性的肛欲期。埃里克森“自主性”这一概念更好地捕捉了学步儿童掌握愤怒、对自己的所有权及一些与母亲分离的自信的需要。相反，弗洛伊德肛欲期满足的概念强调了肠控制的感觉及训练方面，这与现代西欧人而不是普遍的人类更相关。正如成人的“口欲”隐喻传递了未被满足的爱的需要，西式的肛欲隐喻传递了愤怒和自主的冲突。因纽特人在孩子6个月前就训练他们如厕，在他们的文化中，父母在“可怕的2岁”时是在与愤怒的哭泣而非弄脏了的衣服战斗。

在阶段3中，埃里克森用主动对内疚取代了弗洛伊德误导性且有性隐喻的生殖器期。“主动”这一概念更好地捕捉了4~6岁儿童模仿父母、炫耀及忍受父母对这些野心的批评“你不好玩，你不可爱”的努力。5岁儿童害怕如果他或她太过自大、太过独立就会被成人报复或抛弃。因此，尽管弗洛伊德阉割的隐喻是生动的，却如口欲期、肛欲期隐喻一样不正确。拉伊俄斯并没有威胁要阉割俄狄浦斯，而是用一根铁钉穿过他的脚，并把他扔在一处孤单的高山旁等待死亡。性征服只是人类主动性的一方面。

最后在阶段4中，埃里克森用勤奋对自卑取代了弗洛伊德误导性的词汇（性的）潜伏期。“勤奋”这一概念更好地捕捉了6~10岁儿童的普遍需要是“与成年人一起或在其身边工作”，而不是像弗洛伊德所强调的那样，是现代西方技术社会否认和谴责儿童性欲的狭隘文化需要。

此书是关于成人发展的，我将不会再回顾1~4阶段。相反，我会聚焦于我做了修改的埃里克森的5~8阶段。观察一下图4所描绘的螺旋就会发现，我在埃里克森最初的八个阶段里加了两个阶段，即6A（职业巩固）和7A（意义守护者）。我加入这两个阶段的原因是，想要囊括我通过半个世纪前瞻性追踪检视成人生活时所发现的一些重复出现的模式。

为了描述我对埃里克森模型的修订，我将从下面这一点开始。在记录成人发展时，我认为使用"发展性任务"[①]比"阶段"这一词汇更具有科学准确性。发展性任务，源于罗伯特·海维格斯特（Robert Havinghurst）的概念。在成人发展中，"阶段"这一词汇只是一个隐喻，因为埃里克森及其他人的广泛应用而一直流行。不可改变的是，被清楚定义的发展阶段只属于生物胚胎学而非成人的发展。我在研究样本那里观察到的成人发展过程，并不像皮亚杰及其学生在儿童身上观察到的认知发展那样整齐和有条理。因此，为了评估成人自我的发展，我只简单地列出了对一些特定任务的掌握，这些任务反映了深层自我的发展。我用这些挑选出的任务来确定一个特定的个体是否达到了一个特定的"阶段"。

处于研究目的，我将埃里克森的同一性对同一性混乱（阶段5）作为儿童期最后一个任务：能够保持从对原生家庭的社会、住所、经济及思想依赖中分离。必须强调的是，这一分离既来自对童年期重要人物的认同和内化，也来自掌握现代生活的能力。同一性既不是自我中心、逃离家庭的产物，也不是结婚后搬出原生家庭的产物。逃离家庭的工具性行动与知道在何处原生家庭的价值观结束而自己的价值观开始的发展任务之间，有着本质的不同。分离/个体化是一生的过程，反映了自我的发展。

没有达到阶段5（同一性研究样本）的有男性也有女性，这些个体从未独立于他们的家庭或机构。在中年时，他们仍然依赖他人，并且从未对他们自己职业的专业性或保持亲密的友谊负责。他们通常不会寻求精神科帮助，一些人完全了解自己的生活离埃里克森所说的繁衍有多远（在第七章中将给出具体例子）。

---

① R. Havinghurst, *Developmental Tasks and Education* (New York: David McKay, 1972).

掌握亲密对孤独的任务（阶段6）来说，是进入成人发展的大门。出于研究目的，我将“亲密”定义为与另一个人以互相依赖、负责及亲密的方式一起生活十年或更久。对于特曼样本中的几位单身女性来说，另一个人是一位亲密的女性朋友。对参与研究的男性来说，另一个人几乎不可避免地都是妻子。只有2%的大学样本视自己为同性恋（两个人直到65岁时才告诉我们），同性恋核心城市男性退出了研究，这也部分解释了上述对异性恋的强调。

一位叫作贝特西·布朗宁的特曼女性，提供了一个我将个体划归为已经掌握了亲密任务的证据。她在生命很后期的时候达成了亲密。在78岁时，她被问到她与第二任丈夫鲍勃·布朗宁的婚姻是如何维持了十七年时，她答道，“我猜想，性是很重要的”。她补充道，“我和鲍勃结婚是因为我无法抗拒地爱上了他”。她告诉我们，她学会了享受照顾花园，这是她丈夫最主要的爱好，作为回报，他对她第一次婚姻的孩子“力所能及地好”。这种合作的结果是，她解释道，“我们一起做了很多美妙的事”。当被问及他们是否相互依赖时，她答道，“我们完全依赖对方”。她说他们最大的问题是，随着年龄的增长她越来越整洁，而她的丈夫没有。一方面，正如埃里克森所说，独立、自主、性欲、同一性都必须掌握，才有可能达成亲密。另一方面，我们不能要求人们达成柏拉图式的理想亲密。我们只是要求他们能持续十年分享一种相互依赖的关系。这种关系能带给他们互相之间即使不完美却也是明白无误的满足。

职业巩固对自我关注（阶段6A）的任务被定义为有清晰的、专业化的职业认同，以承诺（commitment）、补偿（compensation）、满足感（contentment）和胜任感（competence）为特征。这四个词汇将职业与工作区分开。职业巩固涉及从自我关注、致力于青少年期的爱好，以及（如莎士比亚所说）“寻求华而不实的名声”转变成由自我和社会共同评价的专业化角色。如同作家艾米莉·汉考克（Emily Hancock）所言，“有家和婚姻并不足够……我想确保我的胜任感，我想擅长某事，获得一种可衡量的技能，某种我可以说‘我学过这个，我擅长这个，我做得到这个，我了解这个’的事物”。[①]当然，即便是非凡的能力，如果不是被个人的目标、选择和意图所驱动，不能带给所有者满足，那就不能算作职业巩固。就像个人认同感和亲密关系中固有的融合感一样，职业满足感对于年轻人来说可能也是可怕的。这种承诺需要掌控感的自我发展。

熟悉埃里克森理论的读者可能会注意到，我是从他的理论中的阶段5（同一性对同一性混乱）中分出了阶段6A（职业巩固对自我关注）这个方面的。我这样做的目的是，区分在原生家庭内的同一性和职业生涯的同一性。这一决定的一个原因是，除非成人已经掌握了达到稳定自我认同的自私（又名自我维护）及职业巩固的自私（又名自我实现），否则是不能达成无私的繁衍的。从发展的框架来看，自私（发展自我感）是好的，而无私（个体的灵魂中空无一人）是非适应性的。然而，为了自我提高及巩固职业，个体必须在某种程度上让别人进来。自私和无私必须是交替的。这也许就是为什么达成亲密是能够接受一位良师益友，以及达成职业巩固的前提。充满感激地允许另外一个人成为自己的榜样，需要信任、成熟及爱的能力。

那些通过职业巩固找到自己的男性和女性，清楚地展示出照顾、创造性及确定和指导下一代的能力，这说明了繁衍对停滞（阶段7）任务的掌握。繁衍，意味着持续地为他人的成长和幸福承担责任。繁衍，指的是莱福特所说的社区建设。根据社会提供的机会，繁衍可以是做一名顾问、指导、导师或者在一个更大的社会里做年轻人的教练。尽管我们可能将学院院长、女族长、商业巨头看作愚蠢的野心及婴儿期自恋的产物，但这样做时，我们忽略了使个体能体贴地为其他成年人承担责任所必需的自我技能。领导看上去就是自我扩张，直到一个人真正去尝试成为领导。

然而，埃里克森在介绍“繁衍”一词时，并未充分将其与创造性区分

① E. Hancock, *The Girl Within* (New York: E. P. Dutton, 1989), p. 83.

开。本书中所说的繁衍，不仅仅是指种植农作物、抚养孩子及绘画。巴勃罗·毕加索对此做出了清楚的区分："你认为艺术家是什么？如果他是一个画家，就是一个只长着眼睛的傻瓜……相反，他同时也是一个政治性的存在。"1937年世界博览会在巴黎举办，毕加索为西班牙馆创作了一幅富有政治灵感的杰作《格尔尼卡》，完成之后他即写道，"我总是相信而且依然相信，带着精神财富生活和工作的艺术家不能也不该对攸关人类最高价值和文明的冲突保持冷漠"。[①]（我将在第八章中讨论自我和创造性）

有时追求职业巩固的努力排除了关心，这可能致使易卜生笔下的娜拉、布尔芬奇笔下的纳西索斯，以及歌德笔下的浮士德变成永久的自我关注——职业巩固的反义词。在这些案例中，个体可能永久深陷于埃里克森所说的停滞的泥潭，用他的话说，这个泥潭源于"基于太过努力制造自我的人格的过分自爱"。在这些案例中，心理社会的进一步发展被抑制了。自我关注与自我提高是非常不同的！每个人都能凝视一面镜子，但直到我们足够关心自己到能用牙线清洁自己的牙齿之前，我们不能期望教会我们的孩子用牙线清洁他们的牙齿。

在图4中，我从埃里克森"繁衍"这一概念里分出一些特定的方面，并将其重新命名为7A，意义守护者对刻板。繁衍及其美德——关心，要求照顾某个人而不是另外一个。[②]意义守护者及其美德——智慧，涉及对他人更少区别对待和更少的个人偏好。换句话说，保存自己的文化，包括在当前社区基础上扩大个体的社会关注范围。这不是一个微不足道的区别。智慧的亚伯拉罕·林肯呼吁"没有怨恨"，尝试疗愈内战的伤疤；而有党派之分并成功繁衍的罗纳德·里根，却将冷战的另一方称为"魔鬼帝国"。我们都会同意这两者的自我发展是存在差别的。刻板是意义守护者的反义词，正如刻板可能是祖父母及年老政治家的潜在缺陷。

---

① A. H. Barr, Jr., *Picasso: Fifty Years of His Art* (New York: Museum if Modern Art, 1946), pp. 247, 264.

② E. Erikson, *Childhood and Society*, 2nd ed., (New York: Norton, 1963).

一位繁衍性的青少年教练或父母，与一位最高法院法官或一位历史学会主席是有很大区别的。繁衍性的个体以一种直接的、未来导向的关系关心着某个人——比如，作为学生的导师或老师。相反，意义守护者代表过去的文化成就，并且带领人类群体、组织和团体保护过去的传统。智慧的奥林匹克运动会组织者和领导者发挥的作用，与繁衍性运动员教练是非常不同的。相似的是，简·文杰和劳伦斯·柯尔伯格在关于成人自我及道德发展的著作中也提出，随着成熟，运动员变成教练，教练变成裁判。[①]

就如卡罗尔·吉利根强调的那样，关怀和正义一直是人格的不同维度。[②]然而，如果有一天，任一维度成为一个性别而不是另一个性别的责任，那将是人性的悲哀。在一定程度上，智慧比正义更合适一些；它的价值负荷更少。我们都更喜欢智慧的所罗门王而不是莎士比亚所说的“公正……严厉的眼神和修剪整齐的胡须，充满智慧的格言和现代实例”。然而，没有正义就没有智慧，没有智慧就没有正义。

现在，我将更加详细地讨论成人发展的核心任务。然而，要更进一步讨论每一阶段所包含的行为和自我技能，我推荐读者参考其他作者的著作：埃里克森关于同一性发展变迁的论述；[③]乔治·戈瑟尔斯（George Goethals）关于亲密发展的论述；[④]丹尼尔·莱文森（Daniel Levinson）关于职业巩固的论述；[⑤]约翰·科赖（John Kotre）关于职业巩固的论述；[⑥]以及维吉尼

---

① J. Loevinger, *Ego Development* (San Francisco: Jossey-Bass, 1976); L. Kohlberg, “Continuities in Childhood and Adult Moral Development Revisited,” in *Life-Span Developmental Psychology: Personality and Socialization*, ed. P. B. Baltes and K. W. Schaie (New York: Academic Press, 1973).

② C. Gilligan, “In a Different Voice: Women’s Conception of the Self and Morality,” *Harvard Education Review* 47 (1977): 481-517.

③ E. Erikson, “The Problem of Ego Identity,” *Journal of the American Psychoanalytic Association* 4(1956): 56-121.

④ G. W. Goethals and D. S. Klos, *Experiencing Youth* (Boston: Little, Brown, 1976).

⑤ D. Levinson, *The Seasons of a Man’s Life* (New York: Knopf, 1978).

⑥ J. Kotre, *Outliving the self* (Baltimore: Johns Hopkins University Press, 1984).

亚·克莱顿（Virginia Clayton）和保罗·巴尔特斯（Paul Baltes）关于智慧发展的论述。[①]

亲密

工具性的婚姻或性行为与亲密任务的发展是截然不同的。尽管埃里克森最初对亲密的构想是“与所爱异性伴侣互相的性高潮”，后来他补充道，“无论如何都不是单纯的性事”。[②]当然，“相互的性高潮”这一概念没有描述出掌握持续的成人依恋这一特性。结果是，一些反社会者比那些成熟的、高度亲密的伴侣更能获得“相互的性高潮”。但是，如果把相互的性高潮看成一个隐喻，即一位成年人愿意对另一位成年人的脆弱负责，同时允许另一方给予回报，那么埃里克森就是正确的。如果个体把相互性高潮的能力看成一种用以识别与另一个人生理上的、负责任的、相互的亲密关系的象征——那么它是有效的。伴侣双方都愿意享受将早餐给对方带到床上，以及接受对方将早餐为自己带到床上，确实是说明相互依赖的更贴切方式，这种相互依赖是埃里克森（在他之前是弗洛伊德）尝试表达的。毕竟，与对待性一样，亲密还涉及对待独立性、攻击性及自主性。就自私和无私之间的矛盾而言，亲密以一种双方都能享受的方式使个体与另一个人互相分享自我。

有一种传统的信念是，男性在达成亲密前必须达成同一性，而女性为了达成同一性必须先达成亲密。我相信这一观点是文化的产物。如果一个男人相信在他有经济能力供养一位妻子前必须离开家，如果社会只允许女人在找到一位有经济能力供养她的丈夫后才能离开家，那么表面上看起来这种信念是正确的。但是，经济发展不是自我发展。当然，女人也许不想找一个还没准备

① V. P. Clayton and J. E. Birren, “The Development of Wisdom Across the Life Span: A Re-Examination of an Ancient Topic,” in *Life-Span Development an Behavior*, vol.3, ed. P. B. Baltes and O. G. Brimm (New York: Academic Press, 1980); P. B. Baltes and J. Smith, “Toward a Psychology of Wisdom and its Ontogenesis,” in *Wisdom: Its Nature, Origins and Development*, ed. R. J. Sternberg (Cambridge: Cambridge University Press, 1990), pp. 87-120.

② Erikson, *Childhood and Society*, p. 231.

好离开核心家庭的男人，所以她们倾向于嫁给已经离开家的男人。在过去，也确实是婚姻才允许一位经济独立的女性离开她的核心家庭，所以她可能需要嫁给一位有好工作的男人。但是，这些考虑是经济上的，而不是发展上的。

职业巩固

职业巩固与青少年形成同一性的任务有着本质的区别。为了达成独立的同一性，青少年只需要对自己有价值。相反，职业巩固还需要形成社会也认为有用的同一性。多年来，埃里克森都迷惑于把稳定的职业同一性发展置于何处。[①]尽管有时他想把职业与青少年同一性形成连接，但他一直不确定。我相信，对他的不确定的解释是在掌握亲密之前很少能达成职业巩固的。毕竟，很多人相对来说知道自己是谁，但并不清楚他们想成为哪种手艺人。成人的发展需要在整个一生中“新陈代谢”及同化他人。内化的父母价值观，尽管是高度选择的，在青少年同一性中也起着重要作用。相反，父母的教导在创造职业同一性中很少被认为是重要的。职业巩固反而是通过内化一系列新的良师益友实现的。幸运的话，内化那些我们所崇拜的人永远都不会太晚。

就自我发展而言，职业巩固的任务涉及实现一种职业认同，同亲密一样，反映了一种互惠性。对于职业认同来说，个体带来胜任感（competence）和承诺（commitment），得到满足感（contentment）和补偿（compensation）。例如，上述职业巩固的四条标准，以下每种职业调节都有一条没有达到。有满足感且有承诺的研究生，缺少胜任感。将青少年时期的爱好保留到成年的业余高尔夫球手、未发表过作品的诗人或孤独的鸟类观察者，没有补偿。易卜生笔下的娜拉，在她镀金的婚姻牢笼里有胜任感也得到了很好的补偿，但她像一位不快乐的华尔街律师，觉得自己像卖淫，感觉不到承诺，对自己的“收入”没有满足感。

---

① Erikson, “The Problem of Ego Identity”; E. Erikson, “Identity and the Life Cycle,” *Psychological Issues* I (1959): 1-171.

有人可能会说，在一个成人发展模型中添加职业巩固任务只适用于现代技术社会，或者只适用于受过教育的中上层职业阶级。但成人发展研究的发现表明，情况并不是这样的。自我发展是社会生物学的反映，而非文化反映。如同爱的作用一样，工作的作用对于周围世界的社会来说都是重要的。一千年前引领学徒成为熟练工，熟练女工成为优秀熟练女工的中世纪等级制度与今天引领医学预科生成为住院医师进而成为专家的路径一样清晰。狩猎采集社会的男人和女人们依然将承诺和仪式性的快乐带到手头的任务中。几个世纪以来，村庄女族长回首自己的生活，也会在她们作为妻子和母亲的成就中看到满足、承诺、补偿和胜任感。

研究女性发展的近代流行作家已经指出，埃里克森所说的目标或其他作者所说的自我实现是成人发展的本质，超过了亲密。易卜生的戏剧《玩偶之家》，以娜拉当着她父权的丈夫托沃兹的面摔上门的发展性顿悟作为结尾，捕捉到了女性职业认同的心酸，职业认同对于女性和男性一样是本质的需要。在《内在女孩》一书中，艾米莉·汉考克描述了职业认同这一主题在女性中的应用。汉考克的一位被调查者报告说："在定义自我方面，我的工作令我满意……工作（work）真的是一个成长的母体（matrix）——一个非常有女性气质的词，因为它源于'womb'（子宫），词干是'mater'意思是'妈妈'。"[①]

在家庭之外工作的特曼女性，与仅仅作为一名家庭主妇达到职业巩固的特曼女性之间存在着有趣的差别。她们在65岁回答问题时，300名大部分时间都在工作的职业女性中，只有5%的人说希望自己主要是一名家庭主妇；而300名没有职业的家庭主妇中，有30%的人说希望自己有一份有工资的工作。换句话说，虽然在历史长河中，她们先于贝蒂·弗里丹（Betty Friedan）与格洛里亚·斯泰纳姆（Gloria Steinem）那一代，[②]但特曼女性希望得到工作通

① Hancock, *The Girl Within*, p. 66.
② 二人均为美国女权主义先锋。——译者注

常超过希望操持家务。更重要的是，实现这些职业的特曼女性在回顾时都很高兴。诚然，大部分对有偿工作满意的女性也是成功的家庭主妇。

当然，很多男人和女人从未觉得自己有权利去闯一闯。职业专业化有一个品质是“自私”，这一品质有摧毁这一任务的危险。但是，如果对成功和自私的害怕是对两性都有影响的现象，社会和生物学却更支持男性有这种自私。因此，汉考克警告道：

> 女孩的青春期出现较早，此后生长开始滞后；男孩在青春期后开始全面成长。他在体重、身高及肌肉力量方面都会追上并超过她。第一次，男孩比女孩更庞大、强壮。她的身体变柔软，而他的身体变结实。他日益强壮、聪明、声音响亮，而她越发觉得虚弱和不确定。男孩在青春期的变化预示着控制能力的增长，女孩在青春期的变化一再地表明养育的委托和克制的需要。他的青春期经验是力量的增长，她的青春期经验是危险的增加。①

这段引用可能会让读者觉得老套。但是，女性太多时候会将这些增加的危险与禁令相混淆。睾酮使成为第一和竞争变得有趣，雌激素却不会。当年轻的亚瑟从石头中拔出亚瑟王剑，将其从湖上夫人那里夺来时，他知道自己会成为国王。相反，白雪公主得到了卓绝的美貌却只是悲伤地得知她处于死亡的危险。吉卜林写道，“独自旅行的人走得最快”。但这种自私对于很多负责任的女性来说，是无法想象的。

就职业发展而言，容易怀孕是又一个障碍。养育孩子给许多女性制造了伯妮斯 · 纽加藤（Bernice Neugarten）所说的“关机时间”事件，而且使她们的成人发展和没有这种事件出现的其他情况相比，不那么有序。有一个孩子是这样一种体验，即需要自我来完成，却并不提供一个现成的自我来使用。汉考克的一个被调查者说，“要将另一个人考虑到这种程度意味着不能

---

① Hancock, *The Girl Within*, p. 13.

自私。我无法选择不成为这个婴儿需要我成为的任何事物，不管我是不是累了、病了，还是感到孤单……从生活安排的优先顺序可以看出，我认为他的利益高于一切。”[①]就连索尼娅·托尔斯泰成为一名幸福的妻子和妈妈的职业诉求都被13次怀孕破坏了。另外，有家庭的职业女性的“两班倒”这一议题使两个任务都更加困难。与男人不同，职业女性通常必须承担两份全职工作——家庭和职业。总之，生物学上的不平等，同样也有社会的不平等，可能给女性提供了一条更为狭窄的用以驾驭自私及无私的渠道，只有在渠道的另一头，才显现出一种满意的职业认同。

无论何时，社会或生物学将自发的自我发展谴责为“自私的”，个体化就被牺牲了。然而，如同共产主义、封建制及修道院社区的计划社会所主张的，抑制成人发展确实有短期的社会效益。在职业巩固将个人自我最终导向公共自我之前，社会不会得到真正的回报。最近对东欧社会主义经济体制的发现，就是一个恰当的例子。在那些允许农民利己的社会里，杂货店的货架上比那些强制公有化的农场供应的杂货店货架上，有更多每个人都能吃到的好东西。绝大多数情况下，特曼女性都被引导相信她们所做的任何不那么无私的事情都是自私的。就像优秀的社会主义者，她们理解一个个体的成人发展在某种程度上剥夺了另一个人的发展——至少在短期内。这些女性中的很多人，直到中年晚期才放下这种负担。

长远来看，特曼女性被排除在职业的个人选择之外，对整个美国社会来说是一种巨大的损失，即便是像我猜测的那样，她们的丈夫、父母和孩子获益了。来考虑一下路易斯·特曼自己的两个拥有天才智力的孩子。他的儿子和女儿都以优异的成绩毕业于斯坦福大学，都结了婚。他的儿子后来成为斯坦福大学的一位院长，是一位杰出的工程学院院长，也是硅谷之父。他那位天才的女儿也在斯坦福大学工作，却是一位不快乐的学生宿舍电话接线员。

成熟的成人发展的一个任务是，在适应荷尔蒙变化和社会要求的同时，

① Hancock, *The Girl Within*, p. 6.

也必须做出补偿。在英吉·布雷尔曼（Inge Broverman）及其同事的著名研究中，[①]不管受教育程度如何，男性和女性都赋予了理想男性一串特质（独立、理性及自我定向），也都赋予了理想女性一串不同的特质（温暖、情绪表达及联系性）。然而，前瞻性研究发现，到中年时女性一个很重要的发展任务是，重新找回潜伏期孩子所具有的特质：独立、理性和自我定向。重新发现这些优点，通常成为女性中年发展中令人兴奋的方面。[②]同样，对于男性来说，在中年期恢复一些在青春期被荷尔蒙及社会否认的成熟特质会使自己变得更加丰富，如温暖、情绪表达及联系性。[③]总之，对被生物和社会原因所抑制的技能进行补偿的发展性需要，可能会使职业巩固成为女性更为关键的发展任务，而繁衍成为男性更关键的发展任务。这还需要更多的研究。

综上所述，职业巩固在某种程度上就是一条从学徒到优秀工匠的自我中心之路。我相信，成人从亲密到职业巩固再到繁衍的发展顺序是一种超越性别、社会阶级和历史时代的模式。这一顺序反映了一个女人这样一种进展：从一手抱着新生婴儿，一手拿着斯波克博士的《婴儿照料》，下巴下夹着与自己母亲联系的电话；十年后，一只手向正要出去玩耍的10岁孩子挥动着，一只手上拿着电话建议邻居如何照顾新生婴儿。也许在近一千年以前，这个女人的祖先从新手进化成熟练的裁缝，织出了给子孙后代带来快乐的织锦，这一过程可能就是同一种转变的缩影。

意义守护者

埃里克森在其著作中也未对关心和智慧做出区分。自我的发展是阶段

---

① I. Broverman, S. Voger, D. Broverman, F. Clarkson, and P. Rosenkrantz, "Sex-role Stereotypes: A Current Appraisal," *Journal of Social Issues* 28(1972): 59-78.

② R. Helson and G. Moane, "Personality Change in Women from College to Middle," *Journal of Personality and Social Behavior* 53(1987): 176-186.

③ D. Guttman, "The Cross-Cultural Perspective: Notes toward a Comparative Psychology of Aging," in *Handbook of the Psychology of Aging*, ed. J. E. Birren and K. W. Schaie (New York: Van Nostrand,1977), pp. 302-326; G .E. Vaillant, *Adaptation to Life* (Boston: Little, Brown, 1977).

性的，关心在智慧之前。我们都能想象没有智慧的关心，却不能想象没有关心的智慧。智慧，与关心不同，意味着不站队。智慧需要认识反讽和模棱两可——在生命相对晚期出现的自我技能。我们是如何学会将心里升起的矛盾和悖论保持在意识中的？在认知上，我们是如何发展出能够欢迎反驳的思想立场的？我们如何保持过去、现在和将来的竞争性事实，以及如何同时保持自己观点的相对性？这些是被认为与智慧平行发展的智力任务。然而，所罗门王及《威尼斯商人》中波西娅法官的例子表明，真正的智慧需要关心和正义相融合。

为此，除职业巩固外，我还在成人发展的心理社会任务序列中加入了意义守护者。我相信，实现意义守护者的角色是年长成人智慧的一个客观指证。一位55岁大学男性的一封来信，描述了这一进程的一个方面：

我觉得我在最近五年学到的东西比前面任何十年都要多，这归结于一个更加宽广的未来而非更狭窄的……我最终有了一个攸关我们未来的重要认识——我们最终要与自然及我们周围的自然环境和谐共处，而不是战胜它……所有这些可能会让你们疑惑，为什么我没有把这段时间评定为我生命中最快乐的时光，原因是早期的时光相对来说更天真、更年轻、更健康——更多是一种对身体力量及无拘无束的自由的庆祝。我现在庆祝的力量更多是智力上的，在一定程度上被对世界的经验渲染了。我后期所获得的知识和领悟——如果你愿意认为是智慧的话，并不是一种纯粹的祝福，而是带有某种敬意的担子。

另一位大学男性在55岁时被问及，他最重要的成熟方式是什么？“成熟的进程，”他回答道，“奥利弗·温德尔·霍姆斯（Oliver Wendell Holmes）在‘洞穴里的鹦鹉螺’（The Chambered Nautilus）一书中做了很好的描述。我们逐渐扩大了对世界及世界中的人的理解——假设我们真的成熟了——朝向终极目标，即感觉‘与自然融为一体’——一个从未完全达到的目标。我想，现在把我投放到世界任何一个地方，我都能理解并欣赏当地的人们，并以自己的方式在他们中行走。”他的表述接近于保罗·巴雷特（Paul Baltes）和杰奎琳·史密斯（Jacqueline Smith）所描述的智慧的一个基本成分：“认识到所有的判断都是特定文化和个人价值系统的功能，并与之相关。”①

因此，意义守护者关注人类的集体产物——生活于其中的文化及其机构——而不是孩子们的发展。就如另一位大学男性被试在55岁时说道，“‘薪火相传’及向孩子们展示文明的价值对我来说一直都很重要，其重要性逐年增加。”在写到“繁衍”时，约翰·科赖观察到一位潜在导师的最终目标必须包含文化和追随者两者，而且需要在两者间保持平衡，据此他区分了关心和意义守护者这两个任务。如果一位导师对他的学生投入过多（繁衍），“他忽视并稀释了文化的核心标志。但如果保护文化是主要的（意义守护者），他就成了匿名的学徒容器”。②这就是我为什么认为“刻板”是这一阶段的反义词。

像繁衍一样，成为意义守护者的特征是放弃由亲密和职业巩固结合而获得的技能。但是，现在强调的是在职业巩固阶段所获得的技能：组织技能和信息技能。

意义守护者的一个工作面是区分哪些个人所有物可以被返回到文化信任。作为一个具有讽刺意味的例子，亨利·福特以他具有繁衍性的创造物——福特汽车公司将美国小镇扯得四分五裂，又尝试将美国的过去保存在他伤感的建筑——绿地村（Greenfield Village）里——一座关于福特T型车发明前新英格兰是什么样子的博物馆。中年时期的查尔斯·林德伯格是佳美航空公司的一位开创者，而且是一位太平洋最远角落全球航线的富有创造力的设计师；在生命晚期，为了保护他曾经参与并使之陷入危险的香格里拉而致

① Baltes and Smith, “Toward a Psychology of Wisdom,” p.102.
② Kotre, *Outliving the Self*, p.14.

力于全球保护运动。批评家可以指出这两个有争议的人的种族偏执，从而指出他们潜在的刻板。

我想通过一个模型来描述意义守护者，这个模型是由普林斯顿项目55提供的。这个项目是由一些中年晚期的普林斯顿毕业生和约翰逊基金会在1989年12月的一次会议上联合发起的，有12所大学的代表出席了会议。这些人在50岁后期希望资助年轻人“解决重要的社会问题，聚集于系统变化而不是治疗症状，鼓励和利用社区参与，没有党派倾向”。这些50~60岁的组织者的信条和呼吁如下：“在我们五十岁，人生过半时，我们准备贡献一大部分的时间和精力来保护和提高这个我们从中得到了很多的世界。我们相信，用我们所积累的经验和知识可以找到困扰我们社会和世界难题的方法……我们一起成熟……我们一起置身其中。有太多需要去做的。请加入我们。”该项目从建立之初就不只是伪善的花言巧语。在创建者们积极的指导下，项目55支持年轻的实习生们为公立学校改革、社区赋权、环境防护基金会及世界野生生物基金会等工作一年或一个夏季。

模型的其他方面

另一个可选的成人发展模型，是我已经提到的，可能是卡罗尔·吉利根所比喻的，一颗石头投入池塘，涟漪不断扩大，层层包含。但是，正如在图4中那样将模型描绘为一条螺旋，具有几条启发性的优势。首先，这一模型强调了在成人生活中个体是进化了而不仅仅是成长；第二，螺旋表达了这样的成熟变化概念，即以往的过程并没有随着成长被丢掉，而是像毛毛虫变成蝴蝶一样；第三，这一模型表明，就像爬楼梯一样，没有成功登上这一层楼梯平台就不可能登上下一层楼梯平台。然而，像爬楼梯一样，没有哪一层楼梯平台比另一层楼梯平台更好。来考虑一下天文导航的研究。六分仪和天文地图都不能告诉我们该去向何处，但两者对于我们确定自己在哪里是无价的。生命是一场旅行，而不是一场步行竞赛。

我赞成阶梯模型还有第四个原因。如图4所示，阶梯是一个二维图，有左边和右边。这两边反映了一生中性格可塑性的节律性变化——至少在我们自己的文化中是这样。根据临床印象而不是确凿的数据，左边的阶段——俄狄浦斯期（阶段3）、青春期（阶段5）、中年期（7）和老年期（阶段8：像巴布罗·毕加索和威廉·巴特勒·叶芝那样有生活激情的老年人）是人格改变及不稳定时期。这些生命阶段是重新加工既定认同及怀疑传统道德的时刻。这些是内感受提高、情感不稳定及新的本能冲突时刻。苏珊·怀特本（Susan Whitenbourne）会称这些时刻为“同化阶段”（assimilation）。[①]这是人类能为严肃的剧作家及流行心理学家提供极佳稿件的时刻，可能是关系和嵌入最重要的时刻。这些可能是个体一生中看上去最冲动、最歇斯底里的时刻。

螺旋右边代表着生命中自主（阶段2）、潜伏期（阶段4）、职业认同（阶段6A）及莎士比亚所说的谁守护着意义“有着严肃的眼神和整齐的胡须”（阶段7A）这些阶段。根据临床印象，个体在这些阶段全神贯注于保持相同和自主，跟随并维持规则。他们更可能关心吸收、观察和传播过去的传统，而不是重新加工他们的文化。当个体处于阶梯的右侧时，他们相对来说内感受没有那么多，也没那么依赖于建立新关系。因此，剧作家和流行心理学家都倾向于将这些时期搪塞过去，这也可能是个体一生中看上去最强迫的时期。

图4所示模型的一个悖论是，以埃里克森所说的关心的“美德”作为成熟的特征，与认为成熟包括自我实现能力的观点背道而驰。亚伯拉罕·马斯洛、劳伦斯·柯尔伯格及简·洛文杰提出的成熟模型，是以逐渐使自我有别于他人及日渐摆脱情境和社会对自我的限制为特征的。[②]相反，埃里克森会同意卡罗尔·吉利根的观点，即“然后，关心就成为普遍的责任，成为自我

① S. K. Whitbourne, “Openness to Experience, Identity Flexibility, and Life Change in Adults,” *Journal of Personality and Social Psychology* 50(1986): 163-168.

② A. H. Maslow, “Neurosis as a Failure of Personal Growth,” *Humanities* 3(1967): 153-170; Kohlberg, “Continuities in Childhood”; Loevinger, *Ego Development*.

选择的后习俗（也就是成熟）判断的伦理”。[①]

然而，正义和自我实现比关心和社会嵌入更成熟或更不成熟，是一场无法解决的辩论。我们反而必须认识到，青少年追求自我同一性及年轻成人追求职业巩固的核心是对自我负责的伦理。但随着个体年龄的增长，他们从发展阶梯的一侧向另一侧移动。青少年将他们自己从对原生家庭的依赖中拉出后，就迎来了亲密的相互依赖能力。同样，直到年轻成人巩固了自己的职业认同，他才愿意或能够再一次将他新获得的自主性置于次要地位，从而承担起帮助他人获得自主性的责任。直到娜拉有权摔门并拥有自己的房间，她才能带着爱和关心允许女儿结婚并考虑社区建设。事实上，杰拉尔德·科勒曼（Gerald Klerman）和丹尼尔·莱文森提出，好的管理者（即繁衍性的大师）必须首先与他们自己的青春期孩子们在独立冒险和独立身份的要求上达成和解。[②]

我要提出的是，在一生中，个体是在图4所示的螺旋两侧来回摆动。尽管他们保持向前运动，但成人的发展看上去可能并不总是如此。一位大学男性的样本成员被问及在四年的分析中他学到了什么，他回答道，“我更像4岁时候的我，而更不像7岁时候的我”。但是，他在这个过程中长大了。当他被访问时，他处在螺旋的左侧，并且具有很高的繁衍性。是他的冒险精神而不是稚气，让他想起了4岁。

最后，在我螺旋式的阶梯模型中，描绘了在整个一生中，有一种比来回历程幅度更长的摆动。在生命的某个点上，昨天突然比明天多了。在宾夕法尼亚州德国后裔民族艺术中的这个点上（50岁），个体看上去沿着已经爬上的楼梯返回了。如果从婴儿期到童年再到青春期，是顺序地导向掌控身体、外部环境及最后到个体的情绪，那么从40岁到衰老的步骤是反向的。像青少年一样，40岁时面对感情危机；像10岁时一样，60岁时挣扎着抗拒时光变换；像学步儿一样，80岁全神贯注于一个难以控制的、不稳定的身体。伯妮斯·钮加藤写道，

---

① Gilligan, “In a Different Voice,” p. 504.

② G. L. Klerman and D. J. Levinson, “Becoming the Director: Promotion as a Phase in Personal-Professional Development,” *Psychiatry* 32(1969): 411-427.

如果40岁的人“把环境看成回报胆识和冒险……60岁的人则是将环境看成复杂和危险的，不再被按照个体的希望改造，并将自己看成是顺应和适应外部环境要求的”。[①]T. S.艾略特在65岁时写道：“如果你不能把自己的条件强加于生活之上，那就要接受它给出的条件。”[②]这也是潜伏期儿童的境况。总之，青春期及中年早期欢迎改变，而9岁和60岁时却讨厌改变。

有几位研究者喜欢用“过渡”（transition）一词来描述成人发展，但我的模型掩盖了过渡。通过长期跟踪个体，我自己的感觉是青春期、更年期和退休的危机面可能被过于强调了，我相信过渡只是发展的副产品。当然，发展的过程不能被看成仅仅是到达按时间先后排列的地标，比如毕业、第一份工作、结婚、第一个孩子。几乎每个人都能在麦当劳得到一份工作、获得一张结婚证书或生一个孩子。不同的是，接受教育可能获得一个大学学位，但是参加大学毕业的传统及感受大学毕业的过渡不会产生教育。发展产生过渡，过渡却不会产生发展。

事实上，我们将其与过渡联系在一起的危机，可能更多地与三个非发展性因素有关，而不是和发展过程本身有关。第一个非发展性因素是心理病理学。比如，有一个特别麻烦的青春期的人们，可能也会有一个特别麻烦的中年期。另外，重度抑郁倾向使每一次转变都成为危机。因为精神病学家只同危机中的个体一起工作，所以他们对青春期和中年危机的普遍性得出了错误的信念。然而，对普通人群青春期及中年期的社区研究发现，这种发展危机不可避免的假设是没有根据的。[③]

第二个与发展过渡危机相关的非发展性因素是，没有很好地受到文化调节的角色转变。比如一次未经庆祝的退休或一场敷衍了事的民事结婚仪式，可能会导致更大的不稳定调整及后来的危机。原始部落通常在青春期、更年期及老

---

① B. L. Neugarten, *Personality in Middle and Late Life* (New York:Atherton, 1964), p.189.

② T. S. Eliot, *The Confidential Clerk* (New York:Harcourt, Brace,1954), p. 43.

③ D. Offer and J. Offer, *From Teenage to Young Manhood* (New York: Basic Books, 1975); M. P. Farrell and S. D. Rosengerg, *Men at Midlife* (Boston: Auburn House,1981).

年期仪式方面，比现代工业文化所做的好得多。所以，在原始文化中，青春期和更年期看上去更不成问题。文化仪式及圣事庆典有助于平稳过渡。

第三个使过渡成为危机的情况是，变迁的发生超出了正常的发展顺序，这可能是最重要的。40岁守寡比80岁守寡是一个更大的发展危机。绝经在30岁时会是一个危机，在55岁时却通常是受欢迎的。孩子的死亡通常是一个危机，因为它与成人发展背道而驰。

在转向实验证据之前，我必须提醒读者，我所呈现的模型必须加以说明才能采纳。谁能确定纳西索斯不快乐？百合花——及水仙花——不必辛劳，它们也不吐丝。要区别的是，没有成功掌握这些心理社会任务并不是不好的，而是就像在自然界中一样，掌握发展任务会结出果实。从这个意义上说，埃里克森的心理社会发展模型与皮亚杰的认知发展模型、简·洛文杰的自我发展模型及劳伦斯·柯尔伯格的道德发展模型，是不同的。首先，图4中所描绘的模型代表了功能的发展而非结构或认知的发展，并且之前的社会生物学发展至多起到一种促进的作用。对于不同的个体，阶段的顺序可能会变化。较之于图4中埃里克森的模型，皮亚杰、洛文杰和和科尔伯格的每一个新的自我阶段不仅是以不变的顺序出现的，而且是一个“更好”的发展阶段。

皮亚杰、洛文杰和科尔伯格在他们的模型中所说的自我成熟，与我的更具心理社会性的埃里克森模型中所指的自我成熟，有着另一个明显的区别。图4中的模型是一个心理社会行为模型，较之认知整合，它更多反映了情感整合。心理社会发展比认知或道德发展更容易受到社会和人际的影响，而且比起认知心理学中的发展模型，心理社会发展更依赖于对角色榜样的内化。

第三个区别是，埃里克森的模型更多反映了个人行为表现而非能力。在科尔伯格、洛文杰和皮亚杰的模型中，人们因其说了什么被评判。在埃里克森的模型中，人们因其所作所为而被评判。

成人自我发展的实验证据

对于我所呈现的模型，可能会有很多异议。首先，我的假设是掌握职业专业化是关心能力的先决条件，这看起来可能与大众认为职业成功干扰了亲密和社会责任的智慧相悖。为什么建立职业这样一个看起来自私的任务，会与一个爱的任务（比如人际亲密）和一个无私的任务（比如繁衍）连接起来？对很多人来说，一位具有繁衍性的商业大亨看起来是一个自相矛盾的说法。

此外，难道职业巩固和繁衍不是只与中上阶层的技术专家相关吗？一个高中辍学生或者一个疲倦的流水线工人能有什么机会必须具有繁衍性？女性不是也已经同时掌握抚养下一代（繁衍）和职业巩固及与一位重要他人相处（亲密）这些任务吗？我怎么能证明莱福特所说的三个选择，即亲密、职业巩固和繁衍，是按顺序发生的呢？

要验证这样一个理论结构，随机的人生研究是必要的。因此，必须来看被前瞻性研究的大学、核心城市和特曼被试的人生。当我尝试确定明确的标准以使评定者们可以确定个体是否掌握了特定的发展任务时，深思熟虑的读者们将会提出新的异议。对发展任务的实验性定义，不会将埃里克森优美的、柏拉图式的语言变得具体化吗？这样的定义不会牺牲文化普遍性和临床深度吗？当然，我对发展任务的主观选择必须被置于文化背景下考虑；对其他文化和其他历史时期来说，有其他更合适的任务。尽管，我对任务的具体定义不能总是适用于其他文化，但更不能根据柏拉图式的抽象概念分类任何人。研究和政治一样，是可能的艺术。

例如，我主张一段至少相互依存十年的婚姻是掌握了亲密发展任务的证据。当然，在20世纪的美国，十年的幸福婚姻是很多人生活的标准。然而，对于那些处于稳定的同性关系，或者婚姻纽带不那么重要或者被延后到生命后期时，或在像修道院那样共同生活取代了二元联结的高度相互依存的机构里，必须设计出稳定婚姻以外的亲密标准。毕竟，为爱结婚是跨文化的例外，而非规则。

同样，我选择十年来表示掌握了任务，反映了一种常识性的简化法。这样设计是为了帮助评定者们做出非此即彼的选择。一方面，没有什么能万古长存；另一方面，十年貌似足够将“真实”从“虚幻”中分辨出。然而，如果我选择八年或十五年作为标准，一样可以服务于真相。事实上，选择这么长一段时间的一个问题是，对下一任务的掌握早在这一任务完成前很久就开始了。也有一些案例没有按预测序列完成任务，例如，在大学男性样本中，分别有31%和10%的人在达成亲密之前进入了职业巩固和繁衍。然而，在特曼女性和大学男性中一样，自私的职业巩固总是出现在无私的繁衍之前。

在一个模型被当作一个心理生物学进程严肃对待前，必须经过四个实证检验。首先，如果把成人发展设想为心理生物学进程，那么它必须符合生物学年龄，而不是符合社会道德或实足年龄。这意味着，就像刮胡须和月经一样，每个人达到一个特定阶段的实足年龄是不同的。这与丹尼尔·莱文森的模型是极为不同的，丹尼尔·莱文森的模型赋予实足年龄和社会模型很大的重要性，这一模型规定，凡超过16岁者都是汽车司机。另外，如果成人发展是一个心理生物学进程，那么它应该是持续终生的。如图5所示，一些大学男性甚至到了60岁时仍在掌握生命早期没有完成的任务。一些被文化阻碍的特曼女性的职业绽放于65岁或70岁。

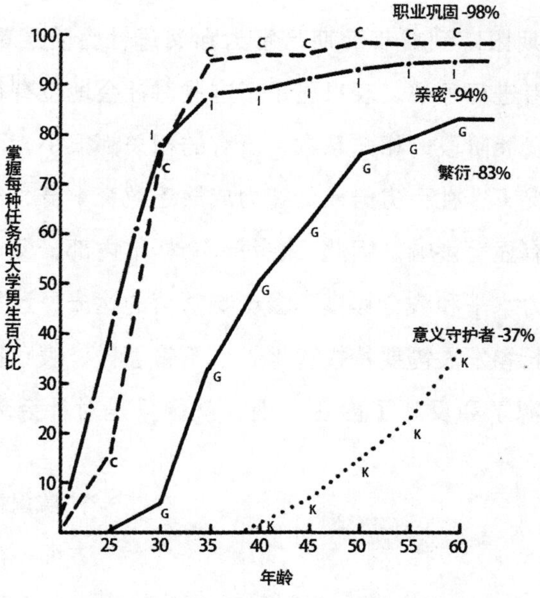

图5 掌握所选心理社会任务的年龄

第二，如果一个心理生物学发展模型要被认真对待，它必须总体上对男性和女性来说是一样的，必须相对独立于社会阶级、受教育机会及智力。简·洛文杰的成人发展模型实用、精妙，但有一个很大的限制，这一模型所指定的自我水平受被试言语智力和教育的影响。令人鼓舞的是，最近的访谈资料总结在表10中，表明大学男性、核心城市男性和特曼女性尽管在性别、教育、言语智力及社会机会上不同，但在埃里克森发展水平上没有很大差异。

事实上，选择三个群体时的选择偏倚使观察到的群体间差异看上去微不足道。特曼和核心城市儿童是从小学的全班样本中选出的，每一个学校儿童都有资格入选。相反，每个大学样本男生，必须成熟到能去上大学并且获得所选择大学的入学许可。然后，从这些优秀样本中，进一步选出大学样本，只包括最健康的大二学生。尽管如此，表10表明，每一个样本中掌握了莱福特所阐述的三项生命任务——亲密、职业满足和社区建设（繁衍）——的比例非常相似。职业巩固不是男人的领域，繁衍也不是接受大学教育者的私人保护区。

表10所示，组内差异不能用父母的社会阶层或教育解释。每一个样本群体都从青春期跟踪到成年晚期。智力和父母社会阶层都由对被试未来不知情的评定者进行评估。表11显示了这些对社会地位有很重要影响的变量与心理社会发展阶段的相关系数。所有的相关都很小，可能是偶然发生的。在任何情况下，社会劣势或低智力或缺乏教育本身，都不会对埃里克森任务的完成有显著影响。因此，在每一个样本内部，父母的社会阶层、被试自身的智力水平和教育程度不会影响繁衍的达成。这是令人吃惊的，因为正常的成长和发展需要特权和保护。不管怎样，表11提示成人成熟的个体差异似乎源于和反映了内在发展，就像只是对社会环境的简单反应一样。

表10 三个样本成员所达到的心理社会阶段

达到的最高阶段	大学男性（n=186）	特曼女性（n=40）	核心城市男性（n=212）[a]
阶段4	3%	0%	7%
阶段5	5	10	4
阶段6	3	22	15
阶段6A	34	25	33
阶段7	55	43	41

a.为了将机体损害的影响降到最小，排除了酒精滥用者和智商低于80者

表11 心理社会发展阶段与社会阶层、智力和教育没有相关性

背景变量	特曼女性（n=85）	大学男性（n=187）	核心城市男性（n=277）
父母的社会阶层	.05	.06	.04
智商[a]	.01	.00	.09
受教育年限	.15	n.a.	.12
温暖的童年环境	.10	.24***	.17***
与母亲的温暖关系	.09	.18**	.14**
与父亲的温暖关系	.21**	.21**	.06

p<.01；*p<.001

a.大学男性、特曼女性和核心城市男性分别用陆军甲种测验、斯坦福比奈量表和韦克斯勒–贝勒维量表进行测量

然而，发展任务并不是完全对社会压力免疫。一个贫穷、不健全、极权主义或怀有偏见的社会，不可避免地会使莱福特向斯沃斯莫尔学院毕业生提供的光明未来变暗淡。表11中增加的数据确实表明，温暖的童年环境促进了成人发展。让对被试成年期发展不知情的评定者来询问研究样本这样的问题，以探讨他们和父母的关系质量："亲子关系促进了基本信任、自主和自发性的发展吗？"之所以选择这三个特质，是因为它们构成了埃里克森前三个发展阶段的标准。在三个样本中，温暖的童年环境都预测了心理社会的成熟。

我的模型的第三个检验是，证明成人确实是有序发展的。如果像我所提出的一样，成人的发展任务必须按顺序掌握，那么热爱工作的成年人应该首

先爱他们的伴侣；关心他人的成人应该是那些在工作中最有胜任感而且得到最多补偿的人。至少在统计学上，亲密、职业巩固和繁衍这些任务应该按顺序掌握。图5中呈现的大学样本数据和表12中呈现的核心城市样本数据，都提供了顺序掌握的证据。到中年晚期，不是每个人都掌握了亲密，或者设法独立生活，但差不多每个处于“特定”阶段的人都已经掌握了先前“阶段”的任务。

图5的目的是说明，随着时间的推移掌握每一个任务的人数比例都增加了，而且对这些任务的掌握是按预期顺序发生的。随着时间的流逝，掌握每一个任务的大学男性比例都增加了。这些数据是由一位评分者仔细阅读了按时间顺序整理的每一位大学男性的几百页资料编制而成的。受试者在大致相同的年龄回答了相同的问卷。就连面对面的访谈工具也是半结构化的。因此，一个特定群体内个体之间进行比较的数据集是非常相似的。评分者每发现一个条目或一句引用表明掌握或没有掌握一个阶段/任务，就会把这项证据及被试当时的年龄记录下来。当评分者确信已经找到了足够的证据证明一个特定的任务已经完成，就不再为这项任务寻找更多的证据。将记录到合适证据的年龄取平均值来估算完成任务的年龄。然而，掌握任务的时间必须持续十年，才能认定为最终完成了。图5生动地呈现了大学男性被估算完成指定埃里克森任务的年龄。对亲密、职业巩固、繁衍及意义守护者的掌握是按顺序进行的，这一点在大多数被试中都有清楚的证据。77位掌握了繁衍的男性中，有57位（74%）首先掌握了亲密，然后是职业巩固，最后才是繁衍。

特曼女性的数据同样具有提示性。17位达到繁衍的特曼女性中，有11位首先掌握了亲密，然后是职业巩固，然后才是繁衍。4位女性大约同时掌握了其中两项任务，只有2位女性以另外的顺序掌握了亲密、职业巩固和繁衍的任务。

表12检验了核心城市男性掌握这三项发展任务的顺序。这个表有一定的困难，需要费一些心思。该表将两位评分者主观的临床整体判断和客观存在与否的简化离散标准进行了对比。如此，该表确定了121位临床上判断为具有繁衍

性的男性。为了给“关心”这一难以描述的美德一个非黑即白的定义，选出了三条独立的编码标准：（1）喜欢青春期的孩子；（2）参加志愿活动；（3）总体上与其他成人有温暖的关系。这些男性中，有70%也符合这三条标准中的两条或更多。这121位具有繁衍性的男性中，有88%也符合三条或更多加尔文教派的、巴比特样的职业巩固标准：（1）失业不超过一年；（2）喜欢自己的工作；（3）在过去二十年中有稳定的工作提升；（4）在同一家公司任职十年；（5）没有慢性失业，或者在过去二十年中没有超过4份工作。

表12 临床上被划为阶段6~7的核心城市男性中掌握大部分阶段6A和阶段7标准的百分比

	达到的成人生活阶段		
	亲密（6）(n=75)	职业巩固（6A）(n=126)	繁衍（7）(n=121)
掌握3~5条阶段6A标准[a]	32	68	88
掌握2或3条阶段7标准[b]	15	22	70

a. 标准是：（1）失业不足一年；（2）喜欢自己的工作；（3）在过去二十年中有稳定的工作提升；（4）在同一家公司任职十年；（5）没有慢性失业，或者在过去二十年中没有超过4份工作。

b. 标准是：（1）喜欢青春期的孩子；（2）参加志愿活动；（3）总体上与其他成人有温暖的关系。

相反，75名临床上被判断为只掌握了亲密的男性（即，他们爱自己的妻子但不爱工作），只有15%符合至少两条繁衍的标准。这些发现支持了我的假设，莱福特所说的三个选择之间有某种顺序关系。职业巩固似乎是繁衍的重要先决条件。发展爱的能力而不发展工作的能力，不会使“关心”的能力显现。事实上，121位被临床判定为具有繁衍性的男性比被判定为只掌握了职业巩固的男性，具有更高的职业性稳定性和满足感。反之，126位临床上被判断为达到了职业巩固但没有繁衍的男性，只有22%符合繁衍的客观标准。

对任何一个发展模型的第四个检验是，其评分者信度和预测效度达到一个合理的程度。总的来说，对本章中所报告的阶段水平估算具有评分者一致性。当把不同评定者对个体的评级进行相关时，得出的相关系数是0.6。这反映了信度是可接受的，但确切地说不太高。表13显示了成人发展研究中主要的结果变量与埃里克森发展阶段之间的相关性（埃里克森发展阶段作为5级评分变量：1=阶段4，2=阶段5，3=阶段6，4=阶段6A，5=阶段7）。表13中的大多数变量的测量是与埃里克森人生阶段的评估同时进行的——大学男性和核心城市男性样本是在47岁，特曼女性样本是在50~60岁。尽管匹配并不完美，但表13显示社会心理发展与防御机制的成熟高度相关。然而，与图5所示的社会心理发展相反，防御在30岁后似乎并没有持续成熟。在中年晚期，每一个样本中都有些个体会使用更成熟的防御，而也有些成员的适应方式会显得不那么成熟。自我成熟下降的原因通常是酒精滥用和大脑组织损伤。

表13　心理社会成熟阶段与重要结果变量的相关性

	特曼女性（n=50）	大学男性（n=187）	核心城市男性（n=277）
当前变量			
防御成熟度	.48	.44	.57
总体心理健康，40~50岁	.48	.65[a]	.77
工作上的成功，40~50岁	.59	.50	.40[b]
婚姻满意度，	.33**	.42	.53
享受工作，40~50岁	.54	.38	.41
成年工作率（%）	.10（n.s.）	n.a.	.40
孩子们30岁时的成果	n.a.	.29	n.a.
创造力	.47	n.a.	.14（n.s.）
预测信度			
77岁时的生活调整	.47	n.a.	n.a.
65岁时的生活调整	.58	.34	n.a.
65岁时的生活满意度	.56	.29	n.a.

**p<.01；n.s.=不显著；所有其余的相关性显著水平为p<.001

a. 一个88人的子样本

b. 用成年时的社会阶层代替工作上的成功

特曼女性的三个生活变量是在社会心理成熟多年后评估的：生活调整在

65岁和70岁，生活满意度在65岁。有17位在60岁时被一位对她们的未来毫无所知的评分者称为繁衍不错的特曼女性；在她们77岁时，100%被另一位对其过去毫无所知的评分者视为对老年生活适应良好。23位在60岁时没有达到繁衍性标准的特曼女性，有39%在77岁时也没有达到对老年生活适应良好的独立评分标准。对大学样本来说，47岁时的社会心理成熟度（埃里克森生命阶段）与65岁时对衰老的客观调整之间的相关系数r是.34（p<.001），与这些男性在中年后期对目前生活的主观满意度之间的相关系数r是.29（p<.001）。

总的来说，本章中所概述的发展模型建立在埃里克森非凡的概括之上，"原则上，人类的人格发展取决一些预先确定好的步骤，成长中的个体如何被推向、意识到并与之互动的一个日渐广阔的社会半径"。[①]然而，尽管我本人对这一独特的模型很热情，但我必须提醒读者，没有一个将一生发展变化进行概念化的模型能够获得共识。事实上，所有现存的成人发展模型都有方法学上的缺点。这些模型大多要么是埃里克森这样理论性的，要么是来自横断面数据的，要么是像丹尼尔·莱文森那样回顾性的。甚至连这四个贯穿整个成年生活的重要纵向研究——伯克利人类发展研究所的队列研究、哈佛成人发展研究的大学和核心城市队列，以及斯坦福天才儿童特曼队列的特曼女性——都有方法学上的缺点。首先，这些研究对人类的取样深受限制。因此，研究结果必须在其他美国种族群体及美国之外的文化中得到证实，本章中的证据才能被视为不仅仅是提示性的。第二，纵向研究被限制在狭窄的出生队列中。一个单一出生队列的研究不能将发展性变化与世俗或历史的变化区分开。第三，这些研究的数据收集方法过时，也是缺点。事实上，瓦尔纳·沙依（Warner Schaie）[②]和罗伯特·麦克雷（Robert McCrae）及保

---

① Erikson, *Childhood and Society*, p. 20.

② K. W. Schaie, *Longitudinal Studies of Adult Psychological Development* (New York:Guilford Press,1983).

罗・科斯塔（Paul Costa）①的两个在方法学上更为精确的纵向研究，所发现的成人发展证据也很少。因此，要证明像我这样的埃里克森派乐观主义者所归因的顺序性的变化确实来自成人的发展，需要进一步的实验控制：必须控制历史变化、文化和地域因素。研究者对人性发展能力的无端希望，也必须被控制。

因此，用埃里克森的警语作为本章的结束语看似是恰当的，“我相信，假设每一阶段都会获得一个美德，并且这一美德不会受新的内在冲突及条件变化的影响，这是所谓成功思想的投射……这种成功思想会如此危险地渗透到我们个人或公共的白日梦中，并使我们在和一个有意义的存在进行持续斗争时增加无能感，即使是身体的新陈代谢对付衰退时也一样”。②生物学是一个进程，而不是完成任务。亲密关系不是一经实现就一劳永逸，爱的种子必须永远重复播种。没有持续繁衍的职业巩固导致刻板和停滞；关心比其他生命任务都更反映了这一进程——一个最终要被放弃的进程，即使我们的智慧已经让我们知道年龄渐长中的放手和舍弃。

① R. R. McCrae and P. T. Costa, *Emerging Lives, Enduring Dispositions* (Boston:Little, Brown,1984).

② Erikson, *Childhood and Society*, p. 274.

7

生活史中展现的自我的智慧

从根本上说，临床心理学是一门研究生活或一生职业的学科。

——劳伦斯·柯尔伯格

本章及下一章将阐明为了使成长和创造成为可能，自我必须掌握的力量。首先，让我用成人发展研究中详细的生活史来充实埃里克森的成人发展模型。由于我们太过倾向于将寻求亲密看成女性的追求，将寻求职业巩固看成男性的追求、将寻求繁衍看成受教育及特权者的追求，所以我将试着避开这样的刻板印象。男性展现对亲密的追求，女性展现对职业巩固的追求，核心城市男性展现对繁衍的掌握。

成人发展失败

如果一个人不沿着前一章中所描述的螺旋式阶梯往上爬会怎样？如果一个人试图永远做一个文法学校女孩会怎样？伊莉莎·扬没有掌握成人生活中的任何一项任务，却没有患上精神疾病。在她的成年生活中，她大多数时候是孤单并缺少自信的，然而她记得自己“在一个小镇上非常快乐地生长到12岁……我在小学班上讲故事是最受欢迎的。从7岁开始，我通过编故事让自己睡觉，但我并不想成为女主角……在大学里，我有了自己的第一次提议，第一次真正写故事，大四时第一次坠入爱河”。但是，扬从未发表过自己的故事，她的提议或“第一次爱”也没有任何进一步的发展。天意不允许她成为女主角。

扬的父亲是中西部一所大学的副校长，她的兄弟姐妹们不如她有天赋，却能够继续向前，享受着杰出的学术生涯。在扬27岁时，她的母亲给特曼研究写信，说她的女儿缺乏自信、冷漠，而且“我们觉得她没有达到我们的期望”。直到40岁，扬还和父母一起住在家里，在图书馆工作。她偶尔向杂志投一些短篇故事，大部分都能发表。在她的头脑里，自己是一个社会主义者，但她仅有的实际公民活动就是捐款给社区福利基金。终其一生，她支撑自己完成图书馆工作，但她觉得那并不是一个职业，她也从未说过自己对工作满意。

在伊莉莎·扬39岁时，她的母亲去世了。但是，和将在后面几页介绍的与她相对应的大学样本案例阿尔龙·扬不同，母亲的死并没有激发她新的成长。相反，她告诉特曼研究者，“最后我回复了数不清的同情和悼念便签。作为唯一一个生活在家里的孩子，我有很多东西要去调整”。当她回头看时，她认为自己“学穿衣、跳舞和聊天都慢”，而且比其他孩子“更书生气、有创造力、奇怪”。“我必须学会隐藏它（她的创造力），私下里练习或者转移到像讲故事和编辑这样的团体活动中……我参加了军队和战争，见识过巴黎、危险和浪漫……直到去年母亲去世才回到家，现在要动身去图森（Tucson）……”然而，与其他经历过第二次世界大战的特曼女性比起来，伊莉莎·扬的巴黎冒险看上去相当平淡。

44岁时，扬改造并装修房子。这是她第一次真正为独立生活而努力（埃里克森的第5阶段），她患了神经疲劳和神经性皮炎。“医生治好了我的病，”她写道，“建议我清淡饮食并放轻松。”然而，这个研究中的女性或许没有谁的常规压力更少，或者试图去减少这些压力。当扬在45岁被问及她的作品时，她写道：“我每年的图书馆报告摘要都印刷在日报上。”50岁时，她主要的爱好是“收集维多利亚时期的男孩故事……在原子时代是非常启迪和慰藉心灵的”。假期时她招待朋友，以及“倒在”附近的一个海滩上。尽管她有一只宠物猫，却从不与她的侄子侄女们联系。

63岁时，被问及她觉得自己作为图书管理员的人生工作如何，扬写道，

“我不喜欢它”，而且她以轻微的心脏病作为正当理由提前退休了。尽管她承认工作中有些部分她是喜欢的，但直到63岁她也没有真正认同这份工作。她拒绝回答特曼研究提出的她生活中的快乐和工作满意度问题。相反，她回应道，“据说，我会被新版的《美国妇女名人录》（*Who's Who of American Women*）收录，但我不确定是不是这样，因为我没买”。

她退休后仍然是一位“自由主义者”，她描述自己是同道会（Common Cause）[①]的参与者。但是，她在该公民团体中的唯一行为就是阅读该团体发来的邮件。她写到，她参加了当地的交响乐团，但也是和之前类似的方式，她的参与是参加他们的音乐会。她在中年晚期的主要关注点是“我必须保持健康，避免压力、担心和高血压，合理地照顾身体”。天意不允许她成为女主角，甚至也没允许她成为普通成年人。

这位天才儿童没有成长起来，不是因为医学、社会或经济原因。在人生的任何时刻，她都没有显示出达到精神疾病标准的严重紧张或症状。对于“有一些无用的特别想法不停地进入你的脑海烦扰你吗？”和“你被自卑感困扰吗？”两个问题，她确实回答“是”。当然，犹豫不决、疑虑、担忧和神经衰弱是她整个人格问卷的特征。因此，她也许达到了强迫性神经症的诊断标准，但查尔斯·达尔文和弗洛伦斯·南丁格尔也是这样的。正如表10所标注的，三个群体中大约各有10%的成员像伊莉莎·扬的生活所展示的那样，在成年生活的大部分时间里没有掌握莎拉·劳伦斯·莱福特提出的三个承诺中的任何一个：对家庭、对职业或者对社区建设的承诺。对日渐广阔的社会半径的承诺需要伊莉莎·扬所缺少的自我发展。

亲密

一位大学被试鲍勃·布朗宁在开始婚姻承诺前的几个月，写信给研究组表达了自己对亲密的矛盾心理。这个承诺最终超过了四十年。就在即将开始

---

① 美国民间组织，成立于1970年，目的主要是监督政府。——译者注

掌握这项任务时，他意识到“什么东西阻碍了我”：

也许和格兰特研究的咨询员好好地谈一谈，比我现在这样漫无边际地写要好。在过去的三年中，我看到自己大多数朋友都迈出了这一步。像我认识的少数几个剩下的单身汉一样，我不知道我为什么还没有……我最好的朋友中的一位，我想他结婚是因为这样更舒服，而且因为他法学院里的所有朋友都有妻子了，他觉得自己被排除在外了。这是一个愚蠢的理由。我并不十分喜欢他们的婚姻生活。

我有几个朋友结婚只是因为他们想要一位特别的女孩做伴侣，并且在生活中同甘共苦。我想他们是最幸福的，我嫉妒他们，欣赏他们。

对我自己来说，婚姻这项制度没有多少魅力。与对的人结婚是我最大的期待。我很希望为此结婚，而不是其他原因。

我现在几乎每天都见一个女孩，她就接近我说的对的人。她拥有许多我在妻子身上想要的东西，像活力、聪明、喜欢我、幽默感和健康。她喜欢我的朋友和家人……然而，我并没有准备好向她求婚。天，我希望我知道为什么。也许问题在于我一生都期待寻找更碧绿的牧场……我怀疑如果没有一个人拥有所有的品质，但也许有人拥有更多的品质。

无论如何，这令我很烦恼，这是当前我年轻的人生中最重要的问题。我清楚地看到和伊丽莎白结婚是幸福的，但什么东西——我不知道是什么——阻碍了我。我愿付出一切来知道这一点。但是，我也确实知道这个——三个月来我几乎一直见她，还没有想过在晚上离开她，甚至是在新年期间和她共度三整天后都没有想过。如果格兰特研究能够帮助我对自己这奇怪的部分有任何领悟，我将非常高兴、非常感激。

格兰特研究没帮上什么忙，这毫不奇怪。但是，成熟和时间的流逝使鲍勃·布朗宁放弃了寻找“更碧绿的牧场”。他的自我很快控制了“在我们内部像火山般升腾而起的、复杂的冲突情感”，而且没有继续矛盾，他和伊丽莎白结婚了。

相反，另一位大学样本成员阿尔龙·扬，直到生命晚期才获得了亲密。像伊莉莎·扬一样，中年期的他成为自我关注而非职业巩固、停滞而非繁衍的典型。他的母亲曾经把他描述为“2岁时就是个大人了”。然而等扬长大后，却一直是个男孩。

读大学时，扬想成为一名汽车工程师。事实上，三十年里他在怀特·普莱恩斯（White Plains）的一家水暖厂里一个低收入位置上一直没有得到提升。尽管他的母亲有社会特权而且他接受过私立寄宿学校教育，尽管他天赋聪颖而且被认为比该项研究中他的大多数同学的心理社会稳定性更好。扬负责的工作——安装火炉——从未变过。他在工作中感到快乐只是因为，就像童年时期一样，他能建造东西。他富有激情地向访谈者详细介绍火炉，但是他并未显示出对与他一起工作的其他人的责任感，或者对自己工作角色的自豪或满足。

扬的调查问卷显示了他没有处理好职业巩固的证据。29岁时，他写道：“我简洁的回答使我相信我的生活一定是非常劣质的，还可能……我对目前工作的喜爱越来越少。我好像是一成不变的。”46岁时，当不如他有社会特权，而且不如他有天赋的同学在中上阶层稳稳立足时，扬仍然在为供暖厂工作，他写道，“我深深地感到信心不足……我总是觉得我永远都不能推销自己”。50岁时，扬没有被提升，也没有满意感。他仍然一天工作12小时，而且经常在周六工作。他抱怨他的工作变成了“一成不变的老鼠赛跑”。58岁时，当被问及他使别人受益的贡献是什么时，他回答，“如果有的话，我想象不出是什么”。他一直缺乏承诺和满足感。60岁时，在工作了三十五年后，他对工作最喜欢的是“良好的福利和没有压力”。

但是，扬并不是因为丰富的人际关系而牺牲了工作上的成功。该项研究的人类学家注意到，扬29岁时仍然“与母亲关系紧密，不愿意建立其他关系”。他49岁时仍未结婚，而且住在离父母只有几个街区的地方。他的生活围绕着他的宠物，而不是和人的关系。因为这让他非常忙碌。“照料6只猫，”他向我保证说，“是一件大事。”像伊莉莎·扬一样，阿尔龙·扬发现对一个日渐广阔的社会半径的承诺太过繁重，他的自我是不能承受的。

阿尔龙·扬也从未胜任繁衍。他持续地感到，让自己卷入社区中，自己的生活会过于失控。50岁时，他对困难的哲学是，“我知道我不能成为弟弟的监护人”。然而，他设法成为一名好公民，而且照顾那些往返于大道上去工作的韦切斯特的邻居们。“我们试图互相等待对方，”他告诉访谈者，但随后又补充说，来回往返了二十年只看到了陌生人。他也从未帮助过其他不舒服的驾驶者。他随后说起有一天一个醉汉在大路上游荡，在有人停下前已经有20辆车碾过了他。我猜测，扬害怕他的世界对他同样冷酷无情。

很难说是什么阻碍了扬的成长。在青春期，他的父母因双双患了严重的抑郁，而使他对他们都失望了。扬11岁时，父亲第一次因为精神病住院，他停止了对上帝的信仰。上大学时，母亲抑郁了，此后他再也不相信自己。然而，在四十年的追踪中，没有证据表明扬曾符合重度抑郁的诊断标准。他只是更喜欢火炉的确定性和理性，而不是人。我的猜测——仅仅是猜测——是他父母的虚弱而非基因，让他内疚和暴怒，从而无法离开他们，也无法吸收他们所给予的好东西。49岁时，扬仍然像个10岁孩子般说道，“我主要的兴趣是机械性的东西”。

当然，并不是只有我们内在的改变能够驱使我们扮演新的角色，其他人在我们生命中扮演的角色也会改变我们。诚然，这种改变发生于内部，而且只有当我们能在某种程度上同化有影响的他人时，才会发生。这种成熟的改变是通过内化和认同发生的，而不是简单的社会化或指导（内化他人和指导之间的区别是，骨子里知道和脑子里知道之间的区别）。如果内化没有成功发生，或者物仍然比人更能提供滋养，那么我们的成长就失败了。伊莉莎·扬和阿尔龙·扬生命中的大多数时候，仿佛都不能让别人进入他们的内心。

50岁时，在一位朋友去世后，阿尔龙·扬告诉研究者，每次一位朋友去世他就失去一部分自己。然后，他补充道，“莫问丧钟为谁而鸣，它为你而鸣”。[①]扬过早地阐述了一个所有活到暮年的人都要回答的问题。在生命的后半程，丧失如何被替代？自我如何应对老朋友的死亡？当我们的人类损失再也不能被替代时，成长就停止了。

新成长的一个令人惊讶的源泉来自这样一个事实，即被内化的人及其价值就像被埋藏的地质岩层一样。关系可以被放在——内化——一个地方，被掩埋很多年，数十年后以一种变形的形式暴露出来，一位智慧的精神分析家乔治·波洛克（George Pollock）称这种变形为“哀悼—解放过程”。[②]这一过程可以解释扬在生命后期的新生。在青春期，扬的父母令他深深地失望了，在成年期的最初三十年里，父母在更早时期为他的自我感所做的贡献被埋葬了。但是随后，在中年晚期，也许父母的死是一剂催化剂，扬的父母成为认同的一个来源。就像在衰老的大脑中，神经元的凋亡使旧时回忆得以回归。在成人的生活中，父母的死亡也可以释放新的成长。阿尔龙·扬就是这样。

在扬50岁出头时，他的母亲去世了，一年后他结婚了。对他来说，亲密是一项被推迟——不是被丢弃——的发展任务。另外，从11岁起，扬第一次放弃了他的不可知论，并且回到了父母的圣公会教堂。60岁时，扬不仅是一名正式的教堂成员，还是一名执事，而且也是圣公会养老院一位积极的受托人和负责人。他每周贡献20小时作为志愿者服务于社区建设。这位三十五年来都把自己的工作视为“单调乏味”的，仅将其退休金计划而非有益于他人作为价值的男性，这位关心猫和热管子而不关心人的男性，现在已经结婚并幸福地生活了十多年。最后，他在传承宗教文化遗产上持续地发挥着作用，这些宗教文化遗产在之前四十年里对他来说什么也不是。生平第一次，他为了成为教堂里重要的财务主管而发挥了他的聪明才智。最终，扬成为一名长老。为了成长，我们需要感受到富有，因为我们有所爱的人。我们需要感

---

① 源自海明威同名小说。——译者注

② G. Pollock, “The Morning Process and Creativity: Organizational Changes,” *Journal of the American Psychoanalytic Association 25*(1977): 3-34.

恩，而非嫉妒或怨恨。

职业巩固

许多特曼女性的生活表明，不涉足工作场所的女性也可以完全掌握职业巩固。瑞贝卡·撒切尔的生活就是一个例子。在她11岁时，母亲认为她最适合的职业是家庭主妇。12岁时，瑞贝卡告诉特曼研究人员，比起职业妇女她更想成为一名家庭主妇。她作为优等生从斯坦福大学毕业，毕业后很快就结婚了。婚姻带给她最大的改变是，她写道，“我的兴趣被我丈夫极大地拓宽了。他几乎不喜欢音乐或文学，他教给我工程学这类实践性兴趣的价值和魅力。他总想把每件东西都拆开，也经常这么干”。

30岁时，她说她已经确切地选择了她一生的工作。她的终极目标是，拥有“一个我丈夫和孩子们感到自由和幸福的家，他们把这个家看成他们情感的核心而非边界”。1940年，在对特曼女性的调查问卷中，她给父母的婚姻打了满分。她核实了孩提时期她对父母都非常崇拜，而且她觉得自己对任何一方都没有叛逆。她相信父母双方都没有限制她的独立；相反，她说她享受与父母之间深厚情感和深刻理解的感觉（对90位特曼女性完整生活的评估经验告诉我们，她们在1940年对这些问题的回答一般都是诚实的）。

1950年，撒切尔40岁时，她给自己的婚姻打了可能的最好分数——9分。49岁时，她写道，“我最大的满足和骄傲就是我丈夫的成功。他奋力完成大学学业，纯粹依靠自己的能力达到了现在的位置”。被问及她是否位列名人录，她回答道，“我丈夫位列名人录”。

62岁时，撒切尔核对了她曾经的作为家庭主妇的职业构想，她的选择是“像现在这样，像我计划的那样，以及像我现在还是会选择的这样”。她还写道，“今年庆祝第四十个结婚纪念日。感谢极为幸福的婚姻、优秀的儿子们——都毕业于伯克利，还有讨人喜欢的媳妇们、可爱的孙子们”。1977年，67岁的她写到，她已经嫁给“一位完美的丈夫45个美好年头了”。

25岁时，撒切尔就说她对生活的追求是“建立一个对社区有良好影响的家庭，抚养优秀的孩子，过尽可能充分的宗教生活”。如果愿望是马，乞丐也能骑。[①]她获得繁衍的荣誉不是因为她虔诚的话语，而是因为她在中年时主持了小礼拜室，而且监督了帕萨迪娜市一座新教堂的筹资和建设。在她75岁，即结婚五十四年后，她被问及如果能够再活一次，她会对生活做何改变。“当然，我会希望做得更好，”她写道，“更友好——更有耐心和理解力，更关注他人的需要和问题。我已经有一个异常幸福的人生了，有一个完美的丈夫，以及与兄弟姐妹、堂兄弟姐妹和没有血缘关系的亲戚之间的许多温暖的关系。”可能是一个相当无私的人生，但也是一个充分展现了能力、补偿、承诺和满足的人生。瑞贝卡·撒切尔76岁时仍然很幸福，而且健康状况近乎完美。

但对大多人来说，生命之河并不像瑞贝卡那样一帆风顺。如果汹涌的生命之河要驱动涡轮，那么既不能用水坝完全阻断它，也不能放任自流。相似的是，如果要从人类的愤怒之泉中释放出有用的能量来对抗破坏，或者对抗案例伊莉莎·扬和阿尔龙·扬中的无能，必须予以引导和治理。如同爱和悲伤，愤怒也需要消耗自我的智慧，对愤怒的管理与职业巩固高度相关。

让我提供三个例证：第一个来自我的临床实践；第二个来自我对一位特曼女性的传记；第三个来自一位特曼女性的自传。这三个案例都显示了困扰这些女性的心理和社会力量，这些力量威胁要阻止——或谴责——她们对满意职业的追求。

我的病人是一位年轻的医学生，一天上午她冲进我的办公室。她流着泪脱口说她羞愧得受不了了。她的父母开了一家小杂货铺，所有的孩子都要在里面帮忙。所有高中时的下午和晚上、大学时的假期和暑假，都要在杂货铺里完成自己那部分工作。我的病人已经鼓足勇气要去医学院了，这样就有逃脱家庭命运的危险，在她心里这是可耻的自私，而事实上是她努力在独立自主。

① 大意是和愿望相比，更重要的是实施能力。——译者注

跟平时比起来，今天她看上去特别糟糕。泪水滑下脸庞，她说了前几天——她的产科轮转的第一天——发生的事情。她和一位产科住院医师一起照料一位分娩的妇女。那位住院医师突然被叫去帮忙处理一个急诊了，只留下我的病人与产程最后阶段的妇女。她必须独自接生婴儿。我问她，她那能干和有创造力的行为是否如我（让我回想起自己作为医学生的日子）想象般令人兴奋。她使劲点点头。她的抽泣声更大了。她在社会化的过程中相信，她自信和独立的那部分是令人羞愧的。但是，就像知道性的表达是快乐的而且并不可怕是成人发展的一部分一样，知道在职场的高效和成功是令人愉悦而非一种障碍也是成人发展的一部分。

在这一小时治疗的最后阶段她笑了。在向一位明显鼓励性的听众忏悔了她令人羞愧的……我的意思是有进取心的……我的意思是自信的……我的意思是有创造力的……罪恶一个小时后，她的自我能够接受这样一个事实了，即自信和创造力与犯下故意伤人罪是极为不同的——即使它们使用了相同的原始本能能量，而且同样让人感到兴奋。在一个医生的生命中，第一次接生是最令人兴奋的事情之一，这使他或她危险地……我的意思是创造性地……接近于扮演了上帝的角色。另外，这位医学生需要允许自己去创造，这不仅是源于其父母。

总的来说，特曼女性不停地遇到同样的困境。她们如何能感受到能力和创造性的行为是可以被接受的？她们如何才能公开地展现这些行为，尤其是在已经被认定为比同学们更聪明的基础上？尤其是直到她10岁时，她的母亲还被一个民主社会认定是没有资格投票表决的！尤其是，甚至到了70岁，一位特曼女性还是不能向她最好的朋友承认她是一位秘密的“特曼人”，也即她在六十多年前被选入一项针对天才儿童的研究了。

当然，尽管特曼女性是其中一部分，但并不是只有特曼女性被排除在工作之外，而且总体收入很低。玛蒂娜·霍纳（Matina Horner）和她的学生们在她们对女性成功恐惧的研究中详细描述了一种现象，[1]我相信她们也是被这种现象束缚了。许多女性——以及许多男性——在面对竞争性的成功时会感到不舒服。这位医学生或者那位住院医师要接生那个婴儿吗？这位医学生胆敢设想一个有能力的成年人形象，这违反了魔镜[2]的禁忌吗？令人愉快的竞争性能力，像令人愉悦的性一样，需要社会的允许和指导。诚实的愤怒不是非法的枪支，必须被合法化。

我将以一位叫作艾玛·狄更森的特曼女性人生为例，来说明没有掌握职业巩固的个体。她的父亲是一名电工，在她青春中期时就病了。她的蓝领家庭给她提供的书相对很少，然而测验却显示，她8岁半时的“语言运用”已经达到了15岁半的水平。她的父母把幽默、同情心和对美的鉴赏力视为她的显著特征。在她10岁时，惊叹于她兴趣的平衡，刘易斯·特曼给她的父母写信说，“这是我们寄出的最好的报告之一”。

尽管她的测验智商是160，但艾玛·狄更森上不起大学。作为一名兼职秘书，她22岁时的收入是每小时40~50美分。当问及她将来的职业，她回答道，“除了保持这份工作，以及可能以后建立一个家庭外，我没有目标。这些是我觉得唯一适合我的”。27岁时，她说“音乐是我最感兴趣的”，她参加了音乐和园艺方面的夜间课程。她如饥似渴地阅读贝多芬的传记，却给研究组写信说，“我最突出的能力就是吸收知识，这在商业社会中没有多少实际价值。在大萧条期间找工作，我差点被面试吓死”。

36岁时，当被问及她在社会服务、创造性和俱乐部成员方面的成就时，狄更森的问卷是空白的。“我对空白的地方充满恐惧，”她写道，“事实上，我差点就编一些吸引人的东西写上了，这样我就不会看起来这么呆。但我想你们想要的就是这可怕的事实，所以给你们。”她那时的工作是为一家石油测量仪制造商购买工具和设备。1950年，她每周的收入是70美元。事实

① M. Horner, “Toward an Understanding of Achievement-Related Conflicts in Women,” *Journal of Social Issues* 8(1972): 157-174.

② 指童话故事《白雪公主》中的魔镜。——译者注

上，如果换算成1978年的美元比率，在她整个工作生涯中，她的收入从没有真正改变过。60岁时她写道，“我的个人成就是渺小而短暂的”。

狄更森从未搬出母亲的房子。40岁被问及她是否遇到任何性的问题时，她回答道，“没有机会发现”。在母亲去世后，她嫁给了她上了年纪的老板，而他只又活了一年。此后，她一直在照顾年迈的亲戚们。她当然从未把她的工作看成一项职业。从发展的角度，评估者们把她放在阶段4上，掌握了埃里克森所说的勤劳。65岁时，像阿尔龙·扬一样，艾玛·狄更森成为她所在教堂的一名执事，而且因其优越的才智成为他人遗产的一位执行人和监督者。如此，尽管单身而且没有职业成就，她以自己谦逊的方式成为一名意义守护者。

但是，艾玛·狄更森发展的失败和成功是没有预料到的。12岁时，她写了下面的诗：

蝴蝶过着无用的生活，
许多人都这样说。
她不战斗也不奋斗，
还从工作中飞走。
蝴蝶并没有浪费时间，
而是忠实地履行自己的职责，
她帮助世界明艳华丽，
她还带来美的启迪。

让我从《别再原谅我：玛莎的解放》一书中引用一段，这本书是由一位特曼女性艾丝特·法布士和她的心理治疗来访者玛莎·摩根一起创作的。①

---

① E. Fibush and M. Morgan, *Forgive Me No Longer: The Liberation of Martha* (New York: Family Service Association of America,1977).

尽管玛莎·摩根由于出生年代更晚而没能进入特曼研究，但通过阅读此书，我能确定她的智力水平与特曼女性相当。治疗师和来访者，都是年轻成人在面对职业巩固的“战斗或奋斗”时的困境的例子。

让艾丝特·法布士用自己的话来回答艾玛·狄更森可能会问的一个问题：“女性如何处理聪明才智？”

假设聪明才智是一个问题，这听上去可能是愚蠢或荒唐的。但它是——对女性来说的确如此……我曾经有一种感觉就是，每次我展现我的聪明才智——这意味着我要展现真正的自我——无论是多么试探性的或是保持距离的，我都会被打击，通常是被那些有某种优越于我的力量的人，哪怕那些力量只是会伤害我。①

如果女性有一样需要解放的主要东西，那就是女性的聪明才智，不仅需要在世界眼中得到释放，还需要在她们自己眼中得到释放；需要将女性从她们对自己的聪明才智的不舒服、抑制和偏见中释放出来，这样她们就可以为了她们所选择的任何目标而更加建设性地运用这种聪明才智……我怀疑男性是否也会害怕他们自己的聪明才智……对于他们可能拥有的任何优越性，他们都认为至少有潜在的价值。他不会因为识别到这种优越性而被谴责，也不会因为使用这种优越性而被攻击。②

像许多其他女性一样，玛莎在处理她的聪明才智时遇到了困难。小时候她并没有意识到自己聪明，只是感到自己有些不一样，而且被排斥。当她开始意识到自己确实很聪明时，她不知道该如何处理对自己的这种认识。如果隐藏它或是对它轻描淡写，那她就否认了自己的同一性。如果她展现它，就会得罪别人或使别人疏远她。她从未体验到她的聪明能激发自信或是赢得爱

① E. Fibush and M. Morgan, *Forgive Me No Longer: The Liberation of Martha* (New York: Family Service Association of America,1977), pp. 207-208.

② 同上，p. 207。

戴及认可。[①]

她（玛莎）感到自己必须永远都不竞争，赢了危险，输了痛苦……她会从自己比任何人都优越得多的可怕想法，突然变成自己根本就不好的讨厌想法。为了逃避这令人头晕的摇摆，玛莎转向了替代物，如果你是一位女性，这个替代物不仅是被允许的，而且是被积极鼓励的，也即爱的关系。在这种关系里，女性使自己成为对一个男人来说必不可少的人，继而成为对孩子来说必不可少的人，这样她就不需要在家庭之外的世界进行竞争或取得成功。[②]

艾丝特·法布士也写了自己的生活：

童年时，我的家庭内部和直接环境的情况使我发展了依赖和柔顺的性格特征，这些性格特征在一个重视女性的“女性气质”社会里是有用的。[③]

作为一个孩子，有很多事情我不能为自己做，因为我不能承受我所依赖的大人疏远我，所以我不会允许自己说或做任何会使大人对我生气的事情……我持续地走在钢丝上，擦掉我自己身上任何会打乱我小心翼翼保持平衡的部分，在一些关键时刻我几乎不敢喘气（难怪我第一个精神神经症状是以呼吸困难的形式出现的）。[④]

他们（我的家人）打架时，我会在心里喊：“我恨你们所有人！我恨你们所有人！”我对他人愤怒的恐惧一部分也是我对自己愤怒的恐惧，恐惧有一天会使我失去控制，说出我真正的感受，这会是一切的结束——所有我自己买到的假的安全和爱……事实上，我一定已经丧失了很多认识愤怒的能

① E. Fibush and M. Morgan, *Forgive Me No Longer: The Liberation of Martha* (New York: Family Service Association of America,1977), p. 129.

② 同上。

③ 同上，p. 131。

④ 同上，p. 129。

力，因为我已经到了几乎根本感受不到愤怒的地步……我曾经为自己“良好的调节”而自豪，这被看成是一个女性的良好调节。[①]

对于一个难以表达愤怒的男性或女性来讲，掌握一项反映能力、报酬、承诺和满足的任务是特别困难的，对于这一点有任何疑问吗？像职业巩固这样的任务，怎样才会被看成是无私的？让艾丝特·法布士继续。

希尔维亚·普拉斯（Sylvia Plath）是玛莎那一代的人，不是我这一代的，但是……我发现对普拉斯有某种认同。我觉得自己从竞争退回到谦让的角色，后者是我这个年代最主要的女性气质观念，而我真正想要的是赢得竞争，在我看来就像希尔维亚·普拉斯做的那样……她的职业——当然除了她的自杀和痛苦——看上去集中体现了我会为自己选择的，如果我有天赋、干劲和积极进取的勇气，我就会这样。[②]

普拉斯著名的诗篇《爸爸》提供了一种共享的也许是普遍的女性经验……对我来说确实是这样，我有一个我很爱很爱的爸爸。[③]

（希尔维亚·普拉斯在《爸爸》中吟唱到，“把木桩插入你肥胖黑暗的心脏，同乡从来都不喜欢你。他们又蹦又跳践踏着你。他们清楚你跑不了。爸爸，爸爸，你个混蛋，我就此了断”。）[④]

艾丝特·法布士问道，“这些不受约束的仇恨来自哪里，像这首歌里所附着的如此过分的接近精神病的仇恨？在这么多女性心里？在我心里？”[⑤]随后，在一次治疗中，她告诉她的来访者玛莎这个问题的答案，告诉她职业

① E. Fibush and M. Morgan, *Forgive Me No Longer: The Liberation of Martha* (New York: Family Service Association of America,1977), p. 285.

② 同上，pp. 222-223。

③ 同上，pp. 223-224。

④ S. Plath, “*Daddy” in Collected Poems*, ed. T. Hughes (New York: Harper and Row, 1962), p. 203.

⑤ Fibush and Morgan, *Liberation of Martha*, p. 224.

巩固的寓意："如果你没有愤怒，没有有效地运用愤怒，那你就谁也不是，你什么也不是，你会被消灭。但是，建设性地运用愤怒……你知道，那是创造性的。你绝对必须拥有它，没有它你做不了任何事。"①法布士的重点在于不是爸爸们坏或不可爱，而是有时能够自由地感受朝向他们的不被抑制的暴怒。

但对于自我来说，管理暴怒像管理亲密一样，是一项微妙的平衡行为，而且绝不是仅限于女性的发展性挑战。只有一半的大学男性实现了职业巩固。那些在这项任务中失败的人们，有3倍次数报告他们通过暴躁地发脾气或者隐藏来处理愤怒的情况。相反，有着稳定的职业承诺者，报告了得体且使愤怒减弱的方式来表达愤怒。像阿尔龙·扬这样从未获得成功或满意职业的大学男性，也显示出毕生都没有能力处理愤怒。有着持久职业的大学男性和核心城市男性，他们通常有一个导师，其比例是职业巩固失败者的2~3倍。某种程度上，指导提供了认同的榜样和对自信成就的社会认可。但是，这样的观察还是回避了为什么有些人（如伊莉莎·扬）能够找到"代谢"导师和他人，却从未与女主角认同。

繁衍

约翰·科赖在他富于启发性的著作《活出自我》中，简明地概括了繁衍的任务："将自己投入到能活出自我的生活和工作中。"②尽管尼安德特穴居人和旧石器时代的克鲁马努人具有一样的颅脑容量，但是尼安德特人死于40岁前，而很多克鲁马努人却能活到60多岁。他们延长的寿命是取代同时期尼安德特人达尔文式能力的一部分吗？他们延长的寿命对他们艺术和文化的独特发展有什么贡献吗？克鲁马努人的长寿会使他们的孩子得到祖父母的礼物吗？我不知道，但我想这些问题确实值得思考。因为人类学家用以区分克

① E. Fibush and M. Morgan, *Forgive Me No Longer: The Liberation of Martha* (New York: Family Service Association of America,1977), p. 293.

② J. Kotre, *Outliving the Self* (Baltimore:Johns Hopkins University Press, 1984), p.10.

鲁马努人和尼安德特人的差异与人类生命后半期的发展核心是一致的——宗教、文化、成为祖父母，以及社区建设。

也许克鲁马努人与尼安德特人不同，用科赖的恰当说法是，他们活出了自我。在我看来，我提出的发展模型的早期阶段——勤奋、同一性、亲密和职业巩固——是自我的收集（collecting）过程；而后期阶段，繁衍和意义守护者似乎是分发（give-away）的过程。我说收集过程是什么意思？[①]首先，收集在青少年/年轻人获得同一性时意味着一种自我感。进而，从掌握亲密任务中获得人际技巧——与另一个人一起生活，依赖、关心另一个人，但仍然是自己的能力。最后，在职业巩固（似乎是一个更拓展性的收集过程）中，个体收集技术技能、角色定义、奖赏和成就———种胶结着承诺的工作乐趣和工作能力的锻造。当娜拉摔门、当弗吉尼亚·伍尔芙要求一个属于自己的房间、当拉迪尼亚·吉卜林独自更快地旅行时，我们倾向于称之为自私。但事实上，这样的职业巩固是繁衍的基础。因为，一旦掌握，职业巩固就能为个体提供一个整合的自我，个体能有权威地说话，这是一种个体可以安全地放弃自我的状态。就像丹尼尔·莱文森所说，随着成熟，年轻人的贪婪“梦想”变成老年人散发的“遗产”。[②]

是什么允许分发的过程开始，即他人的职业和自主比自己的更重要的炼金术过程？当然，我们无法分发自己根本没有的东西。很多像艾玛·狄更森这样的特曼女性，因为过早地放弃了自己，因为还没有为自己发展任何技能就在经济大萧条期间成为父母的饭票或成为孩子的保姆，从而变得匮乏。需要一种健康、合理（不是自私）的自我兴趣，来协助吸收很多——只是在以后被返还。我不是暗示照料孩子不是一项职业。我只是希望指出，孩子们需要既尊重自己也尊重孩子的父母。但是，拒绝分发也就有停滞的危险——埃里克森所说的“繁衍”的反义词。我相信，这一逻辑支持了他的假设，即成

---

① These pages and their phrases owe much to Sara Koury, a valued collaborator.

② D. Levinson, *The Seasons of a Man's Life* (New York:Knopf, 1978).

人的发展任务必须按顺序掌握。

是什么扳动了分发？我猜所谓的中年危机是一个催化剂。这种发展动荡，实际上更多的是一项中年任务而非危机，迫使我们再次思索我们在哪儿，以及如何来到这里。在对个人处境的重新评估中，注意到自己拥有什么，并且思索为什么没有拥有别的东西。就是这危险的怀疑，这重新调整方向的机会，帮助分发的过程开始。第二个催化剂来自有青春期孩子的“未来震荡”，这使个体放弃了旧的列表，放弃了旧的人生成就标准，并且决定：如果没有分享，没有成为下一代的导师，他们煞费苦心获得的伙伴关系、父母权威、魔镜的赞许都失去了味道。也许，埃及文化停滞的部分原因在于富人试图把财富带走。在过去的一千年中，富人们把财富留给了教堂、大学，最近则留给了基金会。这并不是必需的理想典范，却是朝向正确方向的脚步。最后，如果你已满溢，那么真正的“激情”是毫不费力而且不可阻止的。

考虑一下核心城市成员比尔·迪马乔的例子。生活给他的机会比艾玛·狄更森少得多。在他孩提时代，他的家庭处于社会阶层V。他必须在一所没有中央供热系统的公寓里和他的兄弟睡在一张床上。他的父亲是一名体力劳动者，在他十来岁时残疾了，他的母亲在他16岁时去世了。他的韦克斯勒智商得分是82，斯坦福阅读智商得分是71，他完成了十年级学业——带着困难。测量智商时，比尔·迪马乔的只有艾玛·狄更森的一半。

然而，在47岁时进行的一次访谈中，比尔·迪马乔是一个有魅力、负责任、忠诚的男人。尽管他个子矮，而且上腹部明显肥胖，但他依然保留了很多年轻时的活力。他表情丰富，眼含笑意，而且传递了一种幽默感及对良好沟通的喜爱。他保持着眼神接触，而且直截了当地回答访谈者的问题。

迪马乔同意持续参与核心城市研究，他告诉访谈者，他觉得自己对他人有一些贡献，他觉得这些“小事”是重要的。作为一名工人，迪马乔为马萨诸塞州公共工程部工作了十五年。几年前，有一个木匠的职位，虽然他没有任何木匠技能，但凭借资历高获得了那个职位。随着工作的进展，他已经掌握了必要的技能。对于工作，他说，“我喜欢用手工作”。事实上，他总是享受对木材进行工作。他告诉研究者他已经重新装修了房子内部，重新装了几个门框，而且装上了橱柜。他对自己在维护几处波士顿古老而有历史价值的市政建筑中所承担的角色，也感到很自豪。

当被问及在工作中如何处理与他人的关系时，他非常简单地说道，“我是工会代表，所以他们解雇了我。如果我认为自己是对的，我会站起来”。如果他认为某项工作危险，他就不会让自己的人去干。在工会的规则下，管理人员会听他的。简而言之，他已经学会了权威性的发言。

去年，迪马乔的老板试着更好地与他相处。因为他已经成为少数几位对这项工作真正有经验的人，他强调，“他们更依赖我了”。管理人员也依靠他教授其他人。40岁以后，由韦克斯勒智力测验这样的学校导向测验所测得的智商就不太重要了。重要的是，你一路走来所学到的东西。

如果人生可以重来一次，迪马乔说，他认为自己不会做任何不同的事情。而且他继续说道，“那只是一份工作。我更关心妻子和孩子们。一旦离开工作，我就忘记它”。当他回到家，他太过关心家里的事情，而不再考虑工作的事情。但比尔·迪马乔和阿尔龙·扬之间的区别在于，迪马乔为自己的工作而自豪，享受工作，而且认为自己通过工作得到了提高。

“我给孩子们的时间比我父亲给我的时间多，”他告诉访谈者。他描述在儿子们长大的过程中，他带他们去钓鱼，带他们去各种地方，“我们一起度过了许多时间”。他自己的父亲——长期没有工作——从来没有时间带他去钓鱼，或经常和他一起出去。换句话说，如果你需要人帮忙社区建设，就要请一位忙碌的男性或女性。

当被问及在孩子们成长过程中，他觉得最大的问题是什么时，迪马乔微笑着回答道，“你有6个月的时间吗？”他后来严肃起来，补充道，“担心药物。”他知道孩子们吸食大麻，他说他能接受。但是，即使父母看上去都在某种程度上忍受儿子吸食大麻，也不允许在家里吸。他们接受了最小的儿子带着女朋友搬进来，他们把这归于“他很不成熟”，而且他们觉得随着时间的推移他会更成熟。希望是繁衍的一个至关重要的要素，但只有当一个人的心灵能包含人的发展时，才会有这种希望。

许多时候，迪马乔都与妻子轻松活泼地开玩笑。事实上，研究者因他们对彼此的感情而感动。当问及迪马乔如何描述妻子时，她得体地离开了房间。他在她身后喊到，如果她留在房间外，他将全说不好的事情而不是好的事情。然后，他简洁地给出了一串品质："甜心——非常能理解人——你想在一个女人那里得到的所有东西——她喜欢讲话和辩论，而我喜欢这个。"他说，也许妻子最让他高兴的是，她的"幽默感——没有它我们不可能撑到现在"。然而，当他的妻子回到房间里，访谈者问道，"哪个孩子最像他，"迪马乔提议是老大，但妻子挑了最小的孩子，因为"他有你的幽默感"。

迪马乔说，妻子最让他烦心的是她似乎最近抽烟多了，而且"只要我能，我就想紧紧抓住她"。对于家庭分歧，他说，"我们不是轻而易举地解决，但不会让它们压倒我们"。他解释说，当他和妻子争吵时，他们不会持续很久。"我们不会抱着怨恨不放。"他再次提到用幽默去除争吵和分歧中的伤痛。他说他们尝试尊重对方的观点，不把自己的观点强加给对方。问他遇到麻烦时，是否会向他人求助，他说，"我们向对方求助"。他的妻子插话说，"比尔是我最好的朋友"。提到家人的去世，迪马乔说，"我们试着安抚对方"。承诺、忍耐和幽默，看似是令人满足的长久婚姻的关键要素。

与洛文杰提出的倒数第二个自我发展阶段——尊重他人的自主性——保持一致，迪马乔说，在今后十年里，他最大的夙愿就是看到孩子们独立生活。在关心和放手之间取得繁衍性平衡的能力，需要内心的成熟。被迫反思——从不同的优势角度观察自己——个体开始再次犹豫和怀疑。这样的自我反思，永远不能被社会或文化所命令。它来自内心——当确实注意个体去向何处或学习走路时。但是就像走路一样，尊重他人的自主性是一个发展自身时间的复杂平衡行为。

比尔·迪马乔是"意大利之子"的一位活跃分子。他定期为宾果之夜帮忙，而且他和一位朋友定期为社团烹饪周六午餐。迪马乔说他喜欢烹饪，喜欢人们因他的食物而高兴的感觉。通过“意大利之子”，他也做了社区活动的志愿工作。例如，他一年到头帮着社团为孩子们举办各种活动。另外，他和妻子签约为一名市长候选人工作。和伊莉莎·扬给社区教堂寄支票的行为相比，这些活动涉及非常不同的心理社会承诺。迪马乔在组织委员会中也很活跃，这是一个针对波士顿北端所有慈善社团的保护性组织。如此，这位在社会和智力上均受限的男孩已经成长为一名领导者的领导、一位智慧的男性和一位意义守护者。

访谈者总结了他的印象：“迪马乔保持着与周围人的亲密关系，以及对周围人的健康兴趣。他忍耐着那些有偏见的人，但并不妥协。总体上，他是一位相当成熟、有趣的人。”评分者们毫无困难地同意比尔·迪马乔是繁衍性的。一位评分者给他的心理健康打了93分，另一位评分者打了94分，100分为满分。你不需要进入斯沃斯莫尔学院、斯坦福大学或哈佛大学，也能投身于社区建设。你也不需要在繁衍和独特的职业偏好性目标及家庭承诺之间做出选择。哈佛教授莎拉·劳伦斯·莱福特和高中辍学生比尔·迪马乔的人生都集中体现了对全部三项任务的掌握。从一项为期五十年的研究的角度来看，人类的成熟像婴儿的诞生一样不可思议。

就像亲密反映了一种相互依赖的能力，繁衍涉及一种跨代的互惠能力。繁衍的重点是在收获了亲密和职业巩固的基础上——在个人关系中“关心”他人，需要同时尊重他人自主性的能力。在这样一种关系中，导师可以说或感觉到，“我非常热爱我所做的，或感受到的，或所拥有的，所以我希望你也这样——如果你想的话。另外，顺便说一句，有很多可以分享的！”

然而，埃里克·埃里克森已经指出，“流行观点夸大了孩子对成年人的依赖，这通常会使我们看不到老一辈对年轻一辈的依赖”。[①]在匿名者戒酒协会（AA）中，“鸽子”——一名最近康复的酒依赖者——被定义为“及时赶来使帮助者保持清醒的人”。简而言之，鸽子在危急中激发了刚开始繁

① E. Erikson, *Childhood and Society*, 2nd ed.(New York: Norton, 1963), p. 266.

衍的帮助者的新成长。通过接受帮助者提供的帮助，鸽子为帮助者提供了一个新的存在理由。当认识到孩子的分离并重新检视父母与孩子的关系，父母开始惊喜于看到完整的他们。

在大学男性和特曼女性65岁后，我们询问他们，“你从孩子身上学到了什么？”有些男性和女性只能说出孩子从他们这里学到的东西。这些个体中几乎没有几个掌握了繁衍。例如，当一位特曼女性被问及在孩子身上学到了什么时，这位没有繁衍性的女性开始烦躁起来：“这真像一本问题书，”她呵斥道。她只从孩子们身上学到了一件事情，“如果我重新拥有他们，我不会让他们离开。我很想他们。”但是她随后补充道，我猜是一种辩解，“但我学到了什么？……我学到了管好自己的事情。”然后她伤心起来，并且开始反思：“也许我们太强势了，”她沉思着，这就是为什么她的孩子们不得不离开她。尽管有着智力上的天赋和社会特权，但是她除了展示出一种有品位的消费外，生活中几乎没有什么成就。

另一些没有繁衍性的女性，根本不能允许分享角色的颠倒。于是，一位特曼女性惊讶地重复了一遍问题来确保自己理解了，然后告诉我们，她的孩子们可能从她身上学到的东西：“我想我帮助他们发展了诚实。”她再次问自己，“我从他们身上学到了什么？……我不认为你能改变，这并不意味着你没有尝试”。

有些答案更令人伤心。被问及她从孩子身上学到了什么，一位女性回答道，“我学到了我没有耐心，我不友好，我不是一个好妈妈”。她告诉我们，她发现当孩子在她安排好的阅读时间里打扰她时，她就生气了。事实上，她的自我指责不公平。这基于错误的归因。她是一位友好无私的母亲，养育了两个好孩子。但是，自我发展的一部分不仅是内化他人的能力，而且也要认可自己的成功。如果我们不能认可自己的成就，那么我们会发现自己能给予的很少。

最令人伤悲的回答来自另一位非常不幸的女性。当被问及她从孩子那里学到了什么，她答道，“我很高兴我只有一个孩子，我不是慈母那一类的”。对她来说，这是真的。

大部分繁衍性的特曼女性理解并且掌握了从孩子那里学到的互惠。一位女性说她的成长中没有碰触，但是她成年的儿子们觉得接近和拥抱她很舒服：“我不知道我错过了什么。”另一位女性回答说，从孩子那里她学到了“新的观点……我们每个人都是由我们所接触的所有人塑造的”。她用这种简单的方式，总结了我认为是自我力量发展和成熟防御机制发展的最为重要的特质。这种特质是允许他人的希望、力量和经验进入自己内心的能力。

第三位女性对我们的问题的反应是，这好像是给她提供了一个机会，而不是一本恼人的“问题书”，她的回答极为清楚地显示了繁衍和成熟的防御机制：

> 我依然在学习。每次和他（她的大儿子）在一起，我都学到更多如何与人相处，以及如何看到他人的好处……这是我从大儿子身上学到的，耐心和爱人——找到他们的好处。从我的女儿那里，我想她教会我在说话之前被动一些、深思熟虑一些是好的……从第三个孩子那里，这个孩子现在就在这里——她不小，但她还是个宝贝（40岁），她说“妈妈不要叫我宝贝”。我之所以在你们面前这样做，是因为我知道她会说什么。她是如此快乐，如此温暖。她让我微笑，有时我忘记笑了，她会让我笑得更多。她唱歌。她让我跟她一起唱歌。我喜欢唱歌，但当我独自在这里时，就不唱了。我希望我一个人时也可以唱歌。我曾经一边干家务一边唱歌。他们都如此鼓舞我。

“鼓舞”，也是自我获得力量的象征方式——把他人带入自己内心。

意义守护者

57岁时，安德鲁·梅森——一位话不多的大学被试——被问及他认为这个世界是否适合孙子们生活。“是的，”他写道，“对食品、污染和生态问题的认识，会带来解决方案。”两年后，前公司总裁梅森，报告了他的新职责：“自然保护组织州分会主席、神秘海港海事博物馆规划委员会主席、罗德艾兰州环境信托的受托人。”也许对于一个曾在非洲射杀狮子的人来讲，很令人厌烦——但对环境来说，是件好事。

成为意义守护者不是男性的特权，也不是那些在家庭之外有职业之人的特权。凯蒂·所罗门掌握了发展模型的每一项任务，26岁时她表达了自己的目标，这一目标从未动摇——成为一名最好的妻子和母亲。凯蒂毕业于斯坦福大学，她与她只接受过高中教育的丈夫幸福地生活四十年了，她丈夫的天资和对知识的兴趣都不如她。然而，32岁时她写道，“我为丈夫在经济上的成功而自豪，为三个漂亮的孩子自豪，为我们的小家和花园自豪”。36岁时，她感觉自己职业上的成功是“在社会上找到一个被需要、被尊重、被接受及被喜爱的位置”。毫无疑问，她实现了这个目标。78岁时，被要求描述她最有成就感、最骄傲的成绩是什么，她写道，“几乎每个星期我的一个或更多已经成年的孩子们都会告诉我，‘妈妈，我爱你……我真是幸运。我们有美好的童年。我的朋友们没有一个可以像我跟你说话一样跟他们的父母说话……我很高兴你有幽默感’”。她对这些评论比孙子们对她的摄影奖和她发表的文章重视得多。同样，尽管到60岁时，她在职场已经工作了二十年，她却写道，“我工作了，但我不会把它称为职业”。相反，她觉得她真正的职业是一名家庭主妇。像瑞贝卡·撒切尔一样，凯蒂·所罗门说她的家庭主妇职业是“像原来一样、像我计划的一样、像我会选择的一样”。

下面的证据表明，凯蒂·所罗门掌握了意义守护者这一任务。在64岁到68岁期间，她参与了对老年人的消费保护、环境保护及生态学。最重要的是，她学会了超越自己的“DAR/WASP养育”，向下一代学习。68岁时她写到，她有一半的时间在做自己原来的审计工作，但现在是一名顾问。“人们寻求并遵循我的建议，对我的建议相当欣赏，并付钱给我。”她认为孙子们不是情感支持的源泉，而是骄傲的源泉，这并非一个无足轻重的区分。她已故的丈夫有一个50人的大家庭，72岁时她成了这个大家庭的“非官方书记”，这个大家庭“每年都在我儿子的房屋里聚餐”。她也成了村里的一位长者。

整合

埃里克森生命周期的最后一项任务，是成功掌握整合的任务。这并不意味着一定要掌握了之前的所有阶段，尽管我确信掌握了其他阶段有助于掌握整合。整合的任务也可以定义为成功的老化——一个反映了对改变、疾病和环境不平衡的有效回应的过程。归根结底，也最直白的是，成功的老化意味着对衰退的掌握。成功老化需要特定的接受。罗伯特·霍布森（Robert Hobson），一位很有天赋的英国心理治疗老师，在一次个人交流时用卡尔·荣格生命后期的一个故事向我说明了这个观点。一位记者问这位伟大的瑞士心理学家，他对日渐老去有什么感觉。“我老了，”荣格回答道，“所以我就是老了。我不是血腥的美国人。”

对成功老化的沉思，迫使我们反思在面对无能时的人类尊严。我相信，一位特曼女性丽萨·埃克最近的适应阐释了埃里克森的整合意义。在她生命的前七十年里，没有证据显示她掌握了繁衍或意义守护。她确实能够回顾自己作为一名职业女性的成功：“我的房地产客户们尊重我，我对此感到自豪。”并且她将自己的职业认同描述为“现实美好家园的拥有者”。但是除了她的直系亲属外，她对亲密和职业巩固任务的掌握并没有触及许多人。事实上，就像她自己说的，“我为他人的成功而陶醉，我是一个好的欣赏者”。然后，1984年，埃克给特曼研究写信说，“1981年我70岁，十月份我因为肱动脉堵塞和皮肤移植手术住院了。1982年初我的髋关节骨折了，1983年置换了整个髋关节，这使我变得无能但没有被打败……从此我的成就变成了活着、保持思维敏捷，以及感谢所有对我的祝福”。据说乔治·萧伯纳说过，“暮年不是为胆小鬼准备的”。

从1984年给特曼研究写信以后，埃克对世界的看法日益宽广。她写道，“谁有权利规定他人的精神生活和信仰？……宗教就像买鞋子。大多数人舒适合脚，一些人觉得光着脚更平静。但是对他们来说保持脚的干净是很重要的，这样就不会冒犯他人。”

她还说，“我们中的一些人很高兴、很满足于坐着像牛一样咀嚼反刍……我们面对情境的能力和镇静处理紧急情况的能力，也是一件不容忽视的礼物。”《传道书》这个名字的灵感来自她的化名（Eccle），说得不能再好了。最近的一份问卷调查了她对未来的目标，她没有在“‘平静地死去’对她来说是否重要”上打钩，而是在方框旁边写道，“谁有得选？死亡说来就来了”。当时，埃克78岁。她已经做好了死亡的准备，但是她在评价目前的心理状态时，在“快乐”上打了勾。她没有选“为社会做出贡献”对她是否重要，而是在方框旁边写道，“我已经以一种微小的方式做了”。她的过去给她留下了充分的意义，因此她可以接受因衰退的身体而带来的不光彩。

显然，成人的发展与胚胎学的顺序不同。有些个体，通常是因为巨大的压力，不按照顺序处理发展任务，或一次性处理所有的任务。亚历山大大帝、拉法耶特将军、拿破仑·波拿巴，以及圣女贞德在二十几岁时都是激励人心而且有繁衍性的领导人。威廉·奥斯勒是所有时代里最伟大的医生之一，直到40岁才面对亲密或婚姻——完全是在他成为那个时代的一名才华横溢的医学教授和最具繁衍性的医生之后。路德维希·范·贝多芬享受着闪耀而有承诺的职业，但从未享受亲密。天才从来不需要遵循常规。

过早的死亡、历史灾难和严重的疾病，也能触发“分发”这一繁衍过程。柏妮丝·钮加藤把此类事件描述为“关机”事件，这些事件也能导致对已经完成和收集了什么、对如何取得成功或如何失败的无序回顾。来考虑一下马丁·凯里这位大学样本成员。他不是天才，他的人生没有被允许按顺序展开。然而，几乎没有疑问，他掌握了埃里克森整合的发展任务。

凯里出生于一个关系紧密的家庭。他的父母是真正意义的社会工作者，马丁13岁时就承诺要为他人服务。他早就收集了自我感，巩固了自我感，在整个研究的四十五年中，他都会谨慎地分享这种自我感。所有的生活事件——他遇到过严重的挫折——都被他与他人的关系缓和了，在个人层面和职业层面都是如此。23岁时，当被问及他对目前工作（医学院）的适合度时，凯里写道，“孩子们使我着迷。我喜欢和他们一起玩、一起工作……我和孩子们相处得很好，我愿意花时间逗他们，或者避开他们对医生的不信任……我有足够的耐心和孩子在一起，很多人没有时间或耐心这么做”。凯里认同了一个繁衍性的儿科医师可能会做的事情。“不仅是职业，”评估者记录着，“还有关系和关系技巧，他都成功完成了。”总之，在达成亲密或获得医学文凭前，凯里就促使评估者注意到了他关心的能力。后来，在26岁时，被问及他的胚胎学职业最能激发他及最有趣的是什么，凯里提到，“通过增加父母的理解来帮助孩子”。在医学院里，他写到，他工作的意义是“为社区做贡献”。

凯里不仅很早就开始了繁衍的工作，同样也更早地衰老了。26岁时，他就告诉研究者他的“攻克难关的哲学”：“无论我在与什么样的个人困难做斗争，总有人比我活得更糟。基本上，会有一种力量能帮助我们渡过难关，即使也会有个人的牺牲。”

刚完成儿科医师实习期，凯里就患了脊髓灰质炎。有几个月的时间，他完全是无助的。33岁时，他才从6个月的人工呼吸器中解放出来，并得知自己再也不能行走了。对画着一个忧郁的青年凝视着一把小提琴的主题统觉测验（TAT）卡片，他有如下反应：

我们从一个小男孩开始，他也许出生在一个父母有音乐天赋的家庭。他们最初的雄心是他们的孩子有音乐天赋。我们看到他就像……童年……是他父母雄心的产物，以及弥漫在他们生活中的驱动力。他的脸暗示也许是因为生病或意外事故，他失明了。他的眼睛有一个特性，它们闭着的样子让你想起……贝多芬失聪后的经典版画。这个孩子依然能用它（小提琴）创造美妙的声音。他用手指……表达他的感受和情感。

凯里对另一张主题统觉测验卡片的反应是：

有一个年轻男孩，他……大学生活开始时有着灿烂的前景、光明的未来，然而他对生活的理想破灭了，变得阴郁、沮丧……并决定结束生命。他在打算从一栋高楼上跳下时被发现了。他闭上了眼睛。眼前闪过一幕幕他过去的生活、希望、抱负、悲伤和失败。然后，他认识到被逼入困境的痛苦……要结束生命的沮丧。

精神科医生将为他做检查，并会让他住院治疗。数月后，他的目标会改变。再稍微多治疗一段时间，他会得到自己想要的。他会重新对社会有用，继续去实现那些……将来会给他带来满足的事物。

35岁时，因脊髓灰质炎而瘫痪，凯里作为一名儿科医师及一名老师，仍然对社会有用。他没有以教学上的成功为借口从全职医师的职业中退缩。他同病人分享轮椅对于一名活跃的医生来说的好处："他人不仅能得到专业的帮助，而且能从我仿佛什么都没有发生，仍在继续工作中得到某种程度的安慰。"指导意味着知道和分享，而不仅仅是告诉。

凯里教学的快乐也不是源于说教式的指导和自我膨胀的告知。相反，他写到他所教的护士和医学生"看上去越来越有参与性和责任感，这与他们在我们的诊所中通常扮演的被动角色相反"。作为一名老师，他的成功源于使他人有能力。他的成功源于，可以说是，分发了自我，这一过程对他的整合和成功老龄化将是必不可少的。

二十年后，残疾越来越厉害的马丁·凯里再一次表述了对老年的质疑："看到什么需要做及该怎么做，却因为褥疮和截瘫带来的身体限制无法实施的挫败，是我过去四年的生活中每天都要面对的问题。"但三年后，55岁时，他回答了自己的质疑："我已经应对了……通过把自己的活动（职业的和社会的）限定在必须的人和物，以及那些我能力范围内的人和物上。”

57岁时，尽管因继发于二十五年前肌肉麻痹的肺衰竭而濒临死亡，凯里告诉研究者们，他生命的最后五年是最幸福的。“我得到了一种与自我、妻子和孩子们的新的成就感及平和感。”他谈到平和，他的行为也描绘了平和。在这一时期，他“放手”了耗费他半个世纪心血的邮票收集，把它们给了他的儿子。去世前一年，他向一位访谈者描述了他“冒险的麻醉”和最近的手术，凯里说：“每一个群体都会在将死的人里占一定比例：1/3的人会得癌症，1/5的人会得心脏病——但事实上‘100%的人会死’——每个人都终有一死。”尽管还是人到中年，他已经完全接受了生而有时，死亦有时。

32岁时，凯里写了自己的工作动机：“增加些微的儿科学知识，这些知识的总和最终将帮助更多的病人，不仅是我见过的那些。”需要一个纵向研究来区分现实生活中的行为和纸笔测验得出的能力。凯里的话不是虔诚的良好意图，而是不朽的暗示，这一点被他去世后所发生的事情证实了。人们以他的名义捐赠了一个教授职位，以使他对儿科学的终身贡献永存不朽。终其一生，他的妻子、孩子、同事和病人们都爱他。现在，他的教授职位继续存在着。

马丁·凯里的人生违背了“良好的身体健康本身与成功老化之间有一定关系”这一概论。尽管在生命后期，他的心理社会调整使他成为最成功的大学样本结果之一，但他在60岁之前就去世了。然而，在将死之际，他展示了一种为自己创造意义和为他人保持意义的能力。因此，他的人生带来的启示不是死亡和退休反映了失败，而是活着时保持生产和繁衍的能力，为所有人提供了快乐和意义。

我们已经看到，自我的智慧不是简单地与掌握冲突有关，而更是与生活有关。用简·洛文杰的话说，“努力掌握、整合及赋予经验意义不是很多自我功能中的一项，而是自我的本质”。[1]

---

① J. Loevinger, *Ego Development* (San Francisco: Jossey-Bass, 1976), p. 59.

8

自我与创造性

在陀思妥耶夫斯基丰富的人格中，有四个方面可能需要区分：
创造性的艺术家、神经症患者、道德家和罪人……
在令人困惑的复杂性中，如何发现自己的方式？
唉，在这个创造性艺术家面前，分析师不得不缴械投降。
——西格蒙德·弗洛伊德

“屠杀成就了一个罗马的假日，”她在日记中抗议道，“妇女从不把自己当人看。根本没有上帝、没有国家，对她们而言，除了家庭没有别的责任……我知道很多女修道院都是这样的。当然，每个人都谈起在那儿必然经历的小规模的压迫专制，但我对一个良好的英国家庭这种小规模的压迫专制一无所知，唯一的缓和剂是专制之下充满感情的屈服。”①

可以理解，这位维多利亚女王时代的日记作者是非常激愤的。她想在伦敦著名的教学医院学习护理知识，但该计划再次失败，她放弃继续追逐自己的事业，陪同父亲接受水疗，以缓解他受伤眼睛的疼痛。但是作者并没有带着满腔的情感而屈服，相反她写了一篇小说，并且私下印刷了出来，名为《卡桑德拉》（Cassandra）。卡桑德拉，这位虚构的女主角，“坐在画室的桌旁，看看报纸，做做手工刺绣，读读书”，就这样度过一天的生活。当夜晚来临，卡桑德拉和所有这样的女性都被告知——必须“忍受——哪怕是躯体的……紧张的能量积聚，白天无事可做的状态让她们在每个晚上，在睡觉之前会觉得自己要疯了”。②

① C. Woodham-Smith, *Flornce Nightingale* (London: Constable, 1950), p. 93.
② 同上，pp. 94-95。

小说给我们呈现的不是这些女性的疯狂（愤怒），《卡桑德拉》的作者告诉我们，她们被迫退回到一个梦幻的世界。“没有人会幻想她自己是一些新受伤的朋友的护士，或者和他处于浪漫的危险之中……或者选一个梦中的同伴看着自己经受前所未闻的试验。”卡桑德拉似乎没有武器，只有防御，以应对疑病、幻想和被动攻击。因此，她“既无法找到生活中的快乐，也无法改变它”，就这样死去。在临终时，她呼唤着，“自由——自由——哦！神圣的自由，你终于来了？欢迎美妙的死亡！”①

作者对幻想、受虐和疑病也不陌生。早在23岁的时候，她就意识到她称为“做梦”的习惯束缚着她。“安慰性的幻象越来越多地占据了她的生活”，她的传记作家塞西尔·伍德翰姆-史密斯（Cecil Woodham-Smith）写道。有时，她“无法控制自己，沦落为可耻的药物滥用者”。②她28岁的时候，“梦到自己变得无法控制。她变得恍惚，失去时间感和方位感”。③

幻想，不论令人感到怎样舒适，都是一种危险的防御。我们知道田纳西·威廉斯（Tennessee Williams）的“做梦的”姐姐，《玻璃动物园》中劳拉的原型，她生命中大部分时间都是一个失去行为能力的精神分裂症患者。31岁时，《卡桑德拉》的作者为自己预见了一个很相似的未来，在日记中她写道，“除了死亡我一无所欲”。④但她不是西尔维娅·普拉斯。弗洛伦斯·南丁格尔在90岁去世，寿终正寝。

但是南丁格尔的梦和冲突是如何引导她走上《泰晤士报》的封面，而不是孤独自闭终其一生呢？她幻想的生活如何能让她实施这些让人感到荣耀的行为，从而逃离骑兵旅的进攻呢？⑤这种棘手的疑病是如何治病，而不是成为疾病的呢？她是如何找到一个真实的“病痛中的新朋友”处于浪漫的危险

① C. Woodham-Smith, *Flornce Nightingale* (London: Constable, 1950),pp. 95-96.

② 同上，p. 46。

③ 同上，p. 76。

④ M. Goldsmith, *Florence Nightingale* (London : Hodder and Stoughton, 1937), p.72.

⑤ *The Charge of the Light Brigade*为著名诗歌，描写克里米亚战争之惨状。——译者注

中呢？

为了找到这些答案，我们必须检查一下这一创造过程。这种检查显示，升华从分裂型幻想和强迫性的理智化中发展演变而来，利他从疑病发展而来。艺术家的魅力与自信之人的性格缺陷相差无几。安迪·沃荷（Andy Warhol）、安德烈·纪德（Andre Gide）和奥斯卡·王尔德（Oscar Wilde）都是连接这两个世界的例子。和性格障碍者一样，成功的艺术家知道如何令自身深入我们的骨髓，知道我们也与他们一样有我们可以感同身受的痛苦，分享他们的欲望。但是和江湖郎中、骗子、唐璜不同，艺术家能够让我们刻骨铭心般参与到他们的拯救中去。艺术家和创造性社区建设者的升华，帮助我们理解我们自己的体验。我们诅咒令我们悲叹的人格障碍，但当威尔第和莎士比亚让我们落泪时，我们会为情感的抒发而感谢他们。这些创作家是如何将他们自己的毒药转化成我们的良药呢？

亚瑟·柯斯勒（Arthur Koestler）对创造过程的认知观点，让我们离答案更近了一步。柯斯勒是对创造性最有思考力的启发者之一，他列举了相关的认知步骤来说明大脑是如何有“啊！”（Ah）“啊哈！”（Aha）或者“哈哈！”（Haha）的体验。柯斯勒将所有的创造分成了三个连锁区域。首先，是一种认知科学中的“啊哈！”的满足，包括找到了类似这样的可以使精神张力降低的区域，像钥匙在锁里转动，谜题被解开，矛盾被化解。其次，是一种“哈哈！”惊讶于幽默的扭曲，如武断的、贪心的冲突，这使我们纵情欢笑，并允许我们安全地显露被压抑的欲望，因为矛盾已被阐明。第三，是一种我们认同一件艺术品时仔细品味的“啊！”一种感激的、宁静的、海洋般的感受，使我们愿意付个好价钱，因为悲伤的电影和优秀的戏剧让我们哭泣。柯斯勒的“啊！”提醒我们，华兹华斯是如何在诗中写到的：在平静中回忆起来的情感。柯斯勒告诉我们，艺术的独创性、科学的发现和戏剧的灵感总是——“你从紧急事件中得到的，比你事先投入的要更多”。[1]

---

① A. Koestler, “Three Domains of Creativity,” in *Challenges of Humanistic Psychology*, ed. J. F. T. Bugental (New York: McGraw-Hill, 1967) ; quotation from p. 31.

当然，这就是升华的奇妙之处。

在自我心理学里，柯斯勒对创造性的定义更接近成熟防御的定义。日常生活中，柯斯勒对创造性的定义则等同于在世界里放入一些从未有过的事物。但是，柯斯勒没有充分地解释纯粹的认知创造力是如何帮助了南丁格尔。相反，如果我们打算了解她的愤怒、悲伤和欲望是如何发展的，以至于她能在90岁寿终正寝，我们必须关注霍华德·加德纳（Howard Gardner）在他对认知科学的阐释中所坚持不讨论的："情感因素或情绪的影响，历史和文化因素、背景环境的作用下所产生的特定行为或想法"[①]。但是，对所有这些因素的关注正是理解南丁格尔的创造性和她的救赎行为的关键。

在面对创造性艺术家问题时，认知心理学家甚至比精神分析师更加无助。情感和环境，毕竟是解释艺术家从痛苦到治愈这种矛盾力量的关键。只有关注了情绪、历史及其家庭环境，我们才能够理解南丁格尔是如何赢得不朽的声望，而不是作为一位维多利亚女王时代神经衰弱的老处女，或者特曼被试里的艾玛·迪金森一样被人遗忘。

基于这些原因，我会参照西格蒙德·弗洛伊德的观点，来解释南丁格尔的成就。然而，弗洛伊德把艺术家定位为男性。熟悉他的文章的读者可能会意识到，我必须稍微做些调整，让自己用一位女性来描述艺术家。我相信，弗洛伊德在对艺术家的定义中也过于狭窄了。社区建设者和科学家在很多相同情况下也有着较多创造力——因此，我选择了南丁格尔。

在他的《精神分析引论》中，弗洛伊德开篇提到，"艺术家也有一种反求于内的倾向"——内向者"为太强烈的本能需要所迫使"。因此，艺术家渴望赢得荣誉、权力、财富、名声和异性的爱，但"缺乏获得这些满足的手段"。相应地，和没有满足的人一样，艺术家"脱离现实，转移（她的）所有的兴趣和力比多，来构建（她）幻想生活中的欲望……"[②]。26岁时，南

① H. Gardner, *The Mind's New Science* (New York: Basic Books, 1985), p. 6.
② S. Freud, *Introductory Lectures on Psychoanalysis* (1916-1917), SE 15: 376.

丁格尔不仅使用幻想，还使用反向形成。她已经开始因过于享受成功，而惧怕成功。她视虚荣、爱表现和爱荣誉为困扰自己的罪过，同时她也感到麻木。表面上看，她只能是一个好的、尽职的女儿，过着蝴蝶般无所事事的生活。

弗洛伊德接着提出，艺术家不像其他人，因为“他们的禀赋可能蕴含一种强大的升华能力，并且在压抑中有一定程度的弹性……然而，艺术家所发现的返回现实的路径如下……通向幻想世界的中间区域是允许的……无论哪一个有愿未遂的人，都在幻想中寻求安慰。但是，满足……非常有限”。[①] 确实如此！通过在日记中倾诉，对被动而死的生动幻想，令南丁格尔很难用民间对健康惯有的方式来报复：“好好活着，就是最好的反击。”

但弗洛伊德指出，真正的艺术家除了幻想，还有更多的准备。首先，她“知道如何润饰（她的）白日梦，使之失去拒斥他人的个人色彩，而为他人共同欣赏”[②]。毕竟，这种微妙的过程是守护公共道德和守护自由言论之间的冲突核心。我们如何让别人来分享我们孤独的幻想？何时色情作品变得优雅起来？何时《旧约全书》（*Old Testament*）中所说的鸡奸之邪恶、变态成了约拿单和大卫之间迸发的神圣之爱的缩影？升华之下，充满矛盾。成熟的防御把罪恶转变为道德，但这也是一种微妙的平衡。

我记得问过我的一个病人，一个分裂型的流浪者，离开医院后他是如何生活的。他告诉我他的幻想：“医生，我想我会写一些信，然后出版。我看见整套的镶着皮边儿的信，它们被所有的图书馆收藏，我可以靠这些版税生活。”当然没这么简单，弗洛伊德提醒我们，只有艺术家才“拥有一种神秘的才能，处理特殊的材料，直到忠实地表现出（她的）幻想内容”，只有艺术家才“知道如何将强烈的快乐和潜意识幻想的表现形式联系起来”，只有艺术家和政客（那些职业欺骗者）的文字才值得出版，只有充满魅力的演说家才会让我们想要去阅读他们的信件。艺术家的压抑较少，这使其他人能够

---

① S. Freud, *Introductory Lectures on Psychoanalysis* (1916-1917), SE 15: 376.

② 同上。

“从艺术家潜意识中的快乐里……获得安慰和缓解”，这一点对大众来说是很难做到的。因此，艺术家“引起他们的感恩和赞赏”，[①]南丁格尔也是这样赢得了英国民众的感激和钦佩。

让我来一步步追溯南丁格尔如何找到一些“特殊的材料”，并将其塑造成一种产品，从而使她走进英国人民的内心。可以肯定地说，南丁格尔很内向，离神经症也不远。在很小的时候，她就有一种强迫性观念，认为自己和其他人不一样。她认为自己是个怪物，并相信“必须回避陌生人，特别是孩子。每次看到新的面孔她就备受折磨，非常痛苦。她……拒绝下楼进餐，认为如果使用刀叉就会做些特别的事情，乃至出卖自己。”[②]如果她的传记作家是可信任的话，南丁格尔与母亲没有什么亲密关系可言。确实，她描述自己和姐妹十分渴望如幻影般的母亲的爱，芬妮·南丁格尔说：“毫不夸张地说，我们比在非洲沙漠中更孤独。就像是眼前的食物，当你伸手去拿的时候，却消失得无影无踪”。[③]

南丁格尔即使缺乏获得满足的手段，她也一样渴望荣誉、权力、名声和男人的爱。在幻想的中间区域，她获得了巨大的安慰。她的梦围绕着她的求婚者，理查德·米尔恩，想象着与其结婚，并有着种种壮举。但就像弗洛伊德评价的那样，包括艺术家在内的大量诗集的幻想表明“压抑中有一定程度的弹性”。因此，艺术家“通向幻想世界的中间区域是允许的”，带有一些类似的但并不完全的精神病性的生动性。南丁格尔17岁时，和之前的圣女贞德一样，第一次出现精神病样体验——听到有声音在跟她说话。“上帝告诉我，”她写道，“让我为他服务。”[④]之后，她努力逃离家门去医院工作，并努力与上帝合一，没有因为痛苦的生活而怨天尤人。她自己需要承担责任。因此，不像人格障碍或精神病患者那样，南丁格尔拒绝因为自己的困境

---

① S. Freud, *Introductory Lectures on Psychoanalysis* (1916-1917), SE 15: 376.

② Woodham-Smith, *Florence Nightingale*, p. 7.

③ Goldsmith, *Florence Nightingale*, pp. 23-24.

④ Woodham-Smith, *Florence Nightingale*, p. 17.

而指责别人。运用反向形成，而不是投射，她深信“自己面临的困难，是上帝对自己罪恶的惩罚”[①]。有创造力的艺术家和真正的幽默家一样，都没有因他们的苦难而向外投射责任。

南丁格尔的解决办法是，剔除白日梦中过于个人和拒斥他人的内容。这样，她的自我得以把强迫表达在排水系统上，愤怒朝向母亲，直到它们完全符合她成为一名好护士的理想影像——直到她被大众爱戴和尊重的幻想成为现实。在像年轻人一样渴望死亡的不眠夜晚，她读了所能找到的每一本关于环境卫生和人类污水排放系统的书。她的每个夜晚和白日梦都聚焦于她的艺术材料：统计学和排水系统。她的强迫性重复使她成为英格兰领头的环境卫生专家之一。对和理查德·米尔恩一起实现豪情壮志的激情被移置到公共卫生和护理上。一个分裂型孩子的幻想，变成了一个强迫型年轻女性的反向形成、置换和理智化。

但是，她自我的转化性力量仍在继续发展。她学会了如何用数据画图，她属于第一批把统计数据转换为图表的人。的确，她被认为发明了柱状图。通过国会，她用彩色图表向陆军部展示了一项令人吃惊的证据：军队中大多数死亡归咎于可以预防的疾病，无论是战时还是平日。因此，“她留给英国陆军部的，比她发现的还要更多”，[②]带给了世界一些前所未有的东西。就像医学统计学的创始人威廉姆·法尔（William Farr）所说，南丁格尔给陆军部的这篇演讲是“有关图表或者军队中最好的。我只能简练地表达我的观点，即德摩斯梯尼（Demosthenes）[③]本人，也无法写或者说得这么好的”。[④]

但我要继续我的故事。在1855年，通过她家人的联系和她自己坚持不懈的计划，南丁格尔被送到近东地区，以组织克里米亚战争的伤亡护理工作。

---

① Woodham-Smith, *Florence Nightingale*, p. 17.

② G. Pickering, *Creatitve Malady* (New York: Oxford University Press, 1974), pp. 131-132.

③ 古希腊雄辩家。——译者注

④ Z. Cope, *Florence Nightingale and the Doctors* (London: Museum Press Ltd., 1958), p. 100.

就在轻骑兵团对塞瓦斯托波尔（Sebastopol）发动悲剧性的冲锋后第十天，她到达君士坦丁堡附近斯库台的英军医院，这是克里米亚战争伤亡者的集散地。她面前的医院没有肥皂，只有20个便壶和上千个被痢疾折磨的士兵。死亡率达到42%，几乎都源于腹泻。对另外数千人来说，也患有令人绝望的伤寒、坏血病和伤口感染，她只能找到满是跳蚤、虱子和蛆虫的脏毯子。

南丁格尔勇敢地实现了“忠实于她幻想的画面”。不像一些分裂型患者的怪异，南丁格尔令全世界都接受了她的理念。在对公共卫生的奉献中，她会亲自一天两次来监督清空便盆的内胆。在她来之前，它们只是偶尔被清空。她组织人们对医院饮用水供应系统进行挖掘，结果发现水流经了一匹死马。她创立了医院的洗衣房，用以清洗士兵的脏衣服和被褥。她买的第一批货物是200个硬毛刷和麻布袋，用来清洗地板。到1855年6月，死亡率降为2%。南丁格尔艺术的具体作品就是死亡率轰动性的下降。就像她创造柱状图一样，科学的创造与艺术的创造得以结合。

在她的幻想中，南丁格尔称自己是1.8万个孩子的“母亲”，而现实中5万名年轻士兵——和他们在英格兰真正的母亲——学会了尊重这片被她开垦的土地。值得一提的是，南丁格尔的力量也来自其历史背景，来自战地记者在《泰晤士报》上关于现代战争的报道。南丁格尔的成就不只是一些认知性的杰作。如果女性的成就塑造了特定的环境，那么这些环境也塑造了女性的成就。因此，《泰晤士报》不仅传播了她的功绩，也通过一项特定的基金帮助了南丁格尔的改变。她愤怒的指挥官，斯特林（Sterling）上校，不理解这些，气急败坏地说，“南丁格尔小姐冷静地签了一张支票。就这样来管理一个伟大民族的资金吗？……女祭司南丁格尔小姐，像磁场一样从我的口袋里吸走了现金”。[①]斯库台人称之为“南丁格尔的力量”。

一位护士记载了陪同南丁格尔夜间巡视斯库台医院后的感受，这也激发了《提灯的女人》这样一个不朽的民间故事的创造。“前方的路途似乎没

① Woodham-Smith, *Florence Nightingale*, p. 178.

有尽头，这种经历让人难以忘怀。我们缓慢地移动着，感受到一片寂静。这些备受折磨的（士兵）时不时发出一阵呻吟或者哭泣。四处散落着点点暗淡的灯光。南丁格尔小姐提着她的马灯，俯身巡视病人的时候就把马灯放在一边。我非常崇拜她对士兵的态度——是如此的温柔和善"。①这些士兵感激地亲吻她落在枕头上的影子。"她建议，"这位见证人说道，"军官和政府人员把这些士兵当作基督徒对待。"②因此，1855年到1856年的冬天，英军那种醉醺醺的冷血形象逐渐有所改观。这是南丁格尔的影响力和《泰晤士报》一起努力的结果。

南丁格尔意识到，她的很多行为会威胁到陌生人，并让他们感到不快。"没有一位政府官员，"在她给英国国防大臣西德尼·赫伯特（Sidney Herbert）的信中写道，"只要他们能够，没有一位官员不想用火刑处决我，就像对待圣女贞德那样。"③但这并不是事情的真实过程。那些在最初十分反对她的医生们，到最后都非常信赖她。斯特林上校只能在家信中抱怨，"南丁格尔小姐现在成为绝对权力的女王了"。④用南丁格尔自己的话讲，她"艰难地获得了这些长官的信任"。⑤她成功不是因为她令人害怕，而是因为她有用，她孜孜不倦地整理着她的材料。天才不仅有着非凡的灵感，也有着无限的忍受痛苦的能力。在后文中我们会谈到，承诺对于职业巩固和对创造性一样必要，这是同样的自我成熟。

最后，在一次克里米亚战地之旅后，一直都疑病的南丁格尔患上了一种真正的疾病。她在巴拉克拉瓦（Balaclava）患上痢疾，被迫穿过黑海返回斯库台。她对士兵们的爱变得更加真实。一位中士在家书中写道，当士兵们听说南丁格尔的病情时，他们"侧过脸哭泣。她是他们所有的期盼"。⑥她

① Woodham-Smith, *Florence Nightingale*, p. 207.
② 同上，p. 257。
③ 同上，p. 232。
④ 同上，p. 200。
⑤ 同上，p. 397。
⑥ 同上，p. 220。

的传记写道，“所有高级官员都在栈桥上迎接她……12名士兵有幸负责搬运她的行李。担架后面跟着很多人，却十分安静，很多人潸然泪下”。[①]“我不记得任何事，”另一位在场者写道，“跟随着庞大的队伍只感到简单的满足。”[②]因此，南丁格尔的疾病已经超越了霍乱这种不治之症的痛苦，令人们为她感动落泪。索福克勒斯和狄更斯也没有比这更成功。连维多利亚女王都亲自公开祝贺她的康复和回归，并邀请她共进午餐。

和艺术家一样，南丁格尔做到了超越现实，创造奇迹。作为一名传记作家，我认为她创造性的功绩包括：把医院中伤员的死亡率从42%降到了2%，发明了病人用的护理呼叫铃（她率先发明把铃铛系在绳子上直接连到护士站），并发现了那些枯燥的数据能够被画成彩色的柱状图。对她科学性的创造我要表示柯斯勒的“啊哈！”式的惊叹。

在南丁格尔回到英格兰之前的传奇——带领毕业的护士在毕业当晚点燃蜡烛的传奇——是另一种顺序。但再一次地，这里出现了矛盾。她的亲姐姐和被她直接管教的护士们认为，南丁格尔是无情的。与此相反，士兵们和英国公众深爱着她。对艺术家来说，能够改变幻想、疑病和被动攻击，“对他人来说，可能再次从他们自己的快乐来源中获得安慰和缓和”。[③]南丁格尔的传奇符合柯斯勒的海洋般广阔的“啊！”的体验，这是一种真正的艺术。

如果南丁格尔是以愤怒和复仇而出名，她的复仇也会变得有创造性。她的激情没有用于毁灭，而是用于改革，因此，正如甘地和托尔斯泰的创造性能量，受苦的只有她的家庭。她的殉道和疑病使南丁格尔从床边转向了指导——并责难——英国陆军部。如果这是她带给自己家庭最糟糕的东西，也是她带给陆军部最好的东西，她被称作“指挥官的头儿”。对于南丁格尔来说，愤怒总是表现为体弱多病。在她从克里米亚返回后一个月内，她再次卧病在床。她的文章表明了愤怒的原因：“对于我的1.8万个孩子来说……

---

① Woodham-Smith, *Florence Nightingale*, p. 222.

② 同上。

③ Freud, *Introductory Lectures*, p. 376.

对每一个人，我一周所倾注的母亲般的关注比我妈妈三十七年来花在我身上的还要多。”[1]作为一个缺爱的女儿和受虐者，她提到，“除了惹恼帕茜（Parthy，她的妹妹），我不知道我还能做些什么”。她谈到母亲，“哦，亲爱的好女人，当我感到她对我的失望，我就觉得自己要疯了……我就是凶手，谋杀了他们的幸福”。[2]类似地，当萨瑟兰德（Sutherland）博士，英国内阁成员，没有如她所愿时，她崩溃了，变得焦虑、不省人事。萨瑟兰德博士立刻表达了忏悔。“让我告诉你，博士，”她写信给他，“不管是行走还是坐车，之后我都会整夜因心慌而无法入眠……现在给你写信，我也变得心悸不安……我被一种场景所困扰，看见我那可怜的猫头鹰（她早年的一只宠物和幻想中的朋友）没有头和爪子，躺在你的金丝雀笼子里，失去她的生活……小坏蛋还不断啄她。现在变成我了。我躺在那里，没有了脑袋和四肢，你不停地啄食着我。”但是，如果萨瑟兰德博士按照南丁格尔说的那样做，他也足够机智地会感知到她疑病的核心不仅仅是一种继发性获益愿望的表达，还有敌意。他指出，他而不是她才是那个被啄的人，“你的小鸟嘴可真够锋利的”[3]。

42岁时，南丁格尔卧病在床，足足躺了六年，她的愤怒朝向了她的母亲。十八年后母亲去世，南丁格尔很快就康复了，并首次亲自访问了伦敦南丁格尔护理学校。之前，她长期在卧室里完成导师和顾问的工作。但她的“疾病”反映的不是生理的损伤，而是像母鹌鹑受伤的翅膀，只是自我巧妙地发挥作用的结果。尽管她的愤怒让自己体弱多病，事实上四十年来每一个关于英军环境卫生的工作都会询问南丁格尔的意见。只在她86岁变得健忘之后，英国陆军部才停止给她发报告。

---

① Pickering, *Creative Malady*, p. 131.
② Woodham-Smith, *Florence Nightingale*, p. 86.
③ 同上，pp. 300-301。

特曼女性和大学男性的创造性

让我们从世界名人回到日常生活中的创造力，看看成人发展研究中获得的资料。英国作家和精神分析师安东尼·斯托尔（Anthony Storr）曾警示我们，“或许创造力与可称为‘一种正常状态的动力’的联系，比与心理病理的联系更紧密；可能现代精神分析思考方式的一个缺点就是，没有明确区分正常状态和神经症之间的区别”。①我表示完全同意。这本书的一个主要目的就是，强调我们所认为的心理病理学，大多数像咳嗽发烧一样，只是简单的“正常状态的动力”。此外，百万人中只有一个会像南丁格尔一样有创造力，普通人的普通创造力是怎样的呢？日常生活中的创造力是怎样的呢？为了考察这一点，我会对比最有创造力的特曼女性样本和有较少创造力的大学男性样本。

但是首先，我必须从实际的角度出发来看他们创造性的成果。一方面，我们可能认为一个写诗的朋友是有创造性的，即使二十年里没有出版什么，总是被《纽约客》退稿。另一方面，我们可能会认为两位诺贝尔奖获得者辛克莱·刘易斯（Sinclair Lewis）和赛珍珠（Pearl Buck）不是很有创造性。因此，在评判创造力时，我们忘记了概率。很可能，一百个人当中没有一个人曾经出版过一首诗，但获得诺贝尔奖的机会，在任何一个领域，更不用说文学作品，接近两千万分之一。美国每年有2万到4万本书被出版。或许，很多人也举办个人音乐独奏会，或者在公共画廊展出自己的绘画和雕塑作品。粗略估计那些概率，在美国人的一生当中，一千个人中会有一次机会写一本书，或者公开展示他们的艺术或音乐技能。如果我们认定，特曼和大学被试是顶尖的百分之一人群，那么他们十个人中就有一个人可能有望出版一本书，或公开展出自己的艺术或音乐作品。特曼女性和大学男性的创造力都超过了这些乐观的概率估计。不管怎样，即使在相对天赋较高但相对业余的样本人群中，创造力也肯定能进行评估。

① A. Storr, *The Dynamics of Creation* (Harmondsworth, England: Penguin, 1976), p. 13.

对于这些业余人士所进行的创造力的经验性研究，我会这样定义创造力，即“带给世界一些从未有过的东西”。对特曼女性和大学男性来说，我主观地将创造性人群分为四个类型。让我们先来看一看特曼女性。最有创造力的一类（四点量表中计分为1），是那些通过她们的创造力赢得全州认可的。第二类（四点量表中计分为2）是那些赢得社区认可的（比如出版了两篇或者更多论文、文章，或报纸专栏，或举办公开音乐独奏会，或创建了一个社区组织，比如儿童交响乐团或社会组织）。一半的特曼女性属于前两类。第三类（四点量表中计分为3）包括那些有创造性兴趣的人。最少创造力的一类（四点量表中计分为4）包括那些一生中没有任何证据显示她们具备创造性的人。

我会分别从两类最有创造力的人和两类最少创造力的人各选取20个女性加以对比。但在这之前，我需要介绍两个人：一个是有着较高创造力的女性；另一个是尽管没有精神疾病，也没有显示任何创造力的女性。

弗洛伦斯·科耐特（Florence Knight）的生活描述了创造力中利他和繁衍性的亲密关系，但是她的生活也着重显示了我所说的日常生活创造力。在大学以及之后的十年里，她曾对小剧场感兴趣，并帮助成功的小说家发展他们的事业，她承认，“我认为帮助一位艺术家比我自己这么做更重要”。之后，她成为一名编剧，30岁时她成立了一个首创的跨种族的教堂。那时她写道，“我用了这三年大多数的时间处理紧张的种族关系，也帮助我解决了一些自己的问题”。现实资料证明，她的创造力也是被他人认可的，她被邀请参与联合国的建立工作。

从20岁到40岁，弗洛伦斯·科耐特也是一位自由撰稿人，是一位代笔作家，写过一些没有发表的短篇小说。在之后十九年的工作生活中，她是一名新闻和英语教师，任职于门多西诺（Mendocino）的教育系统。她说，“顾问总是寄给我一些古怪的东西。我喜欢拯救那些被其他人拒绝的人”。她是加利福尼亚高中写作比赛的评委，也被提名为全美最优秀教师之一。她的很多学生，之后成为成功的记者，都回来感谢她的帮助。

科耐特创造性的想象和繁衍性，也体现在她在高中教师退休典礼上所表现的幽默性上。她没有得到一块金表，而是一个银碗。她的成熟（Janusian）[①]反应是，要把自己刚出生的孙子放进这个碗里。这更好地象征了一种不朽性，是一种死与生的联结，把她新出生的孙子放进碗中代表了她的退休。五年之后，她对研究人员说，“我和孙子在一起的一部分快乐，是来自看着我的儿子如何成为一个好父亲，比儿子自己的父亲更好的父亲”。她在生活的很多方面都带给世界一些前所未有的事物。

退休之后，科耐特组办了一个想象教学的连续教育工作坊。75岁时，她发表了一篇颇有批判性的原创论文。不只是意义守护者，她还继续撼动着30岁到40岁的教师的思考模式。她的住所里放满了优秀的原创美国艺术作品。她书桌的抽屉里放着她正在写的一本书，但可能永远也抽不出时间去完结。科耐特不是自私的人。总之，她的创造力体现在繁衍性中，体现在各种活动组织和论文中，体现在欣赏并评价别人的艺术中，并表现了柯斯勒的相互关联性（bisociation）。

与科耐特相比，薇拉·洛曼（Willa Loman）的生活则是一个对位（contrapuntal）[②]的例子。洛曼有一个凄惨的童年、一个抑郁的母亲和一个不太亲近的兄弟。和阿瑟·米勒（Arthur Miller）的《推销员之死》（Death of a Salesman）中的同名主人公（威利·洛曼）一样，洛曼在4岁时失去了父亲，并总感到自己身上的某种“短暂性”。她只在学校里表现很好。12岁时，老师在特曼研究中给了她很积极的评价，“聪明、头脑冷静”。18岁时，老师说她有“显著的领导力、执行能力……不寻常的吸引力、迷人的人格”。洛曼自己对学校的回忆是，“我爱青春期，我是如此的活泼……我爱高中的生活”。她曾有很多朋友，参加了一个女学生联谊会，写诗，甚至还

① Janusian，指多面共存思考方式，能够从不同乃至对立的方面来同时进行思考。——译者注

② 对位法是在音乐创作中使两条或更多条相互独立的旋律同时发声并且彼此融洽的技术。这里取引申意义。——编注

出版过几篇，并作为学生代表在高中毕业典礼上致辞，去读了加州大学洛杉矶分校（UCLA），之后还在研究生院就读一年。

然而，在这之后，洛曼的光亮似乎燃烧殆尽。像很多有天赋的孩子一样，她变平庸了。被一个抑郁的母亲带大，在一个充满地狱之火和硫黄的教堂里，她总是感到内疚和羞耻。她这样描述自己，“有些地方会让我感到害怕”。在学校，她记得图书馆有一个房间她是不敢去的。那里太漂亮了——“在它的光芒之下，我无所遁形”。或许，她生命中缺乏的是一种内在的安全感。或许，她需要通过获得外在的安全感，但与创造力的机会无关。带给世界一些未曾有过的事物是一项独创性的任务，不适合胆怯的她。同时，大多数人注定在日后会成为平庸的人，而不是创新的波希米亚人（Bohemian）。

没有证据显示，洛曼在之后的五十五年里有过创新。她一生都在一家医院的实验室工作——她在一项市民服务测试中得分最高而获得了这份工作——除了在医院的病理实验室日间工作，比如清洗试管和计数红细胞，她从未有其他的发展。她解释说，她的工作最终被认为是受过教育的残疾人也能够完成的。

在她的婚姻中，洛曼和丈夫是分房睡的。问及他们在婚姻中如何去支持彼此，她说情感上他们彼此都付出得很少。“我们不是互相支持的。我会沉迷在一本书里，他则沉迷在电视里。”洛曼是这样一个女人，当问及她从孩子身上了解到什么时，她说，“我被认为是没有耐心、不友善的。”她唯一参与的一项社会活动是，通过邮件捐钱。她没有爱好，访谈中她只会提到阅读杂志和垃圾邮件。

50岁时，洛曼为特曼研究写道，“我发现自己为世界没做什么特别的贡献”。60岁时她写道，“我从来也不是一位参与者”。78岁时，她在我们访谈开始时说，“我是个骗子”。羞耻看起来是她存在的核心。如她所说，“我是个可彻底被遗忘的人”。

然而，洛曼并没有什么怪异或不恰当的地方。如果有社交焦虑，她也没有在访谈中显示出来。也没有证据支持她有强迫动作或行为，没有恐惧、严重的抑郁或自闭观念。1950年，她在概念精通测验（Concept Mastery Test，一项用于特曼研究，类似于研究生入学考试）中的分数是178，是特曼研究中的最高分之一。这种能力排除了她存在脑器质性疾病等缺陷。然而，她较高的概念能力只来自对一些严肃杂志和书架上老旧的书的阅读。但是，她不会告诉采访者这些。

表14　较富创造力和较少创造力特曼女性的主要差异

	创造性（n=20）	较少创造力（n=20）	显著性[a]
基本差异			
繁衍性	75%	10%	***
发表过一些东西	60	10	***
出版一本书	25	0	**
公开表演艺术或音乐	40	0	***
创建一个组织	55	0	***
前半生			
没有职业规划，26岁	10	30	—
工作满意度，40岁	50	20	*
家以外的活动性，45岁	80	50	*
很少利用闲暇时间，45岁	30	70	***
后半生			
快乐地生活（主观的），60岁	40	10	**
适应老年生活，65~75岁	85	50	**
适应老年生活，75~78岁	65	35	*
防御			
利他，或幽默，或升华作为一种主要防御	85	15	***
升华作为一种主要防御	55	0	***
未表现出压抑	65	40	—
未表现出幻想	80	50	*

*p<.05; **p<.01; ***p<.001

a. 应用文中提及的创造力四分量表进行计算

她在洛杉矶的公寓“很优雅”，采访者写道，“它非常简单。没有迹象表明花了很多钱——只有品味，以及费了一些体力。地板没有地毯，但精致干净。在房间的角落有一幅画有插着向日葵花瓶的画，可能是梵·高画的”。然而，装饰公寓的所有美观的手工和艺术品都由她的亲戚设计。“总之，”采访者写道，“她是一个朴素的、聪明的，并且能力很高的女性。”但是，洛曼从来也没有学过开车——或者内化另一个人的能力。

表14对比了较多创造力和较少创造力的特曼女性。20位较多创造力的女性中，19位女性或者有过一些出版物，或者组办过一项社会活动。唯一的特例女性是一位非常认真的业余画家，她也是一个社团领导者、一个艺术博物馆的托管人和一个认真的艺术收藏家。20位被归为较少创造力的女性大多爱好缝纫、园艺、陶器上釉或者插花，或者在消遣活动中比较活跃，像秀狗、集邮或者研究鸟类学，或者喜欢参加艺术或者民间舞蹈课程。然而，这些较少创造力的女性都没有通过她们的创造力影响过直系家属和好友以外的人。

创造力，带给世界一些未曾有过的事物；繁衍性，呈现对年轻人发展的关心。两者不是同义词。然而，表14中创造力和繁衍性之间的联系是显而易见的。15位有创造性的特曼女性和2位较少创造力的女性满足研究中繁衍性的标准。在创造性艺术家和社会组织创立者之间存在一定的理论差异，实际上，莱福特提到的社区建设和艺术创造力常常紧密相关。20位被视为创造性的女性中，5位既出版或举办过独奏会，又创立过社团组织。20位较少创造力的女性中，只有两位出版过一些东西，只有1位曾经积极参与过社团组织的创立。

年轻时，创造性的女性对为自己取得一个家庭之外的积极生活更感兴趣；26岁时，创造性的女性很少是没有职业规划的；40岁时，她们大多都享受工作或者家务；45岁时，她们更活跃于一些活动——与职业相关的、自愿的，或者创造性的——能够让她们离开家。创造性的女性——她们大多将创造性放在工作这一位置——与只有创造性爱好的女性相比，也表现出更多的、对闲暇时间想象性的应用。

从表14中可明显看到，两组妇女在自我防御的选择上存在显著性差异。实际上，所有创造性女性都把利他、幽默或者升华作为一种主要的防御机制，而较少创造力的女性都没有采用上述防御。这三种成熟的防御任何一个都更普遍地存在于创造性女性中（然而，这三种成熟防御是所有成熟防御中与心理健康相关程度较低的）。

弗洛伊德可能已预测过，压抑较少出现在创造性女性身上。由于样本量较小，差异在统计学上并不显著。类似的，弗洛伊德也预测过，有着白日梦特征的创造力个体能够被公众接受。因此，在我们的样本中发现，创造性女性比无创造性女性更少采用自闭性幻想。毕竟，如果你的白日梦是能够实现的，它们也不能再被称为白日梦。只有当南丁格尔放弃了对斯库台虫灾现实的原始幻想之时，她才成为一名有效率的艺术家。

表14也提示两组女性之间在生活乐趣上的一种差异。在中年创造性女性中，有着更多家庭之外的活动；60岁时，她们更会表达对生活的热爱。最有趣的是，在“成功老龄化”（successful aging）上，这些创造性女性几乎是较少创造力女性的2倍。“成功老龄化”通过一个有较好评分者信度的5点量表评定。5分表示一个75~78岁热爱生活的女性是快乐的、现实的，并对新的想法很开放，坚持实用性，有幽默感，并接受过去。南丁格尔在80岁时仍然在给英国陆军部提供咨询。5分同样也表示一个帮助过他人的女性在适当的情况下愿意承担责任，并且能够优雅地表现她自己的依赖需要和自己的局限性。如果生病了，她也是一个让医生愿意帮助的病人。适应老龄化量表的3分表示只达到5分的一半。1分表示那种医生不太喜欢的老年病人，年轻的亲戚也不愿多接触，表现出抑郁、抱怨性的依赖或者社会退缩。1分反映这个女性是刻板的、自我中心的，并且不能接受失去尊严的老年。

20位最有创造力的女性中，有9位在60岁之后获得了较高的成就。这种晚年生活的创造力与哈维·雷曼（Harvey Lehman）的观点是相反的，他认为男性的创造力至少会在50岁之前达到顶峰。[①]20位创造性的特曼女性中，

① H.C.Lehman, “The Age Decrement in Outstanding Scientific Creativity,” *American Psychologist* 15 (1960): 128-134.

有两位在60岁之后成为著名画家，两位在60岁之后举办了她们人生中第一次的音乐公开独奏会。另外，一位之前少有作品的作家在75岁时成为一份小型报纸的编辑；一位女性在她65岁时出版了第一本正式书籍，78岁时出版第一本诗集；另一位女性在75岁时的文学成就达到顶峰。第九位女性在70岁之后赢得她的第一个雕塑奖项。对这种大器晚成（efflorescence）的解释，很可能是抚养子女的责任和来自大萧条、二战及年轻时期对女性的性别歧视等三方面的原因，迫使特曼女性延迟表达固有的潜力。

这些高创造性组和低创造性女性组之间的区别是让人激动的。然而，同样让人激动不已的一点是两组之间的相似性。比如，除了幸福和繁衍性水平上的差异，两组在心理健康上没有差异。创造力既不是精神疾病的标志，也不是心理健康的标志。只有那些不能娱乐、没有一点创造性（哪怕是私人领域）出口的女性才会显示出低水平的心理健康。抑制和预期，这两种成熟的防御与心理健康有着最高度的相关，在创造性女性中没有被运用得更多。与我们波希米亚艺术家的原型相比，这些创造性的女性也没有显示出运用不成熟的防御。所采集到的关于童年幸福度的数据显示，创造性女性与较少创造力女性之间也没有显著差异。两组在精神疾病或持久的婚姻满意度上也没有显著差异。有几位较少创造力的女性曾协助组建非常完满的家庭和花园，但在这一章里，我仅阐释了从内部呈现出来的创造力。我并没有讨论生物学以外的、需要密切合作的组织创造力。此外，就孩子和花园来说，创造性女性比创造力较少的女性的表现要更好一些。

在智力水平上，创造性女性和较少创造力女性之间没有显著差异。在儿童期的IQ测试、中年期的概念精通测验或者之后的教育程度上，两组没有差异。每组中都有一半的女性是大学学历，没有再继续深造。成年生活中，每组都有一半人只读流行杂志和休闲小说。在机会上，两组女性也没有差异。创造性女性也不是来自较高社会阶层的，她们的母亲所受教育也没有更多，其童年也没有更多的书，父母在她们的成就上也没有提供更多的支持。与防御成熟度及心理社会成熟度一样，业余者的创造性似乎更多源于自身，而不是来自环境的眷顾。

当然，样本量较小并且受到教育和智力方向的偏斜影响，而智力和教育都是创造力的影响因素。的确，由于特曼女性研究的标准设定，很少有核心城市样本的弱势男性能够达到创造性的标准。但关键点是，创造性的特曼女性只是在和她们的同伴进行比较。

* * * *

作为特曼女性的男性对照组，让我们来看一下有同等教育水平的大学男性。同样对应的是，他们的创造力评判必须去比较他们自己最有创造力的那些朋友，而不是去比较那些著名的艺术家。比如，诺曼·梅勒（Norman Mailer）和伦纳德·伯恩斯坦（Leonard Bernstein）①是这些大学男性样本的同学，但遗憾的是，他们没有被选入研究样本组。268名大学男性样本中，只有2名是真正靠写作小说或者表演或画画或者演奏乐器为生的。

对于大学男性的创造力四分类研究定义与特曼女性的稍有不同，因为可用的数据和男性创造力的机会是不同的。创造性男性会在每种创造性类型中各得1分。第一种类型是有着持久的创造性成就，谋生的手段包括作家、演员、艺术家，出版过两本以上的书，有几次单人艺术秀，或者赢得过创造性奖项。第二种类型是一种包容性的定义，带给世界一些前所未有的事物。比如，获得两项及以上专利，在报纸或杂志上发表过两篇及以上文章，创建一个组织，或者成为一个需要布道的牧师，或者建筑设计师，或者创造文案的广告人（区别于他人创意的市场化执行者）。很明显，在第一类成功的人，在第二类也是成功的。第三类是有一个正式的创造性爱好。可以是一本未出版但已完结的小说、个人印刷的诗集、业余话剧、正式的周末绘画，或者曾

① 前者为美国著名作家、国际笔会美国分会主席；后者为美国著名指挥家、作曲家。——译者注

经被刊登过的、足够好的摄影作品。第四类是公共领域的艺术委托者，包括成为一位文学评委、一个艺术博物馆的委托人、一个正式的艺术收藏家、一名编辑或者一个创造性活动的组委会成员。对于创造性的以上定义，当然不包括四个孩子的慈爱父亲，或者生日宴会或晚餐后即兴作诗或致辞的人。不过，我获得的证据表明，公共领域的创造力通常与个人生活的创造力平行。毕加索会在他朋友餐馆的餐巾纸上素描，在帆船的帆布上作画。

51名最有创造力的大学男性中，13名在三种或者四种类型中都会得分。这13名男性中，有1名是职业演员，1名是职业小说家；有5名是颇有天赋的、全国知名的人文学科教授，大多都出版过一本以上的书；有1名很有天赋的建筑师；3名较高创造力的编辑，其中2名曾获得国家级荣誉；有2名尽管是以做生意为生，但都创建过组织，并且作为业余人士，他们的艺术获得了专业人员的认可——一位是戏剧作家，一位有几次单人艺术秀。另外39人与20名最有创造力的特曼女性类似。这39人在两种类型中都有得分。[①]

该谱系的对立面，是60名在四种类型上没有任何得分的大学男性。这些人倾向于擅长运动，或对人感兴趣。与较少创造力的特曼女性相比，他们倾向于有很多户外兴趣。两组样本之间的差异很可能是由于大学样本最初是因为心理健康和自信被选择，而特曼女性是因为IQ测试分数被选择。

表15是对最多和最少创造力男性进行的对比，没有包括那些仅在一个类型上有创造力的样本。总的看来，最多和最少创造力男性间的差异类似于对特曼女性研究的结果。那些有过出版物的男性常常至少在另一个领域是有创造性的。不出意料的是，创造性男性大都上了《美国名人录》（Who's Who in America），会用升华作为一种防御。创造性男性在某种程度上比无创造性的男性更有繁衍性，并且较少运用压抑，但这些区别不像在特曼女性中那样明显。像特曼女性的创造性一样，大学男性的创造力与成功老龄化相关。但与特曼女性不同，创造性的大学男性并没有更多运用利他和幽默。

① 疑为38人。——译者注

研究评估了大学男性在学校时的一些人格特质。其中有两项特质高度预测了他们在学校时的心理健康状况："主要情感"（vital affect）预示了较好的学校适应性，"未整合的人格"（unintegrated personality）预示了一种适应不良。这些特质与创造性没有任何联系。"实践性组织"（practical organizing）特质对学校里的心理健康有较弱的预测作用，但对之后的生活有较强的预测作用。这种特征用于描述大二学生，"在组织性上比分析性或创造性工作更好。它们表达在……完成事情上的兴趣"。[①]与普通大众的智慧一致，表15反映，敏感和有组织性会妨碍未来创造力的发展。

表15 大学男性较多创造力与较少创造力之间的主要差异

	创造性（n=51）	无创造性（n=66）	显著性
繁衍性	61%	45%	—
出版过一些东西	80	0	***
出版过一本书	18	0	***
热爱工作，50~62岁	82	55	**
1989年前去世	4	21	**
升华作为一种主要防御方式	27	0	***
未表现出压抑	63	50	—
在美国名人录中	40	17	***
大学里对文化的兴趣	41	18	***
大学里的创造力和直觉	22	0	***
大学里的流畅表达	33	12	***
大学里的实践/组织性	20	52	***

p<.01；*p<.001

总的看来，心理健康与常识和繁衍性有关，与创造性、利他或升华无关。创造性与繁衍性、升华和利他正相关，与常识负相关，与心理健康相对独立。

然而，下文会提到在大学或后来生活中非常独立于心理健康的三种特质，这些特质在之后致力于创造性行为的大学男性中的比例是平常人的4

① C. Heath, *What People Are* (Cambridge, Mass. : Harvard University Press, 1945), p. 27.

倍。这些特质中第一个是有“对创造力和直觉的积极性。这个群体的特征是有较强的自我表达能力，或者有原创性想法……这个群体大部分由那些致力于艺术或文学事业的人组成”。第二个特征是有“对文化的积极性。一个乐于参与文学或艺术的群体……或者会有一个艺术性的事业，或会考虑将任何一种生活工作形式作为一种存在的方式，以满足自己对文化的需要”。第三种特质是语言天赋较强的人，比如大二的学生“有语言天赋或者能够用丰富或优美的语言表达他们的内心”。[①]换言之，在大学里对创造力感兴趣预示着在之后的生活中也是有创造性的。

对大学男性的观察，像特曼女性一样，创造力和心理健康是两个不相关的矛盾面，代表两种普遍的观点。一方面，饱受煎熬的诗人吸引我们的注意，因此我们会错误地认为精神上的痛苦是一种必要的内在思维状态。另一方面，我们相信，孩子的创造力是一种健康的标志，游戏代表快乐而非痛苦，有创造性的成人心理也是健康的。结果是两种观念的对立面，成人发展研究显示，有天赋爱好者的创造力似乎与精神疾病出现与否没有任何形式的关联。评估温暖的童年环境和童年时期神经质性，评估成年人抑郁和心理病理的量化结果与大学男性的创造性4点量表只有不超过0.02的相关。类似的，将30岁、47岁和65岁时工作和爱的成功作为一般标准时，这些和心理健康显著相关。

对于大学男性，只有在中年后期的快乐上，创造性似乎与良好的心理水平存在相关，这一点与特曼女性的研究结果相同。

南西·安德森（Nancy Andreason），一位著名的精神病学教授，曾发表过一项迄今为止最有说服力的研究，创造力与精神疾病是相关的。[②]她研究了爱荷华州大学作家研讨会30位职业作家和他们的直系亲属，对照组是控制性样本和相关直系亲属。安德森发现，临床上典型的抑郁障碍在这些作家及

---

① C. Heath, *What People Are* (Cambridge, Mass. : Harvard University Press, 1945), p. 27.

② N. C. Andreason, “Creativity and Mental Illness: Prevalence Rates in Writers and Their First-Degree Relatives,” *American Journal of Psychiatry* 144 (1987): 1288-1292.

亲属中大致是对照组的3倍。

成人发展研究的结果不是如此明确。一方面，在大学样本的11位职业作家中，3位患有临床上典型的抑郁（3倍于预期的），只有3位似乎完全没有心理问题。这些数据过小而无法达到统计显著性，但符合一些其他发现，小说家——特别是诗人——作为一个群体，与普通人群相比似乎会有更多的抑郁。但是，以上提到的大学样本中与创造性高度相关的三种人格特质——文化兴趣、语言流畅性和一种创造性/直觉性的天赋——没有一种有任何迹象显示与重度抑郁障碍相关。换言之，在艺术家中，可能只有诗人和剧作家，才会让我们把创造力和心理疾病等同起来。

两个变量——酒精依赖和运动——我预期与创造性负相关，结果却不然。对我来说，很容易想象如果一个人有酒精依赖，将会严重影响他的工作，因此他会变得没有成果。普遍意义上确实如此，但与创造力无关。确实，很多成功的美国小说家和英语教授都败给了酒精依赖。其次，艺术家/运动员的想法似乎和我不同，但与这些大学男性类似。对于我曾经做过创造力四种类型评估的大学男性来说，大学或中年明显的参与运动并不和其中任何一种成就对立。

* * * *

至今，我讨论了创造力作为自我的一种适应性的操作方式，作为自我解决冲突、实现全能幻想的方式。但这低估了创造力，自我和创造力在某些方面是一样的。比如，自我技能对创造力和对职业巩固同样重要：个体在自身能力中发现持久兴趣和信念的能力。我对创造性业余者的测评结果提示，创造力需要的不仅是冲突。南丁格尔和贝多芬冲突性的生活（以及后面三章中的主角——西尔维娅·普拉斯、安娜·弗洛伊德和尤金·奥尼尔）可能是特例，而不是普遍规律。相反，创造性的来源是复杂多样的，也是奇妙的，它们也可能从未被完全理解。痛苦的童年使心理传记家阐释了自我的智慧和炼金术，但内在的痛苦绝不是创造力所必要或有效的因素。精神错乱与创造力之间也没有明确的联系。相反，除了防御方式外，在很多的方面，我们都能寻找创造力的来源。毕竟，我们都有自己创造性的能力。我们都有能力深刻体验生活，并与他人分享我们独特的体验——只要我们能发现一些表达的途径。

首先，对于创造性的表达，需要一种天赋。因此，南丁格尔非凡的智慧无疑在她的成就中起着重要的作用。但就像前面已提到的，为了发展天赋，需要承诺、能量、坚持不懈和忍受痛苦的能力。和智力一样，对创造力而言，天赋是必要但绝非充分条件。

其次，创造性的表达包括保持游戏的能力。游戏是获得快乐的一种方式，而不是解决心理病理的一种方法。防御（和作为意义守护者的生活任务）包括顺应和妥协；在某种意义上，防御是对生活的一种反应。儿童的游戏和成人的创造性是积极主动的（proactive）。因此，如果创造性对心理健康不是必要的，那么它也常常是心理弹性的一部分。如果创造力并没有使人变得完整，那它仍为渡过消极体验的创伤期提供了积极的力量。

因此，使创造性成为可能的条件之一是一些神秘的过程，即其中一些成人能够继续懂得如何游戏。因为如果承诺是成熟的一部分，游戏则是儿童的领域。事实是只有约1/10的儿童音乐天才会在成年后成为艺术大师。同样的情况也出现在有绘画天赋的儿童中。所有的特曼女性在青少年时期，甚至包括薇拉·洛曼，都是有创造性的，但只有一小部分在成人后仍然有着较高的创造性。很多大学男性在年轻时带给世界一些新的创造，但随着年龄的增长他们的创新停滞了。最好的情况是，他们成为意义守护者；最糟糕的情况是，他们成为毫无想象力的、刻板乖戾的人。

梦和游戏都与发展新的事物有关，而成熟性，不管你喜不喜欢，大都意味着保持现状。“人们在成长中停止了游戏”，弗洛伊德写道，“他们似乎放弃了能从游戏中获得的快乐。”①或者像奥格登·纳什（Ogden Nash），另一个人类状态的诗意学生，写道：“和一只小猫咪一起的麻烦是实际上她长大了，成了一只猫。”当我引用纳什和弗洛伊德的原话时，我沿着书桌看了看家里养的两只猫。那只5个月大的小猫咪正忙着和想象中的老鼠进行自我维持的斗争，旁若无物地向后翻着跟头。那只12岁的猫打着瞌睡，偶尔张开一下眼睛，好像在看看太阳底下有没有什么新鲜事儿。也许它和《传道书》（Ecclesiastes）一样聪明，也许它只是忘了如何游戏。从发展性的视角看，年轻的任务是创新，中年的任务是承诺和坚持不懈，老年的任务是把过去学到的传给下一代。或许通过一种自然的运动，这三个任务会在创造性的艺术家身上同时发生。年龄的智慧和童年的游戏性会在同一个人身上出现。果然，创造性的艺术家不是一般人。

但是，天赋和游戏还不够。第三个创造性表达的条件是仪式。仪式能够创造一种平静以释放内在。仪式、模式性行为和原则对艺术都很重要。正如斯托尔（Storr）的建议，“象征化、仪式化的活动能够被视为主体内在和外在世界的一种连接；促进情感能量从一个世界转移到另一个世界的桥梁”。②约翰·赫伊津哈（Johan Huizinga）提到仪式、游戏和创造性之间相同的联系，但也有一些不同：“或许就像我们无意中发现的，游戏好比是在美学领域中撒了一个很大的谎，其原因也是游戏和秩序之间显著的联系。游戏是一种变美的倾向。”③

南丁格尔有一种对整洁、条理和秩序的热情。她本能地急切寻求事实。在她的家里，她是帮助人们找到东西的那个人。她是对自己抽屉里的小物件最一丝不苟的人。她甚至为分数、剧本和每一个参加的戏剧演出节目单都做了一个表格式详细的对照。像精神科医师和艺术评论家，她试图带给柯斯勒“啊！”的体验以秩序。但和大多精神科医师和艺术评论家不同的是，她也

① S. Freud, “Creative Writing and Day-dreaming” (I908), SE 9: 144.
② A. Storr, *Dynamics of Creation*, p. 139.
③ J. Huizinga, *Homo Ludens* (London: Temple Smith, 1971), pp. 28-29.

能够在其他方面创造“啊！”的体验。

第四，创造性和游戏都包括令人理解和意想不到的矛盾性。像柯斯勒指出的，科学发现、幽默和优秀的艺术肯定都能够把平凡的事变得不平凡。为了带给这个世界一些前所未有的事物，你必须能够看到在你之前别人忽视的地方。儿童喜欢惊奇，但成人不会。要成为南丁格尔，你必须能够从污水中看到所谓的浪漫。阿尔伯特·罗滕伯格（Albert Rothenberg），一位致力于研究创造性的精神分析师，称这种对矛盾思考方式的容忍和领悟为“杰纳斯神”（Janus），双面神。[①]柯斯勒则称这种积极的同时感知两面或更多非连续存在的过程为相同空间的相互关联性。一个简单的日常生活例子是，无名天才第一个想到奶酪和苹果派搭配可能会很美味。创造性的相互关联性方面，对适应来说也很重要。产生矛盾的能力——就像点石成金，在暴风雨中发现希望的曙光，在争论中发现笑点——是自我智慧的一部分。

第五，创造性需要对感受和思维的管理。贝多芬和莫扎特如果没有激情，只有抽象的音乐天赋，会“听起来刺耳或像个叮叮响的铙钹”。但通常，这种对激情的管理需要导师或对其他人某种类型的认同。南丁格尔，英国统计学会选出的第一个女性，第一次对数学感兴趣是以一种最不太可能的方式——通过她对自己的表姐妹不求回报的同性之爱。她开始是从父亲那里学习拉丁语和希腊语，然后在学习数学时，她选择向她表兄弟，亨利·尼科尔森（Henry Nicholson）学习数学，作为一种安全接近他的姐妹玛丽安·尼科尔森（Marianne Nicholson）的方式。弗洛伦斯用简单的澄清表达了她对玛丽安的喜爱：“我从来没有如此热烈地爱一个人，那就是她。”[②]然而，这种激情没有表现为一种相互的恋爱关系，而在一生通过对数字的爱来得以表达。通过联系想法和感受，创造性能够成为一种从距离中获得亲密的方式。

第六，创造性不仅是想法和情绪之间的联结，也是右脑和左脑之间的

---

① A. Rothenberg, *The Emerging Goddess* (Chicago: University of Chicago Press, 1979).

② Woodham-Smith, *Florence Nightingale*, p. 33.

连接。柯斯勒对此表述有一些不同，告诉我们一个“模糊的视觉影像（即）似乎是按照华兹华斯的建议：‘我们常常不得不离开语言，为了更清晰地思考……’语言能够作为一个想法和现实之间的屏幕。创造性常常开始于语言结束的地方，通过退行到前语言水平，到达心理活动更流畅和自由的形式”。[①]克劳德·伯纳德在建议我们用现象来替代话语时，说了很多类似的话。

第七，创造性被一种特定的羞怯所催化。艺术家希望交流，但常常是更间接的。创造性触动我们的内心，但可能是在艺术家悄悄离开房间之后。创造性的这一特点能够被视为一种社会性的逃离，一种嗜好，一种几乎是自慰性幻想的应用，在其强度上类似一种分裂。我们只需要设想，我们从身边语无伦次的人那里得到一份简短情书的场景。但创造性和幻想、重复的区别是，创造性没有了那些过于个人化的和拒斥陌生人的部分。没有用科学设备，只用了一点点数学，阿尔伯特·爱因斯坦就对世界进行了一个几乎是自闭性的小说般的想象。然而，后续的试验却证实了他的幻想。梵·高认为自己是一个有一些重要内容要表达的艺术家。即使一生中他只卖掉了一两幅画，世界也认为他是个疯子，后人还是证明了他的信息是特殊而有价值的。在梵·高和艾米莉·迪金森（Emily Dickinson）去世之后，他们终于受到了生前所希望得到的爱戴。他们不是太善于直接告诉人们他们心中的爱。

第八，对一个艺术家来说，拼命地想要交流是不够的。创造性交流需要一种介质的出现。直到克鲁马努人文化发现了彩色陶土和赭石的媒介，以及拉斯科（Lascaux）和阿尔塔米拉（Altamira）洞穴的壁画，有创造性的直立人才能成为艺术家。穹棱拱顶技术的发现与切割和缀石工艺的改进，使得中世纪的建筑师能够把筒形穹顶的朴素的罗马教堂变换为伟大宏伟的哥特式大教堂。同样地，南丁格尔需要一名观众。对他人来说，能够从她潜意识的作品中获得安慰和缓解，而她则需要文化的许可及观众的认同。如果要让污水变得浪漫，战争不得不在公众面前变得真实。如果没有19世纪50年代战地记

① Koestler, *Three Domains of Creativity*, p. 38.

者的介绍，她可能只会被作为柱形图的发明者之一。南丁格尔所获得的“财政权”——大都是通过《泰晤士报》的帮助——是4万英镑的救济金。《泰晤士报》的战地记者发回报道，提到了“南丁格尔的力量”，并促进了传奇的形成，这对之后南丁格尔对陆军部创造性的干预起了关键作用。

最后，创造力从来不能简单地被解释。就像孩子的出生，创造性迫使我们不做解释，而是惊奇和敬畏。在创造性艺术家之前，不仅是精神分析师，还有那些华丽的原因，都必须举械投降。作为“水槽论文”的未婚作者，南丁格尔仍然使年轻男性在她经过时想要亲吻她的影子；作为一位过分控制性的护士管理者，她仍然成功地创造了一个传奇，至今仍然激励着年轻的护士在烛光仪式上哭泣。神话比小说更离奇。

确实，游戏、艺术和升华作为一种防御，其强度都远大于减轻原始欲望。它们反映了心理复杂性的一种更高秩序。它们都提高并改进了心理功能。设想一个温和的场景，一台电影放映机高强度的电灯泡投射在屏幕上，之后一场华丽而繁复的电影在光和屏幕间播放，电影的影像抓住了我们的心和思维。这样在刺眼的光束之前，自我会产生出一些理解。就像弗洛伊德观察到的，“创造性艺术家做的事和孩子们在游戏中做的事一样。他创造了一个幻想的世界，对此他十分严肃地对待——即，他投入了大量情感——将其清晰地剥离于现实”。[①]我们会在下一章看到，创造力一点儿也不简单。

① Freud, "Creative Writing," p. 144.

9

西尔维娅·普拉斯：创造力和精神病性防御

对于一只明察的慧眼，

诸多的疯狂是最大的清醒......

——艾米莉·迪金森

通过语言表达她的精神痛苦，西尔维娅·普拉斯充满激情地为我们提供了一种对精神病性防御非常出彩的描述——这种描述表明精神病不只是一种缺陷，也是一种修复的努力。普拉斯的心理易感性、非凡的坚忍不拔、超群的语言天赋和强迫性的日记写作，使我们能把她的生平事实、创造性的作品拼凑起来，识别出其适应的过程。因此，我会引用普拉斯生活中的一些细节来展示一些技术，以说明或证明防御的存在，并验证日常生活心理病理中四种不常见的防御。其中三种都属于精神病性的范围：妄想性投射、精神病性否认和歪曲。第四种机制是分裂机制，本书的其他地方只是顺便提过，因为它专门被用于处理冲突性的关系。

有时，精神病性防御和我们梦的创造性内容一样，仅仅是在整理发生于我们大脑中的生化失调。中毒性谵妄和癫痫性精神病，就是典型的例子。另外，精神病性防御会出现于未受损的大脑在应对无法承受现实的时刻。结局几乎可以是健康的。埃尔文·森马德（Elvin Semrad），哈佛精神病学教授引起我首次对防御等级的关注，主张“宗教是歪曲的唯一一个好方式”。事实是，散兵坑里没有无神论者，这句老话说明精神病性防御能够让我们在疯狂的地方保持心智正常。[1]

通常，就像我们最有意义的梦，运用了歪曲、妄想性投射或精神病性否认，这诱发于同时发生的生物学易感性和个人危机。奥古斯特·斯特林堡（August Strindberg）、梵·高、威廉·布莱克（William Blake）和西尔维娅·普拉斯，用他们所有的创造力试图修复受损大脑的损伤和障碍。他们的大脑不仅被心理冲突的定位标拉扯得支离破碎，也因人类对疯狂的神经生物学的浅陋了解而被障碍化了。他们努力从混乱中创造的秩序，会使任何一个深思的观察者获得对人类自我整合性能力的全新看法。

让我先来简短地介绍一下西尔维娅·普拉斯的生活史。普拉斯的父亲，奥托·普拉斯，是一位专制的德国生物学教授，任教于波士顿大学，研究蜜蜂。她是唯一的女儿。她的父亲孤立、冷漠、严厉、分裂，对昆虫比对人更有兴趣，因此对女儿来说，他不是一个容易被理解或内化的父亲。奥托·普拉斯教授讲德语，而对西尔维娅·普拉斯来说，在成为史密斯学院的特优生过程中，唯一一门有困难的课程就是德语。在生命的最后几年，他患有糖尿病性血管疾病却没有寻求医疗帮助，奥托·普拉斯选择卧病在床，用基督教科学应对。他任由自己的糖尿病发展，不做任何检查，直到不必要地过早死于慢性坏疽。

西尔维娅·普拉斯8岁时，她的父亲去世。她深深地爱着父亲，但他由于缺乏自我照顾而去世，因此普拉斯意识上认为他等同于自杀，而在她的诗里就是谋杀。这种普拉斯的潜意识困惑并不是独有的，原因之一是，自杀所带来的痛苦是幸存者的自责。如果我们看看自传记录，她亲密的朋友告诉我们，西尔维娅·普拉斯是这样说自己的父亲的，“我可能很多时候都希望他死去……他强迫我，然后死去。我想象是自己杀了他”。[2]或者我们可以看看她的诗集《爸爸》，这是她死前不久写的。她写道，“爸爸，我不得不杀

---

① 一则古老的军用格言说，“散兵坑里没有无神论者”。——译者注

② N. H. Steiner, *A Closer Look at Ariel: A Memory of Sylvia Plath* (New York: Popular Library, 1973), p. 22.

了你……爸爸，爸爸，你个混蛋，我解脱了。”[①]而《爸爸》也是一首爱情诗，写自一个敏感、热情的小女孩的记忆，她记起了对父亲的感觉，深深抗议他“撞碎了自己美丽、赤诚的心”。

普拉斯的母亲是一位个性很强、长期忍受痛苦的秘书，最初帮助她的女儿用理智化作为一种防御。当母亲照顾弟弟时，普拉斯学会用字母来分散注意力并/或安抚自己。在一篇自传性散文中，她回忆弟弟的出生预示“自己与这个世界上的事物的美丽融合结束了”。[②]普拉斯从没看到作为基督教科学派信徒的母亲哭过，也没有被允许参加自己父亲的葬礼。相反，在父亲去世后不久，她发表了第一首诗。她上了高中，从没有得过A以下的成绩。她按照日程表写诗，总是按时完成家庭作业。“毕竟，我不是残疾”，埃斯特·格林伍德（Esther Greenwood），普拉斯的自传性小说《钟形罩》（The Bell Jar）的主角，其自我的另一面说“我只是努力地学习。我不知道何时能停止”。[③]埃斯特·格林伍德和她的创作者西尔维娅·普拉斯本人一样，把自己的青春和贞洁都花费在自我限制的实验室任务中，而不是一种充满热情的行为中。结果是，恐惧和阴郁的不毛之地。

之后，20岁的普拉斯赢得纽约时尚杂志一个客座编辑的位置，她那时已经有长期的精神病发作史。三个星期里她都穿着同样的衣服，不吃不睡，无法集中注意力，躲在自己的床垫底下，最终她尝试服用母亲的巴比妥类药物。连续三天，她昏迷在地下室的角落里。最后，她弟弟听到她的呻吟，发现了她。母亲把她带到一个综合医院，之后被转诊到精神病院。即使普拉斯的确切诊断仍然有争议，也没有人会反对她精神上的抑郁。在她康复一年之后，重返史密斯学院，以特优生毕业。

23岁时，普拉斯与泰德·休斯（Ted Hughes）结婚，一个风格迥异的诗人，凭着他自身的能力成为英国的桂冠诗人。在史密斯学院出色地任教一年

---

① S. Plath, “Daddy,” in Collected Poems, ed. Ted Hughes (New York: Harper Row, 1981).

② Steiner, *A Closer Look at Ariel*, p. 20.

③ S. Plath, *The Bell Jar* (1962; New York: Harper and Row, 1917), p. 47.

后，她搬到了英格兰，生了两个孩子，在25~29岁之间进行了《钟形罩》的创作。1962年，她去世的前一年，普拉斯以笔名出版了《钟形罩》——似乎她需要把自己从内心的愤怒中隔离开，即使是以小说中升华的方式所表达的愤怒。同年秋天，她与不忠的丈夫分开，从德文郡搬到了伦敦，并再度出现严重的精神困扰。和她20岁的时候一样，普拉斯再次忽略自己。但与她早期的写作障碍不同，她表现出疯狂的创造力，像梵·高在生命最后两年的创造性一样，在艺术与精神病状态之间游离穿梭。最终，她用煤气结束了自己的生命，而在五个月前，普拉斯创作出最为耀眼的艺术作品——诗集《爱丽儿》（Ariel）。“我活得像一个斯巴达人”，她在写给朋友露丝·费尔莱特（Ruth Fainlight）的信中说，“在高烧下写作，创作一些自由的、常年隐藏于心的东西”。[①]普拉斯和梵·高的艺术感动我们的是色彩、感受和原发过程，而不是逻辑、理性或想法。

这种艺术和疯狂之间紧密的关联使我们有这样一种鲜明的幻觉，在创作的白色炽热中混杂着死亡，艺术家必然有一些疯狂。这看似不可避免，比如济慈、普拉斯、梵·高、莫扎特会因艺术而燃烧生命，然后在年轻时死去。我们忘记了创造力只会发生在思维能力良好的时候，天才源自一种忍受痛苦的无限能力。塞缪尔·柯勒律治（Samuel Coleridge）著名的诗句“忽必烈汗”（Kubla Khan）不是如他所说源于吸食鸦片后幻想的花开绽放。而约翰·利文斯通·洛斯（John Livingston Lowes）评论道，[②]“忽必烈汗”源于他一生勤于阅读的归纳，是一些草稿的最终产物。另外，与疯癫不同，艺术是利他的，也是自我安抚的。因此，普拉斯会写道，“对我来说，我们时代的真正问题是每时每刻发生的——爱的伤害和奇迹；构成所有的形式——孩子、面包片、绘画、建筑，以及所有地方所有人生活的对话”。[③]艺术更多要归结于这些基于心智健康之上的普遍感知，而不是归结于个体的疯狂。

---

① A. Stevenson, *Bitter Fame* (Boston: Houghton Mifflin, 1989).

② J. L. Lowes, *The Road To Xanadu* (Boston: Houghton Mifflin, 1927).

③ Stevenson, *Bitter Fame*, p. 228.

传记和普拉斯的日记都支持这种假设，即《钟形罩》中埃斯特·格林伍德的生活可以被看成不过是一种被稍微变形的自传。用普拉斯的话说，小说是“我自传性的练习工作，用来把自己从过去解放出来”。[①]普拉斯自传小说里的主角让我们在工作中能够清晰地理解精神病性防御。

如果我们认为精神病状态不只是紊乱的化学改变，埃斯特/西尔维娅要防御的是什么呢？首先，似乎最容易感受到普拉斯小说中的抑郁。但是，我疑惑的是，很多人是怎样因《钟形罩》而感动落泪的。像精神分裂症和日常生活中很多不可容忍的愤怒，《钟形罩》中的“抑郁”常常是一种对愤怒和惊恐的文雅掩饰。足够真实的是，其中存在性和发展性的困境，埃斯特作为一个明星学院大学生，不得不开始思考如何进入现实的世界：“我擅长的一件事是获得各种奖学金和奖项，但那个时代已经走向终结。我感觉像是一匹赛马，身处一个没有赛道的世界；或者是一个大学足球冠军突然穿着一套西服置身于华尔街，他辉煌的过去缩影在壁炉的小金杯上，墓志铭般雕刻着日期。”[②]但埃斯特的感受不是悲伤或者无望，而是愤怒、害怕。当我问大学生听众，“埃斯特/西尔维娅要防御的是什么呢？”他们常常需要花一段时间才会意识到，整篇小说的主要情绪主题是愤怒和惊恐，而不是忧郁的无望和无助。

让我们先来澄清一下愤怒和抑郁之间的区别。1958年的冬天和春天，普拉斯发现自己变得非常愤怒，哪怕对琐事都是如此。她为自己离开史密斯学院感到内疚。在那里，她曾是一位受欢迎的英语老师。对于自己内心的愤怒，她写道，“在文明社会里，一位女士不会用拳头打人或者吐痰。所以我转向了工作……毫无疑问我愤怒极了。怨恨、卑鄙，还有什么。我如何才能把它们从我的身体里驱除。比如胆汁……扔掉你，书，攥紧拳头。踢着、打着，暴力涌动着。因谋杀而快乐，天真的替罪羊。在繁忙的工作中得以安

① L. Atmes, “Sylvia Plath: A Biographical Note,” in Plath, *The Bell Jar*, p. 213.
② Plath, *The Bell Jar*, p. 62.

抚。工作拯救了我”。[①]普拉斯，对于学院成员为她的离开感到的悲伤和遗憾，用她细腻的敏感性——可以说是偏执地——理解为单纯的指责。确实，指责是我们复杂情绪混合物的构成之一，构成了人们的悲痛（grief）。但是悲痛让大多数人悲伤（sad），却让精神分裂症患者感到恐惧，也会激怒所谓的反社会和其对应的阴性部分“边缘（性人格）”。两个月之后，普拉斯写道，“我一周前疯狂了，星期四，假期里我的第一个真实的一天，疯狂延续至今：写啊写，我在过去八天里写了八首诗……这些诗敞开了我在过去五年的真实体验”。[②]她继续在日记里强调自己的感觉是如何失控。她的传记作家安妮·史蒂文森（Anne Stevenson）写道，“一个深夜，邻居家的一次失火让她在日记里突然爆发出一种想法，‘我渴望一场意外、一场事故。一种释放的欲望，就像大屠杀里的那种。我走在街道上，强撑着，几乎希望用悲剧测试我的眼睛和神经纤维———个被车撞了的孩子，一栋着火的房子，被马摔倒在树下的人’”。[③]六个月之后，普拉斯在她的日记里写道，“愤怒堵塞了食道，毒素蔓延，但在我开始写作时，消散倾注在字符中。写作也是治疗吗？”[④]1958年12月12号，她日记中的“主要的问题”包括“如何创造性地表达愤怒？”[⑤]一年之后，她开始构建她“相当有趣的”[⑥]小说——《钟形罩》。

小说里，在铺垫埃斯特·格林伍德（和普拉斯）尝试自杀的内容里，普拉斯写到她的父亲，我们可以感受到在她重度抑郁之下的愤怒：“妈妈没让我们参加他的葬……所以对我来说，墓园，甚至他的死，都缺乏一种真实感。近来，我有一种强烈的欲望，想要补偿这些年对父亲的忽略，想要照管

---

① S. Plath, *The Journals of Sylvia Plath*, ed. T. Hughes and F. McCullough (New York: Random House, 1982), pp. 184-185.
② 同上，p. 209。
③ Stevenson, *Bitter Fame, pp*. 123-124.
④ Plath, *Journals*, p. 255.
⑤ 同上，p. 272。
⑥ S. Plath, *Letters Home-Correspondence*, 1950-1963, ed. with commentary by A. S. Plath (New York: Harper and Row, 1975), p. 467.

他的墓地。"[①]她继续写道，"然后我的双腿在我身下弯了起来，人坐在湿草地上。我不明白我为什么哭得那么伤心。随后我记起来了，我还从来没有为父亲的死而哭过呢……我将脸贴在大理石光滑的表面上，对着那冰凉的、带有咸味的雨，放声痛哭，哭我失去的一切"。[②]如果我们没有她的日记和诗集，这些导致她自杀尝试的事可能只会被理解为单纯的抑郁。事实是，之后，西尔维娅砸开母亲的保险箱，吞下大量安眠药，并写下《爸爸》这首诗，以表达自己"补偿父亲"的冲动。但或许，现实世界并不是我所说的非黑即白。愤怒常常会掩盖抑郁；抑郁常常会隐藏愤怒。正如弗洛伊德写道，"任何一个当传记作家的人都需要承担撒谎、隐藏、伪装、恭维的责任，甚至掩饰自己不理解的部分，因为传记是没有真相的，即使有，它也无法被运用"。[③]因此，并非所有研究西尔维娅 · 普拉斯的一生及其艺术的敏锐学生都会同意我的阐述。

妄想性投射

除了愤怒，埃斯特 · 格林伍德描述的另一种主要情绪是极度的恐惧，一种构成精神分裂式痛苦核心的情感。她告诉我们，"我就是无法做出反应。我觉得自己好似龙卷风眼，在一片喧嚣骚乱裹挟下向前移动，处在中心的我却麻木不仁，了无知觉"。这不是抑郁的幻象。"我吓得要死，"普拉斯的小说中写道，"仿佛我正被越来越深地塞进一只令人窒息的黑口袋，没有出路。"就这样，自杀性的，埃斯特 · 格林伍德把自己塞进母亲的漆黑如夜的地窖的一个隐蔽角落里。之后，当精神科医生试图帮助她时，她描述了自己介于妄想和投射之间的惊恐思维过程："我满腹狐疑地翻检他话里的每一个字，就像翻着被海水洗刷的滑溜溜、圆滚滚的石子，生怕他们墓地生出钳

---

① Plath, *The Bell Jar*, p. 135.

② 同上，pp. 136-137.

③ S. Freud, "Letters to Arnold Zweig," in Letter of Sigmund Freud, trans. T. Stern and J. Stern (New York: Basic Books, 1960), p. 430.

子，摇身一变，成了别的什么玩意儿。”[①②]

在尝试自杀后，她被送进医院，埃斯特有一顿饭是豆荚和烤豆荚：“我很清楚，没人会一餐饭送两碗不同做法的豆荚，要么是豆荚和胡萝卜，要么是豆荚配豌豆，从来没有豆荚配豆荚的。这黑鬼是想试试我们的忍耐程度……我抬起脚，对准他的小腿肚，狠狠地踹了一脚。”[③]带着同样的攻击性能量，埃斯特自认为正当地踢了迫害她的人一脚，而她的创作者西尔维娅·普拉斯则通过升华在史密斯学院大展拳脚，赢得各种奖项。带着同样攻击性的能量，埃斯特在一个试图帮助她的人身上释放，而对西尔维娅来说，则是愤怒，引起她病理性的嫉妒（日常生活中的妄想性投射），烧掉丈夫所有的诗稿，毁掉他最喜爱的莎士比亚剧本。西尔维娅的这些举动并不是在跟一个敌人打仗，而是像奥赛罗，偏要杀掉自己的最爱。这种试图掌控冲突的方式是疯狂的。

如果从普拉斯想象中的主角转向她自己在自杀前的诗，我们会发现诗中没有悲痛，而是充斥着广岛和集中营——无法驾驭的愤怒与恐惧。在她第一次自杀尝试之前，普拉斯沉浸在把卢森堡夫妇作为间谍的审判和处决中。[④]在《爸爸》中，她认为父亲是自己恐惧的来源：“一架引擎，一架引擎/粗暴地把我牵引入犹太人行列/该去达豪、奥斯威辛、贝尔森的犹太人……我始终害怕你/你的德国空军身份，官样腔口。”[⑤⑥]普拉斯的恐惧和愤怒引起了妄想性投射——有时，也是伟大的诗歌艺术。

精神病性否认

日常生活中，关于精神病性否认的一个例子是，普拉斯决定采取的自杀方式——把自己关在母亲地窖的一个储藏室里。她相信这样做自己不会被

---

① Plath, *The Bell Jar*, pp. 2, 105, 106.
② 《钟形罩》文本采用杨靖译本，下同。——译者注
③ Plath, *The Bell Jar*, p. 148.
④ 卢森堡夫妇被指控为苏联间谍，1953年被美国政府处以电刑。——译者注
⑤ 此处采用北岛译本。——译者注
⑥ Plath, *Collected Poems*, p. 203.

发现，就像一个孩子用手遮住脸就认为自己藏起来了。另一个病理性否认外部现实的例子是，普拉斯对自残的反应。在她自杀尝试之前，普拉斯的母亲注意到女儿腿上剃须刀片划的伤口，《钟形罩》中埃斯特·格林伍德也用剃须刀片划伤自己，说："什么感觉也没有。然后，我感到一阵细微的、深深的战栗，刀口处一道鲜红的血溢了出来。血聚在一起，颜色变深了，像一枚果子，然后顺着脚踝流下，流进我黑色漆皮皮鞋里。"埃斯特在精神科医生的候诊室里等候电休克治疗时，也用了否认的方式来应对自己的惊恐。"我的眼光越过这些人，落在透明窗帘外的一片绿荫上，我觉得我似乎是坐在一家大型百货公司的橱窗里。我周围的人们并不是人，而是商店的模型，描上了人的模样，装出一副活人的神态。"[①]如果真实的人让她感到恐惧，她会——在她的思维看来——让他们变得不真实。当人们和她在一个房间时，她会即时完成这种转变。

西尔维娅·普拉斯自己精神病性否认的宗教等价物，可以从她父母的宗教信仰中寻到踪影。奥托·普拉斯的死是一个缓慢的、充满恐惧的过程，并且拒绝了医学治疗。奥里莉亚·普拉斯（Aurelia Plath）没有让女儿西尔维娅参加父亲的出殡或葬礼。如果你没有亲眼看见，那就不是真的。普拉斯借埃斯特·格林伍德说，"在家时，我能读到的只有《基督教科学箴言报》，除了星期日，它每天清晨5点出现在门口台阶上。对那份报纸来说，什么自杀啦、性犯罪啦、飞机失事啦，好像压根儿就没发生过似的。"[②]尽管普拉斯愤怒地轻视基督教科学，但所有宗教催化下的否认确实让更多人感到安慰，而非沮丧惊慌。

歪曲

对现实的歪曲，也是诗歌艺术和宗教信仰固有的一部分。《钟形罩》

---

① Plath, *The Bell Jar*, pp. 121, 116.

② 同上，p.112。

中最明显的一个例子是，埃斯特相信自杀会让自己与父亲重聚。另一个例子是，就在她探访父亲的墓地和自杀尝试前，埃斯特描述自己在一个医院里作为志愿者的生活："我把小车推到大厅用餐处的盥洗池前，动手将所有已经枯萎的花朵都捡了出来。然后，我又把快要枯萎的花儿也捡了出来。我找不见废纸篓，只好把这些花儿扭弯了，放在深深的白色盥洗池里。池子摸上去像坟墓一般冰冷。我的动作只是医生和护士的动作的一个小小缩影罢了。"[①]因此，一方面，埃斯特·格林伍德表示，她的自杀是怎样可以被诠释为一场有意思的游戏，并证明创造力和精神病状态有时会多么接近。另一方面，与运用游戏、幻想或被动攻击的人相比，一个明显的区别是，埃斯特和西尔维娅都真正地杀死了自己。这场歪曲的"游戏"被归为精神病性类，因为它忽略了现实，苦难接踵而至。与此相反，孩子的游戏恰当地回避了对现实的面质，并且没有导致现实世界中具体的后果，只有快乐。

分裂型幻想和投射

埃斯特在生病和康复时，我们都能看到她身上精神病性防御中较成熟的近亲：投射和分裂型幻想。那个时代，在马萨诸塞州避孕的交易仍然是非法的，她描述了自己从药店带着新安的子宫帽坐着电车回家的心情，"我坐在回精神病院的车上，膝上放着棕色纸包装的盒子，俨然一位夫人，在城里逛了一天之后回到家，买了盒施拉夫特点心店的蛋糕，准备送给我那位老处女姨妈，或者买了一顶法伦地下商场的帽子。渐渐地，我不再担心天主教徒的眼睛能够透视一切了，变得自在起来"。[②]

和很多有分裂倾向的个体一样，西尔维娅·普拉斯对亲密感到恐惧。和之前很多青少年一样，西尔维娅和她想象中的埃斯特都感到，与脑子里所幻想的男友保持一种封闭的、不为人知的关系是最舒服的。还在史密斯学院的

---

① Plath, *The Bell Jar*, p. 132.

② 同上，p. 182。

时候，伴着分裂型幻想的全能，普拉斯为男友佩里·诺顿（Perry Norton）写下了《一个疯女孩的情歌》：

我闭上眼，全世界随之而死，
我睁开，又是重生。
（我知道，你是心中的幻影）
我梦见你诱我上床，
明朗的月光下，吻得我疯狂。
（我知道，你是我心中的幻影）①

以同样的形式，埃斯特·格林伍德描述了对巴迪·威拉德（Buddy Willard，普拉斯为佩里·诺顿虚构的小说里的名字）少女般的爱恋："我花了很多时间幻想和巴迪·威拉德之间的对话。""在他还未真正留意到我之前，我已经远远地爱慕了他五年。后来，我们有过一段美好的时间，我仍然对他满怀爱慕，他则开始留意到我；然后，当他对我的关注越来越多时，我却于偶然之中发现他是个可憎的伪君子。现在，他想要我嫁给他，但我对他恨之入骨。"②梅兰妮·克莱茵和奥托·肯伯格用贬低（devaluation）一词来描述这种防御行为。

分裂

分裂是心理发展中介于日常神经症性的抵消（隔离的一种变式）和精神病性的矛盾意向[尤金·布鲁勒（Euger Bleuler）提到的精神分裂症4A病理核心症状之一]之间的一种防御。③分裂的任务是缓解情感的矛盾意向，赋予某个人所有好的感觉，把所有坏的感觉都丢给替罪羊，就好像真的是这

① S. Plath, "A Mad Girl's Love Song," in Ames, *Sylvia Plath*, p. 216.
② Plath, *The Bell Jar*, pp. 46, 41.
③ 另外的几个A是：孤僻、情感淡漠和联想散漫。

样。对于我们大多数人，分裂在不知不觉中发生，浑然天成，在幻想中得以缓和。我们大多数人都会限制过度分裂我们的想象和行为，而选择用一种更整合的方式对所爱的人。当然，在想象中，我们带着极大的兴趣去了解一些有个性的明星近况，像猫王和麦当娜，比了解修女特蕾莎和埃莉诺·罗斯福（Eleanor Roosevelt）的善行更感兴趣，但现实生活中则更多尝试模仿后者。孩子毫无困难地蜷缩在好妈妈的身旁，听她阅读幻想世界里邪恶的女巫和继母，后者则为妈妈们的失误充当很有效的容器。

分裂与反向形成的不同在于：反向形成中，运用者明显是矛盾的，黑白颠倒；分裂中，一个几乎是灰色的世界被分割成全黑和全白，个体硬生生被一分为二。愤怒和爱，当它们失调地出现在一个人身上，则会制造出施受虐者、变态及边缘患者，后者是精神科病房心理治疗师印象中声名狼藉的代表。所谓的边缘患者是分裂的大师，会把精神科病房的工作人员分为“好人”和“坏人”，并且他们的观点是如此有侵入性，以至于工作人员都会开始相信他们。

复式记账般的分裂，不像抵消的妥协那样会带来益处，也没有像精神分裂症性矛盾意向那样把运用者从所爱之人身上完全隔离开。一个接近分裂的神经症性抵消的例子是，贝多芬告诉一位朋友，自己对侄子卡尔的矛盾情感：“他是个魔鬼……我对他的爱已消散……当然，你知道，这并不是我真正所想（我仍像往常一样爱着他……）。”[①]一个接近分裂的精神病性矛盾意向的例子是一位精神分裂的女性告诉我的，她的生活已经破碎不堪，因为“我不得不离开家，但我们如果要感到舒服就需要非常亲密！”她不得不扼杀所爱的事物。不同的是，贝多芬能够同时谈及心中对立的两面。

贝多芬也为我们提供了一个中间地带——分裂的例子。在他纠缠于对侄子卡尔和卡尔的母亲——约翰娜的爱恨的日子里，所有人都成为他混杂情感的容器。他为席勒的诗《欢乐颂》作曲——“亿万民众，互相拥抱吧/把这

① M. Solomon, Beethoven (New York: Schirmer Books, 1977), p. 246.

亲吻给予整个世界！”——的同时，他带着一种纯粹的对女人的厌恶写给他忠诚的朋友卡尔·伯纳德（Karl Bernard），“希望人类全体悲惨的乌合之众都被诅咒，下地狱”。[①]同一个内心中的世界，是全黑的，也是全白的。

西尔维娅·普拉斯试图把现实中对同一个人积极和消极的感受整合起来，也产生出一种类似的不协调的斗争。偶然情况下，她能够把这些冲突的感受整合起来，把她公开的和私人的感受联系起来。结果可能是惊人的美丽，而其他时间她用分裂深深地刺痛她最爱的人们。

我们能够从普拉斯的自传性小说《钟形罩》中获得证据。这些证据对比了公开的自体——缩影为写给母亲的家书中丰富、乐观的感情，以及隐秘的自体——缩影为《钟形罩》中对埃斯特·格林伍德的母亲的感受。西尔维娅对母亲有礼貌的公开反应是，她的小说实际是“很蹩脚的，但我觉得这也反映出一个人在崩溃时该是感到怎样地隔离”。[②]然而，她借小说虚构的角色埃斯特·格林伍德表达说，“我在夏天写了一部小说。这会引起很多人的关注”。[③]普拉斯虚构的描述精准地预测了母亲看这本书时的体验。“当这本书摆在我面前”，她的母亲写道，“它表现出最基本的忘恩负义。”[④]小说中，虚构的埃斯特，在把母亲的玫瑰扔进废纸篓里之后，脱口而出，“我恨她”。在她的日记里，普拉斯写到，自己的心理治疗师，真实的露丝·伯以修尔（Ruth Beuscher）医生，曾被视为对自己恨母亲的态度非常宽容，小说里则是虚构的诺兰医生对埃斯特恨母亲也非常宽容：“像喝了一杯白兰地，回到家，住的地方一阵可卡因的味道，原来我还活着。比休克治疗好多了，我允许你恨你的母亲。”两周之后，普拉斯的日记分裂地出现了理智化和抵消的内容，在日记中问道，“要怎样处理对母亲的憎恨才算成熟？表达这种

① M. Solomon, Beethoven (New York: Schirmer Books, 1977), p. 241.
② Ames, “Sylvia Plath,” p. 214.
③ Plath, *The Bell Jar*, p. 98.
④ Ames, “Sylvia Plath,” p. 215.

情感的需求也算作一种成熟意识的消退吗？”[1]再次，我们看到了一个不太成熟的防御发展为一种更成熟的方式。分裂发展成抵消。

普拉斯的母亲，像大多数分裂的观察者，并不总能领会她女儿小心地自我管理中情绪的记账簿，[2]包括普拉斯为她赢得的所有奖项和荣誉的结算，以及所有寄回家的洋溢着爱意的情书，这些是《钟形罩》和《爱丽儿》诗集中愤怒的替代面。偶然地，尽管存在这些痛苦，奥里莉亚·普拉斯确实对西尔维娅复式记账般的精神压力是有认知的。在公开出版的女儿日记中，奥里莉亚·普拉斯写道，“我毫不怀疑，很多读者会接受她在这里呈现的任何负面想法，当作全部事实真相，尽管他们忽视了其他更积极的内容”。[3]

有时西尔维娅·普拉斯认为母亲全部都是好的，有时又认为她全部都是坏的。她也会对自己的资助者奥利芙·普劳蒂（Olive Prouty）采用分裂的防御。在1953年一封未发出的写给一位男友艾迪·科恩（Eddie Cohen）的信中，她提到，“简单说一点，通过我的仙女教母的安排，史密斯学院捐助者的奖学金让我住进美国最好的精神病院，有漂亮的单人病房和吸引人的精神科医生”。十年之后，在出版《钟形罩》的同时，她写信给母亲，“普劳蒂夫人给我打电话了。我激动得颤抖。我正准备把我的第二本诗集《爱丽儿》（已基本完成）送给英格兰的弗里德（Friede）和尼古拉斯（Nicholas）……我也准备送给她一本，如果能寄到那儿的话”。两周后，她给母亲写信说，“我已经写信给普劳蒂夫人了，就在昨天，随信寄了一本我作品的书评副本，告诉她我刚用她的第一张支票买了这些可爱的纯毛衣服，并问她我是否能送给她我的第二部小说，我打算在今年冬天完成”。[4]但是在出版社同时出版的小说《钟形罩》里，讲述了一个非常不一样的故事。普拉斯在小说中轻蔑地称普劳蒂夫人为菲洛梅娜·吉尼亚（Philomena Guinea），“我不太

---

① Plath, *Journals*, pp. 265, 281.

② 对不同情绪进行分类、记账。——译者注

③ 同上，p. 265。

④ Plath, *Letters Home*, pp. 131, 478, 481-482.

明白吉尼亚夫人怎么会冒了出来，”埃斯特·格林伍德对我们（读者）说，“我知道我应该对吉尼亚夫人心存感激，不过我什么也感觉不到，”她继续讲道，“菲洛梅娜·吉尼亚夫人，她对于医生的治疗一点儿也不满意，并对他们不断表示她的遗憾。我真是痛恨这些探视。”①

1956年，普拉斯在写给她“最亲爱的母亲”的信中说：“您忍受着爸爸漫长而艰难的死亡……独自对抗着溃疡之痛，保护我们这些孩子，给予我们幸福，享受着艺术、音乐、露营和游戏……您的女儿，对您的爱胜过千言万语，可要到达内心的旅程有时多么艰辛。我在这里等着您……带着所有的快乐，满怀真切与赤忱为您献出生命……爱您的西薇。”②这种激情触手可及。毫无疑问，西尔维娅爱她的母亲，但这封信感觉像是个谎言。西尔维娅·普拉斯怀着满腔的愤怒，渴望成为任何人的“亲爱的西薇”。

为了明确反对邀请母亲到英格兰看望自己，有几首诗借用了她母亲的名字。其中一首是《美杜莎》。③《美杜莎》里有一部分反映了普拉斯的恐惧，恐惧母亲会充斥她所有的作品，这种恐惧也同样出现在她的日记中。诗中还有一部分反映了她母亲在夏天到英格兰去看望她，却正值她和丈夫泰德·休斯准备离婚。

无论如何，你总在那里，
我诗行末端的颤抖的呼吸……
抚摸并吮吸。

我没有召唤你。
我根本没有召唤你。

① Plath, *The Bell Jar*, pp. 152, 165.
② Plath, *Letters Home*, pp. 239-240.
③ 美杜莎·奥里莉亚（Medusa Aurelia）是一种水母——带有触手——当西尔维娅还是个孩子的时候，她的母亲，奥里莉亚·普拉斯用这个假名称呼自己。

然而，然而
你乘蒸汽船穿过大海驶向我，
肥胖，红润，一只胎盘
情人们兴奋地瘫痪。

……你的祝福……
冲着我的原罪嘶叫。
滚开，滚开，鳗鱼触须！

你我互不相干。①

就在写这首诗的同一天，她告诉母亲一些“好消息”：“亲爱的母亲……我是个写作天才；我本身拥有这个天赋。我写出了生命中最好的诗；我会因此而出名。”②如果她能够对母亲分享这些真实的情感，或许她会继续活着。

分裂的危险是运用者没有意识到未经缓和的矛盾情感的负面，像见诸行动，会威胁甚至摧毁运用者的所爱之人。普拉斯的传记作家安妮·史蒂文森告诉我们，普拉斯的一位正牌男友在谈到她时这样写道，“她所说的、所声称的和所爱的方式，缺乏可信度”。普拉斯在夏天快结束时，对他的言辞表示不屑；他“感到的是‘被利用’，甚至是‘被轻视’”。③要原谅那些把我们当作其负性情绪唯一容器的人，是很难的。同时，我们不能忘记，西尔维娅·普拉斯对母亲纯粹基本的愤怒及不信任，与我们和自己的母亲之间关系的情感负债相差无几。普拉斯不是一个被虐待的孩子。在她的家书中所表

① Plath, *Collected Poems*, pp. 225-226.
② Plath, *Letters Home*, p. 468.
③ Stevenson, *Bitter Fame*, p. 62.

达的温柔、纯粹的爱的资产也与我们对自己母亲的爱相差无几。但是在她的分裂中，普拉斯无法将资产与负债融合。这种记账会导致情绪的破产。它也会产生伟大的艺术。

那是1957年，在她的诗《不安的缪斯》中，普拉斯第一次能够用升华把对母亲的内在冲突性感受中的极端分裂联结起来。在诗中，她连接了两个极点，她内心世界"缪斯"的狂怒和"家书中"对母亲的甜言蜜语。她讲述了1938年新英格兰的飓风袭击她小时候在马萨诸塞州温斯洛普的家：

飓风来临，
父亲书房的十二扇窗如风帆向内鼓胀，
如即将破碎的水泡，你
给我和我弟弟喂曲奇饼，喝阿华田，
教我们两个如何合唱：
"雷神发怒：轰轰轰！
雷神发怒：我们不怕！"
那些女士却破窗而入......
这就是你将我送入的国度，
母亲，母亲。然而我绝不皱起眉头
暴露我私下拥有的同伴。①

安妮·史蒂文森敏锐地描述了西尔维娅分裂的防御向升华转变的过程，在这些资料中，分裂不只是"边缘型"人格的证据，也是自我适应魔术般方式的结果。"它好像，"史蒂文森写道：

在写作《不安的缪斯》时，西尔维娅第一次发现了一种方式，能够在一

① Plath, *Collected Poems*, pp. 75-76.

首颠覆性诗文中满足两种敌对的前意识驱力。她的怨恨，取代了天赋的禁锢以赢得爱的方式，充斥着整首诗。在她不知倦怠的表达中，为了不胜任的爱和完整的自我实现，西尔维娅最终偶然发现一种自己最好作品中非常隐秘的机制：她端上一个精致加工的毒酒杯。就好像诗中唯一能够让她开放自由表达的方式就是，主题以微妙的恨为轴线，抒写对爱的渴求。[①]

在她的女儿死后，奥里莉亚·普拉斯扬言，“从我的孩子长大懂事开始，我就和他们分享一种我的丈夫和我非常关注的信念，即为了建立一个强大的内在世界，需要将个人生活朝向一个理想的目标”。[②]在《爱丽儿》一诗中，就像《美杜莎》里一样借用了母亲的名字，西尔维娅不留情面地重塑了她母亲的爱之导向：

而我
是那支箭，
与那飞溅、自毁的
露水，有着一致的冲劲
飞进那红色。

眼，黎明的大锅。[③]

在写下这首诗后不到四个月，西尔维娅·普拉斯自己爬到——不是飞进——煤气炉里自杀。对于葬礼、飞机撞毁、正在发生的离婚，她的母亲一贯都是漠然处之，在之后写到自己在西尔维娅和泰德分开前几周进行的那次富有张力的夏天探访，“7月9日，当西尔维娅和我离开泰德和孩

① Stevenson, *Bitter Fame*, p. 126.
② Plath, *Letters Home*, p. 31.
③ Plath, *Collected Poems*, pp. 239-240.

子们……西尔维娅自豪地说，‘我拥有生命中所有想要的每样东西：一个出色的丈夫，两个可爱的孩子，一个漂亮的家和自己的写作’”。[①]她母亲的话语全然忽视了女儿心里已经溃烂化脓即将致命的疼痛。“这就是你将我送入的国度/母亲，母亲。然而，我绝不皱起眉头/暴露我私下拥有的同伴。”

以上所有内容，都把我们带向一个棘手的问题：艺术和精神病之间的关联是什么？在大学我讲有关《钟形罩》的防御时，很多学生疑惑的是，自杀是否是一个女人成为一位创造性艺术家要付出的代价。他们认为，艺术导致了弗吉尼亚·伍尔芙、安妮·塞克斯顿和西尔维娅·普拉斯疯狂，却没有设想一个相反的过程，即疯狂的威胁有时会使一个人转向艺术。伟大的诗歌艺术不会导致自杀；可伟大的艺术，像梵·高的最后一幅画，西尔维娅·普拉斯最后的诗，能够延缓精神错乱——一阵子。艺术并不危险；它是一个继续向前就危机四伏的环境；它是成熟的防御驾驭激情的失败，也是致命的。在对西尔维娅·普拉斯的诗集进行评述时，乔治·斯坦纳（George Steiner）说道，“这些诗冒着极大的风险，只是在非常有限的程度上扩展了西尔维娅·普拉斯本质上很严峻的风格。它们是一部苦涩的胜利，诗歌赋予现实以想象中的最大永恒”。[②]正如弗洛伊德所写，“升华使源于某一性欲特定来源的过强兴奋找到出路，以在其他领域大展风采。因此，本身虽具危险性的素质，却可使心理效率大大提高”。[③]也许弗洛伊德可以写，“除了性这一特别来源外，还有暴怒、恐怖、悲伤和渴望”。

有一种奇迹是，创造力和精神病在偶然情况下是能够相互并存的。这种奇迹是，与这种从精神病性防御到不成熟型防御、到神经症性防御再到成熟型防御的艰辛发展历程不同，普拉斯用“相当有趣的东西”使她的精神病状

① Plath, *Letters Home*, p. 458.
② G. Steiner, “Dying is an Art,” in *The Reporter* (Oct. 7, 1965), p. 54.
③ S. Freud, “Three Essays on the Theory of Sexuality”, SE 7: 130-243, p. 238.

态直接与成熟的升华相互融合。

* * * *

安娜·弗洛伊德，下一章成熟型防御的主角，和西尔维娅·普拉斯，本章精神病性防御的主角一样，都深受她们的父亲之害。两位女儿都试图在她们的艺术中抓住父亲的本质，两位女性的著作都在她们死后经久不衰。在父亲80大寿上，安娜·弗洛伊德送的礼物是《自我及防御机制》，她的防御维护并丰富了他的工作，不当的爱、竞争、敌意和矛盾情感不露一丝痕迹。与此相反，西尔维娅·普拉斯在她的诗里简直是认同了“弑父的俄狄浦斯”，过于爱厄勒克特拉（Electra）了。①在她的诗里，父亲的工作被嘲笑，竞争、敌意和矛盾情感无处不在。然而，如果说西尔维娅·普拉斯在某些方面没有安娜·弗洛伊德适应得那么好，但可以为她辩护的是，她过着一种并不虚假的生活。她结婚了，有孩子，并能够在有时称她的父亲是个“混蛋”。然而，适应不是一个“要么这样/要么那样”问题。重要的是，认识到创造力能够拯救生命。对于普拉斯，艺术对生命的拯救能够持续数月；对安娜·弗洛伊德，能够持续几十年。一位女性并非比另一位女性伟大。然而，安娜·弗洛伊德确实活得更久，也更完整地被爱，并带给那些爱她的人更少的痛苦。

阿尔伯特·爱因斯坦、詹姆斯·乔伊斯和伯特兰·罗素，三位人类创造性的巨匠，都有精神分裂的孩子。或许是巧合，或许不是。无论如何，在普拉斯的生活中，她既是创作者，又是疯女人。和她相比，她的父亲，奥托·普拉斯是冷酷的。站在黑板旁边的西尔维娅·普拉斯的父亲完全被人遗忘，即使他是世界级的蜜蜂专家。是他写诗的“疯”女儿令他、他的蜜蜂和他的女儿不朽。我们没有证据显示奥托·普拉斯教授是一位启发性的老师，

① “Electra”是恋父情结的主角，与俄狄浦斯对应。——译者注

但不管怎样，通过一位传记作家的视角，西尔维娅被视为“史密斯学院英语系曾经拥有的最出色的两三位导师之一”。[①]另外，未来几十年的课堂上，学生们会继续学习她的《爱丽儿》诗集。个中原因与疯狂只有些许相关，更多则是缘于她光芒四射的自我之智慧。

---

① Ames, “Sylvia Plath,” p. 209.

10

安娜·弗洛伊德：成熟防御

安娜·弗洛伊德：你是说，你觉得没有人是天生利他的。

约瑟夫·桑德勒：或者甚至说，因为源于内心的善而变得利他，也是不太可能的。

安娜·弗洛伊德：不，是源于内心的恶。

——《防御分析》，1985

西格蒙德·弗洛伊德认为，自己需要为一个卑劣父亲的缺点负责；安娜·弗洛伊德同样认为，自己需要为一个伟大父亲的缺点负责。他们分别在——《梦的解析》和《自我与防御机制》——两本书中写下了自己对于他们父亲缺点的“忏悔”。然而，这是他们创造性自我的把戏，因为这种忏悔能让他们不朽。从表面看来，这些书是作者们自己核心哲学的宣言，和他们的父亲并没有任何关系。但就像尼采指出的，所有的哲学性著作都是“自发的和潜意识的自传”。或者按照安娜·弗洛伊德才华横溢的传记作家伊丽莎白·杨-布鲁尔（Elisabeth Young-Bruehl）的话来说，“对于个人而言，理论的扩展和自我洞察的延伸往往是一致的，伟大源于成长，亦通过作品呈现”。①

通过防御机制最伟大的阐述者安娜·弗洛伊德的生活，来解释防御的运用看起来是很合适的，然而这却是一个无限循环的过程。所以这一章会同时提出多个观点。本章会证明防御对于它的运用者来说既可见又隐形：矛盾的是，防御既是有意识的，又是潜意识的。本章也会强调防御的运用不是病

---

① E. Young-Bruehl, *Anna Freud* (New York: Summit Books, 1988), p. 459.

态的，而是具有适应性的、人性的；并且还会进一步呈现，综合审视个人自传、创造性作品和传记，如何能够帮助我们认识到防御是真实存在于生活中的，而不是仅存在于精神分析师的想象中。就像艺术和哲学一样，科学理论有时是一种为自我恢复所做的创造性努力。也许最重要的是，本章中，安娜·弗洛伊德的一生中会生动地阐释四种最成熟的防御机制：升华、抑制、利他和幽默。

如果说安娜·弗洛伊德的一生折射出了她的爱的战果、持续的声望、胜利和创造性的攻击，那么她的一生也是建立在痛苦之上的，就像我们经常会联想到的那些富有创造力的艺术家们一样。在她36岁时，她向一个朋友坦白说，在她的童年时代，“我总是去找那些不爱理我的小孩，而这在过去和现在总是对我起着同样的作用。就好像我总是透过别人的眼光来看待自己，而我在他们眼中就像在我自己眼中一样一钱不值。不过现在一切差不多都好了，因为我已经看清了”。一年后，她对同样的朋友说：“今晚我梦到自己杀死了我家的厨师——安娜。我砍下了她的头，还把她切成了一块一块的，却一点愧疚感都没有。这实在是太奇怪了。不过，我现在知道为什么了：因为她叫安娜，这意味着她就是我。”[①]拥有这样一种把愤怒转向自身的能力，并如此缺乏外界的支持，安娜·弗洛伊德很有可能会像西尔维娅·普拉斯一样选择自杀。但是，她带着荣誉和爱在86岁时寿终正寝。她是怎样做到这一切的？她这种坚不可摧的精神源自何处呢？

1896年，西格蒙德最小的女儿安娜出生了，作为第六个孩子，她的意外出生并不被期待，她的母亲早已无暇顾及这个多余的孩子。她的名字源于她父亲最喜欢的病人之一，安娜·哈默施拉格·利希特海姆（Anna Hammerschlag Litchtheim）。1900年，当安娜4岁时，父亲毫不谦虚地写道：“一个女孩子最初始的情感都是对父亲的。”而后，他又加了一页写道：“一个特别有天赋又极其可爱的小女孩，才4岁……非常坦白地说‘妈妈你

① E. Young-Bruehl, *Anna Freud* (New York: Summit Books, 1988), p. 211.

快走开。然后，爸爸会和我结婚，这样我就会变成他的妻子了’。”[①]而另一些可能性，即女儿也可能更钟爱母亲，父亲也可能更偏爱女儿，都从未作为重要主题出现在任一位弗洛伊德的著作里。

安娜并不是母乳喂养的，而且她的母亲明显更偏爱她的三个哥哥和两个姐姐。可能是出于对此的反应，安娜为了安慰自己便沉浸在一个充满幻想的世界中，自己扮演一名年轻的男性英雄，而这种追求卓越的道德理想却只带给她更多的孤独。比如，当她还是个孩子时，她就写道：

尽管世间众人都羡慕，
我剑鞘下的荣光。
但我依旧渴望那已然牺牲的，
丛林深处爱的力量。[②]

如果说安娜在幻想中是孤独的，在日常生活中则是深感羞耻的。16岁时，她已然有些弯腰驼背了；她觉得自己的腰和脚踝都太粗壮了，所以她觉得母亲肯定最喜欢漂亮的姐姐苏菲。19岁时，她给父亲写信说到自己的梦：“我不得不去保卫我们的一个牛奶农场。可是（我的）剑却断了，所以当拔出剑的时候，我简直觉得在敌人面前颜面扫地。”20岁时，她又难过地向父亲抱怨自己的登山靴，“它们实在是太大了，以至于当家庭主妇看到它们时都说，这肯定是男人的鞋吧”。[③]

西格蒙德·弗洛伊德是一个19世纪犹太家庭的长子，他也成为他母亲眼中的“金色的西格”（Goldener Siggi）。与此相反，他把安娜，一个19世纪犹太家庭的幺女，比作一个铅盒。在安娜17岁时，她的父亲写了一篇关于莎士比亚《威尼斯商人》中三个盒子的论文。文中，他先是提醒读者，巴萨尼

① S. Freud, *The Interpretation of Dreams* (New York : Basic Books, 1955), p. 257.
② Young-Bruehl, *Anna Freud*, p. 90.
③ 同上，p. 75。

奥因为选择了铅盒才赢得了夏洛克的女儿鲍西亚。然后，他又重新讲述了李尔王中考迪莉娅和灰姑娘的故事，而这两个人都是三姐妹中最年轻也最谦逊的一个。他问读者们："这不又是一个三女选其一的场景么？而最年轻的那个往往就是最好、最优秀的那个。考迪莉娅一直竭力掩饰自己的锋芒，就好像铅一样无法被人察觉，一直保持沉默。"然后，他又重新讲述了巴萨尼奥选择铅盒的原因："我是想说：你的朴实坦诚比其他两人的聒噪天性更能打动我。"[①]弗洛伊德在那个夏天过后写下了这篇文章，在文中他对朋友桑德尔·费伦齐（Sandor Ferenczi）坦白道："命运给我们每个人都准备了一个（或几个）女人……（这个夏天）我最亲近的同伴将会是我的小女儿（你很快就可以看到我这篇文章《三个盒子的主题》产生的主观条件了）。"[②]确实，就像《李尔王》中的考迪莉娅，安娜是父亲最喜爱的孩子，她的路却和考迪莉娅的一样艰难，而且也需要很大的自我牺牲。此外，大多数人都希望我们的异性家长认为我们是美丽的。

虽然在童年时期，安娜特别喜欢讲述自己的幻想，可是对于别人的幻想故事，她却持拒绝态度。她只喜欢听那些"可能是真实的"故事。所以说，像会说话的动物、女巫——任何接近原发过程（primary process）——的东西都是被拒绝的。的确，很可能一个更务实的安娜为父亲更诗意化的"防御"理论加上了一个更具体的词——"机制"。更重要的是，她厌恶那些潜在不理性的青春期后果。40岁时，她写道，青春期是一个"本我已经强大到有可能超越自我的时期，个体之前的特征会消失殆尽，并会带着无法抑制的、骚动的、对本能满足的需要进入成年期"。[③]青春期看起来是一个危险的世界。1907年，当安娜·弗洛伊德11岁的时候，她的父亲写下了《儿童性启蒙》一文，其中强调了诚实对待儿童的重要性。不过在第

① S. Freud, "The Theme of the Three Caskets" (1913), SE 12: 291-301, pp. 293-294.
② S. Freud, *Letters of Sigmund Freud*, ed. E. L. Freud (New York: Basic Books, 1960), p. 301.
③ A. Freud, *The Ego and the Mechanisms of Defense*, trans. C. Baines (London: Hogarth Press and the Institute of Psychoanalysis, 1937), p. 163.

二年，本以为只是去医院做个检查的安娜被麻醉并切除了阑尾。在她的印象中，母亲欺骗了自己，父母的谎言一直令她感到怨恨。所以在后来岁月的实践和写作过程中，她不遗余力地要去保护下一代的孩子不受到父母这样残忍的欺骗。安娜·弗洛伊德在对待儿童病患时，不仅亲力亲为，也在宣扬这样的诚实性。

此外还有更重要的例子，弗洛伊德在别处宣称一些东西，但在女儿那里做的是另一码事。1918年，22岁的安娜开始接受父亲的精神分析。她的分析一直持续到了1922年，在中断后又在1924年持续了几个月。有时候他们会做到很晚，甚至到晚上10点。1920年5月，25岁的安娜收到了来自父亲的一个戒指。这个戒指和父亲给予他那些最亲近的男性支持者们的戒指类似。[①]然而，一个金戒指对于一个受分析者来说是一个不寻常的礼物。保尔·罗森（Paul Roazen）推测，安娜·弗洛伊德的分析师"是一个天才，而同时他在女儿的幻想中又是一个高大的形象。作为她的分析师，弗洛伊德把安娜和自己永恒地绑在了一起"。[②]

虽然安娜在学校的成绩很突出，父亲却并不主张她去念高级中学。取而代之的是，在她16岁时，父亲就认为她已经完成学业了。后来，她成了一名小学教师。次年，她的父亲给费伦齐写道，因为他的两个长女都已经结婚了，"我最亲近的伴侣就是我的小女儿安娜了"。[③]所以，作为唯一一个还待字闺中的女儿，18岁的安娜成了父亲的秘书。不过，她在19~24岁也一直在学校教书。

可是长时间以来，安娜·弗洛伊德一直偷偷在为自己将来成为一名儿童精神分析师而做准备。几十年后，她曾给她的一个朋友约瑟夫·戈尔茨坦

---

① 1913年荣格离开弗洛伊德后，在琼斯的建议下，弗洛伊德组建了一个秘密委员会，他给了其中每个人一枚戒指，其中包括琼斯、费伦齐、亚伯拉罕、兰克、艾廷根和萨克斯。——译者注

② P. Roazen, *Freud and His Followers* (New York: Knopf, 1976), p. 440.

③ Young-Bruehl, *Anna Freud*, p. 62.

（Joseph Goldstein）写道："我以前总会静静地坐在父亲书房的那几阶木质台阶上，然后聆听他和来访者的对话。那些对我还是挺有帮助的。"①而事实也确实如此。安娜·弗洛伊德永远都不会忘记在她14岁的时候，她和父亲经过维也纳的普拉特公园时，父亲说："注意到那些可爱的房子了吗？房子里发生的事情可不见得像它们的外观一样好看。其实，人类也是这样。"②在她18岁的时候，她就开始听父亲在维也纳大学的讲座；在她二十几岁的时候，她开始跟随因发现了疟疾的治疗方式而获得诺贝尔奖的朱利叶斯·瓦格纳·范·尧雷格（Julius Wagner von Jauregg）查房；同时，安娜也师从于他的助理海伦娜·多伊奇（Helene Deutsch）及他的住院医师海因茨·哈特曼（Heinze Hartmann）和保罗·谢尔德（Paul Schilder）。这三个人后来都成了美国著名的精神病学家。只有为数不多的精神科住院医师，才能够接受这么多的名师指点。

1923年，她的父亲经历了第一次在咽喉癌手术，这在后来差不多每年一次。安娜成了他的护士，同时也成了他的秘书和他的被分析者。1926年，与他们家以往传统相悖的是，弗洛伊德一家去了一个别墅疗养院度假。安娜睡在一个她父亲隔壁的一间房里，她和母亲还有米娜姨妈轮流照看她父亲。③"在他生命的终点，"欧内斯特·琼斯（Ernest Jones）写道："弗洛伊德拒绝除了女儿安娜以外的任何护士。他一开始就和女儿有个约定：不能有任何的多愁善感，所有的护理只要一板一眼按程序走就好了，就像一个冷面的外科医生一样。"④可是，说起来容易做起来难啊！这样的经历曾经使另一个上中产阶级维也纳家庭的女儿贝尔塔·帕彭海姆（Bertha Pappenheim，即布洛伊尔的著名病人Anna O.）出现了癔症性幻觉且多年孱弱。就像安娜·弗洛伊德一样，安娜·欧有一个受过教育的哥哥，而她也曾经出现强迫性白日梦

① "Anna Freud Memorial Issue," *Bulletin of the Hampstead Clinic-Part* I 6 (1983): I-135: p. 31.

② Young-Bruehl, *Anna Freud*, p. 52.

③ U. H. Peters, *Anna Freud* (New York: Schocken Books, 1985).

④ E. Jones, *The Life and Work of Sigmund Freud*, vol. 3 (New York: Basic Books, 1957), p. 96.

的情况。不同于安娜·欧的是，安娜·弗洛伊德并没有屈服。因为父亲的原因，她丧失了接受一流文理教育的机会，可是与此同时她也获得了很多私人指导。这种指导是许多现代精神病学家所觊觎的。但是安娜的自我能够辨别阴霾和希望，且选择了后者，可她的自我没有忽略掉这样的不当对待（mistreatment）。

忍辱负重三年后，一边做父亲的秘书，一边还要做他的护士。安娜终于在1926年给父亲的同事麦克斯·艾廷根（Max Eitingon）写道，“我突然发现不论做什么，如果我不为自己的利益考虑一下的话，我就无法做成任何事。”①

一开始的时候，被父亲进行精神分析更加深了安娜的羞耻感。她不得不向父亲坦白她想要被暴力对待的性幻想。后来，在她发表的第一篇论文《鞭打幻想与白日梦》中描写了这些性幻想。在她的临床报告中，她讲述了欢愉的幻想和被暴力对待的幻想是如何共存的。她讲述了一个年轻女人是怎样把自己幻想成一个从小被锁在地牢里严苛对待的男主角，而他只能任由一个残忍并强大的骑士摆布。他“被逼迫在刑台上，被威胁泄露自己的秘密”。“最终这些幻想结束了，”她继续说道，“因为我获得了父亲的原谅，其实隐匿在深处的原因是父亲只爱我一个人。这个作者通过宣布放弃自己的个人快乐来给他人留下印象的这一举动，完成了成长中重要的一步：把自闭的幻想转化为社会活动。”因此，安娜很好地解释了为什么升华这种防御机制这么有适应性——她把这种被架在受刑台上的耻辱升华成了接受被自己的父亲做精神分析。她的报告中还提到，“一种（女儿）（对父亲的）肉欲之爱被升华为一种温和的友情，当然极大程度地促进这一个过程的是，女孩在克服鞭打幻想的早期阶段已经忽略性别差异，总是会表现得像个男孩子”。虽然她自称这是她的第一个病人——一个15岁女孩的报告，但这篇报告写于1921年，而这时安娜·弗洛伊德还没有任何自己的病人。此外，她还说这个病人

---

① Young-Bruehl, *Anna Freud*, p. 130.

的幻想是“在一个很深入彻底的分析中证实过的”。[1]因此，这篇论文很有可能就是她自己的分析报告。

安娜·弗洛伊德的论文撰写从很大程度上来说是为了满足她申请加入维也纳精神分析协会的要求。在1922年5月，在提交了论文之后，她成为协会的一员。她的论文是富有深意的，而且把人们的注意力从精神分析中对梦境的分析转移到了对白日梦（幻想）的分析。安娜作为她父亲的病人和同事，也是影响他关注点转移的原因之一；同时她也影响了整个精神分析运动从本我心理学到自我心理学的转变。就像她更偏爱阅读关于真实生活的儿童读物一样，她的职业生涯也一直在努力证明，人类的心智其实是可以在真实的游戏室里研究的，而不一定非要通过成人梦境或者古希腊神话传说来解释。

1925年，由于患病的原因，西格蒙德·弗洛伊德鼓励女儿在第九届国际精神分析代表大会上宣读他的论文《两性解剖学差异的某些心理影响》。以今天的眼光看来，让安娜当众念一篇她自己分析师的论文实在是太丢人了。但是，没有任何的文字证据显示当天会议的参与者察觉到了任何异常。

安娜·弗洛伊德当年受托宣读的那篇论文在现在是臭名昭著的。它体现出了弗洛伊德强烈的性别主义。它还有个绰号叫“解剖就是命运”（Anatomy Is Destiny）。看看这段摘录：

每一个分析师总会遇到几个对父亲有强烈情感的女病人，其联结坚韧不拔，而当这种特殊的联系达到顶峰时，她们甚至会想和父亲有一个孩子……她们（女人们）会注意到她们兄弟或者是玩伴的阴茎，特别大，特别显眼。这便会让她们觉得她们自己那小小的不明显的器官是低劣的，至此往后她们就成了阴茎嫉妒的受害者……还有些其他的原因会永久性地决定男孩和女性之

① A. Freud, “Beating Fantasies and Daydreams,” in *Complete Works*, vol. I (London: International Universities Press, 1966), pp. 146, 157, 153, 138.

间的关系：对残缺生理的恐惧或对她胜利的蔑视……小女孩却表现得不同。她在一瞬间做出判断和决定。她见过它。她知道自己没有，却想拥有……在如此重要的一个方面，她开始分享男人对一个较弱的性别持有的蔑视。[①]

由于已公开轻视自己和其他每个女人的生理特征，安娜·弗洛伊德不得不继续这样做。她得向这些着迷的听众们说，“我无法逃避这样一种概念（尽管我会犹豫这样表达），对于女人来说，她们对于伦理正常的理解是和男人大不相同的。她们的超我从来不是……像人们要求男人那样独立于她们情绪的源头。那些在每个时代都会被批评家反复提及的女性特征——女人比男人更缺乏正义感，她们对事物的判断更容易被个人好恶和个人情感所左右……我们不能让自己被这种反女权主义的结论所扭曲”。[②]萧伯纳笔下的男性至上主义者亨利·希金斯也无法自诩能写出这些话。

根据官方的会议报道，大家对于西格蒙德·弗洛伊德的论文还是“由衷感激”的。欧内斯特·琼斯写道，“这种对他（弗洛伊德）的关注、论文的内容和论文的传达方式都让大家很满意”。[③]卡尔·亚伯拉罕给弗洛伊德写道：“这真是这个会议最好的部分了。安娜小姐会亲自读您的论文，这个消息让在场的人都欢欣雀跃，我真希望您能亲耳听到那些掌声。她条理清晰的演讲使您的论文发挥了最大的价值。”[④]

而当安娜·弗洛伊德无私地使她父亲的论文“价值最大化”时，她最爱的一首诗却是赖内·马利亚·里尔克（Rainer Maria Rilke）的《诗人》（Der Dichter）。其中的一段写道：

---

① S. Freud, “Some Psychical Consequences of the Anatomical Distinction between the Sexes” (1925), SE 19: 248-258, pp. 251-253.

② 同上，pp. 257-258。

③ Jones, *Simund Freud*, p. 112.

④ Peters, *Anna Freud*, p. 69.

没有挚爱的人也居无定所，
更没有人会关心我，
而万物都更加蓬勃，
只有我却愈发贫瘠。[①]

有人也许会问，安娜是怎样承受这一切的？她怎样可以不仅仅生存下来，还能最大化地发挥她的天赋？我相信，有很多能使她如此有弹性的原因。

如果说安娜的生母一直都很疏远她，那她的护士约瑟芬便成了她口中“精神上的母亲”。就像露·安德烈亚斯·莎乐美（Lou Andreas-Salomé）、波拿巴公主和多萝西·伯林厄姆（Dorothy Burlingham）一样，安娜·弗洛伊德这一生中有幸可以找到这样一些能够支持她、帮助她的精神上的母亲。这样一种替补式的情感往往可以滋养被虐待、被忽视的孩子，使他们更好地成长。

与此同时，还有来自另一方面的帮助。如果说安娜的父亲通过让她自我牺牲来对她进行剥削，那他也允许了她攻击性的滋长。不过，弗洛伊德从不认为小安娜的愤怒是“死本能”的表现，虽然他给其他人都是这样定罪的——死本能的攻击性反力比多。相反，当安娜生气哭闹时，弗洛伊德给他的朋友弗里斯写道：“小安娜淘气的时候真是太可爱了。”[②]她的传记作者杨-布鲁尔评论道：“安娜淘气的一面虽然后来被她的优秀善良所掩盖了，但是从来没有消失过——这主要是因为她父亲还特别喜欢她这一点。”杨-布鲁尔还引用了一段写给弗里斯的信：“最近安娜一直在抱怨玛蒂尔德（她的姐姐）吃掉了所有的苹果，还说她的肚子肯定会裂开的……她真是变得越来越迷人了。”在安娜25岁时，父亲给了她一枚戒指，让她做出承诺，对精神分析运动绝对忠诚；后来在她29岁时，父亲还送了一只阿尔萨斯幼犬给

① Rilke quoted in Young-Bruehl, *Anna Freud*, p. 128.
② J. M. Masson, *The Complete Letters of Sigmund Freud to Wilhelm Fliess* (Cambridge, Mass.: Harvard University Press, 1985), p. 358.

她。“她和父亲把那只狗当作孩子对待，”杨-布鲁尔告诉我们，“他们特别享受那种溺爱它的感觉。他们还会在玛莎·弗洛伊德（安娜谨小慎微的母亲）的餐桌旁喂它残羹剩饭，搞得她愤怒不已。”[①]

因此，如果说安娜表面上看来是谦逊、顺从、不装腔作势的，那从另一个层面来说她是特别争强好胜的。她的侄子欧内斯特·弗洛伊德（Ernest Freud）告诉我们说：“我母亲去世的时候，安娜作为和她年龄最接近的姐妹直接承担起了一个养母的责任，还时不时向我传达一种她这个超凡脱俗的姨妈完全比任何妈妈都还好的信息。她特别会养宠物，而且我们玩游戏时她总是赢……而且我觉得她还是挺享受这种优越感的，虽然她并不经常表示出来。”欧内斯特后来又举例说，在安娜被迫从奥地利移民到伦敦后，有一次她听说有一只金色的鹰在雷金特（Regent）公园筑巢了。她说她想去看看那只鹰，不过在离开公园时，她却自鸣得意地说：“奥地利有双头鹰。”[②]伦敦有的，维也纳全都有——而且还好一些。更重要的是，就像忍辱负重、谦逊的考迪莉娅一样，安娜成了父亲生命中最重要的人。然而，她的野心没有让旁观者感到惊讶，甚至连她的竞争者克莱茵提到的分裂这一防御，都并没有明显表现出来。不像西尔维娅·普拉斯，安娜·弗洛伊德从来没有展现出那种强烈的，甚至具有毁灭性的恋母或者恋父情结。她的升华防御机制总能使任何情况化险为夷。

平衡于谦逊和追名逐利之间，是安娜·弗洛伊德这一生中微妙却永恒的主题。在1929年她只有33岁的时候，法兰克福的一家报纸是这样描写她的：“一个年轻苗条的女人，乌黑的秀发下有一张平静而坦诚的面孔。昨天，她站在那个小会议室的讲台上，底下座无虚席……她的演讲简直是完美般地流畅、清晰，甚至变成了一种审美上的享受，其智识上的魅力可以不费吹灰之力地抓住人心。”[③]虽然安娜认为自己是传统的守护者，但美国精神

---

① Young-Bruehl, *Anna Freud*, pp. 43, 39, 99.
② E. Freud in “Anna Freud Memorial Issue,” pp. 5-6, 8.
③ 同上，p. 22。

分析师乔治·波洛克却认为："她很谦虚，但也独断而自信，而且她觉得自己这样是正确的……她勤奋、高标准、慷慨、热爱真理、尊重他人、利他无私。"[①]安娜坚定地认为，其实她的利他之心是源于内心的恶，源于一种强烈的利己的愿望。

安娜·弗洛伊德这样一种通过利他来满足自己本能需要的特质，可以用这样一个戏剧性例子来说明：由于一系列的原因，她对德国有一种强烈的愤怒。纳粹不仅仅吞并了她的国家，强制她移民，在集中营里害死了她的三个姨妈，盖世太保还在1938年时审问过她——而当时的情况实在是太危险了，以至于她都做好了自杀的准备。在战时，她一直在尽量帮助那些因为德国轰炸伦敦而导致与父母分离的英国孤儿。在战后，她也对那些从害死她姨妈的集中营中被解救出来的犹太孤儿进行情绪恢复的工作。后来在1964年时，慕尼黑市提供了一个1.5万马克的文化奖励。可以理解为，她其实是拒绝的，因为她无法原谅德国。但是为了避免冒犯，她的自我设计了一个温和却又非常狡猾的手段。她提出，如果这些钱可以用于"帮助重铸德国的精神分析事业"，她就接受。[②]安娜的自我使她选择了以德报怨，而希特勒肯定觉得死不瞑目。

虽然安娜的童年生活是很受拘束的，但她的解决办法总是特别富有创造性。在1934年的时候，她就开始给"某种自我心理学"写一些笔记。这些笔记后来成为《自我与防御机制》这本著作，而她在1936年时把这个送给了父亲作为80岁的生日礼物。如果说她的父亲一度发明/发现了至少十七种防御方式，[③]那么安娜在父亲过生日时就又发明/发现了两种：与攻击者认同和利他性屈从（altrustic surrender）。不用感到意外，这两种防御方式就是她自己适应生活的方式。

在安娜所论述的第一种防御机制（与攻击者认同）中，主体同化了被看

① E. Freud in "Anna Freud Memorial Issue," p47.

② Young-Bruehl, *Anna Freud*, p. 397.

③ G. E. Vaillant, "The Historical Origins and Future Potential of Sigmund Freud's Concept of the Mechanisms of Defense," *International Review of Psychoanalysis* 19 (1992): 35-50.

成压迫者的品质、行为、思想、攻击方式和权力象征。因此，不同于西尔维娅·普拉斯在《爸爸》一诗中的轻视行为，安娜选择了认同。父亲的使命变成了她的使命。父亲的性别歧视变成了她的性别歧视。为了送给父亲生日礼物，她甚至可以写出："如果一个女人把自己拿来和男孩进行比较的话，她的自爱是会受损的，因为男孩更方便进行手淫，而她又不想一直被提醒自己在这件事上存在劣势。""如果一个女孩对父亲的依恋以失败告终"，她继续写道：

> 那么取而代之的将会是对父亲的认同……她的阴茎愿望，连同由此而生的男性幻想，都是被禁止的。同时，她的女性幻想、拥有小孩的愿望、向父亲展示自己身体的渴望——无论是裸体的或着装艳丽的，还是努力博取父亲好感的愿望，也都是被禁止的。而这些冲动并没有被压抑……她把这些被禁止的本能冲动投射到别人身上，就像我在上一章所讲到的那个病人一样。唯一的不同在于，处理这些冲动的方式。这个病人没有把自己和她的代理人分离开来，而是认同了他们。①

所以说，安娜最后认同了父亲。在她的职业生涯中，她和父亲都觉得她就像失明的俄狄浦斯的那个盲从的女儿安提戈涅（Antigone）一样。一直以来，她都在努力做一个忠诚的女儿，忠于父亲，忠于他的信仰。她放弃了自己兴趣，却不断从父亲的兴趣中寻求愉悦感，从中她终于为自己找到了成功和喜悦。

当西尔维娅·普拉斯尝试认同她那个作为国际蜜蜂专家的父亲而试图维护一个小的养蜂场时，她却在不经意间把攻击性转向了自己。就如她写道："连我最心爱的蜜蜂今天都袭击我了，因为我不小心把它们的饲喂器弄翻

① A. Freud, *Ego and the Mechanisms of Defense*, pp. 105, 136.

了，结果搞得我浑身都是刺。”[①]但是当安娜认同攻击者的时候，结果是利他的，而不是受虐的。不仅因为取代了奥托·兰克（Otto Rank）的位置成为弗洛伊德秘密内圈的一员，还因为收到了父亲给她的凹雕金戒指，安娜并没有收到“刺”的折磨。相反，在1924年安娜29岁生日时，秘密委员会宣布她将会成为这个精神分析小组的第六个成员，她写道：“有时候最美丽的事情往往是那些出乎意料的事情，就好像从天而降的馅饼。而最妙的是，这一切都是因为爸爸的缘故。我俩都为此感到特别高兴，而且他的高兴一点都不比我少。”[②]

到1971年的时候，安娜·弗洛伊德已经成为国际精神分析协会的领导者。那年我去拜访了她，还请她给我收藏的《自我与防御机制》第一版签名。我很诚实地告诉她，这本书是在我自己的精神分析学习中最重要的一本书。听到这个，她谦虚地转移了视线。她看起来好像根本没有听到我说了什么，但突然地，她摇了摇手把我的注意力引向了接待室——她父亲的工作室。这间屋子还一直保持着他去世时的样子。而后她开口了，听起来如指责般的语气：“这个房间是不是很可爱？”我察觉到了她好像是在说，我有什么权力在他父亲的工作室里说她的作品比他父亲的作品对我来说更重要。

安娜·弗洛伊德所写的第二种防御机制——利他性屈从的意义在于克服“自恋屈辱”。在《自我与防御机制》一书中，安娜·弗洛伊德写道：

> 诗人[埃德蒙·罗斯丹（Edmund Rostand）]描绘了西哈诺（Cyrano）的“利他”不止是一种奇怪的爱的冒险。很明显，这与他所描绘的西哈诺的爱情生活和他自己作为一个诗人的命运之间是平行的。就像克里斯蒂安（Christian）在西哈拉诗信的帮助下追求罗克珊娜（Roxane），作家像高乃依（Corneille）、莫里哀（Moliere）和斯威夫特（Swift）也是从自己不为人

---

① S. Plath, *Letters Home* (New York: Harper and Row, 1975), p. 465.

② Young-Bruehl, *Anna Freud*, p. 150.

知的作品中借用了整个场景，来增加自己的名誉……他的个人缺陷（超大鼻子）使他认为自己很糟糕，这也使他觉得那些喜爱自己的人比自己所能幻想到的更优秀。①②

这便是利他性屈从。几十年后，安娜作为她父亲精神分析事业的守护者和利他性屈从的发明者，已经在弥留之际了。当时，她的侄子欧内斯特正准备去美国做巡回演讲。在德国时，她命令他："如果我在美国的朋友问我的情况，告诉他们'过客啊，去告诉我们的斯巴达人，我们矢忠死守，在这里粉身碎骨。'"③这里，她引用了西莫尼德斯（Simonides）为纪念在温泉关（塞莫皮莱，Thermopylae）战役中阵亡的斯巴达将士的墓志铭。她为父亲奉献了她的一生，然而在她生命的最后，她依然为当一个斯巴达勇士而感到骄傲，俨然一个大鼻子情圣。

不过，使用利他性屈从并没有让安娜·弗洛伊德否认自己的独断自信，只是她的处理方式更具有独创性。她送给父亲的生日礼物其实折射出了她与父亲的意见分歧，而且还是一种奇怪的、讽刺性的分歧。从口头上和从行动上，《自我与防御机制》都表明了攻击性并不是和弗洛伊德所谓的"死亡本能"联系在一起的，而是创造力的源泉。愤怒和力比多同样都是生命中不可或缺的一部分。在给父亲的生日礼物中，愤怒在她那里被转化成了游戏和健康的成就。如果得到合理管辖的话，愤怒和心中的恶，其实都可以为爱服务。在她父亲的一生中，许多人最后都和他分道扬镳了，然而在安娜·弗洛伊德的一生中，鲜有人停止过对她的敬仰与崇拜。这种智慧源于自我。

也是在这个生日礼物中，安娜·弗洛伊德展现出了个人的矛盾冲突与科学发现之间的一种紧密重叠，就像和艺术一样。她曾经通过一部自传的

---

① A. Freud, *Ego and the Mechanisms of Defense*, p. 144.

② 文中所引故事为19世纪法国剧作家埃德蒙·罗斯丹的著名诗剧《西哈诺》，后被多次改编为电影，即《大鼻子情圣》。——译者注

③ "Anna Freud Memorial Issue," p. 8.

详细分析，并讲述了利他性屈从在一个女家庭教师身上的体现。这个女教师“想要很多漂亮衣服和几个孩子……她想要拥有并且想做那些比她年长许多的玩伴曾经做过的事情……比她们做得更好……因为聪明而得到崇拜。她接连不断地‘我也是！’的叫喊，对于她的同伴来说简直是个麻烦事”。别忘了安娜是六个孩子中最小的一个，或者按她自己的话来说是个“小不点”，可她成了一个老师和儿童精神分析师。作为一个孩子，她曾经也叫喊过“我也是！”“她（女家庭教师）作为一个成年人，最让人感到惊讶的是，”她继续道：

她的谦虚和对生活包容的态度。当她去做分析时，她还没结婚也没有孩子，而且她的着装也是朴实无华的……虽然她对自己的衣着并不在意，她对她朋友们的衣服倒是兴趣十足。虽然自己没有孩子，但是她乐于为别人的孩子奉献，从她的职业选择上就可以看出这一点……同样地，虽然她自己不善社交，但她一直牵挂着她爱过的男人，甚至一直追随着他们的脚步。①

安娜·弗洛伊德很有可能是在写一部自传，而不是一份个案历史。

安娜一直没有结婚，她却曾经着迷于一个追求她姐姐的男人。她说在那个家庭女教师13岁的时候（也是安娜看着他姐姐被人追求的年纪），她“偷偷地爱上了一个姐姐的朋友，而姐姐曾经一度是她嫉妒的特殊客体”。②这个女教师像个女情圣一样：

她清晰无误地记得，她是怎样从一开始的被失望震惊，然后到突然开始为姐姐东奔西跑、忙碌张罗，只为了让姐姐更“漂亮”地赴约。在做这一切的时候，这个病人感到特别幸福、喜悦，甚至好像都忘了其实是姐姐而不是

---

① A. Freud, *Ego and the Mechanisms of Defense*, pp. 134-135.
② 同上，p. 137。

她要出去约会。她把自己对爱情和倾慕的渴望投射在了竞争对手身上。由于她已经认同了她嫉妒的客体，她自己在欲望上也得到了满足。①

在对自己的失望中，她把自己的愿望置换到了她觉得更适合满足这些欲望的客体上。她的男性朋友替代她完成了她在职业生涯中永远无法企及的东西，而那些比她更漂亮的女孩们，则在情感上替代她做了同样的事情。②

一个勤于思考的读者在这时也许会问，这样的一种利他主义、这样的自我欺骗和这样盲目乐观的否认，是否真的是适应性的。但是对安娜·弗洛伊德来说，确实是这样。

在现实生活中，埃里克·埃里克森就是她帮助过的人之一，而他的成功也使她得到了间接的满足。在他还在被孑然一身的安娜·弗洛伊德做精神分析的时候，他回忆道："安娜·弗洛伊德偶尔会在对我的精神分析会谈中摆弄一下她的手工艺品……记得有一次，我在谈论琼和我刚出生的儿子卡伊（Kai）时提到了这个。几次访谈之后，在一次会面结束时，她除了和我握手与做常规的道别外，还给我了我一件小小的蓝色针织毛衣，并且说：'这是给卡伊的。'"③不可否认，精神分析师是不应该送来访者婴儿礼物的，但是，我不觉得任何认识她的人会怀疑她的善良和专业性。在另一次精神分析中，埃里克森谈到了他害怕无法为精神分析事业做出贡献的恐惧。"我不止一次认为，我无法在这样的高理智事业中找到我艺术倾向的一席之地。她平静地说，'也许你可以帮助他们认识到。'"④埃里克森永远都没有忘记这句话。西格蒙德·弗洛伊德给了他的来访者一个戒指，将女儿和他的事业绑在一起；安娜·弗洛伊德送给她的来访者的礼物，却只是为了帮助埃里克森去提高自己的创造力。就像我在第二章所提到的一样，有比成为修女更糟

① A. Freud, *Ego and the Mechanisms of Defense*, p137.
② 同上，p. 142。
③ "Anna Freud Memorial Issue," p. 52.
④ E. Erikson, *Life History and the Historical Moment* (New York: Norton, 1975), p. 30.

糕的事情。

* * * *

在防御机制的纲要中，安娜·弗洛伊德写道，“有了这九种防御方法……我们还需要加上第十种，而这种方法更适用于对常人，而非对神经症患者的研究：升华”。[①]随着她的不断成长，她的一生逐渐成为升华和利他的典范。

在安娜·弗洛伊德二十多岁的时候，她拒绝了她所有的精神分析师追求者，因为她觉得他们爱她仅仅因为她是弗洛伊德的女儿。直到1928年时，她说，她觉得她已经被她周围的人消耗得筋疲力尽了：“如果一个人是有用的，这个人就会在平日一点一点地被剥削。没有人会注意到隐藏在深处没有利用价值的那一部分——可奇怪的是，没有用的那一部分才是最真实的自我。”[②]后来，在她30岁之后，她才从她和多萝西·伯林厄姆的亲密友谊中逐渐找到了快乐和幸福感。伯林厄姆的丈夫患有躁狂抑郁症，她渐渐疏离她的丈夫，最后带着孩子从美国来到了维也纳。她们刚开始认识是因为伯林厄姆的孩子在安娜的游戏学校，后来这些孩子成了她的病患。她没有被开发的自己——那部分不愿被开发、挖掘的自己——在伯林厄姆的陪伴下繁盛起来。她们还一起装饰布置了一个奥地利式的乡村小木屋。通过这段友谊，安娜发现了她童年时期的不善交际被一种有追溯性但并不是精神分析式的方法治愈了。“这真有意思，”她在1928年时给露·安德烈亚斯·莎乐美写信道：“但是，直到去年我才开始享受过生日这件事。在那之前我一直都有太多说不清道不明的情绪，现在一切都简单多了：一切都更加美好了。我甚至还办了一个午后儿童派对。”[③]半个世纪后，在多萝西·伯林厄姆去世时，

---

① A. Freud, *Ego and the Mechanisms of Delense*, p. 47.

② Young-Bruehl, *Anna Freud*, p. 191.

③ 同上。

她的一个儿子对安娜·弗洛伊德说："你对她来说就是一切，她和你在一起时的日子都是最美好的……我一直不停地回忆你们彼此在一起的时光，就这样一天又一天……"[①]对于一份五十年的友谊和这样一份明确的承诺来说，这还真是个不错的礼物。安娜·弗洛伊德的斯巴达式存在中有一种美德，这是对这种美德不错的敬意。

安娜·弗洛伊德斯巴达式的一生也展现了抑制这种防御机制。在1938年，当弗洛伊德一家准备从希特勒占领的维也纳逃亡到伦敦的时候，弗洛伊德写道："安娜安慰大家说现在我们终于可以在这些苦力和差事的间隙中休息一下了，她想通过这样一种方式来让现在的情况变得可以忍受。"[②]不过，对于露·安德烈亚斯·莎乐美来说，安娜对于她这段压力极大时期的行为描述却有些不同："你不知道我有多频繁地想起你对我说的那句话。只有当我们真正地去直面生活时，所谓的命运才有意义。"[③]

在她的好友兼事业伙伴多萝西去世之后，安娜渐渐开始穿多萝西的毛衣，而且还买了一只松狮犬。她管那只狗叫乔-夫（Jo-Fi），是根据多萝西在维也纳时送给安娜父亲的一只松狮命名的。在她五十年密友的葬礼悼词中，安娜对其他悼念者提到了她父亲斯多葛式的坚忍智慧：我们更应该感激一段友谊，而不是哀悼它的逝去。但是，即使斯多葛派哲学家们都知道，缅怀是悲恸的唯一解药。一个最简单的抑制例子，也许就是当安娜给一个朋友写道，她父亲的每一次癌症手术都"把我剥离了一块。但有时候事情就是这样。一个人不能只要葡萄干，而不要周围的面包，我知道这一点"。[④]

幽默就像星光一样难以捕获，但它充盈了安娜的一生。那些真正懂她的人就算之前没听说过，后来也了解到了这一点。她说防御这种东西，"要

---

① Young-Bruehl, *Anna Freud*, p. 443.
② 同上，p. 229。
③ 同上，p. 230。
④ 同上，p. 197。

从宏观而不是微观的角度来看。你得把眼睛摘下来而不是带上”。[①]虽然我举不出详细的例子，那就让我举个笼统的例子来证明她的幽默吧。在关于安娜·弗洛伊德的一个回忆中，克利福德·约克（Clifford Yorke）写道：“她的幽默才智当然是无限的。如果有必要的话，她在每一个场合都能讲出一个笑话。”[②]

幽默，同时也是和游戏紧密联系在一起的。或许正是因为安娜·弗洛伊德没有忘记如何游戏，才能把反向形成进一步发展为利他。“就算在今天，”她的传记作者乌维·斐得斯（Uwe Peters）在1985年写道，“还有安娜·弗洛伊德早先在维也纳时的学生提及，她在使孩子们对事物产生兴趣这件事上，简直有无与伦比的天赋。”[③]当安娜·弗洛伊德80多岁刚从纽约回来并获得了哥伦比亚大学荣誉学位时，她让同事克利福德.约克和汉西·肯尼迪（Hansi Kennedy）在走廊里等着她。她急急忙忙地冲上楼，然后兴高采烈地穿着刚拿到的哥伦比亚大学学位服给大家看。在她开开心心地打扮时，她不仅保留了她童真的一面，同时还向大家炫耀了她是个杰出的女性。事实上，安娜·弗洛伊德是唯一一位女性，也许还是唯一一位没有大学文凭却还从芝加哥大学（1966）、耶鲁大学（1968）、哥伦比亚大学（1978）和哈佛大学（1980）获得荣誉学位的人，她甚至还从维也纳大学（1972）获得了荣誉医学博士学位。

谦逊就像利他一样，是会给你报酬的。随着时间的流逝，西格蒙德·弗洛伊德越来越赞赏安娜，对她的态度也更加谦虚。在谈论到关于防御机制的不同诊断问题时，一向争强好胜的弗洛伊德通常对自己的发明有着专有的兴趣，但他对感兴趣的学生说：“我们的自我会使用非常多的方法（或者用我们的话来说，就是机制）来执行我们的防御功能……我的女儿是个儿童精神

---

① J. Sandler and A. Freud, *The Analysis of Defense: The Ego and the Mechanisms of Defense Revisited* (New York: International Universities Press, 1985), p. 176.

② “Anna Freud Memorial Issue,” pp. 13-14.

③ Peters, *Anna Freud*, p. 23.

分析师，她正在根据这个写一本书。”[①]在《自我与防御机制》出版后，弗洛伊德写道：“我们把这些程序称为‘防御机制’，安娜·弗洛伊德的书第一次给予了我们对于防御机制的多样性和多面性的深刻见解。”[②]

另一次偶然的机会，他写道：“我很高兴，我至少可以说我的女儿安娜·弗洛伊德把这个研究（精神分析法在儿童身上的运用）做成了她终生的事业，而且从某种方面来说，还弥补了我的疏忽。”[③]虽然安娜曾抱怨过，因为她所有的病患都和父亲的病患共用一个候诊室，所以他们都想让她父亲做精神分析，不过弗洛伊德的回答倒是一针见血：“所有他的病人也都想被她治疗。”[④]

1935年，在弗洛伊德深受癌症折磨、奄奄一息的时候，他给他的一个朋友写道，“你对于春天的描述真让我感到悲哀和满怀嫉妒。我明明还有很多享受快乐的能力，却不得不被迫退休。但是，我生命中的一个亮点就是安娜的成功”。[⑤]同年，他还给露·安德烈亚斯·莎乐美写道，“我得到满足的源泉就是安娜。光看看她在众多分析师中获得了多少权威和影响，就知道她有多引人注目了”。[⑥]4个月之后，他又给她写道：“在最后，我们还是得依靠我们自己所创造的生命……不管怎样，我创造了她，这还是非常明智的事情。”[⑦]

最后，我们还是回到她父亲给予了高度评价的这本书上吧，安娜·弗洛伊德写道：“当自我的防御方式……可以限制住焦虑和‘痛苦’的发展，然后，即使在最困难的情况下，也可以转化这种本能，使满足感得以保障……那就是成功的。”[⑧]就像贝多芬一样， 安娜·弗洛伊德是成功的。她是父亲

① S. Freud, “Disturbance of Memory on the Acropolis” (1936), SE 22: 239-248, p. 245.
② S. Freud, “Analysis Terminable and Interminable” (1936), SE 23: 235-236.
③ S. Freud, *New Introductory Lectures on Psychoanalysis* (1932), SE 22: 146.
④ “Anna Freud Memorial Issue,” p. 15.
⑤ Jones, *Sigmund Freud*, p. 195.
⑥ Peters, *Anna Freud*, p. 131.
⑦ Young-Bruehl, *Anna Freud*, p. 234.
⑧ A. Freud, *Ego and the Mechanisms of Defense*, p. 193.

力比多理论和她的两个年轻朋友埃里克·埃里克森和海因茨·哈特曼的自我理论之间一个关键衔接点。一切都得感谢她，因为是她让防御机制脱离了元心理学的领域。这是一个微妙但可见的东西，只要你在意，你就能看到，就好像地球的弧线一样。

对于她的父亲，安娜·弗洛伊德自我的炼金术将一个铅的女儿变成了纯金。相反的是，奥里莉亚·普拉斯在女儿去世十年后给一个文学评论家写到西尔维娅·普拉斯，“利用了所有资源却总是把金子炼成了铅……爱留下来了——伤害也留下来了。我们无法逃避”。[①]投射会毁灭，利他会修补。而两者都是从我们内心的痛苦发散出来的。

① Stevenson, *Bitter Fame*, p. 302.

11

尤金·奥尼尔：防御的成熟

人生来是支离破碎的。

他靠修修补补过活。

上帝的恩典就是胶水！

——《大神布朗》，第四幕第一景

不成熟型防御是人格障碍的基石。不成熟型防御和人格障碍会产生难以忍受的冲突，但它们也能够缓解冲突。就算它们歪曲并在最后破坏了关系，不成熟型防御也提供了一种亲密的幻象。既然不成熟防御的一个潜意识愿望是为了保护稳定的爱的幻象，那么面对他人的不成熟防御，我们会感到被掌控、被纠缠甚至是被侵犯，也就不足为怪了，而且它们甚至也会让我们产生歪曲。我认为，对这种“传染”的解释在于，不成熟防御能够通过甜言蜜语渗透、迂回并跨越障碍物，那些障碍物本是用来保护自我感的界限，并免于被他人侵犯。

与神经症不同，有人格障碍的人无法令人原谅，并且极有诱惑性。这是因为人格障碍的需求和自我欺骗不仅改变了他们自身的内部环境，也影响到其他人。但是，艺术家、圣人及我们之前的一位女英雄弗洛伦斯·南丁格尔，他们的渴望和自我欺骗也有着一样的效果。梵·高、圣女贞德和弗洛伦斯·南丁格尔都非常适合被纳入人格障碍的案例集。一些同时代的人认为，他们每个人都是贱民、异类，有些认为他们是疯子或者坏人。但是，他们三人也都有着超群的创造力，带给这个世界很多不曾有过的事物，现今深受世人的崇拜。

创造性与精神病是不同的。创造性的天才也必然会比人格障碍的人采用更多成熟的防御。在前面的章节里，我已经论述了从精神病到不成熟、到神经症、再到成熟防御的发展顺序。但我也提到，西尔维娅·普拉斯的艺术和她的精神病是如何不协调地融合在一起的。在这个讽刺的疯狂与伟大艺术之间的中间地带，充满了这种悖论。要理解这种悖论，我们必须理解自我的成熟，以及不成熟和成熟防御之间的演变过程。

尤金·奥尼尔的生活阐明了不成熟防御的传染属性（它们通过亲密的家庭交互作用传递）和它们向成熟防御演变的过程。不成熟防御的诅咒是，它们会使被忽视的孩子继续忽视他们自己的孩子。不成熟防御的幸事是，只要一点爱，它们就能够演变为一些美丽的事物。因此，奥尼尔的故事开头是一个被忽视的孩子有着因酒精成瘾而被世人遗弃的过去，结局却是一位获得诺贝尔奖的传奇艺术家，但他仍忽视他自己所有的孩子。

1885年，一个婴儿因为麻疹和疏于看护夭折在旅馆房间里。他的父母是詹姆士（James）和玛丽·艾伦·奥尼尔（Mary Ellen O’Neill）。那时他们都不在镇上，而是把这个婴儿和他的哥哥留给外祖母布丽奇特·昆兰（Bridget Quinlan）照管。当玛丽·艾伦和丈夫从剧团巡演回到家，她开始把矛头对准活下来的孩子吉米，指责他杀死了自己的弟弟。之后，尽管他当时只有8岁，她还是把他送到了寄宿学校，甚至在圣诞节也不许回家。

两年后，玛丽·艾伦再次经历了丧亲之痛，她唯一的支持来源——她的母亲布丽奇特·昆兰去世。之后的1888年，另一个孩子金在另一家旅馆的房间出世。父母没有任何准备，父亲不在家，孩子的接生是由一个旅馆医生完成的，他进房间之前刚抽完一支黑雪茄，也没有洗手。玛丽·艾伦仍然陷在失去儿子和母亲的悲痛中，跟医生抱怨自己的疼痛（pain）而不是悲伤（grief）——医生也只针对她的疼痛而不是悲伤开了处方。和很多失去亲人的人一样，玛丽·艾伦发现这种“疼痛”是可以通过鸦片缓解的。金，就这样被忽视、被扔在学校里，住在大街上，慢慢长大。

金的成长中没有朋友，也没有健康的身体或者家庭生活。小时候他被一个护士照看，他经常从一个旅馆搬到另一个旅馆。他的哥哥在寄宿学校，药物成瘾的母亲一年中有九个月跟着巡演的父亲四处奔走。小时候，金差点儿死于伤寒热，也经受着反复的呼吸道感染和佝偻病。6岁时，他被迫离开照顾他的护士，被送到一个天主教的寄宿学校，在那里待到12岁。确实，他会和母亲一起度过暑假。但是，他第一个寄宿学校的圣诞是和他的护士一块儿度过的。即使夏天在家里，也没有感到舒适，因为他的母亲大多数时间都在吗啡的作用下如行尸走肉。

和母亲靠鸦片摆脱痛苦一样，金靠的是他的分裂型幻想。几十年之后，他能够通过写出真相来安抚自己：我总是一个陌生人，从未有过家的感觉，从未真正地想要，也从未真正地被需要。但是作为一个孩子，他逃进了梦的世界里。专注于修女所教授的关于上帝的爱和宁静，他试图在宗教中找到安慰。他开始在寄宿学校的孤独中，幻想一种理想的爱能够拥抱并保护自己免于世界的危险。多年后，他向第二任妻子描绘了这种周期性出现的幻想："这是我儿时的一个梦——那时我不得不在梦中想象着自己并不孤单。梦里有我和另外一个人。我常常梦到他——白天，这个人有时似乎也和我一起。然后，我是个快乐的小男孩。但这个人在我的梦里，我从未亲眼见过。他的存在似乎让我感到完整。"[①]然而，他的安慰明显不过是一种短暂的幻觉。

14岁时，金了解到母亲是个瘾君子。之前对宗教虔诚的他，现在发誓，"让教会见鬼去吧"。15岁，他已是个重度吸烟者，他开始出现在各种灯红酒绿、臭名昭著的酒吧里。换句话说，在叛逆的青春期，见诸行动的防御代替了幻想。在高中——他曾经接受的唯一一项正式教育——他对尼采、杰克·伦敦、陀思妥耶夫斯基、奥斯卡·王尔德等人的著作产生了强烈的兴趣。叛逆的阅读和轻微的行为不良令他的高中校长断言，他会死在电椅上。[②]但是，金在高中学会了另一项技能。他是个求知欲很强的孩子，会学

① L. Sheaffer, *O'Neill: Son and Playwright* (Boston: Little, Brown, 1968), p. 67.
② A. Gelb and B. Gelb, *O'Neill* (New York: Harper and Row, 1962), p. 78.

着理解并写下自己的见闻。他开始高强度地、系统地记笔记。这些笔记作为一种生命的容器，帮助他承受生活中对他或对他的家庭来说都过于痛苦的残酷现实，而不用过度地自我欺骗。

高中之后，金进入普林斯顿大学，继续他的见诸行动。其他同学在学校或纽约非同性恋酒吧喝啤酒、喝威士忌的时候，金在新泽西州特伦顿的同性恋酒吧喝着苦艾酒，并迫切希望尝试鸦片。他鄙视学校的理念，但当其他学生讨厌伍德罗·威尔逊（Woodrow Wilson）总统的时候，金则异常喜欢他。为了打击他的同学，金用一个挂满胸罩和用过的避孕套的渔网来装饰大学寝室。他从学校图书馆偷书，挂上无政府主义的标语。同时，他还挂了三门课，偷了两个学校的板凳和一个洗手盆。并且，他用手枪威胁一个同学，他自己的酗酒也非常严重，以至于被大学戒酒互助会列入黑名单，很快因为成绩不及格被开除。

接下来的两年，金住在纽约，当他的父母一起去外地时，他先待在家里，然后跟一些贫困的波希米亚人一块儿。他和妓女混在一起，大部分时间都是喝醉的状态。唯一一项积极的活动是通过父亲的关系得到一些现代戏剧的赠票。他把《海达·高布乐》（Hedda Gabler）看了十遍。他是在哪里结束了见诸行动，萌发了最初的想法呢？

1909年，金的女朋友怀孕，隐秘结婚之后，金很快就抛下妻子去了中美洲的金矿。那里，金腰里别着左轮手枪，生活在丛林里，爱上了一个已婚女人。除了在心里和日记里继续积累着痛苦的回忆，他什么也没做。当他返回纽约，妻子即将临产，但他没有联系她。相反，他在一个酒吧间里从小报上得知自己有了一个儿子。在醉酒的愤怒下，他冲进父母空荡荡的公寓，试图用砍刀砍断母亲的衣柜脚。[①]之后，他借用了一个角色杰克·汤森（Jack Townsend）的话来形容自己生命中的那个时期："那时所有的事情都看起来只是一个愉快的游戏，严肃的一面变得遥远而不真实。我从未去想过这

---

① Sheaffer, *O'Neill*: *Son and Playwright*, p. 156.

些。”[①]见诸行动的防御废弃了超我、安抚了自体，却严重地伤害了他人。

一个月之后，金一时兴起，开始了两年醉酒、游荡的生活。他跟船到了南美，到了布宜诺斯艾利斯，口袋里只有10美元。他很快变成一个城市里的无业游民：下午讨几个比索或者卖一些从垃圾桶捡到的东西，晚上就喝着廉价的阿根廷朗姆酒，凌晨就睡在公园的长椅上，或者和一个无家可归的青少年流浪儿住在一个镀锌的金属小棚里。头一年在路上，他写了一首没有发表的诗。究竟是哪里，他最初的想法消失了，见诸行动开始了呢？

1911年5月，金跟着一个临时航行的货船回到了纽约。有一个月的时间，他没有联系家人，没有跟妻子说过话，或是见过自己已1岁的儿子。妻子满怀期待地以他的名字给孩子命名。他住在一个名叫“吉米牧师”的害虫滋生的廉价旅馆里。有送到房间的免费午餐，他的威士忌便宜得只要5美分一杯。他唯一固定的伙伴，是一个名叫莫德的人。

那年7月，金心血来潮作为一个熟练的水手乘船去了伦敦。这次的经历不仅使他挣了25美元，还让他学会了一项称为苏吉-木吉（soogie-moogie）的有用工作——用氢氧化钠清洗船的挡板。返回纽约后，他重新回到“吉米牧师”生活。

我们该如何理解这样一个放荡的青春，一个年轻人如此自私、自恋又完全不称职呢？我们可以说他是精神病。但是在金的案例里，我们还有另一个选择：他在后来写了一部出色的自传性戏剧，能帮助我们理解他为什么认为自己不得不把自己的感受用见诸行动而不是与他人分享的方式表达出来。

幸运的是，不成熟防御并不总会一直延续下去。人格障碍和青春期一样，常常是一种自限性疾病。最后，金幻想的能力使他能够通过回忆来自我拯救，而不仅仅是安慰。1924年，他写道：“写作使我远离生活的假期——所以我并不需要真正的假期。”[②]但他的写作是如此鲜明的自传，赤裸裸的

① Gelb and Gelb, *O'Neill*, pp. 137-138.

② 同上，p. 235。

一段真相之旅。他解离状态的进一步演变使他逃进了现实的剧场，而不是一个盲目乐观的人继续的解离状态。他的幻想和解离演变为升华。不是简单的否认，他的创作重构了回忆中痛苦的每一个细微差别，砰一砰一，剧痛不断。

* * * *

1908年到1912年期间，金的见诸行动是怎样的一种流浪，使得诺贝尔奖获得者尤金·奥尼尔在1940年能够写出如此升华的杰作——《进入黑夜的漫长旅程》。这本身就是一段心理康复的艰险旅程。奥尼尔的传记有助于阐明自我的成熟是如何治愈性格障碍的，现实的悲剧是如何演变为宣泄的艺术的——扭曲的基因和环境的绝望是如何亦含胜利的。就像奥尼尔写道："人类的希望是生活中最伟大的力量，也是唯一击败死亡的东西。"[①]然而，故事中黑暗的一面是，他也延续了家庭的模式，继续忽视自己的孩子们。

一个先锋剧评家这样评论奥尼尔伟大的自传性戏剧，"今天，《送冰人来了》和《进入黑夜的漫长旅程》一样，可以说是本大陆最具戏剧性的文学作品"。[②]奥尼尔自己对《进入黑夜的漫长旅程》和《送冰人来了》这样说，"这两部戏剧给了我巨大的满足感，比其他任何两部作品都要多"。[③]简言之，他能够把1912年痛苦的家庭记忆重塑进作品中，呈现为"幻想中的忠实影像"，并能够"把很多的快乐连接到"痛苦经历的描述中，由此产生出一种奇妙的精神感染力。这个过程是任何认知心理学家或电脑刺激无法完全解释的。

《进入黑夜的漫长旅程》是一部非常接近真实的自传。人物的姓改为蒂

---

① Gelb and Gelb, *O'Neill*, p383.

② J. H. Raleigh, "Introduction," in *Twentieth-Century Interpretations of The Iceman Cometh* (Englewood Cliffs, N. J.: Prentice Hall, 1968), p. 17.

③ 同上，p. 20。

龙（Tyrone），但名字仍然用的是詹姆士、吉米和玛丽·艾伦·奥尼尔。尤金·奥尼尔和他已故的兄弟埃德蒙只是简单地把名字互换了。但戏剧不仅是自传，也是伟大的艺术，亦是一本关于不成熟防御生动的教科书。它生动阐述了不成熟防御是如何毁掉人们的灵魂，也让观众目睹了通往鲜活真相的净化过程。

并非偶然的是，不成熟防御的最好说明是在麻烦但亲密的氛围中，主要人物之间因过于亲密而感到不适。也并非偶然的是，戏剧中四个基本角色都是酒精或药物成瘾者，都有着药理性中枢神经系统退行的问题。社会处境和生理损害都能够诱发不成熟防御的出现。同样亦非偶然的是，奥尼尔写这部戏剧的时候已五十多岁，已戒酒十三年，婚姻给予他归宿般的舒适感。社会支持和成熟的中枢神经系统都促进了成熟防御的发展。

《进入黑夜的漫长旅程》阐释了一个悖论。尽管不成熟防御的主要意图之一是保存所谓持久关系的幻象，另一个意图是抱紧所爱。因此，三十六年的婚姻之后，这对蒂龙父母仍然忠于彼此，互相依赖，虽然在一起的时候，运用贬低和投射的防御指责彼此：

> 蒂龙：我明白了我是这个世界上最笨的笨蛋，因为我相信你所说的话。
> 玛丽：我能感觉到你们所有人在都不相信我的同时，也在监视着我。[1]

虽然如此，当玛丽和丈夫分开后会承认，“哦，我并不在意他有什么缺点。我已经爱了他三十六年了。这还不能证明我有多爱他？他这人心地善良，剩余的一切他自己也不想的，不是吗？”她的女仆凯瑟琳回复道，“太太这话说得对。您应该真心实意地爱他。您看他对您多么好，多么爱您、尊敬您。是个傻子都能看得出来。”[2]同样，玛丽为儿子们操着心，她的方式

① E. O'Neill, *Long Day's Journey into Night* (New Haven: Yale University Press, 1955), p. 69.
② 同上，p. 101。

却让他们感觉（用埃德蒙的话），“尽管她喜欢我们，她同样好像和我们有仇一样！”①

《进入黑夜的漫长旅程》阐述的不只是不成熟防御，还有它们的起源。不成熟防御具有传染性的部分，关键是非共情的挫败促进了另一个人的痛苦。另外，不成熟防御的运用者不仅没有意识到他人的痛苦，还把自己的痛苦传递给了他人，并且声称与自己无关。比如，玛丽·蒂龙自己在吗啡作用下的投射和解离，促使她的儿子埃德蒙运用稍有不同的防御：见诸行动和幻想。防御传递的过程有时被认为是投射性认同。

玛丽的投射促使埃德蒙撒谎，而更危险的是相信谎言——这一过程处于解离的核心。

戏剧的初期，玛丽使埃德蒙成为自己耻辱的来源，否认他对自己焦虑的认可。得知埃德蒙觉察到自己对药物的依赖性之后，她反倒质问他，“跟我说老实话好吗，为什么你会突然起这样的疑心？”

埃德蒙：我哪有起疑心！

玛丽：你肯定是在怀疑我……

埃德蒙：好了，好了，别再乱想一些有的没的了，妈妈。②

对于玛丽的谴责和埃德蒙对母亲无辜的坚持，他们进行的这场如镜中颠倒世界的争论一直发展到玛丽高声尖叫，“你不要再怀疑我了！求你了，可以吗？你太让我伤心了！我睡不着觉，就是因为放心不下你（这里指他的肺结核）。这就是真正的原因！”③

“没有必要这样，”在这种氛围的驱使下，他忽视了对自己肺结核的担

① E. O'Neill, *Long Day's Journey into Night* (New Haven: Yale University Press, 1955), p. 101.
② 同上，p. 45。
③ 同上，p. 47。

心，对母亲撒谎道，“你明明知道我只不过是得了重伤风而已。”[1]

不知不觉地，玛丽让别人来为她的行为负责，并且看似是在自己承担责任一样。埃德蒙不仅被认为有问题，还从出生开始就被当作他母亲问题的根源。玛丽的投射成为儿子认同的部分。她告诉丈夫：

在埃德蒙还没出世的时候，我的身体是那么强壮。詹姆士，你应该没有忘记吧。连感冒都很少有，更别说其他疾病了，我强壮得如一头牛……但是，在生埃德蒙的时候我实在吃不消了。他出生以后，我的身体越来越差，还病得这么严重。旅馆里面那个什么都不懂的庸医——就眼睁睁地看着我喊痛，却没有任何办法能够止痛……要怪也只能怪我自己。原本在尤金死了以后我就发誓不再要孩子了。他之所以会死，全都是我造成的。如果不是我把他丢给我母亲照看，自己却跑来陪你旅行，只因为你的来信里很多次地对我说有多想念我，一个人的旅程是多么孤独，吉米也就不会没人看管，身上长着麻疹还朝小婴儿的房间里跑。我明明清楚，吉米是故意想要这么做的。他很嫉妒小婴儿。[2]

玛丽责怪了三个人，却没有真正负载起自己的悲伤，或为孩子的死承担自己的过错。

整篇戏剧中，玛丽不仅保护了自己，还用投射把自己和所爱的人绑在一起，这些投射导致家庭内每个人都面临毁灭的危险。比如，埃德蒙恳求母亲为她的成瘾负责：“你只是刚刚开始接触，对不对？你现在开始停止还来得及。我们都知道你的意志力有多么坚强！全家人也都会帮你，陪着你。”然而，他的母亲再次把埃德蒙变成那个羞愧的人：“不论怎么说，你说的是什么，我根本就听不懂。我只清楚任何人都可以说，除了你。自从我离开疗

① E. O'Neill, *Long Day's Journey into Night* (New Haven: Yale University Press, 1955), p. 48.
② 同上，p. 87。

养院以后，从那时你就开始生病。疗养院的医生叮嘱我回家后需要保持平和的状态，避免劳心的事，但我所做的全都是在担心你。”之后，用一种精彩的不合逻辑的煽动，玛丽剥夺了埃德蒙每一个可以指责她投射的机会。她夸张而巧妙地阻止埃德蒙把责任转给自己。她抱着埃德蒙大呼：“我并没有怪你的意思！我只是想解释一下。并不存在我是在怪谁！我的儿子，你要相信我，我并没有认为过错是你造成的。”①

玛丽否认了每个人的焦虑，除了她自己。我们很多人可能会为6岁就被送去寄宿学校，并且有一个药物成瘾的母亲而潸然泪下，玛丽却认为埃德蒙有这样的表现是一种脆弱。因此，她在公共场合指责他：“埃德蒙小时候脾气就很差，总是会难过，时不时就受到惊吓。他小时候是出了名的一碰就哭。”②在他母亲的眼里，埃德蒙的痛苦是无效的。

生活在廉价旅馆里时，尤金患上了结核。剧里剧外他都试图让母亲看到这一悲伤的事实。剧里，母亲对他的焦虑不予理会：“你还这么年轻，你的未来有着锦绣前程！只不过是误看了那些书让你一时没有想明白罢了！你的身体这么好，怎么会生病呢！”她继续说道：“别再说那些可怕的话了……你把我吓得不行了……你现在的气色跟今天早上比起来红润多了。”埃德蒙自己的焦虑必定会在不被认可之下溃烂。玛丽甚至否定他向别人求助的权利：“外面天气这么热，你还去坐那个又破又脏的鬼电车，那会多累啊。你就和我两个人在家里待着比较好。”埃德蒙恳求道：“我跟哈第医生约好了要去他那的，难道你忘记了吗？”母亲很快回答说：“你就跟他打电话说你人不太舒服，去不了了。”③

这一天的晚些时候，埃德蒙再次试图使母亲注意到自己对结核病的焦虑，这种疾病常常是会致命的。“说了这么多，你有多爱我，”他抱怨道，“可为什么在我告诉你我的病情有多严重的时候，你都不愿意听……”母亲

---

① E. O'Neill, *Long Day's Journey into Night* (New Haven: Yale University Press, 1955), pp. 92-93。
② 同上，p. 110。
③ 同上，pp. 90-92。

打断他："行了，行了。别在这起哄了！我不想继续听下去……"埃德蒙把手收了回去。母亲继续喋喋不休，努力做出调侃的语气，可是已经夹带怒气了："你每次都无事生非，那样你就能跟演戏似的凄凉悲惨了。"母亲并不把他当回事地笑了一笑，她继续说，"如果我再配合你一点的话，我想你肯定会跟我说你病得已经快死掉了。"

埃德蒙插话进来，自己也陷入恐慌中："得了这个病都要死的，你的父亲不也一样。"母亲怒吼道，"跟我父亲有什么关系？你和他的情况根本不能混为一谈。他患的是痨病。"她继续怒气冲冲地说，"我看不得你总是阴沉沉的，什么事都认为是坏的！以后不要再提我父亲死的事，听到了吗？"

埃德蒙失控了："肯定听到了，妈妈。但是我巴不得我从没听到！自己的母亲是个瘾君子，想想还真是不好过！"她抽搐着——面色变得苍白，就像戴着一副石膏面具。她的儿子注意到了，并开始谴责自己："原谅我，妈妈。我只是被怒气冲昏了头。你的话实在是太让我伤心了。"[①]当然，已为时过晚。一旦你称自己的母亲是个瘾君子，这种愤怒就无法挽回了。在吗啡作用下更加自私的奥尼尔夫人必定勃然大怒了。因此，金除了用斧子砍掉母亲家具的腿之外还能做什么呢？

和玛丽·蒂龙一样的创造性艺术家，也会把自己痛苦的病毒传播给他人，但艺术家运用的方式呈现了一个感恩的世界。宣泄和传染是不同的。玛丽抽搐着，血液在她的脸上凝固了，她在儿子的攻击中败下阵来。作为观众，我们也颤抖着；我们脸上的血液也凝固了；我们沉浸在戏里。人格障碍的人会误导、激怒甚至摧毁身边的人。女主角、圣人和剧作家把真相、灵感甚至健康带给身边的人。但是，他们不一定会把这些馈赠于自己最亲的人。不成熟防御的家族传递可能会继续，即使一些家庭成员能够主导自己生活的其他方面。尤金·奥尼尔的祖父在他的儿子詹姆士·奥尼尔10岁时，抛弃了自己的家庭，之后死于自杀。詹姆士·奥尼尔忽视自己的儿子吉米和尤金。

---

① E. O'Neill, *Long Day's Journey into Night* (New Haven: Yale University Press, 1955), p120。

他在孩子们6岁时，就教给他们用酒精来安抚自己，也任由他们在8岁时被送往寄宿学校。就像一部希腊式的悲剧，尤金·奥尼尔延续着传统中的忽视。他也抛弃了自己的两个儿子，第一个是在出生前，第二个是在和自己被送到寄宿学校去的差不多年纪。两个儿子长大后都变成慢性物质成瘾者，并死于自杀。他也抛弃了自己4岁大的女儿，并在她18岁嫁给一个和父亲差不多年纪的人后，与其断绝父女关系。

康复

我相信，尤金·奥尼尔愈合的过程不仅有成熟性，也有爱的作用。但是，这种爱与我们从朋友和孩子那里得到的有所不同。他获得的爱有些类似于病人从治疗师那里获得的爱。对于奥尼尔来说，《进入黑夜的漫长旅程》中所经历的岁月成为一种重生，从1912年春天他发表第一首诗，到1912年秋天他恋爱，再到1913年春天也许也是第一次，他写出了第一部戏剧。在这一过程中，一个机构、一帮人确诊了尤金·奥尼尔的结核病，并收留他，给予他关怀。重度人格障碍的个体常常需要一整个机构的收留，单个人可能做不到。这种对奥尼尔痛苦的爱的接纳与他的母亲焦虑的恐惧、对结核自我隔离的反应，是截然不同的。

1912年奥尼尔患上了结核，1913年他被送到了盖洛德疗养院。在那里，他得到了同样患过结核病的医生和护士的照料。他们几乎是作为一个自救团体运营着疗养院——一个结核肺病的匿名团体。第一次，奥尼尔感受到了自己所处的这个机构能够给予自己儿时起就开始期盼的母亲般的照顾。

由于缺少抗生素，连精确的X射线诊断也没有，盖洛德的员工努力营造一种宾至如归的氛围。大卫医生是一个富有同情心的医生，也有着丰富的经验，他“灰色的眼睛，”奥尼尔写道，“总是流露着忧郁，为所目睹的一切而感到难过。他们的目光中充满友爱、重生的勇气和希望。”[①]这和他陷

① Gelb and Gelb, *O'Neill*, p. 227.

入毒瘾的母亲眼中的绝望是多么不同，比他的自杀幻想——循着渐渐升起的月亮的轨迹游到大海深处，直到被吞没，永远待在大海—月亮母亲般的怀抱中——有着怎样不同的温暖。

大卫医生努力让他的每一个病人都能充分地卧床休息，帮助他们逐步走出绝望。疗养院的常规饮食是牛奶。大卫医生给自我照料制定了严格的要求。对于尤金，这个从未得到过任何人的关心，离开普林斯顿后也从未关心过自己的人来说，这种焦点护理的章程无疑是非同寻常的。

从盖洛德疗养院离开后不久，奥尼尔写信给大卫医生，“如果，像他们说的，重回自己出生的地方是一件美妙的事，对我而言毫无疑问，回到我重生的地方也是一件美妙的事——我只认可给予我第二次生命的这个地方”。[①]奥尼尔永远不会忘记从盖洛德的女性那里获得的温暖。他接着写信给对自己来说最重要的一位护士。1918年，他对一位采访者谈到，自己计划在舞台上重塑盖洛德疗养院氛围的事：“我总体的构想是希望呈现出一种精神上拯救绝望的力量……在一个结核病的疗养院里我曾亲身体验过，希望和心灵的救助能够打败绝望。”[②]“在盖洛德，我真正第一次思考我的生活、过去和将来。”[③]成熟防御的发展可能建立于一种时刻——不管是在过去还是在将来——个体体会到自己是被认可的，在精神上是被理解的。

他花了七年的时间，历经从普林斯顿的自我放逐到在盖洛德被接纳，奥尼尔过去的生活都是动作——只行动，不感受；都是幻想——只有梦，没有现实。在下一个七年里，他“在内心酝酿着愤怒——奇迹般证明他可以成为一个创作者，而不是一个毁灭者”。幻想发展到升华，奥尼尔学会了如何游戏，而不是横冲直撞。或者就像他所说，“我总是忙着写独角戏的剧本”。[④]

---

① Gelb and Gelb, *O'Neill*, p. 235.
② 同上，p. 383。
③ Sheaffer, *O'Neill: Son and Playtwight*, p. 252.
④ Gelb and Gelb, *O'Neill*, pp. 233, 231.

奥尼尔在对一位朋友伯纳德·西蒙（Bernard Simon）说的话中，阐释了自己对幻想和升华的运用之间的联系：“我几乎不去剧院，尽管我读了自己所能接触的所有戏剧。我不去剧院是因为，我脑海中总有比舞台演出更好的作品。我享受着这美好的时刻，没有观众的打扰，没有人会在看戏的过程中打喷嚏，这让我能够兴趣盎然地独自欣赏。”①尤金·奥尼尔与分裂性人格患者不同的是，奥尼尔把自己的梦变成了现实。他把脑海中的戏剧提炼出来，放到现实世界的舞台上。

1926年，两件事使奥尼尔从人格障碍中康复。他的生命中，酒精离开了，卡洛塔·蒙特雷（Carlotta Monterrey）走了进来。戒酒和爱，这两件事成为他摆脱解离的关键。成熟防御的发展取决于两方面：生物学和对友善之人的内化。1925年，奥尼尔开始清楚地意识到，自己的酗酒正在毁灭写作。“我永远也不会，”他宣称，“不会写出什么好东西，只要我还在喝酒，就算酒醒了也没用。”②尤金·奥尼尔在1925年12月31日开始戒酒，除了一些短暂的反复之外，其余时间都是非常节制地生活着。③

之后的几个月，奥尼尔自己也没有意识到，与第二任妻子艾格尼丝·博尔顿（Agnes Boulton）的婚姻越来越不开心，不知不觉中妻子成为自己酗酒的一个原因。连续6周，他求助于专门研究婚姻的精神科医生吉尔伯特·汉密尔顿（Gilbert Hamilton）。在作为精神科病人的短暂时期，奥尼尔学会了如何谈论并回忆自己真实的经历。这6周里，奥尼尔对自己的生活经历进行了梳理和记录，十五年之后则成为《进入黑夜的漫长旅程》的提纲。他也开始意识到，自己在婚姻中是如何不快乐。同年夏天，他结识了卡洛塔·蒙特雷。她是一位演员，原名黑兹尔·尼尔森·塔欣格（Hazel Neilson Taasinge），在经历几次短暂的婚姻和关系之后，变得富有且有教养。

1926年秋天，奥尼尔和卡洛塔一起继续着在汉密尔顿医生那儿开始自

---

① Gelb and Gelb, *O'Neill*, p. 559.

② Sheaffer, *O'Neill: Son and Playtwight*, p. 424.

③ L. Sheaffer, *O'Neill: Son and Artist* (Boston: Little, Brown, 1973), p. 187.

我探索。这个过程中，他爱上了卡洛塔。后来，卡洛塔谈起奥尼尔早期和自己的对话时说，“然后他开始谈起自己的出生，几乎是他对自己婴孩时最早的记忆。他不停地讲啊讲啊，整个过程看起来是如此受折磨……他是如此地痛苦”。[①]一两次会面后，她母性的本能被激发出来，她发现自己开始像对一个被忽视的孩子一样关心着他。一位与她相识多年的女演员认为，“卡洛塔是一位与众不同的女性。她为奥尼尔做着超出妻子的事情。她为他付出一切，甚至是他的打字员。她每件事都是尽心尽力。她是我认识的最无私的人”。[②]

在盖洛德疗养院，奥尼尔汲取爱的能力成为他康复和创造性的主要催化剂。1928年，尤金和卡洛塔一起去了欧洲。之后的二十年，直到他们年老体衰才分开。坏的一面是，卡洛塔是个占有欲极强的人；好的一面是，奥尼尔在这之前从未感到自己属于任何人，终于在认识她以后感到自己被某个人拥有，深受感动。

如果解离（神经质性否认）在某种程度上是父母没有确认孩子情感痛苦所导致的人际结果，那么痛苦被确认的过程则促进其发展为升华或内省。为了理解卡洛塔·蒙特雷的确认是如何帮助奥尼尔摆脱解离的，我们来看一看《进入黑夜的漫长旅程》中的这样一幕：玛丽·蒂龙游荡在毒瘾的阴霾里。相应地，她的大儿子，吉米怨恨地引用史朋温：

我们走吧，伴随着我的诗歌；她不可能听到……
她对我们并无爱，即使我们爱着她。
即使我们为她吟唱天使的歌，
她也不可能听到。

① Gelb and Gelb, *O'Neill*, p. 962.
② 同上，p. 706。

埃德蒙转过身，拽住玛丽的手臂。他像个孩子一样满怀委屈地向她央求，不知所措："妈妈！我没有热伤风！我得了痨病！"

有一瞬间他似乎解决了问题。玛丽浑身颤抖，满脸惊恐。她神经质地大喊，似乎给自己发号施令。"不！"她再次远离。她轻声地自说自话，"你最好别碰我，你最好别拽着我。那样不好。"①

就这样，尤金·奥尼尔学会让自己先迷失在幻想中，然后在解离中，最后用见诸行动的方式逃向了大海。在大海里，埃德蒙·蒂龙和他的创作者一起回忆着：

我睡在桅杆的上方，脸望着船的后方，鞋子都被海水打湿了，那些挂着帆布的桅杆就竖在我的头顶上方，被月亮一照，显得特别纯净。看着这样的美景，再加上帆船摇摇晃晃，就像是一曲美妙的曲子，深深让我着迷，我竟然忘记了自己身处何方。就像是没有了生命，似乎……获得了自由！……还有，不是只有那一次，当我又到了海水里，抑或是独自睡在沙滩那儿，都会有这种感受。好像变成了太阳，热腾腾的沙子黏在石头上的海藻，跟着海浪颤动。就像是门徒所说的福音。也许是盖住一切的帷幕，无意的情况下将它打开了，你突然就可以看得非常仔细。看到了隐私，你自己也是隐私。瞬间，世间万物都具备了存在的含义！之后放下手，帷幕又掉落了下去，要你独自在另外一边，又在浓雾中失去了方向……②

与此相反，在他和卡洛塔的"心理治疗"之后不久，奥尼尔写信给她，说他感到自己的解离和幻想在她爱和共情的力量下逐渐消失——仿佛会一去不复返。在他写给她的信中，提到自己独自在海上的日子：

---

① O'Neill, *Long Day's Journey*, pp. 173-174.

② 同上，p. 153。

生活成为简单的一幕幕，从我的灵魂中一闪而过，像是电影里的动画，而我无法看清其中自己的独自飞行，我如何能够保持一个稳定的模式。现在，旧的紧张在消散……惯于梦想的自我自从埋葬于海里的那天开始，就已永生……（然后，他用之前一部戏剧里虚构的角色问自己）“为什么他们在大海里给你，金，你这个美国佬？”“哦，”我感到一阵突如其来的空虚，“你知道，有一个小传说……“那个传说，没有和我一起沉沦，”他反驳着……今天，我告诉他：“有卡洛塔在。”在我看来，他说的话听起来像在表示赞同。①

1931年，奥尼尔提到创作《悲悼》（Mourning Becomes Electra）的过程中卡洛塔所起到的关键作用：“简要地说……你，作为唯一可以深爱的人，参与了这部该死的三部曲的创作！……我想借这些剧本告诉你，我深知你对我的爱，即使我表现得像是对此一无所知，其实我看得真真切切，即使我表现得非常盲目。我时刻感受到它温暖地环绕着我……持久、舒适，对我这个男人来说，是一个温暖、安全的避风港……一场生命中关于爱的胜利——作为母亲、妻子、情人和朋友！我的挚友！”②经过这一催化过程，解离这一无力的防御发展为升华。

*　*　*　*

成熟自我所承担的另一个不可思议的任务是，把自我毁灭性的嫉妒和复仇欲望转化为感激。奥尼尔在复仇的主题中长大。他的父亲一次又一次地出演基度山伯爵的戏剧。詹姆士·奥尼尔通过伯爵的复仇安抚自己的种种痛苦。同样，奥尼尔早期的很多作品中，复仇也是一个主旋律。现实生活中，

① T. Bogard and J. R. Bryer, *Selected Letters of Eugene O'Neill* (New Haven: Yale University Press, 1988), pp. 220-221.

② Gelb and Gelb, *O'Neill*, p. 735.

奥尼尔充满敌意地报复自己的孩子，与其断绝关系，奥尼尔像李尔王一样毫无缘由地对待自己的孩子，成为他们不义和残忍的父亲，肖恩和乌娜就是他的投射对象。[①]

尤金·奥尼尔很多年来都在惩罚自己的出生。《进入长夜的漫长旅程》里，他刻画了一个生动的场景，诠释了一种毁灭灵魂的力量，梅兰妮·克莱茵称之为“嫉羡”，安娜·弗洛伊德称之为“攻击转向自身”，在本书中我称之为“被动攻击”。施受虐关系来自在人际冲突中使用这种嫉羡和被动攻击。这类防御融合了自我和他人，并阻碍了安全的分离，后者对现实中的亲密关系至关重要。《进入长夜的漫长旅程》中的吉米，这个施虐又受虐的人，对埃德蒙幸灾乐祸地说：“你做好了，我脸上自然是有光彩的。你有成就，我可是也有功劳的。我把我的小弟给教好了，教你不会上女人的当……再说了，你会作诗，这又是谁教你的呢？打比方说，史文朋那些诗是谁教会你的？那是我啊！我曾经想写作的，所以我对你也有影响的，希望有那么一天我也能变成作家！我是你哥哥，我一手创造了你！你就是我的弗兰肯斯坦（Frankenstein）[②]!”[③]他接着说：

> 我刻意整你，想让你不成气候……似乎烂醉如泥也很浪漫，似乎玩弄的妓女不是蠢货，不是一身性病的无耻女人，却是如同小说中标致艳丽的美人。看不上正正当当的工作，以为只有蠢材才会那样做。一直不想你有出头之日，生怕你会更出色而显得我无能。总之，我想你遭受挫折，总是妒恨你。妈妈把你当宝贝，爸爸也宠溺你！……即使我恨着你，我却更加爱你……但你最好小心点儿。因为我要想方设法让你感受挫败，这也是我无法控制的。我对自己

---

① 奥尼尔的二子和三女。——译者注

② 弗兰肯斯坦：英国女作家玛丽·沃斯通克拉夫特·雪莱（Mary Wollstonecraft Shelley）于1818年所著小说中的主人公，他是一个年轻的医学研究者，他创造了一个毁灭了他的自己的怪物。——编注

③ O'Neill, *Long Day's Journey*, p. 164.

充满恨意，所以渴望在身边人那里寻求报复，尤其面对的人是你。[①]

几年之后，吉米·奥尼尔去世了。他的痛苦仍在延续。

《悲悼》中，奥尼尔讲述了复仇，是如何代替见诸行动，并且被主角转到自己身上的。拉维尼娅·玛门（Lavinia Mannon）这样应对自己的悲伤："我已经惩罚了自己！在这里，与死亡相伴是比死亡或监狱更糟糕的正义行为……我将把百叶窗紧闭钉死，这样太阳光就再也不会进来。我将独自与死亡相伴，保守他们的秘密，让他们来追捕我，直到诅咒被还清，最后一个玛门死去！（伴着一声嘶吼般残酷的笑声，为自己这些年的自我折磨）我知道他们会认为我会活很久！这使得玛门们为出生而惩罚自己！"[②]她的话反映了奥尼尔对自己生命的诅咒，直到他写下《进入长夜的漫长旅程》。

在这部戏剧中，奥尼尔学习用另一种方式应对他自己的死亡。剧中，他"用血泪书写的、苍老而悲伤的"最终驱魔人，与之前的自我惩罚相比，带给奥尼尔的痛苦没有减少，但现在有了一个更伟大的解决方式，更宏大的感激之情。卡洛塔·奥尼尔打出《进入长夜的漫长旅程》的手稿，她回忆奥尼尔在写作这本书时的挣扎："我时常会感到他已经疯了。目睹他的痛苦是件恐怖的事。"[③]她告诉一位记者，"这本戏剧我打了两遍，因为他审阅得很仔细。我大部分的时间都在哭泣，悲伤不已。"[④]"写这部剧差点杀了他，"她在另一个场合说道，"每个夜晚，我都紧紧地把他拥在怀里，他才能渐渐放松、安睡……这部戏剧就是这样写出来的。"[⑤]或许，有一些夸张，但这也是为什么奥尼尔选择了戏剧——为什么人类处境的伟大专家，像莎士比亚和弗洛伊德选择了诗歌和比喻——为了连接大脑皮质和边缘系统，

① O'Neill, *Long Day's Journey*, pp. 165-166。
② E. O'Neill, *Nine Plays: Mourning Becomes Electra* (New York: Modern Library, 1941), pp. 866-867.
③ Gelb and Gelb, *O'Neill*, p. 836.
④ 同上，p. 838。
⑤ Sheaffer, *O'Neill: Son and Artist*, p. 509.

为了连接理性与情感。

对于她的照顾，尤金为卡洛塔写下了这些话：

亲爱的：我给你的这部戏是我精心写的，用以去掉恨意，它是用泪水和汗水凝结而成的，或许在今时今日，送这个不太合乎情理吧，但我知道你是理解的，我很感谢你过去为我做出的一切，让我能直面人生，有勇气面对我那些去世的亲人，我怀着同情、理解、包容的心情写了这部戏，对蒂龙一家四个人都是如此。

对于你，我最爱的人，这十二年中你对我无微不至，是你带我走出了黑暗，让我体会到了爱。我真的非常感激你，我对你的爱甚于生命！①

十二年前，奥尼尔也非常直白地描述了这一被爱和感恩所转化的过程。1928年2月，就在他和卡洛塔开始一起生活不久，他写给一位朋友：

上帝，我希望你能知道我有多快乐！我内心在发生单纯的转变！我曾经放弃梦想，但现在梦想的希望又再次成真了！我带着无知和惊讶的快乐徘徊在蜜月中，千百倍的激烈、甜蜜和沉醉，因为它来了，在这样一个年代，当一个人的过去——尤其是像我这样的一个过去——赋予这个人正视幸福意义的力量，这是多么罕见，这个人该是多么应该谦虚地感激它……真的好像是我神秘的一面，就像某个仁慈的上帝，回头看看卡洛塔的痛苦生活和我的，然后自己对自己说，好吧……他们值得互相拥有对方，如果他们有能力接受这个礼物。然后，我们确实做到了——我们就这样在一起了！……要说的是，卡洛塔和我相爱了，以一种与我之前所体验到的脆弱和不当的爱完全不同的方式。这是一种全新的情感……在每个方面都是如此该死、如此适合！

---

① O' Neill, *Long Day' s Journey*, dedication page.

我们“属于”彼此！我们互相令彼此圆满！[①]

对于奥尼尔来说，与卡洛塔的融合让他感恩，而不是嫉妒。当他逐渐变老，他也完全忘记了自已强迫性的复仇。在晚年的生活中，他发现，“在我所有的戏剧中，原罪受到惩罚，代替的是拯救。恶和善无法并存。是一个爱之吻的谦卑摧毁了恶魔”。[②]从广义上来说，不管是如何定义这种修复的性质，“胶水”“爱”“上帝的仁慈”，还是“成熟型防御”，都是一样的。

不管怎样，1940年，奥尼尔的适应方式显示出对成熟防御更纯熟的应用，甚于升华。在黑暗年代里，奥尼尔带着一种帕金森样震颤的罕见神经性疾病写下了《月照不幸人》（Moon for the Misbegotten）。“我一直都或多或少是这样（的震颤），”他幽默地写道，“但这在写普林斯顿手稿期间并不算糟糕。现在，奥尼尔夫人数年来一直为我打出所有戏剧的文字稿，用一个放大镜和一本埃及考古学的书进行这一过程。这些时刻足以打消她的顾虑，毕竟她会担心我们的婚姻是否是一个严重的错误。”[③]

关于他的晚年生活，这位曾经冲动和放荡的水手也成为一个纯熟运用抑制防御的人。他从年轻时的解离者，一个成天在斯温伯恩喝着朗姆酒浪迹在海上的人，转变为一个优秀的斯多葛学派哲学家。1942年12月，当他因为神经系统障碍的颤抖无法再写出更多戏剧的时候，他痛苦地用潦草的字迹写信给一位朋友，“我们成功地找到了某个人——一个在丹维尔五金店工作的人——把我送到奥克兰的医生那里，每两周一次接受必要的治疗。现在，天然气已经开始被定量供给了，计算着使用是一件很艰难的事，但是管他的！我们也过得挺好，我们会继续通过一些方式得到，并也会继续有快乐。这附近的农民在很多方面都面临一种不可承受的境遇，和他们相比，我们的生活

① Bogard and Bryer, *Selected Letters of O' Neill*, pp. 277-278.

② Raleigh, *The Iceman Cometh*, p. 22.

③ Gelb and Gelb, *O'Neill*, p. 848.

已经是天鹅绒般的美好，不算什么痛苦了”。[①]

不成熟防御通过允许一个人侵入他人的骨髓以发挥作用。与此相比，成熟防御则是诚实的、道德的，拥有一种安全、较少侵入性的亲密关系。成熟防御的使用者有着诚实和道德，骗子和罪人有着侵入我们的内心世界、唤醒我们最古老渴望的能力，只有艺术家能够结合二者。一句话诠释奥尼尔：痛苦的孤独，即为真相，有着意味深长的美。

① Gelb and Gelb, *O'Neill*, p. 845.

12

不利因素、心理弹性和成熟防御

不利的体验会对人格“结构”造成持续的损害，

这一观点缺乏经验性支持。

——迈克尔·路特（Michael Rutter）

生活总会令人感到出其不意。有时，不可预知的结果是悲剧性的：充满希望的青春在监狱里终结，或者被毒品摧毁；慈爱的、脆弱的母亲因为白血病失去了唯一的孩子。这类情景中，我们从未知的事物中收获甚少。众所周知，蛋壳先生（Humpty Dumpty）会从墙上摔下来，碎裂得——永远——无法修复。第二类无法预知的结果则意味深长：一个生活中有着不利因素的年轻人获得充满爱的、创造性的成功；一个“缺少机会的”孩子成为一个快乐健康的成人。曾经一度碎裂的蛋壳先生在十年——或者四十年之后变得完整，从他们身上我们能获得很多启发。

从损伤中康复的核心是心理弹性。心理弹性的概念比常说的不受伤害性（invulnerability）的概念更精确、有用——但缺乏共情感。有弹性的青少年最终幸存下来并且康复，这与不受伤害性无关。艾米·维尔纳（Emmy Werner）是考艾岛（Kauai）研究[①]之母，这是一项关于儿童发展的伟大纵向研究，她甚至称这种具有修复性的蛋壳先生“易感性高，但坚不可摧”。[②]

① E. E. Werner and R. S. Smith, *Vulnerable but Invincible* (New York, McGraw-Hill, 1982).

② 艾米·维尔纳等人花了30年时间在夏威夷考艾岛上做了当地高危孩子的纵向研究。——译者注

心理弹性的现象理解起来并不容易。正如社会科学中的众多术语一样，当我们听到别人对其尝试定义之后，才能够非常准确地理解心理弹性的意义。心理弹性不仅代表一种坚不可摧的、富有韧性的能力，也代表一种一旦破裂再次恢复的能力。因此，我喜欢艾米·维尔纳和鲁瑟·史密斯（Ruth Smith）对心理弹性做出的定义："人类机制中一种自我修正的倾向。"[①]但是，心理弹性是否仅意味着在易感性和多种风险因素中的存活，还是我们应当只在它带来快乐时认为这是心理弹性的表现？是否说垂危的病人术后活了下来，孤儿在集中营里得以幸存就足够了，还是说要达到所谓的心理弹性，还必须能跑能笑、感到快乐？读者得做出选择。本章我所讨论的所有人都是易感性高的：大部分有心理弹性，并最终坚不可摧；少部分会幸福快乐。

之前的章节里，我所阐述的关于自我智慧的例子大多是较高天赋的人，中上等社会阶层的背景，身体健康、能量充沛，父母也在某些领域活得成功。本章中，我将仅聚焦于核心城市里有着最多不利因素的男性（因为核心城市样本中没有女性，我和读者一样好奇这里所表述的结论是否不存在性别差异）。首先，我找到一位回顾过全部456位核心城市男性童年生活的评估者，请其为我提供一份有最糟糕童年环境男性的名单。这组男性不仅有着多种风险因素，也缺乏很多保护因素，以在童年能发展出心理弹性。我从这份名单上选出的11位被试的基本情况，见表16。

每一位核心城市被试都经过一项评估，童年存在或者不存在一些因素，这些因素被一致认为会导致儿童处于高风险的心理社会结果。表16中所列举的大部分风险因素是一目了然的。"低社会经济水平"是指住在经济租住房里接受福利或父亲的资助，而父亲没有完成高中学业，从事一些非技术性的工作。"低自尊"是指9分自尊量表得分在7~9分。"多种问题家庭"是指成长中，在家庭结构功能丧失的25个客观因素中达到9个或更多个（比如：与父母分离、母亲精神疾病、父亲酒精成瘾或精神迟滞）。格卢克最初将此用

---

① E. E. Werner and R. S. Smith, *Vulnerable but Invincible* (New York, McGraw-Hill, 1982), p.152.

表16 十一位易感性高的核心城市男性及其风险因素

	Kinder	Hope	Kowalski	Thoreau	Bright	Patriarcha	Mulligan	Penn	Heep	Grimm	Loman
风险因素											
IQ<85[a]	99	90	110	101	79	60	91	98	79	87	88
低社会经济水平[b]	2	4	3	4	4	4	5	5	4	5	5
低自尊[c]	2/9	9/9	9/9	7/9	1/9	6/9	7/9	2/9	4/9	2/9	9/9
严重的婚姻矛盾[b]	x	X	x	x				x	x		
6个月以上的寄养经历[b]	x		x								
患有精神疾病的母亲[b]	x	X									
行为不良的父亲[b]		X		x	x			x	x		
人/房间比率大于1[b]				x	x	X	x			x	x
与下一同胞年龄<2岁[a]						X	x				
母亲有5个或更多孩子[b]		X		x	x	X	x				
酒精依赖的父母[d]	x	X	x	x				x	x		
多问题的家庭[d]		X		x		X		x			
风险因素总数	4	8	4	8	5	6	5	5	5	3	3
结果											
健康疾病比率分（47岁）	88	73	88	90	92	84	91	93	48	68	?
防御成熟度得分（47岁）	2	3	1	4	1	4	4	3	9	9	?

注：IQ、自尊和SES分数标有下划线，表示过低被归于风险因素。对其他变量，X指存在风险因素

a. *Werner*：E. E. Werner and R. S. Smith，*Vulnerable but Invincible*（New York：McGraw-Hill，1982）

b. *Rutter*：M. Rutter， B. Yule， D. Quinton， O. Rowlands， W. Yule， and M. Berger， “Attainment and Adjustment in Two Geographical Areas， Ⅲ： Some Factors Accounting for Area Differences，” *British Journal of Psychiatry* 125（1974）：520-533.

c. *Garmezy*：N. Garmezy， “Stressor of Childhood，” in *stress*， *Coping and Development in Children*， ed. N. Garmezy and M. Rutter（New York： McGraw-Hill， 1983）， pp.43-84.

d. Valliant：G. E. Valliant，*The Natural History of Alcoholism*（Cambridge， Mass.： Harvard University Press， 1983）.

于预测严重的行为不良。[①]表16中，每一个风险因素都是一个连续谱上的一极；另一极常是普遍被引用的保护因素。换句话说，高自尊、高智商或社会状况会倾向于保护其他方面易感性高的孩子。对于表16中列举的男性来说，这类保护因素是缺乏的。这些核心城市被试仅有的两项保护因素是：第一，除了一位被试之外的所有人都有着相对健康的身体状况；第二，除了两位被试之外所有人都比他们的弟弟或妹妹大两岁以上。但普遍意义上，表16中所有男性的童年都具备类似于维尔纳和史密斯所描述的低水平的20%的考艾岛儿童受损群组的因素，“生活在一种持续混乱的家庭环境中，无法提供基本支持……这个群组的大多数都出现严重的、持续的应对问题”。[②]如果存在至少四项里面呈现的主要风险因素，按照维尔纳和史密斯的观点，这个孩子在成年早期成功的概率就会低于1/4。

经过十年的前瞻性研究，所有核心城市男性在25岁时仍然表现出未恢复的受损状态。如果我没有成人发展研究这台望远镜，如果我没有经过一项五十年的追踪研究，我将永远不会知道他们的生活会是怎样的发展。人生来就是破碎的。活着就是为了修复。自我的智慧为修复黏合剂提供了重要的原料。

五十年的追踪研究之后，11位被试中有8位表现出非凡的品质——心理弹性。成年中期，他们修正了自我，并常会得到一些快乐。成年中期，表中

① 25项童年环境不利因素量表（The 25-item Childhood Environmental Weakness Scale）：
1. 家庭缺乏凝聚力：（a）搬家8次及以上；（b）6岁前失去父/母；（c）与父母分离6个月或更长；（d）父母离婚或经常争吵；（e）在9个或更多社会机构备案。
2. 缺少母亲的监管：（a）来自男孩的反馈；（b）母亲酗酒或行为不良；（c）母亲严重残疾；（d）监管不当（2位观察者）；（e）母亲不在时缺少监管。
3. 缺少母亲的情感：（a）来自多位观察者的反馈；（b）来自男孩的反馈；（c）母亲不在2年以上；（d）男孩不关心或不喜欢母亲；（e）母亲患有精神疾病。
4. 缺少父亲的监管：（a）父亲酗酒或精神迟滞；（b）父亲行为不良；（c）父亲不在6年以上；（d）多位观察者反映缺乏合适的管教制度；（e）男孩反映缺乏合适的管教制度。
5. 缺少父亲的情感：（a）来自男孩的反馈；（b）来自多位观察者的反馈；（c）被父亲忽视超过2年以上；（d）父亲患有精神疾病；（e）男孩不关心或不喜欢父亲。

② Werner and Smith, *Vulnerable but Invincible*, p. 133.

的前8位活得很好，正如他们的健康疾病比率量表分值所显示的一样——这是一种信度较高的方式，从1~100量化心理健康。尽管在青春期，这8人都有至少四项风险因素，除了罗伯特·霍普（Robert Hope）之外，所有人都在之后达到心理健康的第一个四分位数值水平。8人都显示出相对成熟的防御（9分量表中得分1~4分）。

通过对比，表格中后3位，尤里·希普（Yuri Heep）、萨米·格林（Sammy Grimm）和威尔·洛曼（Will Loman）表现出男性不幸的命运，尽管最初有较小风险，之后却运用了更少的成熟防御。

因此，在解释毫无希望的生活中所具备的心理弹性时，很有必要再来看看成熟防御的概念。我总是反复被这种坚不可摧的能力所折服，点石成金、自嘲、表现出共情、坚定沉着，以及担忧的能力和在现实层面进行计划。当然，这些通俗的词语不过是对成熟防御的另一种方式的描述，升华、幽默、利他、抑制和预期。

三位研究童年心理弹性的先驱迈克尔·路特、诺曼·加梅齐（Norman Garmezy）和艾米·维尔纳都提示了这类自我防御机制的重要性。但每一位调查者要么弱化了概念，要么采用了一种和我完全不同的方式来讨论。比如，依据加利福尼亚人格调查，维尔纳注意到一些关键的形容词，能够区分心理弹性与弹性较少的年轻人，包括“幽默的”“有情绪回应的、照顾他人的、理想化的”（换句话说，利他）、“集中注意力和控制冲动的能力”（克己和抑制）、“进取心与机智”（创造性）和“计划的能力”（预期）。①

在总结城市贫民区黑人孩子的能力的一些相关因素时，加梅齐注意到这些孩子不会转向自己（被动攻击），反而他们“主要的认知方式呈现出一种内省的状态和对‘冲动’的控制”（抑制）。②加梅齐和维尔纳也注

① Werner and Smith, *Vulnerable but Invincible*, p. 88.
② N. Garmezy, “Stressors of Childhood,” in *Stress, Coping and Development in Children*, ed. N. Garmezy and M. Rutter (New York: McGraw-Hill, 1983), p. 75.

意到，这种内部控制点（internal locus of control）的重要性——这一概念与中间和成熟的内化防御一致，与一种和外部控制点相关的不成熟外化防御不同。

路特不太乐观地认为："应对机制似乎也很重要，能够决定人们在压力或逆境下是否会出现心理障碍。然而，是否能够根据他们固有的适应性或非适应性品质来尝试对应对机制进行有效归类，也是非常没有把握的。"[①]在另一处他写道："直观上，应对过程应当对压力事件所导致的后果起决定性作用。但是，迄今为止，概念和测量上都呈现出难以界定性，并且缺乏有力证据证实所采用的特定应对机制是否是（成人或儿童）精神疾病障碍的风险因素。但它可能是影响因素，有待进一步研究。"[②]成人发展研究的后二十年研究显示，路特对不同防御的解释力过于悲观了。[③]让我用表16中这些男性的生活故事来说明原因。

* * * *

萨米·格林和肯·金德（Ken Kinder）是表格中所列举的核心城市男性。萨米·格林没有西尔维娅·普拉斯、弗洛伦斯·南丁格尔或尤金·奥尼尔在经济和智力方面的长处。当包容力有些许欠缺的社工研究者第一次访问萨米·格林的家时，她描述他的家是"原始的"，他的家"像罪恶之洞……也许比陀思妥耶夫斯基描述的要好一些"。当她进门：

---

① M. Rutter, "Myerian Psychobiology, Personality Development and the Role of Life Experiences," *American Journal of Psychiatry* 143 (1986): 1077-1087, p. 1083.

② M. Rutter, "Stress, Coping and Development: Some Issues and Some Questions," *Journal of child Psychology and Psychiatry* 22 (1981): 323-356, p. 346.

③ G. E. Vaillant, Adaptation to Life (Boston: Little, Brown, 1977); G. E. Vaillant and C. O. Vaillant, "Natural History of Male Psychological Health, XII: A Forty-Five-Year Study of Successful Aging at Age 65," *American Journal of Psychiatry* 147 (1990): 31-37. G. E. Vaillant, *Ego Mechanisms of Defense* (Washington, D. c.: Ameŕ can Psychiatric Press, 1992).

我发现不同年龄的孩子挤在破败不堪的门廊前。吵闹、尖叫……穿过黑暗的门厅，有两个男孩在扭打：一个在可怜地尖叫，另一个咬住尖叫的男孩的脖子。当我说话的时候，他们也没有停下来……这所住房是我见过的最破败、肮脏的。狂吠的狗和哭喊的婴儿加重了房间的恶劣感……萨米的父母和一个邻居坐在一张满是油污的桌子旁，摆着一大壶酒和五六个杯子，一块脏兮兮的抹布和几片面包。

这所房子没有热水或中央供暖。

萨米·格林的父亲曾因醉酒被拘留，母亲曾因暴力而被判刑，祖父母和外祖父母都是文盲。这个男孩说，他对父母的依恋很强烈，但他们最惯用的教育方式，那就是体罚——而且不一致。就像父亲说的，“如果母亲说‘好’，我就说‘不’”。不出意料，萨米·格林在学校表现为缺乏兴趣、旷课、抽烟、漫不经心。他留级了两次。他的IQ分数是87，但他语言的IQ比他总IQ要低30点。

三十年之后，在他的成年中期访谈中，萨米·格林仍然住在一个破旧的公寓里。他身材短粗，有明显的啤酒肚。他称自己的工作是一份闲差，“不是这个世界上最好的工作，但还算满意……每两周就会得到一张支票”。很久以前，他尝试过婚姻：大概维持了一年。他和目前的女友同居十年。访谈者写道，“我对他与这个女性的关系的印象是，双方彼此依赖。他呈现出一种对他生活中经历的任何事情都缺乏热情的状态”。作为消遣，格林赌博、看电视。他时不时会说，“我讨厌数字，它卷走了我所有的钱”。

萨米·格林和已经成为一位专家的比尔·迪马乔（见第7章）不一样，前者对亲密、职业巩固和繁衍性都很陌生。格林和迪马乔的童年并没有太大的差别，他们适应的方式却迥然不同。格林一生中面对困难时，都一直在用被动攻击和解离的不成熟防御。他的防御和研究中的其他男性一样不成熟。格林在年轻时，曾告诉访谈者，当自己生气时，“我猜我可能会到外面去喝个大醉”。在他成年中期的访谈中，他患上高血压，服用五种药物。他治疗中最大的困难是依从性，格林的被动攻击让他从来不喜欢去做权威人物让他做的事。在访谈者注意到他自我照顾中过低依从性的两年之后，萨米·格林死于高血压。故事让人悲伤，但也本会如此。这样的方式，结局又怎会不同呢？肯·金德的生活则截然不同。

* * * *

萨米·格林的父母不一致但也还稳定，并且没有严重的酗酒。相反，肯·金德的童年几乎每件事都很糟糕。他的母亲在4岁时就被迫离开了自己的母亲。先是被祖父母照顾，然后与父亲和继母生活。她的父亲会暴打她，以至于在青少年时期就不得不去孤儿院。从孤儿院里出来后，她结婚了，并开始酗酒，然后生下肯·金德。她喝醉时，会把肯忘在酒吧里。警察会发现他，然后带他回警局。肯4岁时，他的母亲死于酗酒。之后一年，他也被送往孤儿院。同一年，他被一辆汽车撞倒，昏迷不醒（头部外伤在核心城市青年中很常见，也是另一类导致易感性的偶然因素）。离开孤儿院后，金德和祖父住在一起，祖父的妻子曾因精神病性抑郁住院。他的外祖母没法抚养他，因为她自己身患精神分裂症和梅毒。金德的一个姐姐也有精神分裂症，并且之后在医院里待了十年。

然而，肯·金德的生活和他的母亲是全然不同的。13岁时，他被父亲带回家。他的父亲是一个建筑师，在大萧条期间只能做做文员和绘图工作，但至少他是有着稳定收入的。另外，父亲的第二段婚姻也不错。肯·金德的继母对他的教育也是果断而坚定的，要求他日常生活规律，房间整洁。13岁时，他用了一些很积极的词语描述自己的童年，非常明确自己对父亲和继母强烈的依恋。与萨米·格林不同，他从父母那里得到的管教用他自己的话形容是坚定而温和的。

肯·金德也有着一种较幸运的气质。社会工作者注意到，用以描述肯·金德主要人格特质的形容词是“认真”“律已”“有美感”。在学校，他的成绩得到A。尽管他在孤儿院留了一级，他最终成功地高中毕业。精神科医生标注道，“讨论到青少年犯罪的问题时，可以明显看出肯总能够看到事情的两面，并总能表现出对后果的权衡”。金德的预期能力预示着一个较好的未来。

尽管他的童年混乱不堪，肯·金德的妻子来自一个大而紧密的家庭。她的父亲对孩子慈爱、包容。32岁时，金德形容自己的家庭“无可挑剔”。他告诉访谈者，“我一旦有能力，就马上会给我的妻子和家庭买一所住宅”。47岁时，金德看起来修长、仪表堂堂、稍高的发际线，面带愉快的微笑，富有魅力。他拥有一所位置较好的漂亮公寓，在科德角还有一栋度假屋。之前的十五年里，他都在从事销售工作。

访谈到这里，他的妻子打断补充说，他爱他的工作和相关的一切。金德继续说，他和员工、顾客都相处得很好，但他特别喜欢他的顾客。“你必须了解你面对的人，”他说，“你需要得到他们大部分的情况。如果有些事看起来有问题，你也需要试着理解。你需要设身处地站在他们的立场。”怀着利他的态度，肯·金德确实看起来非常喜爱销售。他说自己已经建立了一个顾客群，有200位热心的顾客，并确信如果自己的工作有什么意外，他们会在自己的公司为他找一份工作。

肯·金德处理愤怒的方式和萨米·格林是不同的：金德采用理智化和置换；格林采用解离。青少年时期的金德说，他为了生存不得不抗争，但他从结婚以后就再也没有打过架。当问及现在生气的时候他会怎么做时，他说他的脾气很暴躁：“我很快会爆发，但是我的愤怒也很短暂。”他的妻子补充道：“你会发现，当他做家务的时候，做得还不错，但同时也会听到很多脏话。”金德称自己对婚姻冲突的应对方式是不停地说，直到他到达问题的根源：“我会一直说，直到问题解决。”

金德的心理弹性可能是共情和利他能力的结果。但是，他的防御是从哪儿来的呢？他很难从死去的母亲或精神病性的外祖母那里学到这些。在金德的访谈记录里，我认为他的坚不可摧来自他妻子的奉献和照顾。在婚姻早期，他从自己的新教教派转到妻子的天主教派，在这之前，妻子对此一无所知，中年的他们一起规律地去教堂。但是，也许他对她的认同是更深层面的。他们的婚姻有一个悲剧性的事实，由于Rh（血型）不相容，他们的六个孩子都在婴儿期夭折。金德说（这是否认还是克己？）这一共同体验的悲剧，实际上更加稳固而不是动摇他们的婚姻。

金德告诉访谈者他没有什么嗜好，但是妻子说："哦，你没有问他为其他人做的那些事情。比尔用他所有的闲暇时间来帮助我的侄女和侄子。他总是帮助他们。"金德这样描述他最好的朋友，一个和他自己很像的人："他直言不讳——他有直觉和常识——他思考问题的方式和我一样——他很严厉，但很友善、宽容和公平。"

访谈者对金德的访谈做出以下总结："聆听一个人是如何不带怨恨地面对自己的遭遇，并保持温暖和慷慨的心态，这总是一件令人感动的体验……观察一个几乎从摇篮开始就经历了如此多丧失的男人，能够发展出精神和身体都如此健康的状态，这真是令人惊叹。"或许一个更大的奇迹是，金德夫妇共有的利他性。访谈者当时处于怀孕状态。当她离开这个住着经历了六次丧子的夫妻公寓时，金德夫人手里拿着一个手工编织的小婴儿服递给她。六次失去自己的孩子，她仍然能够对一个富裕的陌生孕妇如此慷慨，而且这个人是被介绍来访谈自己的。或许，托尔斯泰会比陀思妥耶夫斯基能够更好描述金德的家。当然，利他对丈夫和妻子来说都是一种主要的应对方式。

* * * *

但是我们的问题不仅出现在这些明星身上，也会出现在我们自己身上——我们的本性中，我们的养育过程中。如果这些年轻的男性不仅经历着糟糕的童年环境，也有着易损的脆弱气质会怎样？如果这些男性在青少年期困难的人格使他们看起来不会成功，又会怎样？需再次提到的是，我所选的这些被试是从一份列举着易感性最高的青年名单上选出来的。给我这份名单的评估者对他们后续的发展一无所知，但回顾了全部456位被试的童年。有这样一位年轻人，威尔·洛曼，他有一个相对良好的家庭环境，他的人格却是最糟糕的。一方面，在洛曼的家里没有行为不良、酗酒、精神障碍和发育迟滞等问题。他们的家整洁干净，新刷了油漆，贴了墙纸，“布置也很得当”，邻居也很好。威尔·洛曼的父亲身体健康，没生过大病，一直做着领班的工作。母亲有慢性的躯体疾病，但父亲承担了照顾儿子的责任，并且看起来很爱儿子。

另一方面，威尔·洛曼似乎没有朋友。他很少和孩子一起玩，只和比自己小很多的孩子在一起。他很怕水；他称自己“太黄了”，所以不能偷偷去看电影；他的亲戚说他“从不讲真话”；他的姑妈不留情面地说他像个“蠢货，鬼鬼祟祟、吝啬的混蛋”。在学校，他的历史、数学、科学和地理都不及格。老师认为，他“只活在他自己的世界里，迟钝、倦怠，似乎对自己的一切都漠不关心。同学也不关注他，他也不关注他们”。他被描述为一个懒散、不修边幅、漫不经心的人，唯一的技能就是“不着边际地撒谎”。偶尔，他会旷课。学校也称他是“一个邋遢、无序的家伙，即使要达到一个平庸的位置也比较困难”。

精神科医生对洛曼的描述是：“不只是不整洁，而是很脏，姿势很不自然。似乎在社会性和情感上都不成熟……异常胆小……似乎从没有护理过牙齿。他需要一副眼镜。他说妈妈总是让他在家里为她做很多事……他显然是对自己的生理和社会性都缺乏自信。”盲评者在9分自尊量表里给他了一个最低的分数。

洛曼在十年级辍学，做着卑微的工作，参过军，还在装卸码头干活。他被开除军籍，然后又换了个名字再次参军。这一次他换成开卡车。21岁时，他休假探亲回家，和一群很年轻的朋友一起。他试图和年轻的朋友一起玩俄罗斯轮盘赌的游戏。头几次，他旋转左轮手枪的转轮都赢了，最后他输了。威尔·洛曼是核心城市男性被试中第一个死去的。他在性格上易感性很高，也总是很容易被击败。

* * * *

罗伯特·霍普的性格缺陷也是很严重的。不像威尔·洛曼，他成长在一个非常没有希望的家庭。他有几个亲戚住在州立精神病院。他父亲这边的很多亲戚，包括他的父亲和他自己的两个姐姐，都是酒精依赖者。在几次抛弃家庭之后，他的父亲最终去世，当时他9岁。他的母亲也酗酒，且智力有限。成年后，罗伯特·霍普称他的母亲是“精神不合格”，也很“恨”她。

罗伯特·霍普住在一栋廉租房里。研究中，社工注意到，他的兄弟姐妹“脏兮兮的、衣衫褴褛，也没有穿鞋”。公寓里没有电，缺少被褥和毯子，“又脏又湿”。在学校，罗伯特·霍普的成绩不是“D”就是“F”。15岁时，他仍然在上七年级。他的总体智商是90，而操作智商只有72。老师对他的评价是“懒散、抑郁、缺乏社会化和害羞”。他害怕竞争，被精神科医生描述为“不开心、害羞、缺乏社会化……紧张、拘束、胆小羞怯”。他的自尊低得可怕。就像他告诉精神科医生的，“我想不到自己擅长什么”。在青少年早期，霍普逃学、抽烟，并且和他父亲一样开始酗酒。实际上，从他15岁第一次喝酒后，他就有连续两周每天晚上都喝得酩酊大醉。先天素质和后天环境似乎都对他不利。

罗伯特·霍普也被部队不光彩地开除过军籍。回家后，他和酗酒的母亲同住。在25岁时的访谈中，访谈者注意到桌上还放着剩饭剩菜没有收拾，啤酒瓶子满地都是。霍普承认，自己过去的5个月都失业在家，成天喝酒，不参加任何社交活动。他的生活和威尔·洛曼有什么不同呢？

一个答案是，他也找到了一个富有同情心的伴侣，消除了他的不安全感。另一个答案是他停止了酗酒。在32岁接受访谈时，他已经结婚了。他的妻子比他小10岁，能使“厨房一尘不染”，但是“也有些自卑的感觉”。结婚之后，霍普戒烟戒酒，并且通过了高中同等学力考试，还开始学习物理及阅读荣格、弗洛伊德、康德的作品。25岁的他简单、粗鲁，对访谈者很警惕，32岁的他“热情诚恳”。不过，他仍然把自己的问题投射到周围的人身上。社会支持系统仅为防御如何成熟这一问题提供了部分答案。

在他四十多岁的头几年，霍普离婚了，寻求过咨询，心理测试显示他过度的自我批评、对离婚的悲痛，以及非常低的自尊。然而，他的积极特征是“富有情感、公平、感受性高、富有幻想力、个人主义和坦率”。

两年以后，在他47岁的访谈中，罗伯特·霍普偏执的适应方式明显不同于32岁时的方式。反向形成和抑制替代了投射，他逐渐变得更加心胸开阔。霍普曾经对邻居的偏见很不满，并开始学会修复对自己的指责：“我从未曾接受过这些方式，直到最近才有了一些变化。”而且，他“对自己的反应诚实、开放，特别是在表达自己方面显得自如、有天赋”。他认为自己已经从“抑郁”转变成“哀伤”。他也注意到（当他不用投射时），他学会了如何表达愤怒：“我可能会直接告诉别人，我是怎么想的。”他想起自己二十岁初在海岸警卫队的时候，面对自己的愤怒，他曾经偷过车、和他的指挥官打架。愤怒（见诸行动）与忍受和聚焦自己的愤怒是非常不同的。就在最近，新近发展出反向形成的他，不再与老板直接争吵，他感到的是内疚，因为他的工头让他侥幸逃过一关，对他太友善了。他补充道，“我爱我为之工作的人，他们很棒。”他的一生中，霍普能够取得社会支持，并且能够运用它们。

然而，只有社会支持是不够的。尽管人们在工作中看似喜欢他，对他也很忠实，但是他不喜欢他的工作，因为他在不停重复失败。最终他绝望地辞掉工作。在一家电力公司，一个操作智商得分72的人是很难胜任的。不管怎样，霍普是坚忍的，对就业市场显示出极大的耐心。在中期访谈中，他描述了对自己的一个态度转变。他记得，他在上学时那些深受煎熬的日子里的不快乐和挫败。他再次想起他母亲“可能是精神分裂……我回头看看自己的过去，很恨自己，但现在我知道自己还不错”。

霍普说，他下一个十年最大的计划是为自己的孩子做更多的事情，他们会“让我感觉自己还像个样子”。他和孩子们关系紧密，至少每周见一次面。他很欣慰，孩子过着与自己截然不同的生活，“他们在这个家里能感到爱”。“我的母亲对我有很多感受，但我看不见。”到1990年，他的女儿们都高中毕业了，并且安稳地结婚生子。

由于47岁的他经历离婚、低自尊和短期失业，表16里，罗伯特·霍普在心理健康项目上只得了一个平均分数——73分。但他应当因为诚实而获得更高的分数。访谈后，他写信给研究组：“我个人并不反对自己被选为研究对象，但我确实认为官方的评定有失偏颇。就是说，我认为自己现在或过去并不是一个调节能力很好的人，至少按照我所知道的一些标准来说……我从理智上知道这个问题为什么会存在，但实际上，我发现自己对此无能为力……我不想给你们一种我不想参加这个项目的印象。实际上，我很愿意。我只是想确认你们没有收集到任何错误的资料。”

研究者很高兴罗伯特·霍普能继续参加项目。47岁之后，他的心理健康和生活调适在继续改善。60岁时，他拥有一份和之前相比最好的工作——电器销售技术顾问。他告诉研究者：“如果我无法解决一个问题，我学会先把它放一放。尝试改变我没法改变的事是没有意义的……向其他人求助也不是我的风格。当我因为自己的问题陷入麻烦时，我也不想麻烦别人。”然而，让他特别喜欢这份新工作的原因是能够帮助并指导别人。他也很喜欢创造、学习新事物，并为完成工作感到自豪。

在他的成年后期生活中，罗伯特·霍普反向形成的适应方式更进一步明确地发展为抑制和利他。坚忍成就了他。他从一天抽两包烟，到26岁时完全戒烟。他曾经是一个酒精依赖者，没有参加过匿名戒酒互助会，到60岁的时候，他已有二十五年没有再接触过酒精。早期成功地解决了酗酒和重度吸烟的问题，最近他又解决了肥胖。他的体重从212磅减到了160~170磅。

为了感觉更好一些，霍普现在每天都锻炼两个小时。如果他感冒了，他不会吃药。“你应当让身体自己去调整。”他说，过去“我总是希望成为一个特别的人”，但“现在我很高兴自己目前所得到的东西”。他说，目前的健康状况和日常举重是满足感的来源。青少年时期，他相信“邻居家上帝的身体很强壮，而我没有”。现在他意识到，勇气重要得多。而他自己也肯定是具备勇气这一特质的——这一点毫无疑问。但是，一个人如何理解到：战斗的关键不是狗的大小，而是战斗的激烈程度呢？①一个人如何学会对自己也满怀激情呢？又为什么罗伯特·霍普学到了，威尔·洛曼却没有呢？

心理弹性和智力、运动能力等一样，确实是一个多维度的概念。有很多途径可以变得具备心理弹性，就像有很多途径可以变得聪明或者成为运动明星一样。为了进一步阐释接下来的例子，表17列举了心理弹性的12种主要来源。尽管我有时应该强调一下在之前的章节没有提过的心理弹性，但我还是希望继续指出防御的成熟就像“机降之神”②一样解释了一些似乎不可解释的弹性。然而，表17中所列举的心理弹性的12种来源是相互依赖的。尽管表格中的文字是被简化了的，我列出的所有案例都将阐述心理弹性的多因素性质。

第一章里，我定义了心理内稳态的三类广泛来源——认知策略、社会支持和防御的自我机制。我会再次聚焦于心理弹性的这三类来源，但首先我希望介绍一下其他来源。

风险因素和保护因素。一些调查员认为，心理弹性简单来说是一种风险因素的相对缺乏和保护因素的相对存在之间的平衡。③这就是我在表16呈现的模式。在足够的环境干扰（比如：初生期并发症，酗酒的母亲，教育水平过低等）下我们都会失败。在足够的保护性因素（比如：充满爱的父母，良好的健康状况，大学程度的教育水平）下我们都会坚不可摧。但是，迈克尔·路特提醒我们，尽管表面上看，“人们屈服是因为累积的风险因素数量抵消并大于累积的保护性体验……（并且）这一想法毋庸置疑……但用它来

---

① 谚语，输赢不在于实力，而在于决心。——译者注

② 机降之神（god in the machine），古希腊戏剧剧情陷入胶着，困境难以解决时，会突然出现拥有强大力量的神将难题解决，令故事得以继续。其方式是利用机关将扮演神的演员载送至舞台上。——译者注

③ Garmezy, “Stressors of Childhood.” Werner and Smith, *Vulnerable but Invincible*.

作为现象的原因也是不充分的”。[①]

表17 心理弹性的潜在来源

认知策略
归因方式
性情
社会支持
内化社会支持的能力
心理社会化成熟度
希望和信念
社会吸引力
防御的自我机制
风险因素的缺乏和保护因素的存在
运气
时机和/或背景
自尊和自我效能感

一位大学男性，出生于温暖的家庭，聪明并且拥有哈佛的教育背景及健康的身体，但最后是在基韦斯特（Key West）过着无家可归的生活。他与妻子、孩子很疏离，在旅行车的后座和他的狗一起睡觉。为什么呢？一生中，他很难承受挫折，他逐步加重的酗酒并没有起到帮助作用。但他的酗酒和很多情况看起来不错的男性相比，也没有更严重。一生中，他从未用过成熟的防御，甚至没有用过什么有效的中间型防御。他总是被生活压倒。

核心城市的男性，比如肯·金德、罗伯特·霍普，他们最初缺乏安·马斯滕（Ann Masten）和诺曼·加梅齐所归纳的对抗压力的三大类保护性因素：（1）自尊和一种积极的社会取向；（2）家庭内聚性；（3）能够激发和支持社会技能发展的外部支持系统的可用性。[②]然而，金德和霍普也变得

① M. Rutter, “Resilience in the Face of Adversity: Protective Factors and Resistance to Psychiatric Disorder,” *British Journal of Psychiatry* 147 (1985): 598-611, p. 600.

② A. S. Masten and N. Garmezy, “Risk, Vulnerability and Protective Factors in Developmental Psychopathology,” in B. B. Lahey and A. E. Kasdin, eds., *Advances in Clinical Child Psychology*, vol. 8 (New York: Plenum, 1985), pp. 1-52.

成功、拥有了爱和繁衍性。为什么呢？正如路特指出的，心理弹性不仅仅是风险因素和保护因素的代数和。心理弹性就像一个有新鲜、青绿核心的嫩枝：当踩在上面时，树枝会弯曲，但又会回弹回来。

运气。对于运气，也会让人不解。一些人可能认为，心理弹性仅是坏运气转向了好运气。有时，心理弹性源于由鲁布·戈德堡（Rube Goldberg）和瑟斯（Seuss）博士设计的，或是混沌理论中提到的一种命运系统。善行适得其反；错误得到奖赏。只因少了一颗螺丝钉而失了战役；只因错过一趟航班而得以幸存。很明显，运气确实起到了一定的作用，尽管爱因斯坦的理想信念认为上帝不会和宇宙玩骰子。有时，一个机遇会改变我们的一生。但是，就像路易·巴斯德（Louis Pasteur）的理解，具备心理弹性的过程中，机会更偏爱阳光的性格和成熟的自我。

时机和背景。约翰·弥尔顿说，心灵能够把天堂变成地狱，把地狱变成天堂。一方面，我们如何认识一件事，这是我们在自我欺骗、认知归因方式等方面进行自我努力的产物。另一方面，一件事的主观意义是时机和背景的产物。只是稍微改变一下时机，一个玩笑不再有趣或有拯救性，而成为一场灾难。心理弹性也一样。配偶在40岁去世是灾难性的，在80岁则是神的福祉。30岁的更年期可能会是显著的抑郁，55岁则可能会是福气。22岁被开除可能很轻松，但55岁被开除则可能是沉重一击。这涉及心理弹性的多面性。从当下的环境中暂时脱离，在合适的机会休假，在承受下一次发生的伤害之前为愈合目前的伤口而进行必要的休息，都会是心理弹性的关键。

有时，心理弹性只是一种背景的产物：在一个场合下体现出的心理弹性可能换一个场合就会变得非常脆弱。比如，在海军新兵训练营表现得容易适应，可能会导致死亡，因为第一次任务就是两栖作战。6位大学男性在第二次世界大战的战斗中牺牲，和同学们相比，他们在童年时期得到更多喜欢；在大学里，他们更加勇敢和健康。他们有着更好的眼光，有着更好的领导能力。他们那些不太适应的同伴拒绝了战斗中的领导角色，然后在战争中幸存下来。同样，让人在平民生活中变得衰弱、痛苦的伤口，在二战中的安齐奥（Anzio）海滩反而可能是种保护性因素，由于他们强烈的安全意识让他们受到了实际上较少的痛苦。

* * * *

为了阐明背景对心理弹性的重要性，让我来介绍一下布奇（Butch Patriarcha）。布奇成长的家庭是研究中最悲惨的家庭之一，他的IQ只有60。他的性情和了不起的能力让他使用抑制的方式来克服了这些缺陷。但是，他所适应的背景也是有争议的。

布奇的一生中，他的父母领着福利救济，住在一所"破败的"三层楼高的木头出租屋里。外祖父是文盲，邻居觉得布奇一家都是缺乏头脑的。母亲因为酗酒、打架斗殴被拘留。在一份警局的报告中，她的家被描述为"肮脏""一地污渍"。父亲不仅酗酒，还有一些残疾而无法正常走路。他至少尝试过一次自杀，并因为对孩子的忽视和抚养不力而收到法庭的传票。当他在家的时候，和儿子睡在一张床上。

布奇的成长中几乎没有什么有利因素。6~10岁，他有过三次头颅骨裂。精神科医生称他"不整洁、面容猥琐……勾着肩膀……非常明显的迟钝"，还有些口吃。17岁时，他仍然在上七年级，阅读能力处于8岁孩子的水平。身体状况上，他患有腭裂，左眼视力障碍和佝偻病。18岁时，他所有的牙齿都掉光了。他没有表现出什么运动技能。他最终艰难地进入军队，但只在警务室待了一个月。他被军队精神科归类为"智力低下"。

然而，在这个恐惧的潘多拉盒子里，如果布奇没有找到希望，那么他找到了坚忍。14岁时，精神科医生并没有完全意识到，对他来说生活中具有拯救意义事实的价值在于，"他是一个步伐沉重却相当平静的小伙子"。值得关注的是，尽管有不断挫折的负面影响，他在学校里坚持到了18岁。或许也需要关注的一点是，他无法阅读，留了四级，被送到特殊班级，但他仍然会将精心制作的拼图带出图书馆，然后竭尽全力地完成它们。

直到他25岁结婚之前，布奇仅有的现实成就是，青少年期他参加过教堂活动和少年俱乐部，成年期他在一家卡车公司朝九晚五地上班。之后的三十五年，他一直为同一家克利夫兰卡车公司工作，当被分派到薪酬较高的码头轮班岗位上时，他引以为傲，并为此而感激。他很高兴自己的付出得到相应的回报。即使他的整个童年都在接受救济，但到60岁时，布奇很骄傲自己一个小时几乎可以挣到20美元。现在，他能够把家人带到佛罗里达过冬，到缅因小屋过夏天。和他成长时候的破旧房子相比，他修缮并粉刷了自己精心整理的公寓内部，即使外部看起来仍然是一个破旧的出租屋。

47岁时，布奇不仅在同一家公司工作了二十五年，而且也和一些老朋友有着持续的来往。时间最长的朋友是他在童年时代认识的，他是这位朋友的孩子的教父。他在工会里待了二十年。作为吉瓦尼斯俱乐部（Kiwanis）的成员有十一年之久，是童子军里非常努力的志愿者。他的一个儿子当上了鹰级童子军（Eagle Scout），这是他另一个自豪的来源。自从布奇开始上夜班，他会在孩子们上学时睡上一觉，然后等他们回家和他们一起玩。50岁时的访谈中，他仍然会对孩子们唠叨以确保他们完成作业。他付费让孩子去上教区学校。两个儿子都是高中毕业，并且进入技术性贸易行业工作。

布奇50岁时，不知道他童年智力测试情况的访谈者做出如下总结：

> 布奇和他的妻子对研究表现出非常真诚的兴趣。对于研究成人发展的微妙和重要性来说，他们提出的问题似乎格外敏锐。同样，两个人都能够领会访谈问题的意图，不需要过多解释，并且在回答问题上，他们表现得非常坦率。被试似乎用非常具有创造性的能量来度过他艰难的童年。不管是学校还是运气，都没有给他提供任何支持，但他仍然保持自己的好奇心和对世界、对人的人性的反应。他活得很有尊严。他不会为他的教育背景或说话而感到抱歉，尽管他知道自己为此付出了很多……他和妻子都能够给予家人、他们社区无偿的付出，并能从中得到乐趣。

布奇没有运用解离者玫瑰色的眼镜和否认。相反，作为一位坚忍和抑制的高手，他简单地总是能够看见生活乌云里的丝丝曙光。他的应对方式，包括能够让自己对过去的记忆比实际情况要好一点。他说，有时希望自己回到童年，但有时也回想起当时不得不去工作，把所有的钱交给母亲的经历。他记得，完成学习作业很困难，不得不参加特殊语言培训班。不管怎样，他记得自己喜欢上学，每天都在做这件事情。对于自己的坏情绪，他从不跟别人讲。然后，日复一日，“我学会了自己处理自己的坏情绪”。他似乎从未中途停止过已经开始的事情。30岁之后，他甚至终于成为一名运动员，为自己的足球队踢球。

布奇的妻子显然比丈夫更聪明。他对妻子的照顾很感激，而非不满。“她是个很出色的女人。我不会遇到更好的了，”他又补充道，她“照顾我”，“会做任何我让她做的事”。他也和自己的原生家庭保持紧密的关系。在父母去世后，他成为一家之主。在进行50岁的访谈时，他的妹妹打长途电话向他求助。他可能在智力考试上做得没有同学好，但在智力相对较低的原生家族里，他总是一个聪明的小伙子，能够解决问题。和时机一样，背景至关重要。

自尊。心理弹性也是自尊、自我效能的产物，是一种稳定的自体感觉。这一点涉及人格领域，行为学家像阿尔伯特·班杜拉（Albert Bandura）和自体心理学家像海因茨·科胡特，对此大体达成一致。当我们面对之前克服过的困难时，都会表现出更多的心理弹性。当关于我们是谁、我们是值得爱的这类感觉坚定时，都会表现出更多的心理弹性。成功衍生出后续的成功，对经历过的失败重复性的估计会让我们抑郁和“脆弱”。但是，问题是自尊和自我效能从哪儿来？如果从未被其他人爱过，我们又如何学会爱自己呢？如果总是经历失败，我们又如何学会期待成功呢？或者，换个角度，是什么会让一个成绩总是A的孩子、一个家庭和睦的孩子感到苦恼，并且无法相信自己呢？我最佳的推断是，自尊不过是表17中另外11个因素的产物，但我仍保留开放的态度。

*　*　*　*

和布奇的生活一样，比尔·佩恩（Bill Penn）的生活在此体现了不可阻挡的自尊之重要性。但是从生物学上来讲，佩恩最终的心理弹性更多源于他的性情和节制。从环境角度来讲，他的心理弹性更多源于一位慈爱的母亲。最后，他的自尊似乎与他接受社会支持，特别是接受宗教的能力相关联。

比尔·佩恩的父亲曾因使用致命武器斗殴被拘捕，并数次因酒精依赖接受脱瘾治疗。在儿子6岁的时候，他抛弃了家人。几年之后他和妻子复合，在儿子10岁的时候真正分开。之后，他做着门卫的工作，在60岁时自杀死亡。在父母离婚之后，佩恩住在一个破旧的出租屋里，邻里环境很糟糕，一家都靠社会救济生活。他睡在客厅的沙发上，十年级上到一半辍学。后来，他的姐姐和母亲都开始酗酒。

积极的方面是，直到比尔·佩恩青春期快结束的时候，他的母亲都是一个负责任的、努力工作的速记员和一个好的家庭主妇。他小时候身体很好，有责任感、“通情达理”。他的母亲解释说，“他生来就是这样”。他在学校品行优良，喜爱阅读，“手里总拿着本书”。（广泛流畅的阅读对心理弹性的促进作用，仍然是未知的领域，但对很多人来说，书籍的确提供了成长和康复的机会。）他认同市中心的圣公会教堂，是祭台助手。他也在放学之后工作，童年的他得到的评价是“认真、情绪稳定，有礼貌、沉默寡言、有识别力，有远见”。重点是，不管是青少年期还是成年早期，佩恩都显示出不同寻常的高自尊（在独立评定的9分量表上得分为2）。

到30岁时，比尔·佩恩也没有逃脱家族性的诅咒，开始酗酒。他的生活开始变成一场灾难。他一天会喝一升苏格兰威士忌，在性行为上也是很混杂的双性恋。36岁时，他对哌替啶短暂成瘾。他也会滥用氯氮和苯巴比妥。他在一家州立医院住院三个月，治疗焦虑和抑郁。在监狱里待过十天。他经历离婚，在妻子再婚后很快就放弃了对两个孩子的抚养权，把他们留给了继父。他的工作也很糟糕。三年里，在部队的军衔一直都是列兵，没有晋级。在成年早期，他一直是名杂务工。

像研究中的很多人一样，父母的去世加速了佩恩心理社会化的成熟，让他重新通过有组织的宗教寻求社会支持。重要的是，在参加完父亲自杀后一周举行的葬礼的几个小时之后，他最后一次喝酒。这时，佩恩40岁。在戒酒之后，他非常认同匿名戒酒互助会和贵格会。[①]在贵格会里，他认识了一位新女友。

在核心城市男性中，嗜酒是心理易感性的一个重要影响因素，稳定的节制则是心理弹性的一个重要影响因素。然而，比尔·佩恩在描述自己的酗酒生活时，这段回忆并非是缺失的。他的访谈者记录道："他意识到自己是病态的，但他也谈到了，在酗酒的日子里，他的一些行为也有某种程度的防御。在他为华尔道夫工作的日子里，他自诩自己在工作上很可靠。他说，他过去的一些酒友实际上是很好的朋友，他仍然和他们保持联系。"在放纵作乐期间，他会到公共图书馆，会写诗。在酗酒期间，他仍然维持自己某种程度的自尊。

47岁时，比尔·佩恩表现出显著的成熟与心理健康。"比尔·佩恩很有幽默感，"访谈者记录道，"常常在严肃回答一个问题之前开一个玩笑。这段时间，他的自我意识非常强。"对于工作，他最喜欢的部分是和人打交道。尽管他在过去十五年一直做着杂务工的工作，他能引用甘地的话，并希望成为一个自由撰稿人。当问及他生气的时候会做些什么，他的第一反应是先开了一个玩笑，然后说，"我会数到10。我会试图恢复一点平静。"问及他回忆过去的时候他会做些什么，他说，"我不会细想过去。我活在当下，我知道生活还在继续。"关于童年，他说，"我没有很多吃的，但我们吃的是很有营养的。我感到我们在一起。"他说，他年轻的时候，他经常使用暴

① 贵格会，又名公谊会，为基督教组织，兴起于17世纪中叶。该组织认为，每个人都有内在的光。——译者注

力，但“这真的很傻，当你只有五尺六寸的时候”。[1]

问及他是否会向他人求助时，他说自己是匿名戒酒互助会（AA）新成员的保证人，会帮助他们。他也会依靠AA的支持系统。对于他和AA、贵格会的关系，他说，“我能够依靠的人非常多”。在AA，他持续在“步骤小组”保持活跃，在不同的会议上发言。他为和平、社会正义，积极参与贵格会的活动。他参与抵制非工会的葡萄贸易，积极抗议对越战争，检查核电站。他积极处理自己的社区食品合作社的事物。

假期里，比尔·佩恩花了一周的时间和女性朋友在白山徒步旅行；之后的一周，他在一个贵格会学院参加研讨班。他定期去打网球，他的兴趣是写作和摄影。问及十年后他会做什么，他开玩笑说，“我希望现在就能到57岁，另一种方式可能对我没什么吸引力”。严肃地讲，他补充道，他的雄心仍然是“积极地享受生活，关心他人”。比尔·佩恩是关于自尊的一个很好的例子，但他的生活也反映出社会支持和希望、信念这些无以言表的天赋之重要性。为了分类，我需要把希望和信念归到社会支持里面，因为一位祭台助手、贵格会成员和AA保证人似乎向我们证明了这一点。然而，一个无法回答的问题是：自尊来自一种“比我们自己的力量更强大的”信念能力，还是自尊促成了信念和希望？我认为答案是，“两者皆是”。

现在，让我们回到认知策略和社会化支持对心理弹性的重要性上。在表17中的这两个标题之下，我列出了6个心理弹性的来源：归因方式、性情、内化社会支持的能力、心理社会化成熟度、希望和社会吸引力。

归因方式

心理弹性是使用合适的、自发性应对策略的能力。从这一点来说，心理弹性可以等同于智力、社会生存技能、计划性和教育。但是，一些受教育不足的低智商核心城市男性，比一些聪明的特曼女性和受过良好教育的大学男

---

① 五尺六寸：约1.67米。——译者注

性过着更好的生活。他们的心理弹性从何而来呢？

为了解释这些例外，认知心理学家注意到，心理弹性中归因方式的重要性。归因方式意味着我们如何看待自己遇到的好事和坏事中自己的责任。当我们在数学考试里成绩得到A时，我们是否会认为这是一个错误，或者是一件极少有的不会再发生的事？或者我们是否能接受数学得A的荣誉，并因此泛化到相信自己在拼写项目上也会成功，以后也会继续做得很好？当数学得了F，我们是否会认定这全部都是自己的错，F是我们的宿命——甚至在拼写项目里也一样？或者我们是否会认为获得低分数是因为数学课非常难，而且也不重要，老师的英语说得也不好，或者是否会认为因为我们计划在大学将外语作为专业，这门课得到低分数对于我们未来的生活影响也不大？

关于归因方式的一个更具体例子是，一个人会如何看待自己深受糖尿病之苦这件事。一种弹性的归因方式会这样想：我是一个正常人，患有一种叫糖尿病的疾病（一个局限而非普遍的问题），对此，我有能力这样应对（责任），自己注射胰岛素（控制力）。一种易感性高的归因方式会这样想：我是一个绝望的糖尿病患者（整体是有缺陷的），痛苦是无法治愈的（无助），会导致不可避免的虚弱和失明（绝望）。

哈利·索罗（Harry Thoreau）的故事体现了聪明认知策略中弹性的重要性，即合适的归因方式和阳光的性情。索罗成长的环境各方面都对他很不利，然而他似乎有一个良好的性情，来自祖辈良好的遗传。他的祖父是一位工程师，外祖父是一位有经验的钢铁工人。

消极方面，祖父和外祖父有更好的调适力，经济上比索罗的父母成功很多。他的父母自从结婚起，就在17个不同的社会中介机构登记过。索罗从小生活在一个拥挤的出租公寓里，没有浴盆、中央供暖或热水。他睡在客厅的沙发上，有时睡在哥哥的床上。童年时期，他得过肺炎，严重到咯血，但父母太贫穷看不起医生。他的一个兄弟常因斗殴和盗窃被捕，几度进出教养院。另一个行为不良的兄弟，智测IQ分数为96，被诊断为精神发育迟滞。

索罗父母的婚姻从开始就是不幸福的。他的外祖父被诊断为双相障碍，在他2岁时，母亲同样被诊断为双相障碍而首次住院。母亲在精神状态好的时候能够整理房间，记录中被描述为“非常整洁”。而当母亲精神症状发作时，家里被描述为“肮脏……母亲躺在床上很晚才起来，看起来没想过如何照顾自己和孩子”。由于酗酒，哈利·索罗的父亲没有固定的工作，是一个暴躁的人，“脾气容易失控”，会打孩子到出血。他的智商是87，几乎不能阅读。他看起来很消极、能力不足。哈利6岁时，父亲离开家。

积极方面，哈利·索罗和他行为不良的兄弟不同，他没有反社会的习惯。尽管在老师看来，他有时有些恍惚、不可靠、懒散，对工作的兴趣有限，并且他的成绩是B和C，也漏读了一级。他会定期去教堂，他的几个朋友也没有行为不良。别人对他的印象是“自我批评，谨慎，情绪稳定，保守”。他参加了少年俱乐部。父亲抛弃家人后，索罗由他的兄弟姐妹照管。他最大的哥哥代替了父亲的位置，也成为他的角色榜样。他和姐妹的关系也很紧密。精神病医生注意到，他的斜视和不良姿势，但同时也注意到他的整洁和保守。简言之，他性情温和，对发生在自己身上的每一件好事都保持开放的态度。

19岁时，索罗参军，在情报和电子部门工作。离开部队后，他继续作为一名卧底深入敌后，并获得空手道褐带。他的母亲说，25岁的他总是表现很好，有理想，努力工作，说他“执着坚持一件事情直到成功”。访谈者对他的印象是“适应性强，对自己的能力非常自信”“有教养”。他注意到，索罗从不抽烟喝酒，“似乎比他的智力测试分数（101）更聪明”。31岁时，索罗离开了政府服务机构，在港口当搬运工人。他基本上把在部队挣的钱都攒了下来。他会把自己的大部分空余时间和储蓄用来改善母亲的居住条件。就这样，他成为一个“有经验的装修工人和专业木匠”。

33岁时，哈利·索罗进入了布法罗消防局。他最喜欢的是消防员之间的友情。“在一所着火的房子里，”他解释说，“人们彼此靠得很近。”他引以为傲的是自己一手建造了自己的家，没有任何其他帮助。42岁时，历经对妻子9年的追求，他结婚了。他的妻子是一个大学毕业生，比他赚的钱更多。

他对妻子的描述是“温柔，有激情”。47岁时，他认为自己的婚姻变得越来越好。60岁时，在一项调查婚姻的问卷里，对婚姻的选项有“非常好”“好”“一般”或者“不好”，他的答案很明确：在非常好后面打了四个钩。

45岁时，索罗对访谈表现出“活力和感激”：“他很明朗，健谈，和善，有魅力。他保持着稳定的眼神交流。”他很诙谐，“他的合作、坦诚、亲和力，使访谈非常成功。”他似乎用幽默解决困难，目前的健康状况良好。他认为自己的主要娱乐是阅读，很喜欢在家里放很多非小说类书籍。他也有一个雪地摩托，饲养信鸽，有时修修电视赚些外快。他从不吸烟，但允许自己一年里喝四次酒。访谈者记录道，“在听这个男人讲话时，有一种兴奋的感觉”。

为CIA工作期间，有在丛林里的经历。哈利·索罗现在非常享受和他的狗在佛蒙特州的森林里。“过去在丛林里学会的是如何生存，如何在冷战中战斗，”他的访谈者写道，“他现在似乎有了180度的转变，这些技能被用来享受森林和自然，用地图和指南针来欣赏美景。一生中，他的态度是学习新技能、享受当下，并用于未来……尽管通过政府的训练成为一名游击队员，哈利·索罗身上的一些品质使他成为一个热情、仁爱、有魅力的人。”他继续获得新的技能，比如跳伞、修理收音机和管道，并且成为一名急救员。

45岁时，索罗告诉访谈者，他计划在56岁时从消防局提前退休。他会搬到佛蒙特州的东北王国（Northeast Kingdom）去，继续他感兴趣的手工活、木匠和房屋装修。十年之后，他确实是这么做的。他开始恢复每周去教堂。对自己的生活、工作、婚姻、孩子和友情都非常满意。他继续表现出良好的心理和健康状态。

哈利对本研究非常感兴趣，总是非常按时返还问卷。他的一位访谈者记录道，“他一直很乐观，近乎天真”。55岁时，这个曾被酗酒的父亲痛打、为CIA做敌后卧底工作、学习空手道的人在进行简·洛文杰的华盛顿大学句子完成测验（sentence completion test）时，这样阐述自己的归因方式：

我感到遗憾："对那些不喜欢动物的人。"

一个男人应当总是："努力温柔一些。"

我只是无法容忍人们："刻薄，暴躁。"

我的道德让我感到烦恼："如果我在一次争论中伤害到某个人的感情。"

规则是："必要的，如果人类要生存的话。"

哈利·索罗对自己22岁的儿子非常自豪，"他为人正派，也很绅士"。性情、有独创性的认知策略和积极的归因方式，是很重要的。但是，既然索罗的生活和他的填句测验都显示出成熟的自我发展，我们也不得不惊讶于自我发展来自何处——这将是第13章要讨论的一个问题。

性情

研究中，一些男性天生具备的良好自我和性情有助于超越他们有限的智力水平。西蒙·布莱特（Simon Bright）就是其中一个。他母亲的兄弟在监狱待了两年；他父亲年轻时曾因盗窃和酗酒被捕。西蒙·布莱特在一个出租屋里长大，没有中央供暖，在学校重读了一次九年级。他的韦克斯勒-贝尔维尤（Wechsler Bellevue）IQ测试分数为79分，特曼IQ测试分数为78分。25岁时，他只能读一些小报和漫画，访谈者能记录到的是，他无法进行加法和乘法运算。31岁时，他称自己"不够聪明""有点蠢"。他的工作是卡车司机助手，收入只比最低工资标准高一点。

积极的方面是，西蒙·布莱特的家庭三代亲属之间关系都非常紧密。他的母亲是一个很优秀的家庭主妇，他的父亲成年后努力工作，戒了酒，也很严厉。七个孩子中，西蒙是母亲最爱的一个。他14岁时，母亲说，"他从不贪玩。他去上学，放学后工作。他在夏天里也是工作一整天"。或许有一些加尔文主义，但IQ只有特曼女性一半分数的西蒙，不得不更努力。

西蒙对父母的态度都很积极，认为他们的原则"坚定而温和"。星期天，他们会一起去教堂。访谈者对14岁的布莱特采用的形容词有“外向，喜欢冒险，情绪稳定，谨慎，务实，有攻击性”。另外，他也很“节俭”“行为恰当”“直接且幽默”。他说，他长大后想成为一名机械师，因为他知道自己必须运用自己的身体，而不是智商。25岁时，尽管做的工作技术性不高，他结婚了，妻子把家里打扫得很“干净”“硬挺的，蝉翼纱材质的窗帘”。他和别人共同拥有一艘船，自己有一个滑冰橇，账户上有一笔可观的储蓄。他可能不善于读书，但他有很好的生存能力和常识，以及优良的性情。

20世纪70年代早期，布莱特在圣约瑟娱乐部门工作。最初，他每小时收入是2.3美元，但很快他就当上了工头。47岁时，他的每收入是1.5万美元，但仍然在做两份工作。那时，他给访谈者的印象是“非常有男子气概，强壮、体型好，在他的年龄显得很年轻，说话坦诚、充满眼神交流，精力充沛，回答问题很快会呈现自己的感受”。同样，“没有瑕疵，很整洁”。他在运动和与孩子一起时都很兴奋。他自信而直率，喜欢跟孩子在一起，协助训练几个球队。他不仅在娱乐部门工作，也在一个地方药物成瘾治疗中心当志愿者。他说，自己的一个年轻朋友死于海洛因成瘾，之后他就开始对脱毒戒瘾感兴趣。

在公园工作时，布莱特有时会发脾气，但他从未发生过肢体冲突。对于攻击性的使用，他表现出一种升华。他用他的愤怒解决问题，而不是引发困难。访谈者记录到，他所发生的冲突“似乎大部分都是出于他对设施和员工的保护”。对他人的抵抗不得不强行进行，但从结果来看也是值得的。他运用自己的魄力确保娱乐场的秩序，以抵制一些有攻击性的教练；同时在他没有钱的时候，也会用他的魄力从呆滞的城市福利机构争取到为儿子进行腭裂修补手术。整个布莱特家族会像一个团队一样聚在餐桌前一起解决家庭问题，“从我们的系统中解决问题，而不是被问题缠绕”。

60岁时，西蒙·布莱特再次升职，年收入达到5.2万美元。由于他的学习障碍，他仍然需要委托别人完成文书工作。但他向访谈者吹嘘道，“他们很爱我，因为我既粗鲁又诚实”。他管理过13个员工：“我对他们就像对我的儿子一样。我的工作是从底层开始的，逐渐做到了部门负责人的位置。”

60岁的西蒙·布莱特仍然每天工作8小时，但他会定期找时间和儿子们一起打网球，一周里和朋友打三次壁球。假期里，他会去走亲访友，并且喜欢滑冰橇。一周里，他每周会带妻子到外面约会一次，共进晚餐和跳舞。他的孩子们都从高中毕业，一个孩子上过为期两年的大学。他的两个孩子像父亲一样，都做着管理者的工作。他的另外两个儿子当了警察。年轻时，当警察曾是布莱特的梦想，但他无法通过笔试。

社会支持

心理弹性也可以被视为社会支持的一种功能。我认为，社会支持包括父母的社会阶层、温暖有凝聚力的童年家庭环境、婚姻中一位通情达理的伴侣，以及路特所说的“稳定的情感关系”。[①]成熟防御和社会支持之间的联系密不可分。一方面，我们如果和朋友在一起感觉足够安全，就会使用更多成熟防御。另一方面，我们吸引他人成为朋友的能力，也极大程度地取决于我们防御机制和心理社会化的成熟度。亲密、繁衍和成熟防御的能力促进良好的人际关系和社会支持。相反，淡薄的人际关系和贫乏的社会支持会导致不成熟的防御。表17中列举的心理弹性的促进因素是相互联系的，比起单纯的“车—马”的因果关系，更像是“鸡—蛋—鸡”的因果关系。

换句话说，如果社会支持对心理弹性很重要，那么其影响作用也是通过复杂的方式进行调节的。让我们来看看表17所列出的社会支持之下的三个亚类：内化社会支持的能力、心理社会化成熟度、希望和信念。首先，不仅需要有社会支持，还需要能够对其识别并内化。社会经验不是指在你身上发生了什么，而是指你是如何处理这些事的。就像一个优秀的橄榄球跑卫，他的技能是发现对方防线漏洞寻找进攻机会。心理弹性是一种能力，用于在人际关系矩阵中与爱的、增进健康的个体认同。心理弹性通常不仅是一种

---

① Rutter, “Myerian Psychobiology.”

认同能力，还涉及在一个令人失望的关系矩阵中和一位良好的家庭成员、老师或邻居等人建立联系。这类关系涉及互惠性（reciprocity）。艾米·维尔纳在追踪调查考艾岛高易感性的贫困儿童如何成为功能良好的成人时，强调成为一个“令人喜爱的”孩子的重要性，这些孩子能够让他人产生一些非常积极的反应，并有一种获得替代父母的能力。这种好运气常常依赖于性情的匹配，或者像亚历山大·托马斯（Alexander Thomas）和斯特拉·切斯（Stella Chess）所说的“匹配度”（goodness of fit）。①我们都知道，对于罗伯特·霍普和肯·金德的心理弹性，一项显然很重要的影响因素就是对配偶的幸运的选择。就这一点来说，他们在获得爱这方面取得了少有的成功。因此，社会支持常常是性情和运气的产物。

但是，对社会支持的运用远远不止选择正确和匹配这么简单。对社会支持的运用能力包括代谢（metabolize）（下一章会进一步解释其意义）身边曾经有过的人的能力。这种能力不可避免地对心理社会性成熟有着潜移默化的作用。就像哈里·哈洛（Harry Harlow）研究观察由金属丝和绒布做成的无生命母亲陪伴的猴子所得出的结论，在没有社会支持的情况下，心理无法成熟。②

我们要应对被爱的体验，把它作为一种礼物，而不是一种危险或权利，需要自我能力用以吸收那些爱我们的人。如果我们结婚的对象比自己富有得多，我们是会感激还是嫉妒？如果我们打网球总是被对手打败，我们是会认为自己的水平能够得以提高，还是会觉得我们的自尊受到打击？如果我们的父亲在某一方面对我们来说是一个灾难，我们是否会决定成为一个真正的好父亲以作为复仇的方式，还是会照着自己的遭遇对待他人？

想想那些来自幸福家庭却无法吸收任何事物的人。什么样的人被赋予了爱却无法使用它呢？对于大多数性格上无法内化他人的人，像伊莉莎·扬和

---

① A. Thomas and S. Chess, “Genesis and Evolution of Behavioral Disorders: From Infancy to Early Adult Life,” *American Journal of Psychiatry* 141 (1984): 1-9.

② 哈洛的著名实验，提示和“铁丝母猴”相比，“绒布母猴”会给婴猴更多的安全感。——译者注

阿尔龙·扬（第7章），比起成人而言，他们更像初中生。就像一些人认为洛克菲勒或罗斯柴尔德（Rothschild）信托基金是一种减弱稳定性的负担，因为这些人会对爱感到惶恐。精神分裂的个体就是一个鲜明的例子。因此，威尔·洛曼和罗伯特·霍普之间主要的区别在于，对自己拥有的社会支持有着不同的使用能力。威尔·洛曼在他发展出精神分裂症之前去世，但是，他是研究中被盲测人员预测会出现该疾病的17个人之一。[①]我记得我的一位精神分裂症病人说过，她生命中最恨的人、威胁她最多的人就是护士。她认为，护士是一种危险。当问及原因时，她说，因为护士们“照顾你”。她说的话就如同人们所说的，黑社会照顾着他们的敌人。

我认为，从可用的社会支持中鉴别出什么是好的、什么是有营养的能力，是一种积极的认知归因方式中对应社会性的部分。当然，消化社会支持的过程更加精细。我们能够教授人们各种想法：教给人们看待装有一半水的杯子，半满而非半空；教给人们积极的归因。但是，如何教授人们把突如其来的爱视为一种礼物而非威胁则是一项艰巨的任务，这需要魅力或者至少需要完善的技能。

心理弹性与表17中列举的社会支持的第二个方面也息息相关——成熟度。对于成熟度，我这里是指自我鉴别情境相对性的能力，保持历史视角和忍受矛盾的能力。但是，成熟度不是一个容易理解的概念。用阿道夫·迈耶（Adolf Meyer）的话说，“在所有关于人性的研究中，成熟度是最难琢磨的”。[②]成熟度的关键，是一种理解所有事物是相对的这一能力，懂得其他人在更糟糕的经历中也能幸存下来。成熟度的关键是，认识到目前糟糕的状态都会过去，能够延迟满足却不是压抑。成熟度的这一定义与自我防御中

---

① E. Hartmann, E. Milofsky, G. Vaillant, M. Oldfield, R. Falke, and C.Ducey, “Vulnerability to Schizophrenia: Prediction of Adult Schizophrenia Using Childhood Information,” *Archives of General Psychiatry* 41 (1984): 1050-1056.

② A. Meyer, *The Collected Papers of Adolf Meye*r, vol. 4, Mental Hygiene (1908), ed. E. Q. Winters (Baltimore: Johns Hopkins University Press, 1950-1952).

的抑制和预期很接近。同时，也类似于简·洛文杰对成熟自我发展的定义，让·皮亚杰提出的形式运算概念，劳伦斯·柯尔伯格提出的道德发展最高阶段，以及埃里克·埃里克森的繁衍概念。

社会支持的第三个方面涉及一种对心理弹性很重要的能力，即在过去经历中对特殊的力量源泉的记忆，以及一种内心中持续存在的在未来发现爱的希望。确实，爱、希望和信念相互缠绕。一个身处父母离婚期的孩子，一个考试失败的孩子，或者一个在泰国难民营满怀渴望的孩子，会认为一切都会慢慢变好吗？他或她会坚持信念，认为“糟糕的状态都会过去”吗？希望和信念是很简单的词语，却包含着心理弹性中的关键点。这并非偶然，早在潘多拉的神话中就提到，希望好比心理的止痛剂，也是心理弹性所依赖的。希望和信念都不可避免地受到社会支持的影响。

表17中列举的社会支持的第四个方面，是社会吸引力。我们能获得怎样的社会支持，也取决于我们如何影响身边的人。因此，为了识别一个人获得社会支持的能力，我们可以让一位受过训练的访谈者记录自己对某个人的主观印象。这种印象常常会因为主观偏见或者反移情而被忽视。但鉴于某种程度上社会吸引力来自成熟型防御，这种吸引力也成为心理弹性的一个重要线索。成熟防御对于成人来说，就像那些令婴儿很“惹人喜爱的”东西一样。它们会让人富有吸引力。想想访谈者对尤里·希普（Yuri Heep）和斯坦·科瓦尔斯基（Stan Kowalski）的不同反应。两位男性都身材短粗，体型缺乏美感，他们留给别人的印象却迥然不同。这不是因为希普100公斤的身材看上去很臃肿，以及科瓦尔斯基满是文身的肌肉，而是因为他们呈现出让访谈者印象深刻的不同防御方式。两位47岁的男性用不同的方式触动着他们的访谈者。

希普的访谈者写道：

希普先生出现了，他看上去凌乱、疲倦，只穿着蓝色睡裤，扎在一个非常大的肚子上……在我写访谈记录的时候，我能感觉到内心滋长的对希普的愤怒和蔑视。交谈时，我想象自己被某种像是快乐无忧的东西所吸引，但当我稍微客观地审视当下，我发现我正在和一个非常不成熟的男性对话，开始我以为是一种不同寻常的坦白，但实际上是一种婴儿般的自我暴露，一种毫无保留的、无所顾忌地分享、裸露任何事，对他生活——和行为——的各个方面都没有任何辨识或者道德区分，他的讨论是如此开放。我对他的印象，步态摇晃着走出卧室的、穿着睡裤的，肥胖、快乐的（像个婴儿），之后又想象他像个婴儿，坐在厨房的餐桌前，拿着汤匙敲打着桌子。我也开始思考，访谈中他的妻子在场时，他是怎样继续呈现这种状态的。当电话响起，她离开房间片刻时，他是如何表现出一种特有的焦虑——就像一个孩子当看不见母亲时，安全感也相应消失了。我想，我所感受到的轻蔑应该是源于一种感觉，觉得他应该知道更多，难道他看不见真实的状况吗？但很明显，他显然知道得不多，也看不见。

我想，我的愤怒应该追溯到他的轻躁狂性的自我展示。随着访谈的进行，这种愤怒逐步减少，我开始感到一种隐藏在尤里·希普表面的情感之下的悲哀和深深的抑郁，这种情感随着访谈临近结束而开始逐渐渗透。这个成年的婴儿完全依赖于他的妻子和父母。

他和希普夫人之间连接的力量涉及他的一种倾向，即在恶魔—天使、好男孩—坏男孩之间的转换，或者像妻子说的，他有“杰柯尔与海德”（Jekyll-Hyde）的两方面。我推测，这场“游戏”是一种边缘策略，[①]来试探多大程度上他能够侥幸逃脱，妻子能够忍受而不发怒的底线在哪里，然后就是承诺、讲和、忏悔的甜蜜，等等。我想在这种不幸福的关系中，妻子是个完全的合作者。

在对斯坦·科瓦尔斯基的访谈中，我和希普的访谈者一样有一些偏见，但我的笔记表达的是满满的敬意：

① 边缘政策（brinksmanship），多用于国家政策，指不断将外交形势推至战争边缘，试探对手国的忍耐极限，以获取最大利益。——译者注

斯坦本人秃顶，体型矮胖，1.93米，100公斤，双臂布满文身，身着工装衬衫，典型的彪悍海军陆战队军士、酒保、修理厂技工的模样。科瓦尔斯基对动物的健康非常感兴趣。他的饭盒总是自豪地被放置于一隅。他抽着骆驼牌香烟，笑容满面。我到他家时，他已连续工作了14个小时，非常疲惫，然而他的眼神交流、引起我兴趣的能力，都使我自己的精力瞬间恢复。

科瓦尔斯基对我的态度非常自然，也让我深受触动。自信而不自大，当我对匿名戒酒互助会的哲学理解有误时，我以为AA的最大可取之处是让人平静，他会开我的玩笑。从某种角度上来说，访谈也有比较艰难的地方，因为他健谈而不做作，总是告诉我一些愉快有趣的故事，而不是他的生活中常有的痛苦的细节。他对过去的记忆常常不太记得，并且通过自由联想修复它们。

斯坦·科瓦尔斯基很粗鲁、大男子主义。访谈开始时，他说"刚从纽约州新新监狱出来的那段时间，我的适应很困难"。然而，对那些接触过他的人，他非常认可，这可不寻常。我离开时，他告诉我，他对养母是如何忠诚。他的认同能力——接纳别人——以及纯粹和不矛盾的爱的能力是非常突出的。非常戏剧化的对比是，我刚结束对一位大学物理学家的采访，他曾荣获国际性荣誉却被酗酒所摧毁。我采访这位大学被试和他的妻子时，气氛非常压抑。物理学家知道他受伤的踝关节和酒瘾并不足以让他崩溃，可事实上他还是崩溃了。而斯坦，深知自己所遭受的痛苦足以压垮三个人，却依然表现出坚不可摧。他告诉我，他失去自己的继子——这个孩子是他最爱的，而我推断他爱所有的孩子。谈及这些丧失，他没有表现出怨恨和明显的悲伤。就像他之前已经告诉我的，一个男人永远也不应该哭，但同时，我也不难觉察他潜藏在职业拳手冷峻面容和扁平鼻子之下的悲伤。

当我走进门时，他的妻子正在看乔治·普赖斯（George Price）的卡通，一头似乎很久没洗的金色头发，姿势不雅。她看起来比实际年龄要老上十岁，非常疏于自我打理。我当时推测，科瓦尔斯基和一个智力有问题的海洛因成瘾者结婚了。然而，当我和她一起坐在桌子旁时，她递给我第二杯咖啡，我接过来。科瓦尔斯基面带笑容地抱怨，“当我端给他的时候，他是拒绝的。”她微笑着回答，“你一点也不友善，这就是原因。”我对她的印象改变了。当她满是微笑地看着丈夫时，她因为爱变得很美。

这是一场最让人兴奋的访谈，毫无疑问，科瓦尔斯基使痛苦的事变得令人兴奋和开心的能力是防御的作用。不管怎样，当我问及他过去六个月的情绪时，这个男人什么也没做，只是大笑，然后配合我说：“我想不起来问题是什么，但我知道有一个，”然后他逐渐回想起。“我足足烦了一个月，”他告诉我，“搬家行业处于非常艰难的时期，我们第一次陷入债务危机。我不忍回忆，四月份对搬家行业来说是一个非常萧条的时期——我不得不每年都刷新对这个行业的观念。”斯坦告诉我，当他有这些困难时，他为了让自己感觉好一些，会“要么弹奏一些乐器，要么跟妻子或者女儿倾诉——她们帮助了我”。

换句话说，访谈时，斯坦·科瓦尔斯基不断回忆、体验着痛苦，但他成功地掌控着这种情绪。他和妻子感动着访谈者，而看尤里·希普和他的妻子，则让另一位访谈者非常愤怒。当我们内心被激发出崇敬而不是轻蔑之情时，当我们被视为坦然淡定而不是自私的婴儿时，就都会更有心理弹性。

但是，如果男性成年后会如此不同，这种状况是从童年就可以被预测的吗？答案是：不能。希普成长在一个稳定的环境中。他童年时的居所给人印象深刻，但只是因为有“非常多的照片”。他的父亲有固定工作，希望儿子能上大学。父母对他宠爱有加。他没有留过级，在学校的成绩和表现都没有什么问题。希普的老师甚至说过，“他非常聪明，专注，表现优秀”。精神科医生也称，他是个紧张但“很干净的男孩”。他定期去教堂，除了吸烟，他在学校没有任何不良记录。

与此相比，斯坦·科瓦尔斯基的前三十年里，生活毫无方向。他从出生起就被父亲遗弃。他的外婆在母亲的童年时期自杀。他的母亲在斯坦3岁时的圣诞节死于肺结核。他由一位年长的女性亲戚抚养，住在一个没有暖气的出租公寓里。直到青春期，他的姨妈们都给他留着长卷发，把他当作女孩子来养。之后，他在学校学会旷课、偷车、撒谎。尽管有着平均以上的智商，他仍然在八年级时辍学。17岁时，他因为偷汽车进入教养院。

科瓦尔斯基在20岁时和一个后来诊断为精神分裂症的女人结婚。研究中，社工对这个女人的描述是“脏兮兮”的主妇，“显然对丈夫没有任何感情”。争吵时，这对夫妻会举刀相向。25岁时，当他准备接受下一次采访时，科瓦尔斯基已经离婚，并因强奸被关进纽约州新新监狱。32岁时，当研究人员能够采访他时，他因为流浪待在县监狱。他患有酒瘾已经15年了，不时会去找卖淫者——有时是男娼，有时是女妓。毫无疑问，尤里·希普年轻时的生活环境要积极得多。

然而，尤里·希普的童年当然不是十全十美的。他是独生子，但必须和母亲共用一个卧室。他的父亲曾因对妻子家暴被捕。希普给精神科医生看了自己被父亲打后留下的伤痕，但他否认父亲酗酒。尽管老师对他的评价不错，但是希普的IQ只有79分，在特殊班级待了两年。他的斯坦福阅读测试IQ只有70分。终其一生，他都只能读一些画报和漫画书。当他去露营时，希普给人的印象是“很容易争吵，惹麻烦，糟糕的露营者”。精神科医生记录到，他“似乎是个非常焦虑的小伙子”。简要地说，尤里·希普是艾米·维尔纳所称的“得不到回报的困难性情”。工作上，他大部分时间在开出租车，住在亲戚们的房屋或公寓里，主要依靠父亲的经济支助。

斯坦·科瓦尔斯基的童年也并非完全是糟糕的。他的“有涵养的”好姨妈很爱他，即使她把他当作女孩子养，然而在这位姨妈的打理下，房间十分整洁。小时候，他会求助。14岁前，他每周都会参加主日学校。[①]年少时，即使因为酗酒进出监狱，他为了当一名牧师也参加了圣经学校。他的IQ是110，阅读IQ是112。他身体健康，是一位优秀的运动员。他曾作为职业拳击手，并且在橄榄球和曲棍球方面都表现出色。斯坦·科瓦尔斯基的犯罪记录不少，

① 教堂在星期日开设课堂，对儿童进行基督教教育。——译者注

他总是会在圣诞前夜或者圣诞节，在他母亲忌日的时候，犯下严重的罪行。

25岁时，尤里·希普说，“实际上，我觉得父亲会帮助我获得一个住处，并建立一个我自己的家”。30岁时，访谈者写道，“生活的内容都是吃、赌，不得已的情况下去工作……非常不成熟、依赖”。希普之后和他的妻子离婚，跑到了拉斯维加斯，后来又回来和她住在一起，他们都只能靠家庭救助生活（Aid to Families with Dependent Children，对有子女家庭的补助计划）。44岁时，希普因头晕、“脊柱弯曲”“关节炎”和“心脏衰竭”而“丧失能力”。十五年之后，经过客观的心电图实验室检查显示，他的心脏非常正常。44岁之前，他几乎都在炫耀，“我从未工作过一整周”。47岁时，希普、他的妻子和孩子由他的父亲资助。访谈者写道，“他一天中有一部分时间是开车送他的母亲去办事”，但希普确定地告诉访谈者，“我实际上什么也没干”。

希普32岁时，他的妻子抱怨他“对家毫无帮助”。她会粉刷房间，贴上墙纸，而他只是“看看，表达惊奇”。“当我和他外出时”，她说，“他胖得看起来就像我的父亲”。妻子在场时，让他描述一下妻子，希普说：“她是个婊子养的。打从结婚开始，我身体状况就开始变坏。”让他感到满意的是，“当我发怒时，她非常知趣地保持安静……她会变乖，试图平息我的怒气，我就像布谷鸟一样大叫。”希普夫人回应说：“语言暴力有时比你动手更糟糕。”“你永远不会离开的，”他说。“时间会证明一切，”她反驳道。

过去，希普曾有一段时间对妻子不忠。访谈者问及夫妻外出会做些什么，他们的女儿答道，“他们会打架”。非常生气的时候，希普说，“我倾向于砸东西”。他的妻子补充道，他可能会打人。他说他不再打家人，但女儿大声说道，“哦，是吗，那一周半前是怎么回事？”

在接下来很多年里，希普的生活都没有什么改善。58岁时，他退休了。他仍然认为自己因为有背部问题（缺乏客观证据），而延续着和年轻时一样的“极度焦虑”。他身高1.86，重109公斤。他每天会抽三包烟。他认为自己的身体状况很“糟糕”，且患有慢性疼痛。

当我见到斯坦·科瓦尔斯基时，他47岁，自从他32岁进行上次访谈之后，再也没进过监狱。他有自己的家，已经住了两年半。当我比约定的时间晚到了两分钟时，他笑着欢迎我，然后说，“你迟到了！”他自豪地告诉我他刚通过资格认证，可以驾驶最大的十八轮大篷货车了，工作表现出色。他炫耀说，三年前他就实现了每一个搬运工都有的抱负，能独自搬起一架钢琴。他说他的梦想是买辆自己的卡车（这次访谈的三年之后，他实现了这个目标）。

科瓦尔斯基告诉我，他是如何在十年前成功戒酒的。1961年从县监狱出来后，他曾住在新奥尔良大街上。冬天，他睡在贫民区，把树叶盖在身上挡雨。醒来，满身泥泞，看起来像是从恐怖电影里出来的，然后他会勒索过路的行人，然后买酒喝。1964年，经一位朋友的帮助，他第一次戒酒。最后一次喝酒是在1967年。

显然，戒酒是一种非常有力的方式，能阻止生活继续走下坡路。但同样重要的是，科瓦尔斯基拥有允许自己被照顾的能力。这是他的救赎。但是，他所接受的照顾与希普所寻求的照顾是非常不同的。科瓦尔斯基五年里没有度过假，他是前职业拳击手，能够托起钢琴。然而生病时，他并没有试图照顾自己。虽然他自己说，“我只是躺下了，服点药。”他的妻子补充道，“他会抱怨——比孩子还不懂事。”但不像希普的妻子，她说话时带着爱意。也不像希普，科瓦尔斯基的依赖给予他俩人以力量。当他想喝酒时，他会去找他的保证人：“当你走进电话亭，拿起一枚硬币，你会知道自己不会去喝酒的。”在他戒酒的过程中，起到最大作用的是他的养子，“他很崇拜我。我用走路来戒酒时，他会说，‘爸爸，我希望你别喝酒了’。他和我一起散步时，会说‘我讨厌这种无聊的走路’。”就这样，斯坦·科瓦尔斯基停止了酗酒。在某种意义上，他有一种接受他人意见的天赋。

科瓦尔斯基在工作时和人相处得很好，这位往昔的罪犯、职业拳击手、嫖娼者，积极地呈现出共情。“我试图让找我搬家的人感到轻松一些，”他告诉我，“但我不是精神科医生。我试图把这一天当作他们最沮丧时期中的一天而已。我试着让他们知道，我了解他们很沮丧，我试着安慰他们。”

斯坦·科瓦尔斯基和他的第四任妻子结婚五年。当我问他对妻子的印象，他说，“有史以来她是最棒的，我信任她……我们彼此都受够了被虐待和厮打。”他说，他们会按照自己希望被对待的方式来对待彼此。之后，当我问他对妻子最满意的是什么，他用大拇指朝妻子的方向指指说：“就是和她结婚。我们之间很紧密。我现在每时每刻都会戳戳自己，确认这一切都是真的。”直到他十年后去世，他们的婚姻一直很稳定。

科瓦尔斯基和希普运用的防御截然不同。科瓦尔斯基的利他，就像希普的被动攻击，都像是慢慢呈现的。当我采访科瓦尔斯基时，他接了两个请他帮忙的朋友的电话。他说，他联系最多的是匿名戒酒互助会（AA）。或许我们相处中，他给人印象最深的是他运用抑制、利他和幽默改变了他的社会环境，这激发了我的崇敬之情。

我问科瓦尔斯基过去的二十年他学到了什么，他回答道，“我不是个坏孩子，但我是个笨孩子。我相信上帝，我学到了上帝教给我的一些可怕经验。”问及他是否去过教堂，他告诉我AA就是他的教堂：“我一生中，上帝都离我很近。我差不多是一个牧师了。这个你的记录里有吗？”我们记录了，但在当时没人会相信这一点。

观察者偏倚

有时，研究者的判断仅仅是反移情。因此，一些核心城市男性的“心理易感性”并非来自这些男性自己的生物心理社会风险性，而是更多来自缺乏容纳性的观察者视角。有时观察者的观点确实存在偏倚，缺乏某种理解。这些案例中，个体的心理弹性比现实中更加明显。实际上，个体所存在的风险性远比观察者所认为的要少。迈克·穆里根（Mike Mulligan）的生活就是这样一个例子。

对迈克·穆里根的评估误差，来自观察者误解了他家庭的不整洁。在小康家庭中，过度的整洁和干净常是一种加尔文主义、心理病理学或者人格中过于强迫的证据。然而，在市区内的贫困家庭中，整洁常与心理弹性、较高的道德感、自尊和心理健康相关。整洁常反映一种成功的、对外部混乱环境较好的掌控力。但有时，就像穆里根，脏乱似乎只是一种表面现象。

迈克·穆里根在一个只有一些基本设施的出租公寓里长大。他的家没有中央供暖或“洗浴设施”。穆里根的孩子们反复因为虱子和脓疱病，或者因为很久没有洗澡而被学校停课。几个儿童及家庭福利机构都有对这个家庭进行干预。其中一份记录中显示，“教士X觉得这一家已经无药可救了。母亲是个习惯性的乞讨者。”他的教会试图照顾这一家人，“衣服和家具从来不曾被整理过”。学校的负责人对穆里根的家庭环境写道，“这是我见过的最脏乱的了。”日常的家务被描述为“毫无计划，条件恶劣，床很脏，孩子们也很脏，基本是半裸的”。对他原生家庭进行采访的社会调查者描述，迈克·穆里根的母亲穿着一身褴褛的和服，蓬乱的头发和脏兮兮的指甲。他描述穆里根的姐姐：“尽管只有22岁，她前面的牙几乎都掉光了，只能看见侧边有几颗被腐蚀的牙齿。”为了进一步确定这一点，波士顿市立医院的医疗记录显示了对迈克·穆里根父母的偏见，记录到他们“本质上很糟糕，但并不是智力低下”。防止虐待儿童协会的记录中提到，“警察认为麦克的母亲不怎么聪明”。

然而，这些所谓的困难似乎并没有完全摧毁迈克·穆里根。精神科医生认为他“保守，但可以接受建议”，观察到尽管“完全是个不整洁的男孩子，穿着破旧的衬衫，头发蓬乱，完全不在意他的举止，（他）很简单，热情而友好”。

事实是，穆里根的家庭与常规不太相同，但并没有失去功能。不可否认的情况是，迈克·穆里根的母亲在五年级时辍学，丈夫在嘉年华工作，也只上到八年级。但这位父亲工作很辛苦，会带儿子观看棒球比赛，在家时陪儿子一起玩游戏。对于家庭生活，这位母亲说，“我们在一起有很多快乐”。迈克·穆里根自己的阅读指数只有82，运算指数只有68，他在学校留了两级。尽管学校认为他“需要更多头脑”，但是学校的行为记录是相当好的。

老师认为他“讨人喜欢，有快乐的笑容，愿意做任何事”。他身体健康，没有不良嗜好。他定期去主日学校，在唱诗班演唱，没有什么不良的娱乐活动。邻居很糟糕，教士X对迈克·穆里根的态度很悲观，但教堂的影响力很大，穆里根也吸取了这份力量。

迈克·穆里根16岁离开学校，就像他的父亲一样，在游轮上工作。他服役参加了朝鲜战争。在朝鲜可怕的战役中，他得了创伤后应激障碍。他退役了，精神上为半残疾。医疗报告上无情地记录着，他表现“不成熟，判断力差，试图通过伪自杀姿态来控制环境”（对创伤后应激障碍正确的理解，出现在三十年之后）。穆里根的问题被认为发生在服役之前，当然，部队的精神科医生并没有像成人发展研究里所拥有的前瞻性资料。有一次，医生甚至把穆里根的创伤后应激障碍诊断为“精神分裂样反应”，他因为“抑郁性反应”而被退役。1952年，他在皮尔葛林姆（Pilgrim）州立医院接受了九次电休克治疗，出院诊断为“分裂型人格”。离开部队后，他不停换工作，租房子，开始酗酒。他只阅读一些画报和漫画书。1956年，他的女房东仍然认为他“神经有点不正常”。

1960年，穆里根和一位小学老师结婚了。他在一家模具工厂得到一份固定的工作，每周薪酬75美元，并开始有积蓄。47岁时，迈克·穆里根终于让缺乏辨识力的研究观察者看到自己真实的样子了。感谢他的妻子使他的房间现在看起来“干净整洁”，访谈者得以更加清楚地认识穆里根：

他的眼神温和，情感适中，精力充沛，很健谈，会自然地倾听并给予回复。他表示对研究很感兴趣，并分享了自己对不良行为的看法。他常会说生活有起有伏，得欣然面对。麦克坦然的态度、消除问题而不是忽视问题的能力，令人印象深刻。他绝对是一个有趣而热情的交谈者。

简而言之，迈克·穆里根如此丰富的想象力反映他不是分裂的问题。

“确实如此，”访谈者写道，“迈克敬爱他的老板，从老板那里学到很多。”他自夸道，“我是全国最优秀的技师。我的老板说我能做两个人的工作。”他不吝巨大的开销，把所有孩子都送去教区学校，他们也都上了大学。像他自己的父亲，穆里根很多时间都和孩子在一起，并且参与他们获奖的各种运动。除了孩子们得到的运动奖励之外，穆里根自己也因作为领导者在少年棒球联盟的服务而获得奖牌。他对此非常自豪。他很享受“帮助250个孩子不陷入困境”。他也是一个让人安心的长官和少棒联盟的裁判。如果教士X发现对上帝的虔诚不一定必须有整洁的童年，[①]可能会非常惊讶。

当问及妻子什么地方让他感到最快乐的，迈克·穆里根说“就是她本人——她的陪伴”。穆里根夫妇的关系似乎很轻松。关于过去六个月中的情绪，他很“快乐”。他说，他现在不再打架了。“我现在学聪明了。我不是个很魁梧的人，19岁之后我就意识到，我无法对抗大块头的人。”对于朝鲜战争中的经历，他说，“我现在非常健康。”对穆里根的过去并不知情的访谈者写道，“他简直是一个令人着迷的研究案例，他二十年前极可能是心理和情绪相当有问题的人，我们在其中可以看到怎样的演化和成熟”。

迈克·穆里根并不否认他的过去，只是让它变得更容易被理解，让研究观察者能够产生过去所没有的共情。“我是那种总抢着付款的类型，”穆里根对访谈者自夸，“我从未欠过债。”但是他也会很坦然地提到，小时候家里太穷总是饿着，他偷过食物。

60岁时，曾经不停换住所的他，已经在同一个地方住了二十五年以上。25岁时，他参加美国残废退伍军人组织（Disabled American Veterans）以“保障我的抚恤金”；60岁时，他在这个组织里是为了参加社团服务活动。58岁时，他作为一名技师年收入2.5万美元，且身体健康。他戒了烟，很少喝酒。积极于志愿者的工作，并且很喜欢参加社会活动。他不再去教堂，但他的母亲（一位街头乞丐者）和他的父亲（一位嘉年华的工人）仍然作为激励性的资源留存于他的心中。他仍然喜欢旅行，尽管定居下来，已婚，但他

---

① 古老的谚语：“虔诚源于洁净。”——译者注

仍然没有忘记自己过去在嘉年华的日子。现在，他穿上小丑装，作为领导者为斯塔顿岛的少棒联盟募资。谈到今后的规划，他准备退休之后推着水果车挨家挨户叫卖。童年时的脏乱被留在了外面；而内心，迈克·穆里根重新创造出了一对更好的父母形象：一个街头叫卖者和一位嘉年华的小丑。研究中评估者认为，迈克·穆里根的防御包括幽默、利他、升华、抑制和预期——这五种都是成熟的防御。

13

自我如何变得成熟？

头脑，比天空辽阔
因为，把它们放在一起
一个能包含另一个
轻易，而且，还能包含你
……
头脑，和上帝相等
因为，称一称，一磅对一磅
它们，如果有区别
就像音节，不同于音响
——艾米莉·狄金森

自我如何学会点石成金呢？约瑟夫·康拉德（Joseph Conrad）做出充满苦涩的预言，“可悲的人啊，在青春年少时没有学会用心期待，真心热爱，相信生活”，成熟的自我功能又如何抵消它呢？我相信，自我可以在成年生活中通过对他人的内化做到这些，就像他们曾经在童年做到的那样。本章中，我将系统检验这个过程，看看我们如何内化所爱和爱我们的人。

前两章中所列举的一些生命故事，证实了一些自我成熟化的——生理学和人际的——潜在资源。首先，生理学方面：尤金·奥尼尔、斯坦·科瓦尔斯基和比尔·佩恩，他们的成熟更多源于他们的脱瘾。经过这个过程，几乎所有第11章和第12章中提到的25岁左右的“青年”在中年后都达到了成熟状态。其次，为了成熟，每个人在成年生活中都需要一个安全的环境以获得确认和无条件的积极关注：对科瓦尔斯基来说是AA，对佩恩来说是贵格会，对奥尼尔来说是盖洛德疗养院。当我们感到自己的依赖需要能够被满足时，就都会运用更多成熟的防御。第三，故事的主角需要内化新的爱：奥尼尔找到了卡洛塔；金德、科瓦尔斯基、霍普、布奇和索罗也都找到了支持性的妻子。类似的，其他调查者也发现，对孤儿院长大的女性来说，支持性的丈夫对其成人的心理弹性起着关键作用。[①]最后成熟的一个更加神秘的资源，来自从这些生命故事中所发现的对希望、道德的回归，以及信念的重塑。这种重塑的信念常常来自宗教，但这种成熟也能够通过心理治疗和支持性团体的中介得到。

自我发展模型

关于自我发展，以上列举的前三种资源与三种不同的概念化模型相关：一种神经生物学模型、一种环境模型和一种同化或印记模型。尽管对一幅完整的图画来说，必定同时包含了以上三种模型，但本章中，我将主要集中在自我成熟的第三种模型：对他人的同化。我也会简要地讨论，希望和信念与成熟防御之间更多探索性的关系。

首先，自我具有一种神经生物学模型。这是一种遗传学的显性模型，在更局限的程度上，像发展心理学家劳伦斯·柯尔伯格和简·洛文杰所说的隐性模型。在这种模型下，中枢神经系统鉴定的成熟创造了自我，这种发展并不主要依赖于环境。有一些很好的证据支持这个模型，比如在生命的第三个十年里仍然在继续髓鞘化（神经纤维的包裹过程）。[②]另外，在整个成年生命周期里，个体人格对相同神经损伤的反应方式都在不断变化。[③]两种发现

① D. Quinton, M. Rutter, and C. Liddle, "Institutional Rearing, Parenting Difficulties and Marital Support," *Psychological Medicine* 14 (1984): 102-124.

② P. I. Yakovlev and A. R. Lecours, "The Myeogenetic Cycles of Regional Maturation of the Brain," *in Regional Development of the Brain in Early Life*, ed. A. Minkowski (Oxford: Blackwell Scientific Publications, 1967).

③ D. R. Weinberger, "Implication of Normal Brain Development for the Pathogenesis of Schizophrenia," *Archives of General Psychiatry* 44 (1987): 660-669.

都表明，大脑神经生物学的复杂性在成年期也会持续发展。另一个关于某些防御与生物性易感体质关系的激烈争论是，对成人发展研究的样本来说，种族、文化、社会阶层和教育——人类行为各方面的所有潜在环境影响——对个体防御的选择或成熟影响不大。

也有证据表明，一些防御是有遗传倾向的。反社会的、非常外倾性的个体的家庭倾向使用解离这一防御。大学和核心城市男性中，酗酒的家族史与运用解离的倾向显著相关，即使他们自己不是酗酒者。隔离和置换的防御常见于强迫障碍的亲属。幻想和投射常见于精神分裂症的亲属。有证据支持，防御的基因（神经生物学）传递，也包括对特殊天赋的遗传性影响。贝多芬的音乐天赋和南丁格尔对数据的天赋，肯定有一部分是基因性的。

或许，自我发展的神经生物学模型最有说服力的证据来自对双胞胎的研究。大脑遗传性的“回路”（Wiring）似乎比家庭教养的影响更重要：分开抚养的同卵双胞胎，与一起抚养的异卵双胞胎相比，有更相似的性情和人格特质。[①]并且，随着时间的推移，分开成长的同卵双胞胎的相似度在增加，而非下降。

在一项关于儿童道德推理的经典研究中，让·皮亚杰观察到，儿童的道德与成熟度协同发展，这种道德发展与儿童是否接受宗教指导或是否上主日学校无相关性。[②]相似地，要运用成熟防御，个体需要在认知上成熟到皮亚杰所说的形式运算阶段，或者洛文杰所说的自主的自我功能阶段。就是说，成熟防御的运用者认知上需要能够区分规则和环境——能够承受矛盾性、模糊性和历史的相对性。

在一个认知发展的构架中，承受矛盾性的能力是自我成熟的标志之一。新皮亚杰学派强调，除了发展出形式运算之外，成熟还需要能够同时保持两

① T. J. Bouchard, D. T. Lykken, M. McGue, N. L. Segal, and A. Tellegen, “Sources of Human Psychological Differences: The Minnesota Study of Twins Reared Apart,” *Science* 250 (1990): 223-228.

② J. Piaget, *The Moral Judgement of the Child* (London: Kegan Paul, 1932).

种竞争性的观点。研究道德发展的学者也持同样看法。比如，洛文杰对最高成熟度做出如下定义：自我发展的“整合”阶段意味着对模糊性的承受力，对内在冲突的调节性，即珍视他人个体化的同时，也尊重相互依赖性。研究创造力的学者，像阿尔伯特·罗滕伯格和亚瑟·柯斯勒也强调为了获得创造力，我们的内心需要同时包含冲突性的影像。

在这种模型中，自我成熟度（一些人称之为智慧）反映了自我逐步提升的承受矛盾性的能力。这种相同的能力决定了成熟防御的发展，能够在不可调和中保持一种创造性、有弹性的张力，允许道德、冲动、现实和依恋在舞台中央都有一席之地。比如，一位大学男性，是一位成熟防御的榜样，也是一位阿拉伯世界有名的职业外交家，他告诉我他正在忙于建立一个“圣约之子”团体。[①]我问他，准备在有关巴勒斯坦的困境话题上说些什么。他引用一位智人的话回答道，“在一项冲突中，当两方都拥有道德权利时，就意味着悲剧”。这体现了一种矛盾性。然而尤金·奥尼尔认为，具有真相的悲剧美得非凡。又一种矛盾性。但是，承受这种矛盾性的能力来自哪里呢？

让我们来看看每种成熟防御中固有的矛盾性。预期的防御反映一种能力，即在当下一个相对安全的环境里体验未来痛苦的情感。利他反映一种共情的能力，即理解另一个人的感受并在同时保持这种分离，情感界限如果被融合，就会成为同情的牺牲品。抑制让我们有改变能改变的勇气，接受无法改变的平静，知道二者区别的智慧。

升华和幽默也源于矛盾的内在调和。艺术和幽默都调和了爱与恨。柯斯勒指出，幽默和升华都是创造力的亚型；艺术家和幽默大师都拥有同时感受融入与独立于外界的能力。[②]当我们看西尔维娅·普拉斯的一生时，能够发现，通过对一个同时又爱又恨的人的两种冲突性心理表征的整合，自我发展出升华。当我们对比儿童的残酷幽默和查理·卓别林或伍迪·艾伦电影里

① B’nai B’rith，于1843年在纽约成立的犹太国际服务组织。——译者注

② A. Koestler, *The Act of Creation* (New York: Dell, 1964).

温柔自嘲的小丑时，能够认识到，幽默也可以从施受虐的对立冲突中发展出来。对于主角和观众，幽默和升华的结果不是冲突，而是净化。

心理学家菲比·克莱默（Phoebe Cramer）回顾了评论儿童自我防御机制成熟度的相关文献。克莱默提醒我们，某种程度上防御机制可被看成婴儿反射行为的概念表征。就像婴儿在过滤令人沮丧的声音和画面上的能力是有差别的，因此成人在运用像否认的防御方面也可能有生物学差别。克莱默也指出，“有关图像背景反转、模糊图像运用的实验研究表明，进行这种反转的能力随着年龄而提高”。这个过程是幽默的基础，一个人假装做一些事情，过去可能会感到痛苦，现在却可以一笑了之。比如，试想一个场景，一把手枪指向某人，扳机被扣动，然后从枪管里蹦出来一面国旗，观众会怎样反应。图像和背景被反转了。最后，克莱默观察到，“随着孩子的成长，他们行为的控制点从以外部为主转变为以内部为主。因此，儿童从假定其他人对自己的感觉和行为是需要负责的态度，转变为内化这种责任”。[①]不成熟的防御外化了这种责任，中间型和成熟型防御内化了这种责任。简言之，随着时间的推移和对外部刺激有限的依赖，对成熟防御的发展有重要作用的大量“（大脑）回路”似乎有了成长的空间。

*　*　*　*

自我成熟的第二种模型，集中体现为养育和环境的影响。这是自我发展的学习理论或者环境模型，这个模型的社会学习理论家有阿尔伯特·班杜拉和沃尔特·米歇尔（Walter Mischel）、行为主义学家有B.F.斯金纳和约翰·华生、人类学家有法兰兹·博厄斯（Franz Boas）、社会学家有卡尔·马克思和欧文·戈夫曼（Erving Goffman）。这可以用18世纪哲学家约

① P. Cramer, *The Development of Defense Mechanisms* (New York: Springer-Verlag, 1991), pp. 48, 74.

翰·洛克（John Locke）的观点来简要概括。洛克提出大脑可以被构想为一块白板（tabula rasa），经验在上面进行书写。这种观点忽视了生物学素质，认为大脑可以像一台计算机那样等待着被个人体验来编程。自我过程就像软件，社会对个体内心接收的无限信息进行编程。在这一模型中，没有体验就没有自我。这种模型认为，精神病患者的大脑只是被错误地编程，但是遗传学家认为，缺陷存在于个体的基因里。

精神病学家斯图亚特·豪泽（Stuart Hauser）和他的同事们提出了家庭生活对促进自我发展的重要性。在一项关于家庭环境对青少年成熟度影响的研究中，研究者发现，父母倾听并积极关注、辨识孩子的声音能够促进青少年自我的发展。与之相比，当父母对青少年孩子的声音（"特别是当他们发出一种新的声调或韵律"）表现出不耐烦并转身离开时，会阻碍其发展。"还有另一种家庭特征会促进改变和成长，"豪泽告诉我们，"即对青少年感受的容纳性。家庭用各自不同的方式处理情感，特别是那些有潜在破坏性的情感，比如愤怒、攻击和嫉妒。一些家庭非常反感这些感受的表达甚至体验……在这种氛围下，去挑战一个愤怒的父母，对青少年来说很难感到安全。"[①]豪泽认为，在这样一种压抑氛围中成长的儿童，极像处在一种自我发展被捆绑的状态之中。

第12章中列举的人物生活史，也支持自我发展的第二种模型。尽管对被研究者来说，生活中爱人出现得太晚，但环境中爱人的出现似乎对成熟防御的产生非常重要。正如奥尼尔缺少母亲的支持就很难面对自己的肺结核，从中我们可以领会到，在学习如何承受当前的焦虑时需要有人陪伴，这样我们才能学会如何有效地对未来的痛苦进行预期。典型的例子是来自非常混乱的家庭的孩子，既不会预期也不会抑制。对儿童的追踪研究表明，和父母的早期分离会破坏了儿童延迟满足的能力。早年缺乏稳定爱的关系的儿童，可能会缺乏时间感、具有较低的对未来进行计划的能力和承受挫折的能力。

---

① S. T. Hauser, *Adolescents and Their Families* (New York: Free Press, 1991), pp. 239-240.

我们如何学会掌控激烈的情感呢？作为成年人，当我们的确愤怒、悲伤、尴尬或者丢脸时，我们如何了解我们不仅是“疲惫”“沮丧”或“难过”，我们如何学会说出来？往往只有在另一个人帮助我们承受并认同我们自己的痛苦之后，才能学会这么做。因此，自我发展和对自己感受的认识能力，很大程度上源于那些能共情并提供帮助给我们的人。

社会体系和人类行为之间的关系，也提供证据支持环境对塑造自我功能的重要性。社会支持有利于成熟防御的发展；孤独中滋生出不成熟防御。在人格、价值观、语言方面与我们自身相符的人，以及能增加我们的安全感和自尊的人的陪伴下，我们解释冲突的能力、成熟反应的能力和运用较少歪曲（即运用较多成熟）防御的能力才得以强化。比如，美国国务院对其盟友表现出利他，而对其知之甚少的敌人表现出投射。类似的，同伴的一种防御也可能会引发我们自己的一种互补性防御。这在传染性的不成熟防御例子中，尤为明显。最后，群体的许可强烈地影响着防御的选择。德国纳粹的投射、战时的见诸行动、狂欢节的解离，都是社会许可决定防御方式的例子。但是，要强调的是，所有这些例子都是暂时效应。去除环境影响，这些效应也会消失。遗传的影响作用，则没这么短暂。

当然，成熟度总是同时需要天性和养育，但有时只需要一些适度的早期环境体验，就能够使成熟的自我功能出现。比如，如果羽翼未丰的苍头燕雀在幼年期重复地听成年燕雀唱歌，它仍然无法唱出这首歌，直到第二年长得更加成熟。鸟儿歌唱的能力取决于预编的、胚胎学的发展。但不管怎样，为了在成年期唱歌，年幼的燕雀必须至少听一次成年燕雀唱歌。类似的，为了爱，人们需要在幼年有曾经被爱过的感受。

总之，和遗传一样，学习在我们的防御选择中扮演重要角色。升华比受虐的伤害性更少；利他比反向形成的收获更多；幽默比机智让我们赢得更多朋友，或者至少树敌更少。一种升华发展的环境模型不仅需要具备先天的禀赋，还需要外在世界强化这种禀赋。如果奥尼尔的戏剧没有被出版，他还会从写作戏剧中获得同样的安慰吗？如果贝多芬出生在大不列颠，那里有天赋的音乐家能够获得贵族的赞助是一种例外而非常规的情况，会怎样？他还会谱写出第九交响曲，而不是实施自己自杀的意图吗？

*　*　*　*

然而，第12章似乎已明确表明，对心理弹性最重要的不是社会支持，而是内化这些支持的能力。自我发展的同化或印记模型假定，自我形成于一种早年关系的沉淀，这一过程类似于印记的行为学概念。这是一种交互作用模型，介于天性与养育之间。认知心理学家从概念上定义了同化的任务，即形成关系的心理图式，或者“角色—关系模型”。[①]一种印记模型假定，复杂的行为是一种早年认同的产物。因此，弗洛伊德式的观点认为，他人稳定的内化表征对自我发展起到促进作用，在很多方面这都是一种行为学的观点。在很大程度上，皮亚杰也认为心理世界形成于个体同化社会经验的能力。如果自我防御机制帮助我们顺应生活，自我对他人的认同和内化就很像皮亚杰提出的同化概念。我对第三种模型的观点，使得我与很多作者在防御机制的问题上持有不同意见，因此我没有把内化和认同（见下文）的过程划分为主要的自我防御。内化和认同对自我的实际建立太过重要，以至于无法仅把它们视为防御。

第三种模型中，自我既不像一台计算机那样用乘法表和社会禁忌所编程，也不像青春期生殖系统那样自主发展。这一模型把自我视为一个“器官”，通过对所爱之人及他们的美德、禁令的内化得以发展。对自我的价值、忠诚和防御的学习，不同于我们学习餐桌礼仪甚或求爱仪式。埃里克·埃里克森提出，自我认同发展源于一种对所有先验认同的逐步整合。[②]精神分析师汉斯·罗伊沃尔德（Hans Loewald）也全面讨论了对他人内化的

① M. J. Horowitz, *Introduction to Psychodynamics* (New York: Basic Books, 1991).

② E. Erikson, "Identity and the Lifecycle," *Psychological lssues* I (1959): 18-164.

方式如何促进自我能力的发展。[1]如果神经生物学模型把自我归因于基因，环境模型把自我归因于大脑皮质层，第三种模型则把自我的适应性能力放在颞叶，一个记忆、性、宗教和依恋汇聚的区域。

某种程度上，自我内化的能力源于其区分情绪状态的能力。毕竟，成熟防御不仅涉及准确的现实检验和清晰的自体感，还涉及区分相互矛盾的竞争性情绪和依恋，区分我在哪里结束，你在哪里开始。自体与他人的混淆把共情变成投射，投射使得因另一个人的存在而发生的成长变为不可能。

第三种模型的困难在于，如何使之从科学的角度看起来有道理。比如，在精神分析的著作里，有很多对合并（incorporation）进行详细阐述的论文，但这些并没有经过实验验证。一些文章谈到好乳房会被吸收，坏乳房会被吐出来。精神分析师说，通过自我周围他人的"沉淀"，"核固化"（nuclei consolidate）形成自我。精神分析师约瑟夫·桑德勒写到，内部客体的世界产生了"一个（大部分是潜意识的）虚幻的世界，我们生活在其中，就如我们同时生活在外在真实世界中一样。这个内在世界是一个潜意识幽灵客体影像的世界……其存在是令人愉悦的，可以满足愿望，并让人安心"。[2]西格蒙德·弗洛伊德也提出相同的观点，只是用了更加专业的表述："自我的特征是一种被抛弃的客体—投注的沉淀……包含了这些客体—选择的历史。"[3]

这些术语仅当我们记得这是一种隐喻时是有用的，不要因为难于理解而认为它是神话。隐喻是开放式的、有趣的；神话是刻板而严肃的。隐喻是"类比"和"仿佛"；神话则意味着"我是这么被告知的"和"它就在圣经（或标准版本）里"。隐喻使得我们梦的真相在每一次的复述中越来越清晰。与之相比，神话并入教条，可能会坚称所有的梦都反映愿望的实现。隐

---

① H. W. Loewald, *Papers on Psychoanalysis* (New Haven: Yale University Press, 1980).

② J. Sandler, "On Internal Object Relations," *Journal of the American Psychoanalytic Association* 38 (1990): 859-880.

③ S. Freud, *The Ego and the Id* (1923), SE 19: 29.

喻在理论和诗里加入了酵母，神话则在阿奎那神学和《塔木德》[①]的散文里加入了固定负荷。隐喻进行概念化，神话则被供奉于神龛中。神话阻碍了科学；比喻促进了科学。

来看看安托万·德·圣·埃克苏佩里的寓言故事《小王子》中的小王子、狐狸和飞行员。在书的末尾发生了以下情节：

> 就这样，小王子驯服了狐狸。当出发的时刻就快要来到时：
>
> “啊！”狐狸说，“我一定会哭的。”
>
> “这是你的过错，”小王子说，“我本来并不想给你任何痛苦，可你却要我驯服你……”
>
> “是这样的。”狐狸说。
>
> “你可就要哭了！”小王子说。
>
> “当然咯。”狐狸说。
>
> “那么你什么好处也没得到。”
>
> “由于麦子颜色的缘故，我还是得到了好处。”狐狸说。[②]

你看，就在不久之前，狐狸还告诉小王子：“我不吃面包，麦子对我来说，一点儿用也没有。我对麦田无动于衷。而这，真使人扫兴。但是，你有着金黄色的头发。那么，一旦你驯服了我，这就会十分美妙。麦子，是金黄色的，它就会使我想起你。而且，我甚至会喜欢那风吹麦浪的声音……”[③]

之后，尽管飞行员失去了小王子，却也变得永远充实。麦田和星光对他来说不再相同。麦田总是会闪耀着小王子头发般的金光。星星总是会像小王子一样笑着。这些记忆也总是会提醒飞行员，他的痛苦和荒谬的担忧，或许小王子的宠物羊已经吃掉了王子钟爱的玫瑰。依恋没有从痛苦中脱离

① 犹太教律法。——译者注

② A. de Saint-Exupéry, *The Little Prince* (New York: Harcourt, Brace and World, 1943), p. 68.

③ 同上，p. 67。

出来，但这种痛苦时常代表着客体的同化过程，一个完整的人类发展过程。对飞行员来说，由于他对小王子认同的体验，悲伤再也不会如此冲突，但也不是对这种厄运安慰性的哭泣。我们有时候也会忘记，对比民间传说和精神病学神话，丧失本身是不会导致精神疾病的。我们忘记了，健康的悲伤会有伤害，但不会让我们生病。悲伤产生眼泪，而不是病态心理。真正让我们生病的，是再也没有人可以爱了。是那些留在我们的生活中变化无常的人使我们疯癫，而不是已离去的那个固定的人。阻碍成人发展的是对所爱之人内化的失败，而不是丧失。圣·埃克苏佩里的比喻，比康德的逻辑更加清晰地说明了这一点。因为比喻不仅源于强烈的感受，比喻也形成了强烈的感受。这可以是一种优点。E.M.福斯特（E.M.Forster）在《霍华德庄园》（*Howards End*）里告诉我们，“唯有让散文与激情结合，两者才会高贵。”

成人发展研究中，那些内化失败的男性和女性是怎样的情况呢？他们没有经历过重复丧失之痛。他们一直和父母生活在一起，但这些父母在情绪上变化无常。我们已经看到，不成熟防御的应用（比如，投射和幻想）是一种试图将内在关系进行稳定化的方式，但这种运用并没有允许对所爱之人完全地同化。比如，西尔维娅·普拉斯对她的母亲从未有过稳定或非常安抚性的内在记忆。成熟防御的发展，需要更多完整的代谢。

迈克尔·路特区分匮乏（privation）和剥夺（deprivation）时也提出相同的观点。[1]匮乏意味着从来都没有爱过，能够导致精神病性残疾。剥夺意味着失去那些我们所爱的人，通常会导致情绪困扰，而不是疾病。残疾和困扰的区别是变得残废和变得痛苦的区别，是行为和语言的区别。通过悲伤，而不是精神病理学，来彻底地完成对我们所爱的和爱过的人的哀悼。确实，当我们回顾阿尔龙·杨、比尔·佩恩和尤金·奥尼尔的例子时，可以看到，悲伤能够促进内化和认同，匮乏没有任何类似的作用。

杰·谢利（Jay Shurley），一位精神科医生，专门研究经历极端隔离的

① M. Rutter, *Maternal Deprivation Reassessed*, 2nd ed. (Harmondsworth: Penguin Books, 1981).

幸存者们，尝试向一位科学作家解释儿童是如何习得句子语法的。这位作家试图理解，为什么一位被彻底社会性隔绝在一个空房间直到青春期的女性，永远无法习得这种语法。13岁时，她被救出来，离开隔离的环境，这位女性在之后的十五年里成功地学会了语言，但从未学会一种内化的句法以组织她的话。"我们通过一种关系发展。"谢利解释道，"一个婴儿为了学习——我们可以去看维克托，就是那个阿韦龙的野孩子[①]——需要一种关系，其中儿童能够获得足够的养育。情感性依恋起到基础性的作用。这不是一个智力的过程。智力依托于情感联结之上。"[②]当然，学习成熟自我防御的句法和习得正确语法的过程，是一样复杂的。

一位60岁的大学男性，内心非常匮乏。我问他一生中是否有人触动他的心。他回答说："我想没有。这是我的性格。这是一件可怕的事。"一个片面的解释是，他说，"年轻时，我学会让自己变得冷酷"。他需要学会这个，以应对母亲的躁郁发作。因为小时候家里没有其他人了。他酗酒的父亲很早就离开了家。他没有兄弟姐妹，也没有叔叔和姑姑。一方面，60岁的他已经放弃了所有的希望。他不爱任何人，身患骨关节炎忧郁一生。在这个世界里他是孤独的。尽管作为艺术家他享誉盛名，但他认为自己很失败，内心除了躁郁的母亲，没有其他人。另一方面，他不是分裂症也不是快感缺失，他对自己也没有感到难过，从未寻求过精神科的帮助。在基因上，他没有遗传母亲的躁郁性障碍。关于我的长期研究，他能够问我一些非常聪明和成熟的问题。他唯一的失败在于没有依恋。他记不起自己是否爱过谁。确实，如果我们愿意，可以诊断他为自恋型性格。但通常，自恋不过是一个多音节的同义词，表达一个更共情的词——"痛苦中"。

很明显，天性、养育和同化都涉及自我的创立。自我的模型通过关系的

---

① the Wild Boy of Aveyron，维克托是一个长期流浪在法国南部森林地带无人照管的男孩。1799年他12岁时，被当地农民发现。尽管他具有并不逊于其他孩子的遗传禀赋，但无论怎样培训和训练，语言、理智等能力却再也无法形成。——译者注

② R. Rymer, "A Silent Childhood-II," New Yorker, April 20, 1992, p. 77.

内化而发展，就算这一结论令人信服，在某些方面也回避了一个问题：内化他人的能力从哪儿来呢？一个答案是，来自我们的环境和天性。当然，当在合适的时间遇见合适的人[①]（环境），遇见的这个人和自己气质相符[②]（天性）时，认同和内化也会得以发展。

* * * *

在阐释第三种自我发展模型之前，我希望讨论一条伴随成熟、贯穿于这些男性生活的线索，一条精神性（spiritual）成长之路，或者用一个更好的词来概括，宗教奇迹（religious wonder）。其他人可能会把这一过程称为道德发展。一些观点中，与虔诚的宗教信仰的某些方面一样，维持矛盾性的认知能力反映了较高程度的心理整合性。但是，仅有道德和认知发展是不够的。上面那位60岁的大学男性两者皆有，但他缺乏信念和奇迹。研究中的另一些男性，比如奥尼尔、比尔·佩恩，同样有着让学院艺术家深感无助的匮乏，却仍然成功地发现了信念。

成熟防御源自我们的大脑逐渐发展的掌控、同化的能力，为生活、生命和体验而感激的能力。这种感激包括感到奇迹的能力。对——落日、交响乐或者保持一种成熟的宗教信仰——这些事物带给我们快乐的觉察和领会，反映我们的内心体验了某种意义上的幻觉或错觉。这种对奇迹的感受，本身就是对崇高性本质的一种转化和自我欺骗。但是，这些感受是如何发展的呢？我们应当如何理解这种矛盾的希望——促进健康、恢复道德的自我欺骗，把一个藏于一隅的孤独无神论者变成一个真正的信仰者呢？

概括地说，本书中我试图远离神秘主义，扮演一位精神分析的不可知论者，但本章中的上帝——读者理解的上帝——会是一个更加宽泛的角色。

---

① Quinton, Rutter, and Liddle, "Institutional Rearing."

② A. Thomas and S. Chess, *The Dynamics of Psychological Development* (New York: Brunner/Mazel, 1980).

因为自我是一个非常神奇的“器官”，一个卓越的合成者，有时它的作用是不可思议的。1845年威廉·格瑞森尔（Wilhelm Griesenger），一位伟大的精神科医生，促进了德国心理学从浪漫的、神学的解释转向了一种严格的、经验性的脑心理学。但为了更理性，格瑞森尔没有放弃整合性心理活动的现象学。因此，他写道，“一个物质在神经纤维或细胞里的躯体反应，怎样转变成一种想法，一种意识的行为，这绝对是令人费解的。确实，我们无法彻底解决存在的问题，或存在之间的中介本质问题……从科学的角度来说，灵魂和身体的紧密关系是被认可的，就像存在于功能和器官之间的紧密关系一样……灵魂从基础上显然可以被视为是大脑所有区域的集合”。[①]

我们对于创造力、成熟的自我欺骗和感受宗教奇迹的能力，都受到一些情景的促进，比如创造一种虚拟的现实，对我们所感受到的爱进行一种补充的、强化的方式。这样的情景之一发生在我们的梦里——包括白日梦和夜间的梦——当我们回顾过去并憧憬未来时。人类也在寻找一些神圣的领域，以发现我们需要的抱持性环境。我们游戏并整合想法和情感的能力，也有助于创造一些情境，去激励创造力、防御的成熟和对奇迹的感受。显然，这四种事物——梦、神圣的领域、游戏及想法和情感的联结——都是大多数心理治疗和自助团体的主要构成部分，都有助于精神性和心理的成长，有时使我们即便在晚年也能够发展希望、信念和感恩。

首先，梦使我们能够在内心处理过去和未来，为我们提供了一种方式来掌控时间的流逝。就像产卵的哺乳动物，针鼹和鸭嘴兽由爬虫类祖先进化而来，它们在进化中戏剧性地扩大了前额叶，但仍然没有做梦的能力。这种前额叶的扩大被认为体现了增强的联想、理解，以及在行动之前做出反应的能力。而非产卵的哺乳动物由它们的爬虫类祖先进化而来，没有发展出类似的扩大前额叶，但是它们却发展出一种夜间梦状态的能力。夜间梦的作用是有

① W. Griesenger, *Mental Pathology and Therapeutics* (London: New Sydenham Society, 1867), pp. 5-6.

争议的，其中一种作用似乎是使机体能够对过去的经历反应、联想并记忆，但由于梦状态中的昏厥（相对瘫痪的）现象，而无法真正行动。

人类已经进化出过度增长的前额叶，既有原始的哺乳动物功能，也有和猫狗一样的做梦功能。人类还能够通过醒时的白日梦排演过去和未来。白日梦和根据推理得出的夜间梦，使我们重构过去、预演未来。因此，前额叶梦和联想区域的进化，使机体能够把过去的体验和未来的选择联系起来。也许想象和白日梦是一回事——但它们对时间管理、成熟防御发展，以及好奇我们来自哪里、去向何方都非常重要。梦和前额叶使我们能够想象，而想象对宗教、心理治疗和成熟防御都非常重要。没有想象，没有对当下时间的超越，也不可能发展出成熟防御和信念。

神圣的地方也会让我们想象、充满矛盾，并且保持对奇迹的感受。阿尔塔米拉（Altamira）和拉斯科（Lascaux）的洞窟壁画，或者搭着东方手工毯的弗洛伊德沙发，或者在澳大利亚北部圣地的土著舞——在这样一些神圣的地方，交织着艺术、宗教、自我、比喻、游戏和梦。穴居人的神社、分析师的治疗室、孩子的游戏场，这些与现实既是分开的，也是有联系的。巨石阵、沙特尔（Chartres）教堂、毕加索的工作室和莎士比亚环球剧场的舞台，都是如此。神圣的地方被奇迹统治。过渡客体（早期关系的象征）无处不在。圣礼和悲剧、愤怒和狂喜都可以在这里被容忍。土地可以同时归属于两个道德的民族；酒能变成救世主的血液；稻草能被纺成金子。也许对成人来说，一个比圣地更好的词是游戏场或精神幼儿园。

创造力、成熟的自我欺骗和对奇迹感受之间的第三种联系，是游戏。游戏使自我欺骗和宗教奇迹感受能够从混乱中创建秩序，并且看起来似乎是真的。作为精神分析师，安娜·玛丽亚·里兹图（Anna Maria Rizzuto）已经证明，当要求成年人“游戏”，并画出童年时的原生家庭及对上帝的想象时，可以从他们对上帝的描绘中分辨出他们对家庭的印象。[①]心理冲突中，游戏

① A. Rizzuto, *The Birth of the Living God* (Chicago: University of Chicago Press, 1979).

可以把以前不存在的事物带入现实世界。游戏可以让我们重复并再创造冲突性的关系，这样我们就能够越来越稳定地内化所爱之人。游戏式的重复，能够提供对过去无助体验的掌控力。游戏，与宗教和防御一样，能够创建秩序。事实上，游戏就是秩序，“给我们的生活带来虽然有限，却很精彩的完美”。[①]在游戏和成熟防御的发展中，我们可以获得一种更高的力量感。游戏产生了一种与我们通常所认为的错觉截然相反的感觉，因为游戏对皮亚杰同化的概念是至关重要的。但是，游戏有始有终；它是有限定的，而不会与现实混淆。游戏，与宗教和防御一样，创建自己的现实。如果游戏被中断，就会有混乱和愤怒，防御和宗教仪式的中断也一样——安慰性的虚拟现实被摧毁，扫兴者是可恨的。

有时，仪式使游戏的虚拟现实变成现实。当我们通过仪式或圣礼接受一种转换的身份时，旧自体和新自体之间的这种转换关系并不能完全被称为是象征性或迷信的。有时我们的新身份和新旧合一身份之间的关系，远比一个人和一个象征性形象之间的对应关系更深远。这是一个神奇的统一。一个已经变成另外一个。在神奇的舞蹈中，土著的舞者是一只袋鼠；在神奇的婚姻和毕业仪式上，女孩变成了妇女，医学院学生变成了医生。

成熟防御和很多宗教实践的第四个共同点是，联结情感依恋世界和理性认知世界的能力。葬礼、婚礼、庆典和洗礼仪式，都同时激发了内心的激情和理性。激进的神经科学家可能会武断地认为，成熟防御、创造力和宗教性奇迹感受都来自大脑的联想区域，特别是额叶和颞叶。如果大脑皮层使我们能够区分、阅读、计算、辨识，“黏性的”（sticky）颞叶则让我们对他人和感受进行融合、依恋、精简和记忆。味道、创造力、依恋、记忆和宗教关注都涉及颞叶，这并非巧合。颞叶癫痫和对颞叶的刺激都可以产生写作狂热、性欲亢进和高度虔诚——有时也会产生对气味和老歌的回忆。损害大脑额叶，我们会失去判断及区分“正确”和“错误”的能力。

① J. Huizinga, *Homo Ludens* (London: Temple Smith, 1971), p. 10.

损害颞叶和记忆，我们爱的能力也随之被摧毁。去除其余的皮层，我们无法移动、说话或计算，但可以保持情感的依恋和道德。然而，情感相关的颞叶和逻辑、词法相关的顶叶都是同一大脑的一部分；它们的整合构成了成熟的防御。正如皮亚杰提醒我们的，“情感和认知两个方面同时都是不可分割、不可简化的”。[①]

* * * *

为了整合三种自我发展模型的心灵成长，为了阐释一条看似将投射发展为共情的心灵之路，让我继续来说说尤金·奥尼尔母亲的故事，玛丽·艾伦·奥尼尔（简称为艾拉），在《进入黑夜的漫长旅程》之外的时间，她成功地戒掉鸦片的时候。在某种程度上，与自我成熟相关的心灵成长反映了从药物依赖发展为稳定的节制这一过程中必要的心理步骤。对于心灵成长来说，生物学、养育和对新的爱人的内化也都对脱瘾非常重要。在匿名戒酒互助会里，“干”（dry，暂时戒酒）和“脱瘾”（达到成熟度，从而能够抵抗酒精滥用复发）之间是有区别的。

《进入黑夜的漫长旅程》让我们能够理解为什么尤金·奥尼尔会逃到布宜诺斯艾利斯，为什么他会选择酗酒而不是暴露在母亲偏执的指控中。在这种理解中，我们可以原谅奥尼尔不成熟的防御。但是如果我们原谅了奥尼尔，他的母亲则成了女巫。我们又如何理解和原谅她的投射呢?

现实中，艾拉·奥尼尔从1912年偏执的空壳状态转变成1919年能共情的贵妇，在她的孙子出生之后的两天，她写信给自己的儿子尤金，“今晚我是纽约最幸福的老太太，知道我有一个这么棒的孙子，但这也没有比你的出生更美妙了，你出生的时候重5千克，一点儿也不紧张。我附上一张你3个月大的照片。希望你的男孩和你一样帅气”。她在信的末尾，问候了奥尼尔的

① J. Piaget and B. Inhelder, *The Psychology of the Child* (New York: Basic Books, 1969), p. 158.

妻子艾格尼丝（Agnes）和他的刚出生的儿子，还有“三个孩子中最大的宝贝，你”。[①]到1919年艾拉·奥尼尔已成为一位给人印象深刻的、自力更生的、没有药物滥用的祖母。从一个很少笑的年轻女人变成一位活泼的爱笑女性。她为儿子成为崭露头角的剧作家感到自豪，也变得聪慧、有共情心。[②]最后，艾拉·奥尼尔在他出生三十多年后，稳定地恢复着，能够承认自己因为儿子出生所感到的真正的感激之情。就像她成瘾的、受损的大脑得以恢复一样，上帝、成熟和感激都随之而来。

但是，在能够理解艾拉·奥尼尔的康复之前，我们必须首先理解她的冲突。对于尤金来说，他一生都在犹豫是否要怪罪于母亲的问题。在《进入黑夜的漫长旅程》中，玛丽·蒂龙为自己的毒瘾指责埃德蒙和其他几乎每一位亲属。当追寻母亲染上毒瘾的过程时，奥尼尔只能找到自己的出生，别无其他。但是在尤金出生之前，又是怎样呢？到底什么是艾拉想要麻痹的真正痛苦？在她的行为之下，到底什么是绝望的自我欺骗之源头？让我们来看看剧作家和笔下的角色玛丽·蒂龙都没有注意到的一个有关人物。这位家庭戏剧中，空缺的角色就是艾拉·奥尼尔自己的母亲。布丽姬特·昆兰（Bridget Quinlan）去世的时候，艾拉和詹姆斯·奥尼尔正在欧洲度假，也是怀上尤金·奥尼尔之前的四个月，玛丽所说的迷上吗啡的一个原因是宾馆房间里的孤独，很可能就是一种置换，因母亲的去世而有未意识到的悲伤。

但即使在她嫁给詹姆斯之前，艾拉·昆兰就很少笑。之后被证实无法照顾两个孩子时，她患上了慢性抑郁。她非常依赖母亲来照顾自己的孩子。怀第三个孩子时，她也非常矛盾，有几次流产，但在母亲去世后不久，她很快就怀上了尤金。玛丽在戏剧里说，“我怀埃德蒙的时候内心就一直在害怕。我明白不会是个好结果。就我这种把孩子一个人（埃德蒙·奥尼尔，中间出生的那个孩子，在1岁时死去）放在家里抛弃不管的母亲，是没有资格再生

---

① L. Sheaffer, *O'Neill: Son and Playwright* (Boston: Little, Brown, 1968), p. 4.

② A. Gelb and B. Gelb, *O'Neill* (New York: Harper and Row, 1962), p. 434.

小孩的，就算生下来上帝也会惩罚我……现在他病得这么严重，让我不由自主地想到尤金和我的父亲，是我觉得既承受着恐惧又承受着内心的谴责”。之后在剧中，她内心的悲伤不断蔓延，在埃德蒙出生后回忆道，“所有（医生）都知道我很痛苦。对他来说，很容易止住这种痛苦”。之后，她称吗啡为“一种特殊的药。因为没有别的办法可以让我停止所有的疼痛。我的意思是说，我手上的疼痛”。[①]

玛丽·蒂龙，没有为自己的母亲感到悲伤，选择紧握自己的嫁衣不放，就像莱纳斯在连载漫画《花生》里对他的篮子一样。“我现在在寻找什么呢？”她皱着眉头，“我知道我丢了一些东西……我多么想找到它。总不至于全部不见了吧。”但是，她的母亲表现得只有虚伪。比如，玛丽对自己说，“突然变得好冷清啊！没有必要来欺骗自己啊！你本来就希望让他们都离开，免得他们在家监视着你，还看不起你，厌烦你。全部都走了你应该开心才对啊！那么我的圣母啊，我为什么会感到如此孤寂呢？”之后，借着吗啡的幻想，她歪曲性地满足了愿望，玛丽找到了想要找的东西，但也多亏了她药物诱发的歪曲防御，她修缮了真实的母亲。戏剧结尾，她说，“我和伊丽莎白修母说了……可能我不可以那样表达，但是我欣赏她胜于欣赏我的妈妈。因为她可以看穿你的想法，你还没有说出口，她就知道你要说什么”。[②]

但是，爱是不够的。没有希望和信念，治愈似乎是不可能的。《进入黑夜的漫长旅程》开篇，玛丽·蒂龙就告诉我们，她失去了有很高威力的信念，哭喊道：“唉，我多希望把我抛弃掉的信心全部找回来，好让我能够继续向圣母祷告！……你觉得圣母听到一个撒谎、吸毒的人背几句祷告文就会原谅你了吗？你骗不过她的！”作为一名品行兼优的中产阶级女性，爱尔兰天主教徒玛丽·蒂龙知道只有妓女才吸毒。她的丈夫也理解她的耻辱。

---

① E. O’ Neill, *Long Day's Journey into Night* (New Haven: Yale University Press, 1955), pp. 88, 87, 103.

② 同上，pp. 172-173, 95, 175。

他谈到妻子的时候说："她没有丢弃他的信仰，她只是一时大意，把它忘了而已。事到如今，她在精神上已经没有去跟恶魔做斗争的力量了。"之后，玛丽也表达了同样的观点，不过更充满期待："总会有那么一天，圣母玛利亚宽恕我，让我回到以前在修道院时对她虔诚又善良的我，我喜欢能够重新向她祈祷。我相信，如果有一天她看见世界上任何一个人都不会相信我所说的话时，她就会相信我，在她的帮助下我想恢复成原来的那个我就容易得多了。"[①]戏剧末尾，在精神病性歪曲下，玛丽·蒂龙准确预期了未来："我再去神像那里祈祷圣母，之后才可以得到平安，因为我知道圣母听到我的祈祷会一直对我关怀备至，不会让我受到一丝一毫的伤害，只要我的信念坚定不移。"[②]

两年之后，当她的儿子在戏剧中描述这些情景时，艾拉·奥尼尔住进修道院，在那里戒掉了吗啡。在她成功脱瘾的过程中，她阐释了几种我认为能够解释防御成熟过程的模型。首先，外部环境有助于稳定我们的内心世界。当不成熟的防御适应不良时，外部环境会发出信号提醒我们放弃它们。当我们试图丢掉任何坏习惯的时候，外部超我和外部强化都是有帮助的。外部超我，我是指一种动力的源泉和一种个人意志力之外的规范。很可能并非偶然的是，艾拉·奥尼尔进入修道院的同一年里，《哈里森毒品法》——联邦立法，规定医生随意开出鸦片类处方为非法行为——立案通过。她的医生再也不能给她合法开出麻醉药物处方了。

其次，如果卡尔·马克思不认为宗教是大众的精神鸦片，卡尔·荣格不会转向马克思的格言，并提议鲍勃医生，匿名戒酒互助社的创始人开出"精神对抗酒精"（spiritus contra spiritu）的处方。新的希望、提高的斗志和一个优秀权威人物的认同，都能够促进从药物依赖中康复起来。对于缺乏有益内在形象的人来说，AA和教会可以用真实的人替代药物，即改变依赖的来

① E. O' Neill, *Long Day's Journey into Night* (New Haven: Yale University Press, 1955),pp. 107, 78, 95。

② 同上，p. 176。

源。在修道院，艾拉·奥尼尔找到真正可以爱和忠于自己的修女。她找到了一个比婚纱这个保护伞和幻想中的母亲更好的、替代性的母亲。她对修道院这一社会支持的依赖，减弱了她对困境中的自我的依赖。因此，在修道院里艾拉·奥尼尔不仅可以依赖一个机构，找到一直在寻找的替代性母亲，并且能找到新的希望和斗志。宗教、心理治疗和心灵复苏都能够促进认同，提高斗志，使自我整合以发展成熟的防御。我们的自我在修道院这样一个抱持性环境中，比战场更能成熟地行使功能。同样，在心理治疗这样一个稳定和安全抱持的环境中，我们发现被动攻击、解离和投射让我们一无所获，我们开始逐渐用成熟的防御取代不成熟的防御。

同化我们所爱之人

现在让我们回到自我成熟的第三个模型，来看看成人如何内化所爱之人，以获得成熟并安全地运用成熟防御。六个单词——合并、内射、模仿、内化、理想化和认同（incorporation，introjection，imitation，internalization，idealization，identification，六个以“i”开头的词语）——定义了人们同化他人的方式。这些过程常常被归类为防御机制。然而，防御机制帮助个体顺应——并对抗——那些难以处理的内部和外部环境。与此相反，在内化的同化过程之后，就像《小王子》里的飞行员，个体和原来再也不一样了。

当然，这种内化过程可以被归为记忆的一方面，但是这种同化包括一种非常特殊的记忆。我们先来看看这一特殊记忆与其他更平凡、更纯粹的认知事件有何不同。我们通过机械背诵记住了电话号码和乘法表，这个过程是认知，没有感觉。我们可以随时任意检索这类记忆。我们可以逐字背诵这些记忆。相比之下，我们对人、气味、旋律、个人危机时刻的记忆方式，类似于狗通过嗅觉记住主人气味的方式。嗅觉，即使在我们试图逃开时也会逐渐地发展、留存。任何一种支持或破坏关系的记忆都能够自发进入我们的脑海，改变我们的情绪。这类记忆可以被气味、音乐和象征性符号唤起，而不是命令。如果我们不是诗人，我们常常不会用词语描述对所爱之人的记忆。但我们对爱人香水的记忆往往比更容易表达的乘法表的记忆，生动得多。简单地说，我们通过对所爱之人投入情感与之同化，与之内化，并得以改变。相比之下，我们可以不带任何情感学会乘法表，但不会改变。

对某人的悲伤和同化紧密地也是矛盾地纠缠在一起。飞行员通过失去小王子得以认同并内化他。艾拉·奥尼尔通过悲悼找到失去的母亲。我们曾经爱的人并没有完全消失。我们也很少为从来没有爱过的人感到悲伤。诚然，心理疾病中丧失一个恨远大于爱的人往往是痛苦的。因此，随着我们的成长，精神病理学之外的心理弹性和自由涉及一个“鸡和蛋”的过程。一方面，通过对所爱的丧失之人的内化和悲悼，我们能够从不成熟转向成熟的防御。另一方面，通过运用成熟防御，我们能够用爱和感激而非痛苦来追忆丧失的爱人，并吸引周围新的人们。随着成长，我们同化新人的同时能够进一步同化过去未曾充分“消化”的人。事实上，成人发展研究数据表明，逐渐增加的对人类关系的承诺感和逐渐减弱的社交焦虑感会在成年期持续发生。

为了讨论自我发展的第三种模型下的这六个概念——合并、内射、模仿、内化、理想化和认同，我需要用比喻的方式来阐述它们。我会用代谢（metabolism）这个词来比喻皮亚杰使用的同化这个非常抽象的概念。此外，由于对这六个概念没有一致的解释（比如，克莱默提出对认同至少有18种不同的定义），[①]我使用的定义都是我自己提出的。我将用假设的成熟度来讨论这六个概念。

合并意味着对他人完成最基本的代谢，认同则意味着对他人完成了最充分的代谢。《小王子》开篇一幅图就是一只大蟒蛇吞下一整头大象——生动地阐释了我所说的合并。书末尾的一幅图中，飞行员美妙地同化了小王子。每当看到麦田，飞行员总是会想起对小王子的感情。这幅图说明了什么是我所说的认同及对他人充分的代谢。对比一下飞行员之前的精神状态，内心有

① Cramer, *Defense Mechanisms*, p. 40.

个人焦躁地哼唱着科尔·波特（Cole Porter）的“我的皮肤之下有你”，或罗杰斯（Rodgers）和汉默斯坦（Hammerstein）的“我要把那个人从头发里洗出去”。这些歌曲进一步激发了蟒蛇消化不良的感觉，可能会感到自己吞下了一只厚皮动物。我必定需要用歌曲而非理性的论证来阐释对人的内在表征过程。

对他人不充分的代谢，我称之为合并。在那些患有更年期抑郁个体身上能够看到，这是一种常与病态哀悼有关的精神障碍。这样的抑郁患者用歪曲和妄想性投射的防御幻想他们悲悼的爱人还活着，或者确实栖息在自己的身体里。

第二个同化的过程是内射。与吸收整个人的合并相比，在内射下我们只纳入了对方的某一个方面。然而，内射可能会让我们感觉，自己在消化一个陌生人。

没有代谢地将他人纳入自己内部可能会增加我们的不成熟防御。内射普遍存在于学龄前儿童、人格障碍成人和严重抑郁症患者中。疑病和攻击转向自身（被动攻击）的防御都体现了内射的运用。对人们来说，最容易的就是内射那些偏执的，即把他们的感受投射给我们的人；煽动者把自己植入我们的皮肤之下，让我们分担他的妄想。我们可能会把道德戒律的自我失调称作“小蟋蟀（Jiminy Cricket）坐在我的肩膀上了”，或“我能听到我妈妈的声音”，或“我感到我骨子里的邪恶”。在某些方面，内射是投射的对立面。投射下，我们自己的感受和特质被投射到他人身上；内射下，我们在内心体验着他人的感觉或特质。

一位大学男性的父亲患有多年心绞痛，然后猝死于冠状动脉血栓。在父亲去世后，这位大学男性出现了不明原因的胸痛，并持续了八年。他把父亲的心脏疼痛放在自己身上，而不是有意识地哀悼父亲。尽管心电图和体格检查结果都正常，疼痛变得越来越严重，越来越像心绞痛。最后，在阅读完一篇关于“想象的”心脏病的科普性文章后，他写信给这位研究神秘心脏疼痛的内科医生。就这样，他第一次意识到自己的心脏疼痛与父亲的死有关。他回忆说，在父亲的葬礼上“我好奇自己的情感会发生什么”，他感到“倾向于不表现出悲伤”。和其他医生不同，这位进行研究的医生告诉他，他的心脏疼痛不是想象出来的。最后，通过意识到自己的悲伤，他可以不用继续痛苦地内射父亲了。他进一步接受追踪随访四十年，从未再次出现“想象”的心脏疼痛。他更充分地同化了父亲。

安娜·弗洛伊德提出的与攻击者认同的概念，也形象地阐释了内射的过程。这种认同反映了对他人，常常是虐待者的不充分代谢。比如，当纳粹集中营被解放时，盟军士兵惊讶地发现一些关押时间较长的囚犯，最初因反对纳粹政权而被关押，现在却戴着帽子像盖世太保警卫一样毫不犹豫地强调集中营的规则。当然他们内心的囚犯并不希望变成盖世太保警卫，他们感到被腐蚀。我记得一位医学生最开始完全不相信并反对与攻击者认同这一概念。之后，他突然记起一位他非常讨厌的有机化学老师。在化学课结束时，他突然意识到自己和那位教授一样留起了胡子。当他的内射进入意识部分，他刮掉了自己不知不觉中留起的胡子。囚犯和医学生都吸收了一个强有力的他人特质，但缺乏修正或个人丰富感。由此，消化并没有发生。

如果内射与攻击转向自身和疑病有许多共同之处，那么第三种同化的过程——模仿，则与解离的防御机制有很多共同点。模仿常见于5岁左右的儿童。在牌桌下玩过家家，孩子们可以暂时成为妈妈和爸爸。在成年期，模仿可以在悲伤时表现为一种潜意识的防御机制。当一个哀悼者，以一种防御性顺应的方式自发模仿去世的人，这个过程被视为癔症性认同。比如，约翰·F.肯尼迪去世后，我的一个朋友发现，每当他坐在摇椅上时他就会假装自己是肯尼迪。

模仿对游戏和心理剧是必要的。在斯坦尼斯拉夫斯基的表演方法中，演员被鼓励放弃自己的个性以同化人物角色的个性。卸妆后，演员回到原本的自己。这一个过程也被安娜·弗洛伊德称为反转（reversal）的防御机制。她解释反转时，讲述了一个孩子通过“扮演可能会遇到的鬼”来克服对鬼的恐惧的故事。[①]这种模仿并没有完全掌控这个角色，只是暂时假想自己是另一个人。和与攻击者认同一样，模仿也没有创造一种个人的丰富感。克莱默对不成熟的同化过程与成熟认同做出如下区分：“通过模仿和学习，孩子表现得更像父母：这为认同父母铺平了道路。一旦孩子在他的系统中拥有了这些行为和理解，让自己表现得有点像父母，他就可以通过认同变得和父母一样。”[②]

同化的第四种过程——内化，与反向形成和抵消的防御方式密切相关。我们在心里纳入他人的规则和角色，并接受这些规则和角色就像本来是自己的一样，但规则常常属于我们的道德，而非灵魂。一个10岁的男孩说，“男孩不会哭”。他不再体验来自别人的命令，他可能进行了内射。他的内化是“自我协调性的”（ego-syntonic），但这种不会哭的命令可能并不是他真正想要的。

内化在许多方面都与合并、内射和模仿不同。通过三种不成熟的过程，将他人纳入我们自己内部并不能使我们真正强大。模仿没有持久力，合并和内射不会让我们感觉更完整，只有更多的负担。相比之下，内化的过程开始能够稳定地支持自尊的发展。内化之下，我们不仅能够将他人纳入内部，也可以唱道，“你触摸我的手，我的胳膊变得强壮”。奥尼尔用这种方式内化着卡洛塔。跟那些与攻击者认同的人相比，这个没有哭的、坚强的10岁男孩的感觉会更完整。

关于内化，一个生动的例子是乔治·恩格斯（George Engels）著名纵向研究中记录的一段影像资料中，一个叫莫妮卡的患先天食道畸形的孩子。[③]这种先天性缺陷意味着作为一个婴儿，莫妮卡进食时需要用一根管子直接插

---

① A. Freud, *The Ego and the Mechanisms of Defense* (London: Hogarth Press, 1937), p. 4.

② Cramer, *Defense Mechanisms*, p. 88.

③ G. L. Ensel, F. Richsman, A. S. Dowling, v. Harway, and D. W. Hess, “Monica: A 25-Year Longitudinal Study of thc Consequences of Trauma in Infancy,” *Journal of the American Psychoanalytic Association* 27 (1979): 107-126.

进胃里。因此，进食时，她要躺在母亲的腿上，头枕着膝盖，脚抵着母亲的肚子。这与传统的母乳或人工喂养的姿势不同，此刻孩子的脸会靠近乳房，离母亲更近。莫妮卡长大后，虽然她从来没有见过其他孩子用同样的方式进食，她却在哺乳时把孩子的头放在膝盖上和脚抵着自己的肚子。当她成年后，她也用同样奇怪的方式来喂养自己的孩子。就好像母亲的行为已经印刻在她的心里一样。

虽然我们变得和内化的对象一样，代谢过程仍然是不充分的。曾经教孩子骑自行车的人都知道，有一个特定的点，只要孩子相信父母还扶着自行车，他们就能够保持两个轮子的平衡。尽管父母并没有扶着自行车，孩子仍然不确定自己已经掌握了骑车的技能。我的儿子5岁时，我需要把他和他的三轮车一起推上山。当他5岁半时，他可以自己踩着三轮车上山，但他只有在我用指头摸着他的背时才能做到——就好像我在推他一样。我摸着他的背，他的腿就强壮起来。和骑自行车一样，成熟防御的运用是一个整合的、自发的平衡行为。起初，为了运用这些防御，我们需要相信爱我们的人仍在身边。

第12章已明确阐释，能够内化他人的能力对有效利用社会支持至关重要。在成人发展研究中有两兄弟，其中一个蓬勃发展，另一个却相反。两兄弟都是在他们的“俄狄浦斯期”失去了酗酒的父亲，父亲和母亲离婚后移居另一海岸。一个强大而专横的母亲和他们在一起。一个儿子成为摔跤选手冠军，公开与母亲对抗，并发现跨越国家和父亲的酗酒问题能够让他更接近父亲。的确，这个儿子之后的生活中继续重复经历着客体的丧失，并以一种非凡的能力治愈这些丧失，获得新的、亲密的友谊。每个新的友谊都带给他新的技能，包括他以前没有的、升华的新能力。他成为一个杰出的人文学科教授。另一个儿子则举步维艰，他深陷与母亲的关系中，从不改善与父亲的关系，后来他从地理位置上远离了家庭。他很早就去世了。第一个儿子很容易内化他人，第二个儿子却不是。

理想化，同化的第五种过程，是利他的近亲，涉及表现真正共情的能力。理想化比内化更成熟，也更接近于对他人充分的整合。理想化涉及的责任更少，感激更多。在青春期，我们的个人身份通过一个理想化的过程发展。弗洛伊德认为，自我理想是“在自我中形成的一种沉淀物，是由以某种方式相互结合在一起的（对父母）这两种认同构成的”。“显而易见的是，”他继续说道，“自我理想在一切方面都符合我们所期望的人类的更高级性质……包含一切宗教都由此发展而来的萌芽……宗教、道德和社会感——人类较高级方面的主要成分，最初都是同一个东西。”[①]理想化和其他同化过程一样，常常随着所理想化的人的死亡得以发展。我记得在一位朋友的葬礼上，三个人的悼词里只有一个真正提到了这位朋友生前的情况。另外两个悼词赋予他两种非常不同的理想化人物特征，更符合两位致悼词者本身的愿望，而与我们死去的朋友相差甚远。

一位大学男性提供了另一个在理想化中转换的例子。最初接受采访时，他赞赏母亲的影响力。她为他选择高中朋友，选择大学专业。她有哮喘和花粉热，在哈佛上大二的他也有哮喘和花粉热。他的父母有不同的宗教信仰，他选择了母亲的宗教。他认为父亲是一个遥远的、消极的男人，并且患有消化不良，父亲对他的生活来说作用不大。

47岁时，他再次被问及父母。他的父亲一年前去世了。他描述说母亲是一个没什么影响力的、患有神经症的女人，对他的影响不大。他现在认为，父亲是一个理想化形象——一个有着美妙的幽默感的人。当我们的理想化改变时，认同也随之改变。近年来，他不仅不再有和母亲一样的哮喘和花粉热，他的宗教也变成和父亲一样了，并且父亲的消化不良——唉——也成了他的消化不良。好和坏总是一起被内化了。

第六种同化的过程——认同，需要区别于我归入内化之下的与攻击者认同。认同与升华的防御最接近。如果升华是对外部世界适应性顺应的最优雅例子，那么认同则是对外部世界同化的最优雅例子。

---

① S. Freud, *The Ego and the Id*, p. 37.

用精神分析学家奥托·费尼切尔（Otto Fenichel）的话说，“经验性的事实是，升华，特别是那些出现在童年的升华，取决于榜样的存在，取决于环境直接或间接提供的，印证了弗洛伊德的假设——升华可能与认同密切相关”。[①]与内化相比，认同是一个更灵活的、可逆的、中性的、更分化的、由选择决定的（choice-determined）将他人纳入自己内部的方式。认同之下，对他人的代谢都是有选择的、充分的。认同之下，我们可以对自己说，“他那么做了，如果我愿意，我也能那么做”。然而，就像同化的其他五种过程一样，认同之下，我们会表现得和被对待的方式一样，而不是我们被告知或观察到的方式。我们能够从手册上学会如何使用洗衣机，但我们必须从一位老师那里通过同化学习如何拉小提琴。我们的认同只发生在演示过程中，而不是通过被告知。

换句话说，认同的过程需要与外界接触，并把它们纳入以创造新的自我结构。相比之下，投射提取并外显了内部心理表征，以摆脱自我的冲突来源。精神分析师罗伊·谢弗（Roy Schafer）指出，与他人认同的过程是“潜意识的，尽管也可能存在突出和重要的前意识和意识部分。这一过程中，主体修正了动机和行为模式及相对应的自我表征，以这种方式体验像客体一样的感受，与其一个或多个客体表征相融合”。[②]

通常，与剽窃一样，合并反映了嫉妒。相比之下，我们认同的导师和教师不会引起嫉妒，而是感激。合并和内射之下，他人被视为一件物品。即使在理想化之下，我们也无法对另一个人产生共情的期待：我们的偶像是不允许有致命弱点的。而认同之下，我们同化并获得了他人真正的力量。我们也可以承认这个人的缺点，并将其去除。我们模仿或合并了一个完整的人。而我们只会认同一个人的行为。

认同提高了获得自尊的能力。认同的目的总是为了维持与另一个人的

① O. Fenichel, *The Psychoanalytic Theory of Neurosis* (New York: Norton, 1945), p. 195.
② R. Schafer, *Aspects of Internalization* (New York, International Universities Press, 1968), p. 179.

关系，通过把这种关系从外部转化到内部世界。这种转化使世界更安全，允许成熟防御的充分发展。用一位博学的心理生物学家迈伦·霍弗（Myron Hofer）的话说：

人际关系在心理或象征层面及感觉运动水平进行。我们生活在心理表征的内部世界，就像生活在现实中的人群中一样。这使我们能够忍受暂时分离，而不会有剧烈的丧失感。因此，我们内心所体验到的与他人的关系……至少是与现实中人际交互本身同样重要的。而我们内心的这些元素是否能够像我们实验中的生物调节器一样，像实验中母亲对幼年动物行使的功能一样，达到一种实际的感觉运动性互动呢？它们能够把内部客体关系与生理系统联系起来吗？我认为，这是可能的。①

我们最容易认同那些与我们共情的人。当我们获得可以认同的导师时，这种认同也能够帮助我们应对不成熟的防御。换言之，我们只能摆脱原始的道德感，通过与新爱人的认同变得更加宽容。

总之，以上所述的合并和内射是相信一个人拥有另一个人的方式。而理想化和认同则是成为另一个人并同时也成为我们自己的方式。

* * * *

列夫·托尔斯泰的一生交织着本书的三条线索：适应性的创造力、成人心理社会性发展和防御的演变。托尔斯泰的创造力和他的幸福感之间的密切关联是众所周知的。在第6章，我通过心理社会性发展的阶段讨论了他的生活。在本书的总结部分，我会强调他的防御的成熟化，从见诸行动、投射、

① M. Hofer, "Relationships as Regulators: A Psychobiologic Perspective On Bereavement," *Psychosomatic Medicine* 46 (1984): 183-197, pp. 194-195.

解离和疑病，到反向形成，再到利他、升华和抑制（不可否认，在他生命的最后一年，也许是因为他退化的身体和大脑，托尔斯泰重新回到不成熟的防御）。我也会通过他的同化过程来追溯他的发展。他毕生都在同化母亲和努力改变对她的记忆，把她从一个外部威胁转化为一种内部力量，托尔斯泰经历了全部的六种过程。

托尔斯泰在二十多岁时是一个富有的高中辍学生，整天赌博、嫖娼、强奸他的仆人，还时不时离家出走。他堕落的原因也是不难发现的。在他两岁时，母亲去世；9岁时，父亲去世。他的祖母曾作为替代母亲，随后也去世了。在他13岁时，两位照顾他的阿姨也去世了。

在某些方面，像尤金·奥尼尔一样，托尔斯泰一生都（用卡洛塔·奥尼尔的话）“像个从未长大的婴儿”。作为一个长着大胡子的七旬老人，托尔斯泰在他的日记里写道：“我走在花园里，想念妈妈，妈妈！我不记得她的模样，但对我来说她一直像圣人一样。”[①]两年前，他借文字倾诉着内心的苦痛：“我感觉像个傻瓜，整日悲伤不已……小时候，我想依靠在温柔、慈爱的臂弯里，因为感动而哭泣，得到安慰……变成一个小男孩，靠近我的母亲，这是我想象她的方式。是的，是的，我的妈妈，我从未呼唤过她，因为在她死后我不知道如何说。她是我最神圣的爱——不是冰冷、高不可攀的，而是温暖触手可及的爱……妈妈，抱着我，你的宝贝——我！”[②]托尔斯泰会像阿瑟·米勒《推销员之死》里的威利·洛曼一样说，“我仍然觉得自己有某种暂时性”。78岁的托尔斯泰仍不确定心里是否住着谁。

然而1908年，美国媒体称80岁的托尔斯泰是“世界上最著名的人”。虽然他有着放荡的过去，托尔斯泰和他的防御也已成熟。他写出了世界文学中最成熟的小说中其中的两部，是世界小说里最迷人的女主角之一的伟大创作者，成为俄罗斯的圣人，激励了两位20世纪最成熟的世界领导人：圣雄甘地

① H. Troyat, *Tolstoy* (Garden City, N. Y.: Doubleday, 1967), p. 14.
② 同上。

和小马丁·路德·金。我认为，促进列夫·托尔斯泰发展的是，虽然他一生都对客体恒常性很陌生，但他还是学会了如何内化出现在他成年生活中的很多人。

托尔斯泰的传记作家亨利·特鲁瓦亚（Henri Troyat）告诉我们，托尔斯泰两岁时，他的母亲就永远离开（outside）了。1830年8月3日，在圣餐仪式后，托尔斯泰的母亲要求与亲人做最后的辞别。“一家人围在她的床边。23个月大的小列夫被护士抱在怀里，惊恐地尖叫着，看着一张铅灰色的脸上满是泪水的双眼朝他投去难受的又充满温柔的目光。他没有认出那是他的母亲。他讨厌这个奇怪的女人。护士带他回到卧室，在他的玩具中他又变得安静”。[①]当时，托尔斯泰还不会说话，但他已经拥有惊人的观察力。二十二年后，他谈到自己看着母亲的棺材时仅存的一丝虚构记忆：“这时我才明白，为什么会发出那种和焚香的味道混在一块、充满大厅的强烈而难闻的气味。现在一想到那张几天前还比这世间一切的事物都美丽温柔的面孔，我竟会心生恐怖，仿佛使我第一次明白了沉痛的真相，使我心里充满了绝望。”[②]直到他完成《安娜·卡列尼娜》，托尔斯泰仍认为女性是潜在的折磨者。

在之后的几十年里，用一系列近似的方式，托尔斯泰努力把母亲带到心里。在这个过程中，他的防御从投射和解离发展为反向形成，然后是利他和抑制。

首先，他同化的模式与内射和合并是一致的。这些不成熟的自我修复模式，依赖于歪曲甚至精神病性否认的原始防御，几乎没有什么真正的自我提高。17岁辍学后，托尔斯泰充满挫败感地回到他熟悉的童年时期的家里——亚斯纳亚·博利尔纳（Yasnaya Polyana）。在几近精神病性否认的解离之下，他写道，“生命中同样新鲜、年轻、充满天性的力量”现在流淌在他的体内。当天晚上他梦到（幻想）理想的女人，一头黑色的长辫子和丰满的乳房：“但是一

---

① H. Troyat, *Tolstoy* (Garden City, N. Y.: Doubleday, 1967), p. 13。

② L. Tolstoy, *Childhood, Boyhood, Youth* (1852; New York: Scribners, 1904), p. 103.

些迹象告诉我，她裸露的臂弯和热情的拥抱，绝对是这世间所有的幸福……我仰望高挂在天空中的月亮，时间越久就越发觉真正的美、幸福更高尚、更纯洁，和他更近——这所有美好的来源，尚未成真的、令人紧张的喜悦的眼泪湿润我的双眼。渐渐地，自然、月亮和我融为一体。”[①]简而言之，托尔斯泰和充满母性的月亮合并了，但这种幻想没有持久力。托尔斯泰为自己提供了一个自闭式的镜子，就像试图拥抱自己——这是一种冰冷的体验。

他是怎样内化对自己深刻的同情的呢？无论托尔斯泰怎样从外而内地渴望一个女人，在他看来，女性的存在仅仅是为了煽动男人表现出动物般的行为，然后挫败他们。通过投射和分裂的防御来组织内心世界，他拒绝亲密。21岁时，他成为赌场和妓院的常客。投射和反向形成占据了他的生活。为了克服对吉卜赛女人和幸运女神的欲望，他在日记中写道：“现在我要求自己遵守以下规则，即把女性的陪伴视为一种必要的社会罪恶，尽可能避免她们。除了女人，谁又会导致我们心中肉欲、懒惰、轻率和所有其他恶习呢？除了女人，谁又会是让我们失去本性——勇气、坚毅、理性和正义？”[②]在他心中，女性仍然不是一个养育者的形象。她们仍然停留于外部，作为一种容器借以否认他自己的感觉。

但是，情绪的发展需要把他人从外而内纳入进来。第二年，延续着内心的追求，托尔斯泰找到了一个理想化的替代性母亲。她就是他的瓦奈特（Toinette）阿姨，在托尔斯泰的父亲结婚前深爱着他，在其妻死后与之订婚。有时，瓦奈特阿姨会不小心把列夫叫成他父亲的名字。“她让我感到，我父亲的形象和我自己的融合成一个，她都深爱着。”对于瓦奈特阿姨，他还写道：“她对我的主要影响从童年开始，让我感到内心爱的喜悦。我可以看到她爱得多么幸福。”[③]

一段时间里，托尔斯泰放弃了赌博，开始和他已经57岁的最爱的阿姨弹

---

① Troyat, *Tolstoy*, pp. 49, 50.

② 同上，p. 59。

③ 同上，pp. 63, 17。

二重奏鸣曲。用其他方式来解释其意义，和一位理想化的、纯洁的替代性母亲演奏二重奏可以理解为“找到一个抱持性环境”，或“平行游戏”，或“被一位理想化的导师镜映”。托尔斯泰几乎每天晚上都和阿姨一起度过。“每次我看到瓦奈特阿姨，我都能从她的身上发现更多优秀的品质，”他写道，“她唯一可以被发现的缺点是她太浪漫了，但这是因为她的内心如此善良美好，她需要用一些东西，一些更好的东西来填满内心，她选择把整个世界变得伟大而浪漫。”[①]这是托尔斯泰的投射。他也是一个伟大的浪漫主义者。

通过对瓦奈特阿姨的理想化，托尔斯泰得以维持一种被爱的感觉，也变得有创造力。他满怀激情写了一本书叫《昨天的故事》（*The Study of Yesterday*），并发展成他的第一本小说——《童年》。最开始，这本书是关于瓦奈特阿姨的，但托尔斯泰逐渐不再投射，开始意识到这是关于自己的。小说开篇，他把儿童的世界构建为一个宏大而浪漫的理想化的浪漫世界。他提供了一个震撼的纯粹解离的例子。“当我写《童年》的时候，”四次成为孤儿的托尔斯泰告诉一个朋友，“我的印象里，没有人会像我一样在那个年纪感受或经历过如此精彩的史诗。”[②]但是，他的解离和理智化比他之前的投射更有适应性。

在《童年》里托尔斯泰也说明，如果他内化并理想化了瓦奈特阿姨，他的母亲仍然仅作为一种内射的形象留存在他的心里。他只能够描述他母亲的一些碎片，也只能通过对母亲身体的描绘来描述她的个性：“在我极力回忆妈妈当年的音容笑貌时，我只能想象出她那流露着始终如一的、慈爱的棕色眼睛，她那颗长在短短的发髻下面的脖间的黑痣，她那雪白的绣花衣领和那常常爱抚我、常常让我亲吻的、细嫩纤瘦的手，但是她的整个神态总是从我的记忆里滑掉。”他意识到一段清晰记忆的价值，他充满渴望地写道，“妈妈的容貌本来就非常俊秀，当她微笑的时候，就更加美丽无比……如果

① Troyat, *Tolstoy*, p.63。
② 同上，p.98。

我在自己一生中痛苦的时刻能看一眼这种笑容，我就会不知道什么是悲哀了。”[①]但是，他没有那么容易逃离悲伤。

在某种程度上，我们记住一个人，记住的是对方唤起的我们内心的情感。如果托尔斯泰对母亲的印象只是碎片，她也只会是一个困扰他的幽灵。《童年》里，托尔斯泰描述了倾听母亲弹奏协奏曲的时刻：“在我的想象中出现了一些轻快、明朗、晶莹的回忆。她开始弹奏贝多芬的《悲怆奏鸣曲》，于是我回忆起一件令人感伤、压抑的凄惨事情。妈妈常常弹这两支曲子，因此我清清楚楚地记得它们在我心中唤起的情绪。这种情绪很像回忆，但是什么回忆呢？仿佛在追忆一种从未有过的事情。”就这样，一开始就通过抵消的防御进行否认，把悲怆的旋律和玫瑰色的童年关联起来，托尔斯泰在不断的写作中改善着自己记忆中的现实检验。对母亲的记忆也变得愈发生动。他的故事里关于童年的“美妙的诗歌”的最后两章称为《悲痛》和《最后的悲痛回忆》：“妈妈的眼睛睁着，但是她什么也看不见……哦，我永远也忘不了那可怕的目光！目光里流露出多么苦痛的神情！我们被领走了……妈妈在万分痛苦中逝世了。”《童年》里最后一句话是：“有时，我在小礼拜堂和黑栏杆之间默默地站着。沉痛的回忆突然涌上我的心头。我想，难道上天把我同这两个人（他的母亲和外祖母）结合在一起，就是为了使我终身为她们惋惜吗？”[②]

如果很多病理性哀悼都阐释了内射，成功的哀悼则通常涉及我选用的词——内化。小说末尾，托尔斯泰为我们提供了一个内化的榜样：“只有会爱得强烈的人们，才能体会到强烈的痛苦。但是，那种对于爱的强烈要求正可以用作她们对抗悲伤的药剂，可能治愈他们……悲伤从来也折磨不死人。”[③]

但是，托尔斯泰是如何不再把女性分裂为淫荡的吉卜赛女人和纯洁的

---

① Tolstoy, *Childhood*, pp. 7, 8.
② 同上，pp. 35, 98, 113。
③ 同上，p. 109。

瓦奈特阿姨呢？尽管年轻的托尔斯泰能够抒写悲伤，他也无法忍受日复一日的悲伤。正如他整个青年时期都在逃离和女人亲密的心理社会性责任，他也逃离了自我直面死亡的任务，除了借解离和理智化成为一名战地记者。他是怎么从一个赌徒变成一个圣人的呢？答案之一是，他有一个忠实的大家庭。小的核心家庭能够破裂，比如普拉斯、奥尼尔、南丁格尔的核心家庭；但托尔斯泰，似乎有一个无穷无尽的亲人群体——提供着爱和悲伤。30岁的他终于可以直面心爱弟弟的死亡。最后，他终于能够同时爱并悲伤地悼念同一个人。以同样的方式，他用无数女性亲属来克服对女性矛盾的情感。十五年来，他和一个接一个的侄女或阿姨长期生活在一起。最终在33岁时，他开始注意到18岁的桑娅·贝恩（Sonya Behrs），在之后一年内他做到了对另一个人发展没有矛盾的依恋。

对于亲密度，职业的稳固性使托尔斯泰能够进一步有所启发。职业的稳固性受到神经生物学方面的成熟、桑娅的“抱持”和从很多基因中获取的伟大天赋等因素所促进。最后，托尔斯泰的自我得以调节悲伤、性、愤怒、依赖、信任和爱。他开始写作《战争与和平》。在这部小说中，《童年》中曾经浪漫的家改名为童山（Bleak Hills），他的母亲也不再是被理想化的角色。托尔斯泰的母亲婚前叫玛丽亚·沃尔空斯基（Marya Volkonsky），他幻想生活中童山中的一位公主就叫玛丽亚·博尔空斯基（Marya Bolkonsky）。这个角色与17岁的托尔斯泰在《童年》中描述的“高挂在天空的”月亮和母亲“善良和爱的表达”全然不同：

玛丽亚公爵带着忧悒和惊恐的神色回到她自己的寝室。她常常带有这种神色，使她那副不俊俏的、病态的面孔变得更加难看了……公爵玛丽亚小姐……叹了一口气，向嵌在右边墙上的穿衣镜照了照……反映出一副不美丽的、虚弱的身躯和那消瘦的面孔……（朱莉）“谄媚我哩”，公爵小姐想了想……但是朱莉没有谄媚过朋友；诚然，公爵小姐那双深沉、炯炯发光的大眼睛（有时候仿佛发射出一束束温柔的光芒）十分美丽……但公爵小姐从来没有见过自己眼睛那美丽动人的表情……如同所有的人，她一照镜子，脸上就流露出生硬的、不自然的、很不好看的表情。

在小说中，玛丽亚的哥哥叫作安德烈·博尔空斯基（Andrey Bolkonsky），代表托尔斯泰自己的一个部分。我们不应该为之惊讶的是，托尔斯泰虚构的妹妹和哥哥之间的互动听起来更像是一位母亲和她那年幼孩子的关系。公爵玛丽亚转向哥哥："她那双闪闪发光的眼睛包含爱的、温暖柔和的目光，非常美丽地落在安德烈公爵的脸上。"①

在完成《战争与和平》后，托尔斯泰能够说，"我是一个作家"。但他也变得非常关注死亡。像玛丽·蒂龙一样，他问自己："我想要什么？我脑海里搜寻每个角落……没有什么能满足我。我却依旧渴望着……渴望着这个世界不存在的东西。但它肯定在某个地方……在哪里呢？"引用这些话之后，特鲁瓦亚继续告诉我们："他的余生，他像被一颗无法躲避的子弹击中一样。它总是在那里，留存在一个人的脑里。尽管几乎感觉不到，却依然无法忘记。"②病理哀悼的内射与单纯悲伤的痛苦，是截然不同的。

就这样，43岁的托尔斯泰疑病症越来越严重，其防御机制也几近内射。对他来说，死亡有着所有的神秘伪装，试图像蠕虫般侵入他的体内。"我病了，"他写信给一个朋友，"但我也不知道到底出了什么事情。无论如何，它看起来或好或坏，这取决于一个人对结束这一切的态度……我的健康状况很糟糕。我一生中从未如此抑郁。我失去了生活中所有的快乐。"③桑娅鼓励他接受马奶酒（kumys）治疗。在这种治疗中，托尔斯泰隔离在一个毛毡帐篷里，一个农妇每天六次把皮革水壶里装满碳酸发酵的牛奶，通过帐篷里的狭缝来给他喝。通过这种方式的护理，托尔斯泰慢慢地康复了，就像奥尼

① L. Tolstoy, *War and Peace* (1868; London: Oxford University Press, 1930), vol. I, pp. 114-115,122.
② T. Troyat, Tolstoy, pp. 336-337.
③ 同上，p. 344。

尔在盖洛德疗养院一样。他的回馈是购买了一个27平方千米的农场，然后，为了进一步促进他的士气，他邀请他最奢侈的崇拜者来到他的土地上。在赞美的包围和这种象征性的内化下，托尔斯泰的抑郁逐渐恢复了。

在这次自我充实之后不久，托尔斯泰在一个省级火车站第一次看到了一具女性尸体，并成为《安娜·卡列尼娜》灵感的源泉。他“在车站作为一个旁观者，看着警察巡视员保护现场，法医解剖尸体的过程。他站在角落里，观察着躺在桌上的女人身体的每一个细节，血腥的、肢解的躯干、被撞烂的头骨……他试图想象这个可怜女人的存在，为爱付出一切，却换来这样一个陈腐丑陋的死亡”。[①]我相信，这种残酷也让他想起自己丧失母亲的经历，也成为托尔斯泰对母亲依恋的一种艺术性的重生。这位女性的死亡一开始就吸引了他的注意力，因为据报纸报道，她曾写信给她的情人，“你是杀我的凶手。很高兴，如果暗杀者可以快乐”。[②]不止一个失去母亲的孩子，在年幼时会幻想着自己是一个暗杀者。托尔斯泰现在能够开始他的下一部伟大的小说《安娜·卡列尼娜》了。这将是一部杰作，他试图把对母亲分裂的内化印象拼凑起来。他曾经爱的母亲和“用绝望充斥着他的灵魂”的幽灵母亲成为一体。

在《安娜·卡列尼娜》早期的草稿里，特鲁瓦亚说，“她的性格是一个男人杀手。这本书早期草稿中整整一章都是对‘恶魔’安娜的描述。她是世界上邪恶的代言人。她的丈夫和情人都深受其害”。然而，正如托尔斯泰写到，他无法再否认内心也唤起对安娜形象的爱。“你知道吗，”他告诉一位朋友，“我经常坐下来写一些具体的事情，突然间，我发现自己在一条更广阔的路上……这就是与安娜·卡列尼娜在一起的路。”[③]

安娜没有变成恶魔。相反，托尔斯泰告诉我们，她的情人渥伦斯基（Vronsky）：

---

① T. Troyat, Tolstoy, p. 361.

② 同上。

③ 同上，pp. 377, 384。

> 忽然觉得必须再看她一眼。那倒不是因为她长得美，尽管她是一个非常美丽的女人，也不是因为她整个姿态所显示的风韵和妩媚，而是她那可爱的脸上现出一种非常甜美（现代词典里翻译为“异常亲切温柔”）的神态……她那双深藏在浓密睫毛下闪闪发亮的灰色眼睛，友好而关注地盯着他的脸。仿佛在辨认他似的，接着又立刻转向走进来的人群，仿佛在找寻什么人……有一股被压抑着的生气……（忽而）从眼睛的闪光里，（忽而）从微笑中透露出来。①

据说，托尔斯泰母亲显著的特征是她的眼睛和浓密的眉毛。尽管托尔斯泰很快坚称自己很高兴没有保留母亲的照片，这些照片却留存于他的记忆里——留存在颞叶的某个区域，记得母亲的味道、抚摸和音乐，远过于一种唤起对她整张脸的认知印象。

在小说的最后，托尔斯泰早期对女性天使和恶魔的分裂防御，终于被渥伦斯基爱的却痛苦的、对安娜的两种印象的融合所取代。托尔斯泰两岁时亲眼看见自己母亲痛苦地死去，他在小说中描述了渥伦斯基在安娜自杀后站在火车站时的内心世界：“突然，一种截然不同的感觉，不是身上的疼痛，而是揪心的难受，使他刹那间忘记了牙痛。一看到煤水车和铁轨……他顿时想起了她……那不久前还充满生命的、血肉模糊的尸体……那盘着浓密发辫、鬓角上覆着几绺鬈发的、完整的脑袋向后仰着：那张美丽的脸上，嘴唇半开半闭，凝聚着一种异样的神情——嘴唇悲怆凄凉，那双没有闭上的、凝然不动的眼睛动人心魄……”②

托尔斯泰在小说中所描述的两幅分开独立的图像，却明显同化在他自己心里：“他竭力回忆第一次——也在车站上——见面时她的模样：神秘、妩

① L. Tolstoy, *Anna Karenina* (1877; New York: Modern Library, 1950), p. 908.
② 同上，p. 909。

媚、热情，自己追求幸福，也赐给人幸福，不像她最后一次留给他的冷酷的复仇神气。他竭力回忆同她在一起的幸福时刻，但这些时刻永远被糟蹋了。他只记得，她曾威胁他将饮恨终身，她胜利了。”[①]渥伦斯基完全忘记了他的牙痛，抽泣不已。

我相信在写《安娜·卡列尼娜》的过程中，托尔斯泰重新获得了他对母亲的爱。渥伦斯基对安娜的内疚与指责曾伴随托尔斯泰一生，但对所爱的安娜的整合是新的。或许这种对旧爱的重塑把托尔斯泰从自杀的想法中拯救出来，而这种自杀的想法在他创作这部小说的过程中一直困扰着他。在《安娜·卡列尼娜》中他告诉我们，他的另一个自我——列文（Levin），一个快乐健康的父亲和丈夫，却几度不明原因地尝试自杀，他只有把绳子藏起来以免想着上吊自杀。托尔斯泰也不敢带着枪出去，担心会射击自己。但是列文没有上吊，托尔斯泰也没有朝自己开枪。相反，在完成《安娜·卡列尼娜》之后，托尔斯泰对他自传性的列文加了编者按语：“不知不觉中，他凭着随同母乳一起吸进去的心灵的真理过活。”小说中他借列文说，“这种知识我不是用什么方式取得的。它是天赋的，就像每个人都是天赋的一样；它是天赋的，因为我从任何地方都得不到它……我这是怎样得到它的呢？凭着理智，我能做到爱人而不害人吗？我从小就听人家对我这样说，我就高高兴兴地相信了，因为人家说的道理在我心里本来就有了……理智不会发现应该爱人这个原则，因为后者是违反理性的。”[②]而艾米丽·迪金森提醒我们，“大脑只是上帝的重量。”在掌控生活的努力中，托尔斯泰成为这个世界的一种精神。

但76岁时，他仍然独自走在花园里恸哭，“她是我对爱的最高的印象——不是冰冷高不可攀，而是温暖触手可及的爱。妈妈，抱着我，你的宝贝——我！”用卡尔·荣格的话说，“生活中很多——太多太多——的方面，像躺在木材房间里尘土飞扬的记忆中；但有时，也像是在灰色尘埃中燃

① L. Tolstoy, *Anna Karenina* (1877; New York: Modern Library, 1950), p. 909.

② L. Tolstoy, *Anna Karenina* (1877; New York: Scribners, 1904), vol. 3, pp. 371-372.

烧着的火红煤块”。[①]潜意识并没有尊重时光的流逝。但如果成熟的自我不能让过去变得更好，它至少能够诚实面对过去的疼痛，把它抛在后面，并温暖未来。

* * * *

19世纪，伟大的英国外科医生约翰·亨特（John Hunter）写道：“炎症本身并不被视为一种疾病。炎症有时会导致疾病，但通常是一种治愈方法，因为它经常是一种使硬化（发炎）的病变部分变得健康的过程。”[②]本书中，我重复地讲着一些在潜在悲惨的情境下是如何产生自我欺骗和疯狂以获得拯救的故事的。柏拉图告诉我们苏格拉底的观察：“有一种疯狂也是一份神圣的礼物，是人类获得的最珍贵的祝福之源……疯狂优于一个理智的头脑，只对人类如此，却是其他神圣的起源……他的灵魂中与缪斯的疯狂无关……当他加入与疯子的竞争时就不存在了。”[③]但是，精神病性疯狂和升华的疯狂之间存在显著差异。就像查尔斯·兰姆（Charles Lamb）指出的那样，真正的诗人在清醒中做梦。他们不被主观所主导，而是控制着自己的主观。其中存在着所有的区别。

贝多芬的传记作家梅纳德·所罗门（Maynard Solomon）提醒我们，“艺术杰作被输入了一种盈余的可再生能量——这种能量可以提供一种动力性的力量，以改变人类之间的关系——因为它们包含了人类尚未实现的欲望和目标的投射”。[④]简言之，苏格拉底神圣起源的疯狂让贝多芬把自我欺骗转化为《第九交响曲》，让南丁格尔的神经症性强迫把医院的死亡率从40%

---

① C. G. Jung, “The Stages of Life,” in *The Portable Jung* ed. J. Campbell (New York: Viking, 1971), p. 122.

② H. E. Siegrist, *The Great Doctors* (New York: Doubleday, 1958), p. 209.

③ Plato, *Phaedrus*, ed. I. Edman (New York: Modern Library, 1928), pp. 284-285.

④ M. Solomon, *Beethoven* (New York: Schirmer Books, 1977), pp. 315-316.

降到2%，让托尔斯泰对怜悯的渴望激发了甘地和马丁·路德·金的灵感。

只在过去的半个世纪，医学与外科学两门学科才开始听到约翰·亨特的声音。只在过去的半个世纪，医学与外科学不再作为对手，而是成为盟友一起寻找对人体治疗的潜力。通过最终对体内稳态、免疫学和自然伤口愈合过程的理解，内科和外科学才取得了巨大的进步。以同样的方式，对巧妙的成熟防御性自我欺骗的思考让我们学会谦逊、欣赏并认识到，自我比我们本身更聪明。理解防御机制内稳态的价值是认识到：我们是心理愈合过程的服务者，而不是掌控者。人类的自我，像免疫系统一样，持续为我们提供比最训练有素的医生或最新的药品更好的治疗。我们都需要学会理解这个强大的盟友，学会与之合作。

致　谢

本书记载了近半个世纪以来大量研究人员辛勤劳作的研究成果。包括20世纪30年代后期的两项独立研究：哈佛法学院的核心城市男性研究和哈佛大学健康中心的大学男性研究。谢尔登·格卢克（Sheldon Glueck）和埃莉诺·格卢克（Eleanor Glueck）把核心城市样本作为他们经典犯罪学研究范本的一部分，即《解读青少年犯罪》（*Unravelling Juvenile Delinquency*）。他们的工作得到众多人的帮助——特别是米尔德·里德坎宁安（Mildred Cunningham）、玛莉·莫兰（Mary Moran）、恩斯特·沙赫特尔（Ernest Schachtel）、约翰·伯克（John Burke）、希拉（Sheila Murphrey）和乔治（George McGrath）。阿列·博克（Arlie Bock）和克拉克·希斯（Clark Heath）在威廉·格兰特富有想象力的兴趣和热心的帮助下，建立了大学样本，也经常被称之为“格兰特成人发展研究”。弗雷德里克·威尔斯（Frederic Wells）、卡尔（Carl Selzer），特别是乐维斯·格雷戈里·戴维斯（Lewise Gregory Davies）都帮助了这项研究。查尔斯（Charles McArthur）是1954年到1972年大学样本研究的负责人，该研究能够持续到后来也有赖于他。

自1972年以来，大学样本和核心城市样本一并归入成人发展研究中，我有幸成为负责人。许多人在和研究成员保持联系与评估数据等工作中做出了重要贡献：从伊娃（Eva Milofsky）、罗伯特·理查兹（Robert Richards）、卡洛琳·范伦特（Caroline Vaillant）和菲利斯（Phyllis Remolador），到近期的莎拉（Sara Koury）、莎莉·艾伦（Sally Allen）、金伯利·李（Kimberly Lee）、李·麦卡洛（Leigh McCullough）、塔拉·米切尔（Tara Mitchell）和里奇奥

（Darsie Riccio）。另外，本书也包括有天赋女性的研究资料，该研究开始于1920年斯坦福大学刘易斯·特曼的研究。我非常感谢罗伯特·西尔斯（Robert Sears）和阿尔伯特·哈斯特尔福（Albert Hastorf）慷慨地让我和卡洛琳·范伦特加入他们的研究团队，感谢埃莉诺·沃克（Eleanor Walker）在我们采访这些女性时做出的无私帮助。恕我无法在这有限的篇幅里列举出在近五十至七十年里无私奉献、辛勤劳作的超过一千位工作人员的姓名，在这里一并感谢他们。

当然，我也由衷感谢之前数百位波士顿男生、加利福尼亚女生和哈佛大学二年级的学生，他们是本书的主人公和最有价值的合作者。

成人发展研究的前期资助者有威廉·格兰特、内森·霍弗海默（Nathan Hofheimer）、菲尔德（Field）和福特基金会。同时，也得到了联邦基金和国家精神卫生研究所的慷慨帮助。自1967年以来，我收到了威廉·格兰特基金会、斯宾塞基金会、米尔顿基金会、国家酒精滥用与酒精中毒研究所的AA-01372项目资助，以及国家精神卫生研究所MH-38798、MH-32885和KO5-MH0364的项目资助。我要特别感谢对达特茅斯（Dartmouth）医学院雷蒙德·索贝尔（Raymond Sobel）教授职位的匿名捐赠者，让我在过去十年里能够自由地研究和写作。作为哈佛大学健康服务中心的前后两任主任，沃伦·瓦克（Warren Wacker）和大卫·罗森塔尔（David Rosenthal）为研究提供了一个舒适的基地。

六年来，几百名参加社会科学课程169的哈佛大学生聆听了本书的初步构想。他们敏锐和具有挑战性的问题带给我灵感，让我进一步提炼探索的内容。

很多人对本书的一个或多个章节提出宝贵的建议。我特别感谢南希·安卓森（Nancy Andreasen）、安妮·科尔比（Anne Colby）、沙琳·达克（Charlene Darke）、斯图亚特·豪泽（Stuart Hauser）、金伯利·李、安玛莉（Annmarie McDonagh-Coyle）、克里斯托弗·佩里（Christopher Perry）、威廉·菲利普斯（William Phillips）、戴安娜·罗斯顿（Diane Roston）、卡洛琳·范伦特、埃默里·范伦特（Emery Vaillant）、乔安娜·范伦特（Joanna Vaillant）、约翰·范伦特（John Vaillant）、南希·怀特（Nancy White）、安

娜·沃夫（Anna Wolff）和伊丽莎白·扬-布鲁尔（Elisabeth Young-Bruehl）。由衷感谢琳达·米勒（Linda Miller）、琼·汤姆森（Joan Thomson），感谢他们分别作为打字员和医学艺术家的奉献。卡米尔·史密斯（Camille Smith）对本书的编辑工作的贡献已经超出了责任的范围，使得本书能够更加清晰。最后，感谢李·麦卡洛花费大量时间仔细阅读本书的每一章节，并且提出宝贵的建议，使得本书更加温暖、深刻。

感谢以下著作的版权方授予本书引用权：

Excerpts from two poems by Emily Dickinson. Reprinted by permission of the publishers and the Trustees of Amherst College from *The Poems of Emily Dickinson*, Thomas H. Johnson, ed., Cambridge, Mass.: The Belknap Press of Harvard University Press, copyright © 1951, 1955, 1979, 1983 by the President and Fellows of Harvard College.

Excerpts from *Forgive Me No Longer: The Liberation of Martha* by Esther Fibush. Copyright © 1977 by Esther Fibush. Reprinted by permission of the author.

English translations by Elisabeth Young–Bruehl of poem by Anna Freud and of excerpt from “Der Dichter” by Rainer Maria Rilke. From *Anna Freud* by Elisabeth Young-Bruehl. Reprinted by permission of Elisabeth Young-Bruehl.

“The Disquieting Muses” by Sylvia Plath. From *The Colossus and Other Poems* by Sylvia Plath. Copyright © 1962 by Sylvia Plath. Reprinted by permission of Alfred A. Knopf, Inc., and Faber and Faber Ltd.

Eexperts from “Medusa” and “Ariel” by Sylvia Plath. Copyright © 1962 by Ted Hughes. Excerpt from “Ariel” by Sylvia plath. Copyright © 1962 by Ted Hughes. Excerpt from “Daddy” by Sylvia Plath. Copyright © 1963 by Ted Hughes.